赵峥 刘文彪 编著

广义相对论基础

第2版

清华大学出版社

北京

内 容 简 介

本书是一本简明扼要的广义相对论入门教材,在内容选择上,突出物理图像、物理内容和物理思想,同时在数学上自给自足。注意把广义相对论基础与科研前沿衔接起来,希望能让初学者尽快进入科研的大门,然后再"干中学",边研究,边学习,在实践中逐步提高。叙述上兼顾了科学性和可读性,作者尽可能阐释相对论的关键和难点,帮助读者克服学习中的困难,掌握相对论的精髓。书中还介绍了广义相对论研究的若干前沿问题,注意把广义相对论展示为一个开放的科学领域,让读者看到它发展的曲折经历,以及当前尚未解决的问题,特别是其中的基本问题。书中涉及的一些带有根本性的问题,也许会给读者带来愉快的、有益的思考。此外,书中还评述了相对论的建立和发展过程中的一些重要突破,增加了学习的趣味性,并使读者能从中体会科学研究的方法,提高科研创新的能力。

本书可用于研究生和本科生一学期的教学,也可用于具有大学理工科一、二年级数理水平的读者自学,目的是使他们能在半年内掌握广义相对论的数学、物理基础,基本内容和具体的计算方法,并进入科学研究的前沿。

图书在版编目(CIP)数据

广义相对论基础/赵峥,刘文彪编著. —2 版. —北京:清华大学出版社,2023.8
ISBN 978-7-302-64197-1

Ⅰ. ①广… Ⅱ. ①赵… ②刘… Ⅲ. ①广义相对论—高等学校—教材 Ⅳ. ①O412.1

中国国家版本馆 CIP 数据核字(2023)第 132237 号

责任编辑:朱红莲
封面设计:常雪影
责任校对:薄军霞
责任印制:刘海龙

出版发行:清华大学出版社
   网   址:http://www.tup.com.cn, http://www.wqbook.com
   地   址:北京清华大学学研大厦 A 座   邮   编:100084
   社 总 机:010-83470000   邮   购:010-62786544
   投稿与读者服务:010-62776969, c-service@tup.tsinghua.edu.cn
   质量反馈:010-62772015, zhiliang@tup.tsinghua.edu.cn
印 装 者:三河市铭诚印务有限公司
经 销:全国新华书店
开 本:185mm×260m 印 张:16 字 数:389 千字
版 次:2010 年 12 月第 1 版 2023 年 8 月第 2 版 印 次:2023 年 8 月第 1 次印刷
定 价:49.00 元

产品编号:102300-01

物质告诉时空如何弯曲，时空告诉物质如何运动。

惠勒(J. A. Wheeler)

伟大的以及不仅是伟大的发现都不是按照逻辑的法则得来的，而是由猜测得来，换句话说，大都是凭着创造性的直觉得来的。

福克(V. Fock)

第2版前言

FOREWORD

十几年前开始写作本书时,我们就把它定位为适合理工科大学生,特别是物理专业和天文专业的研究生和本科生,在一学期内能够学完的广义相对论入门读物。

为使初学者能在较短时间内掌握广义相对论的基本内容,并尽快进入研究前沿,本书用前4章介绍广义相对论的数学和物理基础,然后在第5、6、7章中,分别介绍了这一领域里最有希望获得进展的三个方向:引力波、黑洞和宇宙学。

令人高兴的是,这三个前沿方向果真在过去几年中取得了重要进展。诺贝尔奖评委会在过去五年中三次把物理学奖授予广义相对论的研究成果,而且授予的恰恰是这三个方向的进展:2017年授予引力波的直接探测,2019年授予物理宇宙学的创建,2020年授予黑洞和时空理论的研究及黑洞探测。

2020年这次获奖者中有霍金的亲密朋友和合作者彭罗斯。已经去世的霍金与诺贝尔奖失之交臂,这是霍金本人的遗憾,也是诺贝尔奖的遗憾。本书对霍金和彭罗斯的主要研究成果均有介绍,例如霍金提出的面积定理和霍金辐射,彭罗斯提出的彭罗斯图、彭罗斯过程及宇宙监督假设,以及他们二人共同完成的奇点定理等。

我们努力把本书写成一本"开放性"的学术教材,也就是在讲解广义相对论基础理论的同时,尽力使读者注意到广义相对论是一个正在发展中的学科,本身并不是绝对完备的,还有许多值得进一步思考、进一步探索的问题。为此,我们在第8章中列入了前7章没有涉及或涉及不够的一些富有启发性的内容,特别是一些著名学者关注和探索的前沿课题,例如彭罗斯与霍金证明的奇点定理,以及当前颇有争议的黑洞信息疑难等。我们要特别强调,奇点定理涉及了时间有没有开始和终结,这是一个根本性的重大问题。第8章还介绍了爱因斯坦、庞加莱和朗道等著名学者关于时间测量与时间本性的研究,以及作者在这方面的一些探讨,特别是关于时间的两个重要属性(时间测量和奇点疑难)与热力学第零定律和第三定律之间关系的探讨。希望这些有趣的问题和探讨能引起读者的注意,并对读者有所启发。

这次再版,我们对本书作了比较全面的修订,特别是对介绍引力波的第5章,作了一些补充。本书第1版出版时,引力波虽然已经被间接探测到,但还没有直接探测到。因此,在第1版中,我们只介绍了引力场的波动理论,以及与间接探测有关的引力场的能量表述、引力能的辐射,并具体介绍了引力辐射如何导致脉冲双星运转周期的变化。由于当时引力波尚未直接探测到,我们只从理论上介绍了引力波偏振导致的剪切效应,以及利用这一效应直接探测引力波的可能性。这次修订,我们具体补充了一些与实验观测有关的直接探测引力波的内容。

我们感谢清华大学出版社对本书的持续支持,感谢朱红莲编辑对本书的长期倾心付出。

赵　峥　刘文彪

2023 年 3 月 18 日

第1版前言

FOREWORD

　　爱因斯坦 1905 年创建了狭义相对论,1915 年又在狭义相对论的基础上创建了广义相对论。广义相对论是一个关于时间、空间和引力的理论。它把万有引力解释为时空的弯曲,认为万有引力不同于其他力,是一种几何效应。相对论专家惠勒把广义相对论形象地描述为"物质告诉时空如何弯曲,时空告诉物质如何运动"。

　　这一人类思想史上的创新杰作,是爱因斯坦一生最引以为自豪的成就。他曾说道:"狭义相对论如果我不发现,5 年之内就会有人发现;广义相对论如果我不发现,50 年之内也不会有人发现。"

　　广义相对论诞生至今已经 100 年了。在过去的 100 年中,与相对论同时诞生的量子论取得了长足的发展,相形之下,广义相对论却发展缓慢。除去数学上的困难和物理内容不好理解之外,最重要的原因是缺少检验引力理论的实验。有一段时间,相对论的研究几乎停步不前。

　　不过情况很快有了改观。类星体、中子星和微波背景辐射的发现,促进了黑洞物理、宇宙学和引力波的研究。整体微分几何的引进又大大推动了时空理论的发展,取得了诸如"时空因果结构""奇性定理""面积定理"等一系列重要成果,并最终导致了黑洞热力学的创建。此外,超弦和引力场量子化的探讨也进一步增强了广义相对论在学术领域的地位。

　　作者曾长期从事广义相对论的研究和教学,常年在北京师范大学为物理学系和天文系的研究生与本科生讲授广义相对论,近年来又在清华大学开设此课程,在长期的教学过程中,逐渐形成了自己的风格与特点。我们的课程强调物理基础和物理概念,突出物理思想和物理图像,力求用较短的时间把初学者领进广义相对论的大门,并把他们引向科研的前沿。值此广义相对论受到越来越多重视的时期,我们感到有必要把自己常年使用的讲义编写成正式的教材,奉献给读者。

　　我们长期追随刘辽先生学习和研究广义相对论,他在被错划成"右派"的困难日子里自强不息,终于在北京师范大学建立起国内一个重要的相对论研究基地。他倾毕生精力编写的《广义相对论》一书,内容丰富,包括对广义相对论理论基础的深刻分析和引力与相对论天体物理的前沿内容,在国内相对论界产生了很大影响。我们正是在他的引导下跨进了相对论研究的大门。

　　作者曾经听过梁灿彬先生连续几个学期的整体微分几何与广义相对论讲座,后来又阅读过他与周彬博士编写的《微分几何与广义相对论》以及 Wald 编写的 *General Relativity* 等书籍,受益很大。加深了我们对广义相对论的理解,使我们对时空因果结构、奇性定理等内容有了较好的认识。

我们还曾多次阅读过俞允强先生编写的《广义相对论引论》一书,这本书的清晰论述和简明风格使我们受益匪浅。

本书是一本简明扼要的广义相对论入门读物,可用于研究生和本科生一学期的教学,也可用于具有大学理工科一、二年级数理水平的读者自学,使他们能在半年内掌握广义相对论的数学、物理基础,基本内容和具体的计算方法,并进入科学研究的前沿。本书兼顾了科学性和可读性,作者尽可能阐释相对论的关键和难点,帮助读者克服学习中的困难,掌握相对论的精髓。书中还介绍了广义相对论研究的若干前沿问题,包括一些基础性和根本性的问题,也许会给读者带来愉快的、有益的思考。此外,本书还评述了相对论的建立和发展过程中的一些重要突破,增加了学习的趣味性,并使读者能从中体会科学研究的方法,提高科研创新的能力。

学完本书后,进一步学习刘辽先生的《广义相对论》,可以扩展和加深广义相对论的数学、物理基础,更全面地了解这一理论在天体物理、宇宙学和物理学其他分支中的应用。学过本书的读者,也会在学习整体微分几何及其应用时,不至于感到过分抽象。

总之,本书是一本突出物理图像、物理内容和物理思想,同时在数学上自给自足的简明教材。本书注意把广义相对论基础与科研前沿衔接起来,希望能让初学者尽快进入科研的大门,然后再"干中学",边研究,边学习其他书籍和文献,在实践中逐步提高。

另外,作者还注意把广义相对论展示为一个开放的科学领域,让读者看到它发展的曲折经历,以及当前尚未解决的问题,特别是其中的基本问题。

本书前4章为广义相对论的物理基础、数学基础、主要理论和实验验证。5、6、7章对三个重要前沿领域(引力波、黑洞和宇宙学)做了简明介绍,作为初学者进入相关研究领域的入门阶梯。第8章介绍了几个基本性的问题,供感兴趣的读者参考。

作者在编写过程中主要参考了刘辽先生、梁灿彬教授和俞允强教授的著作。在写作过程中得到过陆埮先生和裴寿镛教授的大力帮助。

在长期的教学过程中,作者曾多次向刘辽先生、梁灿彬先生求教,还曾与郭汉英、张元仲、王永久、李新州、王永成、吴忠超、桂元星、沈有根、章德海、刘润球、黄超光等专家,黎忠恒、朱建阳、杨树政、马永革、周彬、高思杰、田贵花、张靖仪、杨学军、刘成周、方恒忠、任军等同事进行过有益的探讨。

清华大学尚仁成教授、阮东教授和清华大学出版社朱红莲编辑为促成本书的出版提供了宝贵的支持和帮助。

黄基利同学做了本书的大部分打字工作,参加打字和校对检查的还有周史薇、刘显明、丁翰、李赤喆、翟忠旭等同学。

本书的编写及其中所涉及的科研工作,得到了国家自然科学基金(项目编号:10773002,19773003,10073002,10373003,10475013)的资助。

我们在此对他们表示诚挚的感谢。作者水平有限,疏漏和不足之处在所难免,欢迎批评指正。

赵　峥　刘文彪

2010.7

1. 本书采用爱因斯坦惯例,重复指标(上、下指标重复)代表求和。

2. 本书在四维时空中讨论,四维张量的分量指标用希腊字母 μ, ν, σ, τ 等表示;四维张量的抽象指标用拉丁字母 a, b, c, d 等表示。

抽象指标仅表示张量的阶数,不表示张量的分量。本书绝大多数情况使用张量分量形式,仅在个别章节(8.6 节)用到了张量的抽象指标。

为了方便,本书还用拉丁字母 i, j, k 等表示四维时空中的三个空间指标。

3. 本书四维时空坐标一般取 (x^0, x^1, x^2, x^3),其中 $x^0 = ct$ 为时间坐标,x^1, x^2, x^3 为空间坐标。在 2.1 节中,为了与狭义相对论相衔接,四维时空坐标取 (x^1, x^2, x^3, x^4),其中 $x^4 = ict$ 为时间坐标,(x^1, x^2, x^3) 为空间坐标。

4. 度规号差取 $+2$,即 $(-, +, +, +)$。

5. 四维时空两点之间的距离(即线元)取 $\mathrm{d}s^2 = g_{\mu\nu}\,\mathrm{d}x^\mu\,\mathrm{d}x^\nu$。

6. 曲率张量定义为 $R^\rho_{\lambda\mu\nu} = \Gamma^\rho_{\lambda\nu,\mu} - \Gamma^\rho_{\lambda\mu,\nu} + \Gamma^\rho_{\sigma\mu}\Gamma^\sigma_{\lambda\nu} - \Gamma^\rho_{\sigma\nu}\Gamma^\sigma_{\lambda\mu}$。

7. 里奇张量的定义采用一、三缩并,即 $R_{\mu\nu} = R^\lambda_{\mu\lambda\nu}$。

8. 爱因斯坦方程为 $R_{\mu\nu} - \dfrac{1}{2}g_{\mu\nu}R + \Lambda g_{\mu\nu} = \kappa T_{\mu\nu}$。

目录

CONTENTS

绪 论

19 世纪末叶，经典力学、热学、波动光学和电磁学所取得的辉煌成就，使那个时代的物理学家感到充分的自信和满足。1900 年，在英国皇家学会迎接新世纪到来的庆祝会上，开尔文勋爵（Kelvin，即威廉·汤姆孙，W. Thomson）自豪地宣称："物理学的大厦已经建成，未来的物理学家们只需要做些修修补补的工作就行了。"然而，科学家的慧眼仍然使他看到，"明朗的天空中还存在两朵乌云"，一朵与黑体辐射有关，另一朵与迈克耳孙实验有关。

时隔不到一年，从第一朵乌云中降生了量子论（1900 年年底）。五年之后，又从第二朵乌云中降生了相对论（1905 年）。经典物理学的大厦被动摇了，就在大家认为物理学已经发展到顶峰，马上就要无事可做的时候，新的纪元开始了。

作为现代物理学奠基人的爱因斯坦（A. Einstein），1879 年诞生于德国一个犹太工厂主的家庭。少年时代他没有表现出杰出的智慧，除数学外，其他功课皆属平常。他沉默寡言，不喜欢学校中呆板的教学方法，学习成绩一般，很少得到老师和同学的喜爱。引起同学注意的，是他自幼对音乐的爱好和独立思考的习惯。1896—1900 年，爱因斯坦在瑞士苏黎世工业大学求学，他主要靠自学度过了自己的大学生涯。

爱因斯坦一生中对学校很少有好印象，只有上大学前在瑞士阿劳中学的那一年补习生活是个例外。他晚年时回忆，"这所学校用它的自由精神和那些毫不仰赖外界权威的教师的淳朴热情，培养了我的独立精神和创造精神。正是阿劳中学成为了孕育相对论的土壤。"

犹太血统、无神论信仰和对真理正义的追求，给爱因斯坦的生活带来不少麻烦。大学毕业后有两年找不到正式的工作，他在穷困中开始了自己的科学生涯。

1902 年，幸运之神开始敲响爱因斯坦的门户。他的一位"伯乐"式的同学格罗斯曼（M. Grossmann），通过自己的父亲把他推荐到伯尔尼发明专利局工作，使他终于有了一个正式的职业。专利局的工作使他有充分的闲暇进行自己喜爱的研究。虽然他也不得不经常为处理一些"永动机"之类的发明申报而耗费时间，然而荒唐而活跃的思想也多少给他输入了新的灵感。

在专利局工作期间，爱因斯坦与他的几位热爱科学与哲学的好友组织了一个名为"奥林匹亚科学院"的小组，这是一个自由读书与自由探讨的俱乐部。爱因斯坦高度评价这个读书俱乐部，认为这个俱乐部培养了他的创造性思维，促成了他在学术上的成就。爱因斯坦曾经提醒，不要过分渲染他的童年和少年时代，希望大家注意"奥林匹亚科学院"对他的影响。

在发表若干关于毛细现象和分子运动论的文章之后，爱因斯坦终于在 1905 年公布了多年深思熟虑的结晶——《论运动物体的电动力学》（关于狭义相对论的划时代论文）。虽然在那个时期,已有一些物理学家非常接近相对论的发现,甚至已经得到了洛伦兹收缩和洛伦兹变换之类的数学公式,然而只有爱因斯坦一个人在抛弃"绝对时空"的同时,抛弃了"以太",从而彻底跳出了绝对时空观的框架,成为狭义相对论当之无愧的创始人。

这篇数学知识并不高深(只相当于当时大学物理专业学生的数学水平)、没有引用任何文献,而在物理上却极其难懂的论文,幸运地得到理论物理学权威普朗克的支持而很快见诸于世。

此后的十年,爱因斯坦几乎是单枪匹马地开始了相对论性引力论的研究。起先几年,他试图把牛顿引力定律纳入狭义相对论的体系。错误和挫折使他认识到这个问题远比原来预想的要深远和复杂,伟大物理学家的天才直觉使爱因斯坦抓住了等效原理和广义相对性原理,把惯性和引力等同起来考虑,并窥视到时空和物质之间的内在联系,猜测到万有引力很可能是一种几何效应。他的物理思想已经深入到弯曲时空的领域,困难是找不到合适的数学工具。1912年,他的同学格罗斯曼再次帮助了他,向他介绍了当时不为物理学家所熟悉的黎曼几何和张量分析。经过深入的自学,爱因斯坦终于掌握了这一工具,并在与希尔伯特做了有益探讨之后,于1915年完成了他的广义相对论。宏伟的理论框架建立起来了。至此,他的物理思想和数学水平,已远远超前于那个时代的所有物理学家。

表明广义相对论正确的三大验证的结果,使爱因斯坦名震全球。然而,在弱引力场中广义相对论与牛顿引力理论的差别过于细微,场方程的非线性又给求解带来极大困难,所以在此后的几十年中,广义相对论理论本身进展不大。比较重要的是在20世纪30年代时,爱因斯坦和福克(V. Fock)分别独立地从场方程推出了运动方程,使广义相对论的基本方程从两个减少到一个,理论体系更趋完备。除此之外,值得一提的进展是1916年得到静态球对称的史瓦西解;1917年在场方程中引入了长期存在争议的宇宙项;1922年弗里德曼(A. Friedmann)求得膨胀或脉动的宇宙解,此解得到1929年发现的哈勃(E. P. Hubble)定律的有力支持;1948年伽莫夫(G. Gamov)据此提出"大爆炸宇宙模型"。

物理学上的杰出成就,使爱因斯坦于1922年获得了1921年的诺贝尔物理学奖。由于当时一些物理学家怀疑相对论的正确性,获奖原因被委婉地写为"由于他在光电效应和理论物理学其他方面的成就",而没有直接提到他的划时代杰作。

爱因斯坦的犹太出身和反法西斯情绪使他受到希特勒的迫害,不得不于1933年移居美国。此后他在普林斯顿高级研究所工作,直到1955年去世。爱因斯坦的正义感和傲骨使他不屈服于任何反动势力的压迫,不脱离他所处时代的社会斗争。继在第一次世界大战期间参加反战运动之后,又在第二次世界大战期间参加反法西斯运动。第二次世界大战后,他又为世界的和平与民主而呼喊。

爱因斯坦晚年致力于统一场论的工作。由于时代的限制,到他去世为止,这项工作没有取得重大成就。然而,他的工作应该看作今天蓬勃进展的以规范场论为基础的"弱电统一""大统一"和"超统一"工作的序幕。

毫无疑问,爱因斯坦是继牛顿之后最伟大的物理学家,他的成就涉及相对论、量子论和统计物理各个领域。爱因斯坦去世之后,他所创立的理论得到广泛传播,并得到了长足发展。

不过,在20世纪50年代前后,相对论的进展与量子论相比,曾经是令人失望的。粒子物理学家费曼(R. P. Feynman)参加了在华沙举行的广义相对论与引力研讨会。在听了一

些驴唇不对马嘴的报告之后,他忍不住在给妻子的信中写下了如下的感想:

"我没有从会上获得任何东西。我什么也没有学到。因为没有实验,这是一个没有活力的领域,几乎没有一个顶尖的人物来做工作。结果是一群笨蛋(126个)到这儿来了,这对我的血压很不好。以后记着提醒我再不要参加任何有关引力的会议了。"

然而,情况很快有了重大改观。1963年克尔(R. P. Kerr)解的得出和1967年脉冲星的发现促使致密星和黑洞物理的研究进入高潮;1970年前后,彭罗斯(R. Penrose)和霍金(S. W. Hawking)证明了奇点定理;1973年,黑洞热力学的四条定律建立起来;1974年霍金又预言了黑洞热辐射。

1965年微波背景辐射的发现,使大爆炸宇宙学获得新动力,各种宇宙模型应运而生,宇宙早期、极早期的研究进入高潮。20世纪70年代到90年代,粒子物理、宇宙论和量子引力的研究汇为一体。进入21世纪后,关于暗物质和暗能量的讨论愈演愈烈,掀起了理论物理学和天体物理学研究的一个又一个新浪潮。以广义相对论为基础的"物理宇宙学"逐渐形成。

1978年,通过对脉冲双星运转周期的研究,间接证实了引力波的存在。2015年又直接接收到来自宇宙深处的引力波信号,从而确证了广义相对论100年前就已预言的这一重要的时空波动的存在。

上述发现使广义相对论再次成为学术界和舆论界关注的重点。

为了更好地理解广义相对论,我们还要回顾一下它的数学工具——黎曼几何建立的历史,新几何开拓者的命运并不都像爱因斯坦那样幸运。

起源于古埃及、完成于古希腊的欧几里得几何(也叫欧氏几何),以它逻辑的严密、形式的完备和优美,两千多年来为数学家和哲学家所倾倒。唯一使人感到美中不足的是它的第五公设,即平行公理。这个公设与其他公设比较,显得过于复杂,人们自然希望第五公设能从其他公设推出,从而不再是一个公设。这方面的尝试开始于公元前5世纪,一千多年中,许多杰出的数学家为它绞尽脑汁,结果都一无所获。无数前人的失败,终于使后人悟出了一个道理。第一个察觉其中奥妙的大概是高斯(C. F. Gauss)。然而,由于欧氏几何在数学、哲学和神学中的神圣地位,高斯缺乏公开挑战的勇气。第一个在欧洲内地公布新几何初步成果的,是年轻的匈牙利数学家鲍耶(J. Bolyai)。鲍耶的父亲是高斯的同学,曾为第五公设的证明耗费了自己的大量精力。当他得知儿子又走上这条自我毁灭的道路时,立即加以劝阻,然而此时鲍耶已经领略了其中的奥妙。他较为幸运,开始这一研究不久就走上了正确的道路。关键在于他采用了反证法,企图从"第五公设不成立"引出谬误。然而,他却在反证的道路上越走越远,始终不见"谬误"的影子。最后,他终于产生了思想上的飞跃,认识到第五公设确实是不可证明的独立公理;但是人们可以引入不同于第五公设的其他公理,例如"过直线外一点可以引两条以上的直线与原直线平行(不相交)",来取代"第五公设"建立新的几何学。然而,可惜的是鲍耶误解了高斯对他工作的评价,以为高斯要借自己的地位窃取他的成果,于是愤而终止了自己的研究。

首先提出并建立完整的新几何学的是俄国数学家罗巴切夫斯基(N. I. Lobachevski),他用"过直线外一点,可以引两条以上直线与原直线平行(不相交)"的新公设来取代第五公设。然而,他的理论在国内无人能懂,这位天才的数学家被人视为骗子,俄国科学院决定对他的工作不予理睬。他出国演讲遭到冷遇,唯一听懂了他的理论的高斯,没有明确表示支持。不过高斯建议普鲁士科学院授予他通讯院士的称号,对他的数学水平表示了肯定。罗巴切夫斯基的成果只能发表在他的母校喀山大学的学报上,在学术界没有立即形成广泛影响。他晚年双目失明、处境凄凉,但仍顽强地通过口述完成了自己的工作,并终于得到世界的认可。罗巴切夫斯基的理论被称为罗氏几何。

黎曼(G. F. B. Riemann)用另一个公设来代替第五公设,他提出"过直线外一点的任何直线都必定与原直线相交"。他所建立的几何称为黎氏几何。

实际上,这三种几何描述不同曲率的空间:欧氏几何描述零曲率空间(如平面),黎氏几何描述正曲率空间(如球面),罗氏几何描述负曲率空间(如伪球面与马鞍面)。1845年,黎曼在更高的层面上统一了这三种几何,建立了黎曼几何,用来描述弯曲和扭曲的几何客体。

20世纪初叶,黎曼几何与相对论互不相关、各自发展。爱因斯坦把二者有机地联系起来,使这两门科学都获得了新的动力,互相促进、共同发展。

爱因斯坦把引力看作时空的几何效应,看作时空的弯曲,而时空弯曲的根源在于物质的存在与运动。狭义相对论把时间和空间看成不可分割的整体,把能量和动量看成另一个不可分割的整体。广义相对论表明,时空和能量、动量之间也存在不可分割的联系。

相对论的出现,在物理学上是一场革命,在哲学上也有着重要的意义。它与牛顿的绝对时空观彻底决裂,与马赫(E. Mach)的纯相对主义的时空观也不一致。爱因斯坦在创立相对论的过程中,曾受到马赫思想的启发,他认为自己的相对论与马赫的思想一致,并认为广义相对论的某些效应体现了马赫原理。然而马赫坚决否定相对论,认为相对论与自己的思想毫无共同之处。事实上,相对论与马赫的思想确有不同,广义相对论与马赫原理也确有出入,牛顿水桶实验造成的佯谬还远未澄清。此外,爱因斯坦晚年对时空的看法也是发人深省的:"我想说明,空间-时间未必能看作可以脱离物质世界的真实客体而独立存在的东西。并不是物质存在于空间中,而是这些物质具有空间广延性。这样看来,关于'一无所有的空间'的概念就失去了意义。"显然,爱因斯坦的哲学思想走在了他创立的物理理论的前面。

广义相对论不是最终的理论,任何建立最终理论的企图都是注定会失败的,理论不可能发展到绝对完善。"完善"只能意味着理论的死亡,只有不完善的理论,才是朝气蓬勃的、有生命的理论。

第 **1** 章

广 义 相 对 论 的 物 理 基 础

本章首先介绍爱因斯坦在创建狭义相对论过程中最重要的思想突破,介绍光速在相对论中的核心地位,以及狭义相对论所取得的成就和遇到的困难;然后介绍广义相对论的物理基础——等效原理、马赫原理和广义相对性原理,分析牛顿为论证存在绝对空间而提出的著名的水桶实验;最后介绍爱因斯坦对新理论的重要猜测和构想。

1.1 狭义相对论的成就与困难

1. 狭义相对论的建立

1687 年发表的牛顿(I. Newton,1642—1727)的巨著《自然哲学之数学原理》,集伽利略(G. Galilei,1564—1642)以来力学研究之大成,展示了一个逻辑上完美的力学体系。书中阐述了力学三定律和万有引力定律,牛顿把这些定律放置在绝对空间和绝对时间的框架之中,认为绝对空间和绝对时间是互不相关的,也不依赖于物质的存在和运动。在牛顿力学中,惯性系被定义为相对于绝对空间静止或作匀速直线运动的参考系,力学定律正是在这些惯性系中成立。这些惯性系在描述力学定律上是平权的,它们之间以下面的伽利略变换相联系:

$$
\begin{cases}
x' = x - vt \\
y' = y \\
z' = z \\
t' = t
\end{cases}
\tag{1.1.1}
$$

认为各种惯性系平权的思想,被称为伽利略相对性原理(又称力学相对性原理)。

虽然绝对空间和绝对时间的提法是可疑的,不断遭到马赫等人从哲学角度进行的批判,但牛顿的力学体系自身还是自洽的;而且,力学三定律和万有引力定律得到了物理实验和天文观测的广泛支持。

这种情况一直持续到 1864 年麦克斯韦(J. C. Maxwell)电磁理论的建立。当时的电磁理论建立在力学的基础上,认为电磁波是介质或以太的弹性振动,而以太无所不在地充满整个宇宙空间。不久之后,人们便认识到光波是电磁波,于是以太便被看作光波的载体。一个重要的问题是,以太是否被运动物质所带动,例如是否被地球或流体的运动所带动。天文学上的光行差现象告诉人们,以太不被地球带动。迈克耳孙(A. A. Michelson)实验又告诉人们,以太似乎是被地球带动的。斐佐(A. H. Fizeau)实验则告诉人们以太被流体有所带动,但是又不完全带动。大多数物理学家注意的是迈克耳孙实验与光行差现象的矛盾,爱因斯坦注意的则是斐佐实验与光行差现象的矛盾,这两个矛盾都可以把思考者引向相对论的发现。面对着矛盾的实验事实,当时的杰出物理学家,如洛伦兹(H. A. Lorentz)等,对原有的物理理论作了若干修改尝试,但都未能抓住问题的本质。

除去上述实验观测上的矛盾外,理论上也遇到了严重困难。麦克斯韦电磁理论有一个重要结论:电磁波(即光波)在真空中的传播速度是一个常数 c。如果相对性原理不仅适用于力学,对麦克斯韦电磁理论也成立,那么光波在任何一个惯性系中的速度都应该是 c,与惯性系之间的相对运动无关,也与观测者相对于光源的运动速度无关。生活常识和伽利略变换都告诉我们,如果相对于光源静止的观测者测得的光速是 c,那么迎着光以速度 v 运动的观测者测到的光速应该是 $(c+v)$;顺着光运动方向以速度 v 奔跑的观测者测得的光速应该是 $(c-v)$,怎么可能这三位观测者测得的光速都是 c 呢?麦克斯韦电磁理论和相对性原理都得到大量实验支持,伽利略变换则被视作相对性原理的数学体现。怎么会产生上述矛盾呢?爱因斯坦被这个难题卡了很长时间。经过反复思考,终于在一次和好友贝索(M. Besso)的讨论中突然悟出了其中的真理。他意识到应该坚信得到实验支持的麦克斯韦电磁理论,坚信真空中的光速不仅是一个常数,而且与惯性系的选择无关。爱因斯坦抓住了这个事实,提出光速不变原理:真空中的光速在所有惯性系中都相同,都是同一个常数 c(即光速与光源相对于观测者的运动速度无关)。爱因斯坦还认识到伽利略变换并不等价于相对性原理,相对性原理比伽利略变换更为基本。于是,他保留了得到实验支持的相对性原理和麦克斯韦电磁理论,抛弃了并无坚实实验基础的伽利略变换。然后,他把相对性原理和光速不变原理一起作为新理论的基础,建立了狭义相对论。

应该说明,提出光速不变原理是非常不容易的事情。这一原理如果成立,就表明光速是绝对的,这将导致一个崭新的观念:"同时"是相对的。也就是说,在一个惯性系 S 中同时发生的两件事情,对于另一个相对于 S 以速度 v 运动的惯性系 S' 中的观测者,这两件事将不是同时发生的,而是一先一后发生的。这个结论与人们的生活经验严重冲突,很难被人理解;因此可以说,理解狭义相对论的关键就在于理解"同时的相对性"。相对论诞生前夕,爱因斯坦的思路被卡住一年多,就是因为他长时间没有认识到"同时"这个概念不是"绝对"的,而是"相对的"。

从在阿劳中学上补习班的时候起,爱因斯坦就开始思考一个"追光"实验:如果一个观测者追上光,以光速运动,将会看见什么?他觉得这个观测者会看到不随时间变化的波场,但是谁也没有见过这种现象。如果这个以光速运动的人在前面用手举着一个镜子,他能在镜中看见自己的像吗?如果能看见,那么自己的脸发出的光相对于自己的速度还是 c 吗?如果还是 c,那么依据伽利略变换,静止于地面的观测者岂不将看到此光相对于自己的速度是 $2c$ 吗?但是谁也没有见过以速度 $2c$ 运动的光,所有测得的光速都是同一个值 c,似乎应该承认不存在以光速运动的、相对于光静止的观测者,光相对于所有观测者都是运动的,而且运动速度都相同,都是同一个值 c。也就是说,应该承认光速与光源相对于观测者的运动速度无关。爱因斯坦还知道,天文学上对双星的观测也支持光速与光源运动无关的观点。

如果有关,双星轨道将发生畸变,但是从未观测到任何双星的轨道有畸变。

长期的反复思考使爱因斯坦倾向于承认"光速的绝对性",即承认光速各向同性,是一个常数 c,而且在所有相互运动的惯性系中都是同一个常数 c。但是,进一步的思考表明,承认"光速的绝对性",会造成"同时"概念的混乱,爱因斯坦觉得这可真是个难解之谜。在与贝索的讨论中,爱因斯坦突然意识到这些混乱都与人们默认"同时"的绝对性有关。其实,"同时的绝对性"只是人们一个"想当然"的观念,并没有经过实验的认真检验。如果放弃这一观念,把"同时"看作相对的,而且从"光速的绝对性"出发来定义"同时",那么一切就都迎刃而解了。爱因斯坦的头脑豁然开朗,相对论的大厦呈现在他的眼前。

爱因斯坦明确强调,他的狭义相对论与经典物理学的根本区别不在于相对性原理,因为伽利略、牛顿都赞同相对性原理。他认为根本区别在于他提出的光速不变原理,这一原理才是经典物理学与狭义相对论的分水岭。

爱因斯坦从光速不变原理和相对性原理出发,得到了联系不同惯性系的洛伦兹变换:

$$
\begin{cases}
x' = \dfrac{x - vt}{\sqrt{1 - v^2/c^2}} \\[2ex]
y' = y \\[1ex]
z' = z \\[2ex]
t' = \dfrac{t - \dfrac{v}{c^2}x}{\sqrt{1 - v^2/c^2}}
\end{cases}
\tag{1.1.2}
$$

用以取代伽利略变换,又在指出"同时的相对性"之后,提出"动尺缩短""时间延缓"和"质能关系"等新概念。然后他又在闵可夫斯基的帮助下,把电磁理论和动力学定律写成了四维协变的张量形式。

洛伦兹变换表明,时间和空间存在内在联系。"能量动量张量"的表达式和"质能关系式"等表明,质量与运动不可分割。

光速不变原理和相对性原理告诉我们,一切惯性系都是平权的,不可能测出相对于绝对空间的运动速度;所以,牛顿的绝对空间和绝对时间的概念必须放弃。不存在绝对速度,一切匀速直线运动都是相对的;绝对时空的概念和以太一起,被爱因斯坦抛弃了。

需要说明的是,最早得出洛伦兹变换的人不是爱因斯坦,在他之前拉莫尔(J. Larmor)、斐兹杰惹(G. F. Fitzgerald)、洛伦兹等人早已给出了洛伦兹变换的正确数学表达式,但他们对洛伦兹变换的物理理解都是错误的。洛伦兹等人认为 S 系(x,y,z,t)是相对于绝对空间(以太)静止的特殊惯性系,因此 S' 系相对于 S 系的运动速度 v 是绝对速度,即相对于绝对空间的运动速度;S' 系中的时间 t' 是所谓"地方时",并非真正的时间;动尺收缩是相对于绝对空间运动而产生的真实的物理效应,会导致原子内部电荷分布的变化等。爱因斯坦在不知道他们工作的情况下,独立地得出了洛伦兹变换,并给出了正确的物理解释:根本不存在以太和绝对空间,S 系和 S' 系都是同等的惯性系,v 是它们之间的相对速度;t 与 t' 都是真实的时间,在各自的惯性系中都有测量意义;动尺收缩是相对的,是一种时空效应,不会导致原子内部电荷分布的变化。洛伦兹等人最初反对爱因斯坦的理论,为了区分自己的理论和爱因斯坦的理论,他给爱因斯坦的理论起了个名字叫"相对论",爱因斯坦觉得这个名字还可以接受,于是"相对论"这一名称便被保留了下来。

2. 光速在相对论中的核心地位

"光速"在相对论中处于理论的核心地位,它主要起两个作用:①"约定(即规定)真空中的光速各向同性而且是一个常数",从而校准了静置于空间各点的钟,使它们"同时"或"同步",进而在全空间定义了统一的时间。②把"光速不变原理"作为一条公理,在此公理与"相对性原理"的基础上,构建起狭义相对论的大厦。下面我们就来解释这两点。

(1)"约定"真空中的光速

相对论是一个时空理论,在全空间定义统一的时间是研究时空理论的前提;为此,就需要找到一种方法把静置于空间各点的钟"对好",这个问题远不像一般人想像的那样简单。在相对论诞生的前夜,著名数学家庞加莱(H. Poincare)就曾指出,要想"对准"两地的钟,必须事先对信号传播速度有一个"约定",或者说"规定"。这是因为当时已经知道任何信号的传播速度都不是无穷大,信号传播需要时间;要想校准两地的钟,必须首先知道两地的距离和信号传播的时间。

那时候,人们还没有意识到距离测量存在的困难,但已认识到确定信号传播的时间需要事先对好两地的钟,这就造成逻辑上的循环。不过,有一个突破困难的方法,那就是事先对信号传播的性质加以约定,或者说规定。庞加莱认为可以用光来传播信号,也许可以约定真空中的光速各向同性,甚至是一个常数。庞加莱谈到上述想法,但没有具体落实。不久之后,爱因斯坦在创建相对论的第一篇论文《论运动物体的电动力学》中把庞加莱的猜想具体化,完成了校准静置于空间各点的钟的理论工作,从而建立起全空间统一的时间。

爱因斯坦写道:

"如果在空间的 A 点有一个钟,在 A 点的观察者只要在事件发生的同时记下指针的位置,就能确定 A 点最邻近的事件的时间值。若在空间的另一点 B 也有一个钟,此钟在一切方面都与 A 点的钟类似,那么在 B 点的观察者就能测定 B 点最邻近处的事件的时间值。但是若无其他假设,就不能把 B 处的事件同 A 处的事件之间的时间关系进行比较。到目前为止我们只定义了'A 时间'和'B 时间',还没有定义 A 和 B 的'公共时间'。"

他接着写道:

"除非我们用定义规定光从 A 走到 B 所需的'时间'等于它从 B 走到 A 所需的'时间',否则'公共时间'就完全不能确定。现在令一束光线于'A 时刻't_A 从 A 射向 B,于'B 时刻't_B 又从 B 被反射回去,于'A 时刻't'_A 再回到 A。

按照定义,两钟同步的条件是

$$t_B - t_A = t'_A - t_B \qquad (1.1.3)$$

我们假定同步性的这个定义是无矛盾的,能适用于任何数目的点,且下列关系总是成立的:

① 假如 B 处的钟与 A 处的钟同步,则 A 处的钟与 B 处的钟也同步;

② 假如 A 处的钟与 B 及 C 处的钟同步,则 B、C 两处的钟彼此也同步。

这样,借助于某些假想的物理实验,我们解决了如何理解位于不同地点的同步静止钟这个问题,并且显然得到了'同时'或'同步'的定义,以及'时间'的定义。"论述如图 1.1.1 所示。

爱因斯坦又写道:"根据经验,我们进一步假设,

$$\frac{2AB}{t'_A - t_A} = c \qquad (1.1.4)$$

是个普适恒量,即在真空中的光速。"

公式(1.1.3)可改写为

$$\frac{t_A + t'_A}{2} = t_B \qquad (1.1.5)$$

爱因斯坦就把 A 处的钟的时刻

$$\tilde{t}_A = \frac{t_A + t'_A}{2} \qquad (1.1.6)$$

定义为与 B 处的钟的 t_B 同时的时刻。这样,他就建
立了校准空间各点的钟,从而在全空间定义统一时间的方法。

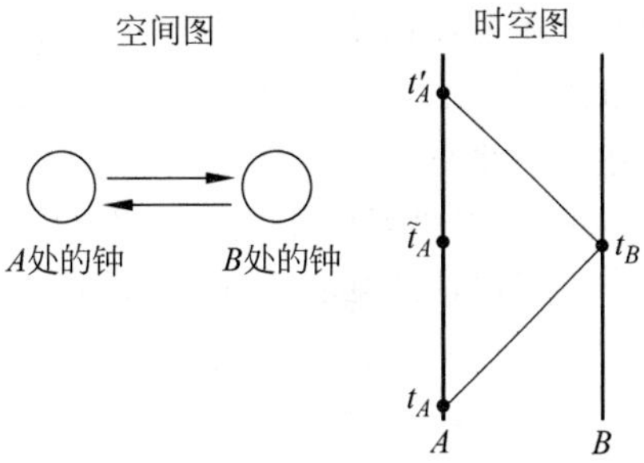

（2）把"光速不变原理"作为一条公理

注意,上面谈的"约定"仅仅是对一个确定的惯性系而言,在一个确定的惯性系中"约定"
真空中的光速各向同性而且是一个常数。

光速不变原理不是指这一"约定",而是指光速在所有惯性系中都是同一个常数 c（即测
得的光速与光源相对于观测者的运动速度无关）。在光速不变原理和相对性原理这两条公
理的基础之上,爱因斯坦构建起了狭义相对论的大厦。

上述两点表明,光速在相对论中是绝对的,处于绝对核心的地位。不过,我们还需要指
出：对"光速的约定"和把"光速不变"视作"原理"（即"公理"）等价于对"时空对称性的约
定"。约定"光速各向同性而且是一个常数"相当于约定时间的均匀性、空间的均匀性和各向
同性,"光速不变原理"则对应着时空的 Boost 对称性。总之,上述有关光性质的"约定"和
"公理"相当于约定"时空"具有庞加莱对称性。

3. 狭义相对论的困难

在享受创建狭义相对论成功所带来的喜悦的同时,爱因斯坦清醒地认识到他的理论存
在两个严重的困难：第一个困难是"惯性系无法定义"；第二个困难是"万有引力定律写不
成洛伦兹协变的形式"。

（1）惯性系所引起的困难

抛弃绝对空间导致了一个新的困难：惯性系如何定义？到哪里去找惯性系？

在牛顿理论中,惯性系被定义为相对于绝对空间静止或作匀速直线运动的参考系。狭
义相对论不承认绝对空间,上述定义不再有效。一个尝试代替的办法是利用惯性定律来定
义惯性系,即定义惯性定律在其中成立的参考系为惯性系。惯性定律是指,"一个不受外力
的物体将保持静止或匀速直线运动的状态不变"。然而,"不受外力"是什么意思？我们只能
说,"不受外力"意味着一个物体能在惯性系中保持静止或匀速直线运动的状态。这种定义
方法形成了一个无法解脱的自我循环,我们定义惯性系要用到惯性定律,定义惯性定律的要
素又要用到惯性系,这样的定义显然是无用的。

通常的力学书告诉我们,地球参考系近似于一个惯性系,太阳参考系比地球参考系更近
似于惯性系,银河参考系又比太阳参考系更接近于惯性系……我们的确可以得到一个比一
个更近似于惯性系的参考系,但用这样的方法不仅得不到严格的惯性系,而且也不能告诉我

空间图 时空图

A处的钟 B处的钟

图 1.1.1 惯性系中异地时钟的校准
（空间图与时空图）

们究竟什么是惯性系。另一个想法是,定义一无所有的空间中静止或作匀速直线运动的参考系为惯性系。但是,如果空间一无所有,我们根本无法标记和区分各种运动,任何参考系都建立不起来。

可见,惯性系的定义问题成了狭义相对论的一个基本困难。狭义相对论的整个理论都建立在惯性系的基础上,但是我们却无法定义或找到一个惯性系。我们有了好的理论,却定义不了也找不到它所适用的框架。于是,整个理论好像建立在沙堆上一样。

(2) 万有引力所引起的困难

狭义相对论遇到的第二个困难与万有引力定律有关。爱因斯坦的狭义相对论,把电磁定律和动力学定律都写成了洛伦兹协变的形式,即四维时空的张量方程。然而,他把万有引力定律写成洛伦兹协变形式的任何企图都失败了;该定律无法纳入狭义相对论的框架,似乎与相对性原理矛盾。当时只知道电磁相互作用和万有引力相互作用,其中一种就与相对论不容,这种情况显然不能令人满意。

1.2 等效原理与广义相对性原理

在试图克服狭义相对论两个困难的过程中,爱因斯坦终于抓住了等效原理这把金钥匙。

1. 广义相对性原理

由于无法定义惯性系,狭义相对论遇到了严重困难。爱因斯坦想,既然惯性系无法定义,不如取消它在相对论中的特殊地位,把自己的整个理论置于"任意参考系"的框架中。即,假定相对性原理和光速不变原理对任何参考系都成立,而不仅仅只对惯性系成立;这样,狭义相对性原理被推广为广义相对性原理:

"一切参考系都是平权的,物理定律在任何坐标系下形式都不变,即具有广义协变性。"

光速不变原理适用的范围也从惯性观测者推广到任意观测者:"任意观测者测量的光速都是 c。"

爱因斯坦指望,基本原理作这样的推广,可以避开定义惯性系的困难,取消惯性系在理论中的特殊地位,而各种物理规律仍能照样写成协变形式。他碰到的首要问题是如何处理惯性力,这种力是惯性系中没有的,但是在非惯性系中却普遍存在。这种力很可能会使物理系统附加新的效应,从而改变物理规律的形式。惯性力有两个特点:

(1) 不起源于物质之间的相互作用,因而没有反作用力;

(2) 惯性力与物质的质量成正比,因此它所拖动物体的加速度与该物体的质量和成分无关。

第一个特点至今仍然使人感到迷惑,第二个特点却使人想到万有引力。引力也与物体的质量成正比,而与物体的成分无关。这种相似性以及伽利略的自由落体实验和马赫对水桶实验的理解,促使爱因斯坦猜想惯性力与引力有相同或相近的本质,因而提出了等效原理。从众多纷乱的现象中,找出反映事物本质的基本原理,正是爱因斯坦的高明之处。

2. 水桶实验与马赫原理

牛顿为了论证绝对空间的存在,设计了一个著名的思想实验:水桶实验。

牛顿认为,所有的匀速直线运动都是相对的,我们不可能通过速度来感知绝对空间的存在。但是,牛顿断言,转动是绝对的,或者说加速运动是绝对的! 牛顿设计了著名的水桶实验来说明自己的观点:

一个装有水的桶,最初桶和水都静止,水面是平的(图1.2.1(a)),然后让桶以角速度 ω 转动。刚开始时,水未被桶带动,桶转水不转,水面仍是平的(图1.2.1(b))。不久,水渐渐被桶带动而旋转,直到与桶一起以角速度 ω 转动,此时水面呈凹形(图1.2.1(c))。然后,让桶突然静止,水仍以角速度 ω 转动,水面仍是凹形的(图1.2.1(d))。

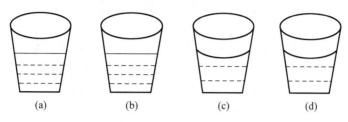

图 1.2.1　牛顿水桶实验

在情况(a)和(c)中,水相对于桶都静止,但在(a)时水面是平的,在(c)时是凹的。而在情况(b)和(d)中,水相对于桶都转动,但在(b)时水面是平的,在(d)时是凹的。显然,水面的形状与水和桶的相对转动无关,水面呈凹形是由于受到惯性离心力的结果。惯性离心力的出现既然与水相对于桶的转动无关,那么与什么有关呢? 牛顿认为,与绝对空间有关,惯性离心力产生于水相对绝对空间的转动。牛顿认为,转动是绝对的,只有相对于绝对空间的转动才是真转动,才会产生惯性离心力。推而广之,加速运动是绝对的,只有相对于绝对空间的加速才是真加速,才会受到惯性力! 通过水桶实验,牛顿论证了绝对空间的存在。

马赫为了维护运动相对性的见解,为了反对绝对空间的存在,也对水桶实验阐述了自己的看法。马赫认为,根本不存在绝对空间;转动不是绝对的,而是相对的,产生惯性离心力是水相对于全宇宙物质(遥远星系)转动的结果。按照马赫的见解,惯性力是全宇宙所有物质作相对加速时施加的综合效应。由于地球及太阳系的质量与遥远星系的质量相比可以忽略,所以,也可以说惯性效应是遥远星系施加的效应。这种认为惯性力起源于物质间的相互作用,起源于受力物体相对于遥远星系的加速运动,而且与引力有着相同或相近的物理根源的思想,后来被爱因斯坦总结为马赫原理。

马赫关于运动相对性的见解,促使爱因斯坦坚持相对性原理,走向狭义相对论的创建。马赫关于惯性起源于物质间相互作用的见解又引导爱因斯坦走向广义相对论的创建,他在广义相对性原理、马赫原理和等效原理的基础上构建起了广义相对论。

爱因斯坦认为自己的广义相对论符合马赫原理;但后来的深入研究表明,广义相对论与马赫原理并不一致。这就是说惯性力的起源问题还没有搞清楚,牛顿水桶实验所揭示的疑难至今仍然存在。

想不到这样一个人人都可以做的、看似毫不起眼的水桶实验,竟然隐含着至今尚未解决的物理学基本问题——惯性效应的根源究竟是什么,从而引得一代代的物理学家去探索其中的奥秘。

3. 引力质量与惯性质量相等

牛顿力学中的质量概念可以从两个角度引入。牛顿认为质量是物质的量,它反映物体产生和接受引力的能力,可以用万有引力效应来定义

$$F = \frac{GMm}{r^2} \qquad (1.2.1)$$

我们称这样定义的质量为引力质量。牛顿又认为质量与物体的惯性成正比,也就是说质量还可以看成物体惯性的量度,可以用惯性的动力学效应来定义

$$F = ma \qquad (1.2.2)$$

我们称其为惯性质量。在牛顿力学中,这两种定义并无内在联系。奇怪的是,对于一切物质,引力质量与惯性质量之比都是常数。这首先反映在自由落体实验上,据说伽利略曾在比萨斜塔上做过自由落体实验。自由下落的球,不管大小和物质成分,都同时落地。根据牛顿第二定律,有

$$m_g g = m_I a \qquad (1.2.3)$$

其中,m_g 和 m_I 分别为引力质量和惯性质量,g 为从万有引力定律算得的重力加速度,a 为物体下落的加速度。在普通物理和理论力学课程中,我们没有区分 m_g 和 m_I,下意识地把它们看成同一个质量,从而有

$$a = g \qquad (1.2.4)$$

使自由落体实验得到解释。不难明白,只要 m_g 和 m_I 成比例,比值与物体的大小及成分无关,就足以解释自由落体实验。实际上,只要 m_g 和 m_I 成比例,我们就可以调节万有引力常数 G 的取值,使得

$$m_g = m_I \qquad (1.2.5)$$

从(1.2.3)式所示的牛顿第二定律与(1.2.4)式所示的自由落体定律出发可以推出(1.2.5)式,这反映了自由落体运动定律的重要物理意义,表明引力质量与惯性质量相等。不过,当时自由落体实验十分粗糙,精度很低。

第一个有意识地检验(1.2.5)式的是牛顿。他用不同材料制作了一些等重的小球,造了几个等长的单摆。然后测这些单摆的周期,发现周期与制造摆球的材料无关。公式

$$T = 2\pi \sqrt{\frac{m_I l}{m_g g}} \qquad (1.2.6)$$

意味着惯性质量与引力质量之比是一个常数,与摆球的物质成分无关。牛顿在 10^{-3} 的精度内证实了(1.2.5)式成立。

厄缶(R. V. Eotvos)在 1900 年前后,用扭摆做了 25 年实验,结论是在 10^{-8} 的精度内(1.2.5)式成立。20 世纪 60 年代,迪克(R. H. Dicke)改进了厄缶的实验,把精度进一步提高到 10^{-11},此后布拉金斯基(V. B. Braginsky,1971 年)和巴塞勒(S. Basseler,1999 年)分别把实验精度提高到 10^{-12}。总而言之,至今的一切实验,都没有测出 m_g 和 m_I 的差别。应该得出结论:引力质量和惯性质量相等是得到实验支持的事实;比较自然的理解是,引力质量和惯性质量可能是同一个东西。

4. 等效原理

引力质量与惯性质量相等的推论是(1.2.4)式成立,它表明引力场与惯性场等效,我们

称为等效原理。注意,等效原理的原意是指引力场与惯性场等效,而不是指引力质量与惯性质量相等。

爱因斯坦关于升降机(电梯)的思想实验,最清楚地表达了他的等效原理思想。设想一个观测者处在一个封闭的升降机内,得不到升降机外部的任何信息。当他看到机内的一切物体都自由下落,下落加速度 a 与物体的大小及物质的组成无关时(此时,他自己也感受到重力 Ma,M 是他自身的质量),他无法断定自己处在下列情况的哪一种:

(1) 升降机静止在一个引力场强为 a 的星球的表面;

(2) 升降机在无引力场的太空中以加速度 a 运动。

当观测者感到自己和升降机内的一切物体都处于失重状态时,他同样无法断定自己处在下列两种情况的哪一种:

(1) 升降机在引力场中自由下落;

(2) 升降机在无引力场的太空中作惯性运动。

造成上述现象的原因,是无法用任何力学实验来区分引力场和惯性场,即等效原理造成了上述不可区分性。

然而,引力场与惯性场还是有不同之处,我们简述下面的差别:

(1) 引力场与惯性场在大范围,或者说有限大小的时空范围内不等效。

例如,惯性离心力与半径 R 成正比

$$F_{惯} \propto R \tag{1.2.7}$$

而引力与半径 R 的平方成反比

$$F_{引} \propto R^{-2} \tag{1.2.8}$$

显然,二者在大的空间范围内不可能等效。类似地,匀加速场的力线是均匀而平行的,引力场的力线是不均匀而会聚的,在大时空范围,二者也不可能等效。所以,惯性场与引力场的等效只存在于局部的、无穷小的时空范围内,即只在每一时空点(而不是空间点)的邻域内等效。

(2) 引力场对时空产生内禀效应,使时空弯曲,而惯性场不产生这种效应,不改变时空曲率。

(3) 引力产生于物体间的相互作用,有反作用力;惯性力与物体的相互作用无关,没有反作用力。

(4) 惯性场可以通过一个整体坐标变换加以消除,引力场却不能(引力场只能在"时空的一点"被局域坐标变换所消除,例如过一点的无穷小自由下落坐标系,可消除那点的引力场),所以称引力场为永久引力场,惯性场为非永久引力场。

上述差别告诉我们,等效原理是一个局域性的原理(注意,局域是指时空点的无穷小邻域,不是指空间点的邻域)。后人进一步把等效原理写成强弱两种形式:

(1) 弱等效原理:引力场与惯性场的力学效应是局域不可分辨的;

(2) 强等效原理:引力场与惯性场的一切物理效应都是局域不可分辨的。

需要说明的是,作为广义相对论基础的是强等效原理,而不只是弱等效原理。弱等效原理等价于"引力质量与惯性质量相等",因而经历过大量严格的实验检验;强等效原理是更强的假设,没有经历 $m_g = m_1$ 那样严格的实验检验。

强等效原理告诉我们,在无穷小范围内,引力场与惯性场的一切物理效应都不可区分。

因此,引力场中一个自由下落的、无自转的、无穷小参考系(自转将会产生惯性离心力和科里奥利力),等价于无引力场太空中作惯性运动的无穷小参考系。如果我们把狭义相对论在其中成立的参考系定义为惯性系,那么,无引力场太空中静止或作匀速直线运动的参考系和引力场中自由下落的、无自转的、无穷小参考系都是严格的惯性系。前者是不可实现的,后者在理论上是可以实现的。于是我们看到了明确定义的、在理论上存在的严格惯性系。虽然它仅仅在无穷小范围内成立,但毕竟是严格的惯性系。强等效原理保证,在引力场中的每一点都可以引入这样的局域惯性系。费米(E. Fermi)后来证明,在引力场中自由下落的、无自转的、无穷小参考系,可以一直保持是一个局域惯性系。从几何的角度讲,就是沿测地线作费米移动(即无自转)的无穷小参考系,可以一直保持是一个局域惯性系。

另一方面,引力场中的这类自由下落惯性系,在外部观测者看来,既不静止也不作匀速直线运动;相反,却是加速参考系,可见加速运动没有绝对意义。不过,这里指的是三维加速度,即两个参照系之间的相对加速度,它确实没有绝对的意义。但是,许多人认为四维加速度,即观测者自身感受到惯性力时的固有加速度有绝对意义。固有加速度为零的观测者沿测地线运动,即作惯性运动。固有加速度不为零的观测者不沿测地线运动,即不作惯性运动。从同一时空点出发,又在另一个时空点会合的所有观测者中,作惯性运动的观测者(即固有加速度始终为零的观测者)经历的时间最长,从几何学的角度来讲就是连接这两点的所有世界线中以测地线为最长。这一点是绝对的,有绝对的物理意义和几何意义,双生子佯谬反映的正是这一结论。

然而,爱因斯坦的下述论述值得注意,"正如狭义相对论禁止我们论及系统的绝对速度一样,等效原理不允许我们谈及参照系的绝对加速度"。他认为四维加速度(固有加速度)也不是绝对的。爱因斯坦认为,绝对速度的不可测定,是一切惯性系平权的先决条件;绝对加速度的不可测定,则是一切参考系平权的先决条件。在他看来,强等效原理虽然不是广义相对性原理的充分条件,却是它的必要条件,爱因斯坦的上述论述值得深思。

1.3 对新理论的构想

等效原理的提出,使爱因斯坦看到,狭义相对论的两个基本困难(惯性系疑难和引力定律的非协变性)之间存在内在联系,有可能一并处理解决。

他把等效原理、马赫原理、广义相对性原理和光速不变原理作为新理论的基础。由于把狭义相对性原理推广为广义相对性原理,他希望新理论是狭义相对论的推广,这就要求把讨论从惯性系推广到任意参考系(包括各种非惯性系)。数学上就是要把正交变换下的直角坐标系,推广为任意坐标变换下的曲线坐标系。显然,由于坐标系选择而引起的惯性力,应该与坐标的曲线性有关。

他希望新理论能够包含引力效应,注意到引力造成的加速度和运动轨迹与运动物体的物质结构无关(例如引力场中的各种自由落体,抛射角和初速度相同但质量与成分不同的各种斜抛物体等),他觉得引力的这种普遍性使它不同于电磁力之类的通常的物理力,应该用完全不同的方式来处理。等效原理使他想到引力应与惯性力一样起源于坐标的曲线性,这种处理方式与其他物理力的处理方式截然不同,可以很好地体现引力的普遍性。考虑到没有引力存在的闵可夫斯基时空是平直的,他觉得有引力存在的时空应该是弯曲的。平直时空的弯曲,自然会使直角坐标变成曲线坐标,产生引力效应。

于是,他猜想新理论应该是一个几何理论,引力即时空的弯曲效应。由于引力的根源是质量,他推测质量的存在会造成时空弯曲。反过来,弯曲的时空又会影响质量的运动。他觉得,新理论的基本方程应该有两个,一个描述质量如何使时空弯曲,质量项=曲率项,另一个描述弯曲时空中质量如何运动。相对论专家惠勒曾经风趣地把爱因斯坦的时空弯曲理论概括为:"物质告诉时空如何弯曲,时空告诉物质如何运动。"

爱因斯坦把新理论看作是狭义相对论在任意参考系及弯曲时空中的推广,因此称其为广义相对论。实际上,这是一个关于时间、空间和引力的理论。

新思想诞生后,下一步就要寻找合适的数学工具,用以建立新的理论。他希望这种数学工具能够描述时空的弯曲,而且能够把张量推广到弯曲时空中去。这种数学工具,就是当时已经发展起来,但不为物理学家所熟悉的黎曼几何。

习题

1. 为什么定义"同时"必须首先"约定"光速? 为什么不可能测量单程光速?
2. 为什么说光速在相对论中处于核心地位?
3. 狭义相对论有哪两个基本困难?
4. 简要说明等效原理和广义相对性原理,为什么说等效原理是一个局域性理论?
5. 牛顿与马赫如何解释水桶实验? 马赫原理的基本思想是什么?
6. 为什么说等效原理揭示了引力是一种几何效应?

第2章

黎曼几何与张量分析

本章介绍作为广义相对论数学基础的黎曼几何与张量分析。首先复习一下狭义相对论中的张量,然后用广义坐标变换定义仿射空间中的张量,并引入联络和度规。引入联络后的仿射空间称为仿射联络空间,可以定义曲率和挠率。引入度规后的仿射联络空间称为黎曼空间,可以定义长度。我们重点讨论无挠的黎曼空间,在其中建立其度规与对称联络之间的联系,并介绍曲率张量的一些重要性质。本章还将介绍直线在弯曲时空中的两种推广方式——测地线和短程线,并指出在广义相对论采用的黎曼空间中,测地线与短程线是一致的。

2.1 狭义相对论中的张量

狭义相对论中的四维闵可夫斯基时空,是一种平直空间。洛伦兹变换是平直空间中的一组线性坐标变换,表示为

$$x'_{\mu} = a_{\mu\alpha} x_{\alpha}, \quad \mu, \alpha = 1, 2, 3, 4; \ x_4 = ict$$

或

$$\mathrm{d}x'_{\mu} = a_{\mu\alpha} \mathrm{d}x_{\alpha} \tag{2.1.1}$$

所谓线性是指变换矩阵元 $a_{\mu\alpha}$ 是不依赖于坐标的常数。这里我们采用爱因斯坦的惯例,即重复指标代表求和,本书将一直沿用这个惯例。变换(2.1.1)式的逆变换可以写作

$$\mathrm{d}x_{\alpha} = (\boldsymbol{a}^{-1})_{\alpha\mu} \mathrm{d}x'_{\mu} \tag{2.1.2}$$

其中,$\boldsymbol{a}^{-1}$ 为变换矩阵 $\boldsymbol{a}$ 的逆矩阵,即

$$\boldsymbol{a}^{-1}\boldsymbol{a} = \boldsymbol{a}\boldsymbol{a}^{-1} = \boldsymbol{I} \tag{2.1.3A}$$

或

$$(\boldsymbol{a}^{-1})_{\alpha\mu} a_{\mu\beta} = \delta_{\alpha\beta}, \quad a_{\mu\alpha} (\boldsymbol{a}^{-1})_{\alpha\gamma} = \delta_{\mu\gamma} \tag{2.1.3B}$$

式中,$\boldsymbol{I}$ 为单位矩阵,$\delta_{\alpha\beta} = \begin{cases} 1, & \alpha = \beta \\ 0, & \alpha \neq \beta \end{cases}$。光速不变原理要求时空间隔在洛伦兹变换下保持不变,即

$$\mathrm{d}s^2 = \mathrm{d}x'_{\mu} \mathrm{d}x'_{\mu} = \mathrm{d}x_{\alpha} \mathrm{d}x_{\alpha} \tag{2.1.4}$$

这使得变换矩阵一定是正交的,即

$$\tilde{a}a = I \quad 或 \quad \tilde{a} = a^{-1} \tag{2.1.5}$$

即

$$\tilde{a}_{\alpha\mu}a_{\mu\beta} = \delta_{\alpha\beta} \tag{2.1.6A}$$

$$a_{\mu\alpha}\tilde{a}_{\alpha\nu} = \delta_{\mu\nu} \tag{2.1.6B}$$

其中,$\tilde{a}$ 为 a 的转置矩阵,定义为

$$\tilde{a}_{\alpha\mu} = a_{\mu\alpha} \tag{2.1.7}$$

因此,(2.1.6)式还可写成

$$a_{\mu\alpha}a_{\mu\beta} = \delta_{\alpha\beta} \tag{2.1.6A$'$}$$

$$\tilde{a}_{\alpha\mu}\tilde{a}_{\alpha\nu} = a_{\mu\alpha}a_{\nu\alpha} = \delta_{\mu\nu} \tag{2.1.6B$'$}$$

我们看到,洛伦兹变换是一种线性正交变换。

张量的定义有两个要点,第一个要点是它的分量的个数,第二个要点是它在坐标变换下按特定的规律变化。

狭义相对论中的零阶张量(标量)定义为洛伦兹变换下的不变量,即它在洛伦兹变换下不变

$$U'(x') = U(x) \tag{2.1.8}$$

这里 x' 和 x 分别表示数组 x'_μ 和 x_μ($\mu = 1,2,3,4$)。显然,标量只有一个分量;这里需要强调,所谓标量,即不变量,不一定是常数。它一般是坐标的函数,在不同空间点可以有不同的取值,它的特点是不依赖于坐标变换,即标量在一个确定的空间点的取值,在不同坐标系下是相同的。

狭义相对论中的一阶张量(矢量)定义为由四个分量组成的一个数学量,它在洛伦兹变换下像坐标微分一样变换:

$$V'_\mu = a_{\mu\alpha}V_\alpha, \quad \mu,\alpha = 1,2,3,4 \tag{2.1.9}$$

二阶张量用下式定义

$$T'_{\mu\nu} = a_{\mu\alpha}a_{\nu\beta}T_{\alpha\beta} \tag{2.1.10}$$

也就是说,二阶张量是在洛伦兹变换下按(2.1.10)式变换的量。显然,四维空间中的二阶张量有十六个分量。同理,n 阶张量定义为按下式变换的量

$$T'_{\mu\nu\cdots\lambda} = a_{\mu\alpha}a_{\nu\beta}\cdots a_{\lambda\sigma}T_{\alpha\beta\cdots\sigma} \tag{2.1.11}$$

总之,张量是按照它们在洛伦兹变换下的变换规则来定义的。为了加强理解,下面写出洛伦兹变换的具体形式和两个在狭义相对论中见过的张量(本节符号与郭硕鸿《电动力学》一致)。

(1) 洛伦兹变换

$$\begin{pmatrix} dx'_1 \\ dx'_2 \\ dx'_3 \\ dx'_4 \end{pmatrix} = \begin{pmatrix} \gamma & 0 & 0 & i\beta\gamma \\ 0 & 1 & 0 & 0 \\ 0 & 0 & 1 & 0 \\ -i\beta\gamma & 0 & 0 & \gamma \end{pmatrix} \begin{pmatrix} dx_1 \\ dx_2 \\ dx_3 \\ dx_4 \end{pmatrix} \tag{2.1.12}$$

式中,$\gamma = (1-\beta^2)^{-\frac{1}{2}}$,$\beta = v/c$。

(2) 电磁四矢

$$A_\mu = (A_1, A_2, A_3, A_4) \tag{2.1.13}$$

这是一个矢量,其中 $A_4 = \dfrac{i}{c}\Phi, \Phi$ 为静电势。

（3）电磁场强

$$
F_{\mu\nu} = \begin{pmatrix} 0 & B_3 & -B_2 & -\dfrac{i}{c}E_1 \\[2mm] -B_3 & 0 & B_1 & -\dfrac{i}{c}E_2 \\[2mm] B_2 & -B_1 & 0 & -\dfrac{i}{c}E_3 \\[2mm] \dfrac{i}{c}E_1 & \dfrac{i}{c}E_2 & \dfrac{i}{c}E_3 & 0 \end{pmatrix}, \quad \mu,\nu = 1,2,3,4 \tag{2.1.14}
$$

这是一个二阶张量,而且是反对称的。

洛伦兹变换是平直空间中的线性正交变换。坐标变换的线性,保证了变换系数 $a_{\mu\nu}$ 一定是常数,即变换矩阵 a 的十六个矩阵元虽然可能互不相同,但每个都必须是常数。坐标变换的正交性,保证了变换矩阵元满足(2.1.6A′)式和(2.1.6B′)式,注意这并不意味着变换矩阵是对称的。事实上,洛伦兹变换的矩阵只是线性复正交的、厄尔米特的,但不是对称的,也不是幺正的。

2.2 广义相对论中的张量

1. 广义坐标变换

前面已经谈到,狭义相对论中的张量是按照它们在洛伦兹变换下的规则来定义的。洛伦兹变换是线性的,变换系数是常数。

研究广义相对论,需要在弯曲空间中讨论问题。平直空间只是弯曲空间的一个特例,它的曲率是零。在弯曲空间中,坐标变换肯定不是线性的,一般也不是正交的。即使在平直空间中,线性正交变换也只是一类特殊的坐标变换,一般的坐标变换都是非线性的、非正交的。我们把广义相对论中应用的一般坐标变换(包括线性、非线性、正交、非正交)统称为广义坐标变换;广义坐标变换通常都是非线性的。

我们现在撇开空间的平直性,在仿射空间中进行讨论。所谓仿射是指线性,如果矢量的线性叠加仍是此空间的矢量,这个空间就称为仿射空间;不过,仿射空间没有定义零矢量,也没有定义曲率和挠率。只有定义了曲率和挠率之后,我们才能谈论这个仿射空间是否弯曲或扭曲。

设四维仿射空间中的广义坐标变换

$$
x'^{\mu} = x'^{\mu}(x^{\nu}), \quad \mu,\nu = 1,2,3,4 \tag{2.2.1}
$$

联系两组广义坐标 x'^{μ} 和 x^{ν},其中 $x^4 = ict$。函数关系(2.2.1)式可能十分复杂,不过我们可以写出坐标微分的变换公式

$$
\mathrm{d}x'^{\mu} = \frac{\partial x'^{\mu}}{\partial x^{\alpha}}\mathrm{d}x^{\alpha} \tag{2.2.2}
$$

式中,重复指标代表求和。代表求和的重复指标又称傀偏指标,或简称傀标。在广义坐标变

换下,傀标由一个上标和一个下标组成,而不能由两个相同的上标,或两个相同的下标组成。

(2.2.2)式形式上已比(2.2.1)式简单,变换系数 $\dfrac{\partial x'^{\mu}}{\partial x^{\alpha}}$ 虽然是空间点的函数,但在一个确定的空间点,它取确定值;所以,对于每一个确定的空间点,变换(2.2.2)式都可看作线性变换,只不过变换矩阵随不同点而异。

如果变换矩阵非奇异,即行列式

$$\det\left|\frac{\partial x'^{\mu}}{\partial x^{\alpha}}\right| \neq 0 \ \text{或} \ \infty \tag{2.2.3}$$

则坐标微分的逆变换存在

$$\mathrm{d}x^{\alpha} = \frac{\partial x^{\alpha}}{\partial x'^{\mu}}\mathrm{d}x'^{\mu} \tag{2.2.4}$$

显然,变换系数满足

$$\frac{\partial x^{\alpha}}{\partial x'^{\mu}} \cdot \frac{\partial x'^{\mu}}{\partial x^{\beta}} = \frac{\partial x^{\alpha}}{\partial x^{\beta}} = \delta^{\alpha}_{\ \beta} \tag{2.2.5A}$$

和

$$\frac{\partial x'^{\mu}}{\partial x^{\alpha}} \cdot \frac{\partial x^{\alpha}}{\partial x'^{\nu}} = \delta^{\mu}_{\ \nu} \tag{2.2.5B}$$

其中,克罗内克(Kroneker)符号定义为

$$\delta^{\alpha}_{\ \beta} = \begin{cases} 1, & \alpha = \beta \\ 0, & \alpha \neq \beta \end{cases} \tag{2.2.6}$$

这表明,(2.2.2)式和(2.2.4)式中的变换矩阵互为逆矩阵。

我们看到,变换(2.2.2)式与(2.2.4)式分别相应于洛伦兹变换(2.1.1)式与(2.1.2)式

$$a_{\mu\nu} \sim \frac{\partial x'^{\mu}}{\partial x^{\nu}} \tag{2.2.7}$$

$$(a^{-1})_{\nu\mu} \sim \frac{\partial x^{\nu}}{\partial x'^{\mu}} \tag{2.2.8}$$

表达式(2.2.5)相应于洛伦兹变换中的(2.1.3)式。但要注意,与洛伦兹变换不同,变换矩阵 $\left(\dfrac{\partial x'^{\mu}}{\partial x^{\nu}}\right)$ 一般不是正交矩阵,其逆矩阵

$$\left(\frac{\partial x'^{\mu}}{\partial x^{\nu}}\right)^{-1} = \left(\frac{\partial x^{\nu}}{\partial x'^{\mu}}\right) \tag{2.2.9}$$

不是原矩阵 $\left(\dfrac{\partial x'^{\mu}}{\partial x^{\nu}}\right)$ 的转置矩阵。所以,洛伦兹变换下变换矩阵满足的关系式(2.1.5)~(2.1.7),在广义坐标变换下一般不再成立。

我们已经看到广义坐标变换不同于洛伦兹变换的两个特点:

(1)变换矩阵不一定是正交矩阵。

(2)变换矩阵的矩阵元不再是常数。

注意到张量在空间中是逐点定义的(各点的张量再共同构成整个空间的张量场),变换系数(即变换矩阵元)不是常数并不妨碍我们利用坐标微分的变换式(2.2.2)和(2.2.4),仿

照狭义相对论情况来定义广义坐标变换下的张量。

2. 广义相对论中的张量

狭义相对论中的张量是在洛伦兹变换下定义的,广义相对论中的张量要在仿射空间中用广义坐标变换来定义。与狭义相对论情况不同的是,在广义坐标变换下,我们可以定义两类张量,逆变张量(抗变张量)和协变张量(共变张量)。

仿照狭义相对论情况,在四维仿射空间中,我们把零阶张量(标量)定义为在广义坐标变换下不变的量

$$U'(\boldsymbol{x}') = U(\boldsymbol{x}) \tag{2.2.10}$$

标量又称不变量。再强调一下,不变量并不是常数。$\boldsymbol{x}'$ 意味着数组 x'^{μ},$\boldsymbol{x}$ 意味着数组 x^{μ},$\boldsymbol{x}'$ 与 $\boldsymbol{x}$ 是同一空间点在不同坐标系下的坐标。

一阶逆变张量(逆变矢量)定义为,在广义坐标变换下像坐标微分一样变换的量(注意,坐标本身一般不是矢量,坐标微分才是矢量),如下

$$V'^{\mu} = \frac{\partial x'^{\mu}}{\partial x^{\alpha}} V^{\alpha} \tag{2.2.11}$$

显然,它有四个分量,每个分量都是空间点的函数(坐标的函数)。

二阶逆变张量定义为,在广义坐标变换下按下面规律变换的量

$$T'^{\mu\nu} = \frac{\partial x'^{\mu}}{\partial x^{\alpha}} \frac{\partial x'^{\nu}}{\partial x^{\beta}} T^{\alpha\beta} \tag{2.2.12}$$

在四维空间中,它有十六个分量,每个分量都是坐标的函数。

n 阶逆变张量定义为按下面规律变换的量

$$T'^{\mu\nu\cdots\lambda} = \frac{\partial x'^{\mu}}{\partial x^{\alpha}} \frac{\partial x'^{\nu}}{\partial x^{\beta}} \cdots \frac{\partial x'^{\lambda}}{\partial x^{\sigma}} T^{\alpha\beta\cdots\sigma} \tag{2.2.13}$$

显然,在四维空间中,它有 4^n 个分量。

我们用上标 $\mu\nu\cdots\lambda$ 来标志逆变张量,称它们为逆变指标。不难看出,每一个逆变指标,都按坐标微分的变换规律来变换。

一阶协变张量(协变矢量)定义为,在广义坐标变换下按下面规律变换的量

$$V'_{\mu} = \frac{\partial x^{\alpha}}{\partial x'^{\mu}} V_{\alpha} \tag{2.2.14}$$

二阶和 n 阶协变张量分别定义为按下列规律变换的量

$$T'_{\mu\nu} = \frac{\partial x^{\alpha}}{\partial x'^{\mu}} \frac{\partial x^{\beta}}{\partial x'^{\nu}} T_{\alpha\beta} \tag{2.2.15}$$

$$T'_{\mu\nu\cdots\lambda} = \frac{\partial x^{\alpha}}{\partial x'^{\mu}} \frac{\partial x^{\beta}}{\partial x'^{\nu}} \cdots \frac{\partial x^{\sigma}}{\partial x'^{\lambda}} T_{\alpha\beta\cdots\sigma} \tag{2.2.16}$$

显然,n 阶协变张量共有 4^n 个分量,每个分量都是坐标的函数。我们用下标来标志协变张量,称这些指标为协变指标。

除去零阶情况以外,n 阶协变张量不同于同阶的逆变张量。从(2.2.5)式可知,它们的变换矩阵 $\left(\dfrac{\partial x'}{\partial x}\right)$ 和 $\left(\dfrac{\partial x}{\partial x'}\right)$,互为逆矩阵。

此外,还可以定义另一类张量——混合张量。它既有逆变指标,又有协变指标,如

$$T'^{\mu_1\mu_2\cdots\mu_p}_{\nu_1\nu_2\cdots\nu_q} = \frac{\partial x'^{\mu_1}}{\partial x^{\alpha_1}}\cdots\frac{\partial x'^{\mu_p}}{\partial x^{\alpha_p}} \cdot \frac{\partial x^{\beta_1}}{\partial x'^{\nu_1}}\cdots\frac{\partial x^{\beta_q}}{\partial x'^{\nu_q}} T^{\alpha_1\alpha_2\cdots\alpha_p}_{\beta_1\beta_2\cdots\beta_q} \tag{2.2.17}$$

有 p 个逆变指标和 q 个协变指标的张量称为 $(p+q)$ 阶混合张量,或更正规地称为 (p,q) 阶张量。n 阶逆变张量可正规地称为 $(n,0)$ 阶张量;n 阶协变张量可称为 $(0,n)$ 阶张量。例如,标量为 $(0,0)$ 阶张量,逆变矢量为 $(1,0)$ 阶张量,协变矢量为 $(0,1)$ 阶张量……

不难证明,克罗内克符号 δ^α_β 是 $(1,1)$ 阶的混合张量。定义克罗内克符号的目的是希望找到这样一个符号,它在任何坐标系下均满足 $(2.2.6)$ 式。现在,我们先在一个坐标系下按 $(2.2.6)$ 式定义 δ^α_β,然后用混合张量的变换式 $(2.2.17)$,定义其他坐标系下的符号 δ'^μ_ν:

$$\delta'^\mu_\nu = \frac{\partial x'^\mu}{\partial x^\alpha}\frac{\partial x^\beta}{\partial x'^\nu}\delta^\alpha_\beta = \frac{\partial x'^\mu}{\partial x^\alpha}\frac{\partial x^\alpha}{\partial x'^\nu} = \frac{\partial x'^\mu}{\partial x'^\nu} = \begin{cases} 1, & \mu=\nu \\ 0, & \mu\neq\nu \end{cases} \tag{2.2.18}$$

这里,已经用了 $(2.2.5B)$ 式。δ'^μ_ν 满足克罗内克符号的定义 $(2.2.6)$ 式,所以它是新坐标系下的克罗内克符号。我们看到,克罗内克符号在坐标变换下的变换式 $(2.2.18)$ 恰是 $(1,1)$ 阶混合张量的变换式,所以它是一个 $(1,1)$ 阶的张量。

在狭义相对论情况,我们只有一类张量。在广义坐标变换下,我们却有两类张量,逆变张量与协变张量。应该指出,洛伦兹变换是线性正交的,如果我们把广义坐标变换也限制为线性正交变换,则逆变张量与协变张量的变换规律将变得相同,两类张量将变成同一类张量。坐标变换的线性将使变换系数成为常数:

$$\frac{\partial x'^\mu}{\partial x^\alpha} = a^\mu_\alpha \tag{2.2.19}$$

$$\frac{\partial x^\alpha}{\partial x'^\mu} = (a^{-1})^\alpha_\mu \tag{2.2.20}$$

变换的正交性将使

$$(a^{-1})^\alpha_\mu = \tilde{a}^\alpha_\mu \tag{2.2.21}$$

其中,$\tilde{a}$ 为 a 的转置矩阵。所以

$$\frac{\partial x^\alpha}{\partial x'^\mu} = \tilde{a}^\alpha_\mu = a^\mu_\alpha = \frac{\partial x'^\mu}{\partial x^\alpha} \tag{2.2.22}$$

可见,此时协变张量与逆变张量有相同的变换规则,在采用正定度规时,它们的差别消失;此时我们只有一类张量,不分逆变与协变,也不分上标与下标。但在采用不定度规时,协变张量与逆变张量虽然变换规则相同,但某些协变分量会和对应的逆变分量差一个负号。(参见 3.5 节)

2.3 张量代数

张量之间可以进行加法、减法和乘法运算。张量的分量是空间点的函数,只有同一点上的张量之间的代数运算才有意义。张量的变换矩阵在不同空间点不同,只有同一点上的张量之间的代数运算,才能使运算后的量保持张量性质。

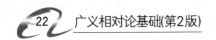

1. 张量的加法与减法

张量的加减法定义为相应分量的加减法,因此作加减运算的张量必须同阶。如

$$C_{\rho\tau\lambda}^{\mu\nu} = A_{\rho\tau\lambda}^{\mu\nu} + B_{\rho\tau\lambda}^{\mu\nu} \tag{2.3.1}$$

2. 张量的乘法

张量的乘法是指"外乘",作外乘运算的张量不一定要同阶,外乘运算使张量的阶数升高。如

$$C_{\alpha\beta\gamma}^{\mu\nu} = A_{\alpha\beta}^{\mu} \cdot B_{\gamma}^{\nu} \tag{2.3.2}$$

一个 (p_1,q_1) 阶张量与一个 (p_2,q_2) 阶张量相乘,结果是一个 (p_1+p_2,q_1+q_2) 阶张量。

3. 张量的缩并

混合张量有一种特殊的运算,叫缩并。它让混合张量的一对上下标成为傀标,重复指标代表求和。容易验证,傀标在坐标变换下不再起张量指标的作用,即缩并使张量的阶降低。(p,q) 阶张量缩并一次,将变为 $(p-1,q-1)$ 阶张量。例如张量 $C_{\rho\tau\lambda}^{\mu\nu}$ 对上标 μ 和下标 τ 的缩并是

$$C_{\rho\lambda}^{\nu} = C_{\rho\mu\lambda}^{\mu\nu} \tag{2.3.3}$$

注意,缩并必须在上标和下标之间进行;两个上标之间或两个下标之间,都不能缩并,因此只有混合张量才能进行缩并运算。

4. 矢量的标积

标积又称内积,两个矢量的标积定义为它们外乘后再缩并

$$C = A^{\mu}B_{\mu} \tag{2.3.4}$$

重复指标代表求和。显然,矢量的内积只能在逆变矢量与协变矢量之间进行;内积的结果,是一个标量。

5. 张量的对称性

一个二阶协变张量,如果满足关系式

$$T_{\mu\nu} = T_{\nu\mu} \tag{2.3.5}$$

则称它是对称张量。如果满足

$$T_{\mu\nu} = -T_{\nu\mu} \tag{2.3.6}$$

则称它是反对称张量。同样可定义二阶逆变的对称和反对称张量

$$T^{\mu\nu} = T^{\nu\mu} \tag{2.3.7}$$

$$T^{\mu\nu} = -T^{\nu\mu} \tag{2.3.8}$$

高阶张量,如果对一对上标满足

$$T_{\alpha\beta\gamma\delta}^{\mu\nu\sigma} = T_{\alpha\beta\gamma\delta}^{\mu\sigma\nu} \tag{2.3.9}$$

称它对上标 ν,σ 是对称的。如果

$$T_{\alpha\beta\gamma\delta}^{\mu\nu\sigma} = -T_{\alpha\beta\gamma\delta}^{\mu\sigma\nu} \tag{2.3.10}$$

则称它对上标 ν,σ 是反称的。对下标也有同样情况,如果

$$T^{\mu\nu\sigma}_{\alpha\beta\gamma\delta} = T^{\mu\nu\sigma}_{\delta\beta\gamma\alpha} \tag{2.3.11}$$

称此张量对下标 α,δ 是对称的。如果

$$T^{\mu\nu\sigma}_{\alpha\beta\gamma\delta} = -T^{\mu\nu\sigma}_{\alpha\delta\gamma\beta} \tag{2.3.12}$$

则称此张量对下标 β,δ 是反称的。

注意,张量的对称性只存在于上标与上标之间,下标与下标之间。当我们说某个高阶张量是对称的,而没有特别指明相应的指标时,意思是说它的任何两个指标都是对称的。同样,当我们说一个高阶张量是反对称张量,而不指明指标时,则每一对指标都是反称的。

反对称张量有一个特点,一对反对称指标取同样值的分量,必定是零。例如,二阶反对称张量写成矩阵时,对角元一定都是零。

顺便指出,任意一个二阶逆变(或协变)张量 $T^{\mu\nu}$,都可以分解成一个对称张量 $T^{(\mu\nu)}$ 和一个反对称张量 $T^{[\mu\nu]}$ 之和

$$T^{\mu\nu} = T^{(\mu\nu)} + T^{[\mu\nu]} \tag{2.3.13}$$

其中

$$T^{(\mu\nu)} \equiv \frac{1}{2}(T^{\mu\nu} + T^{\nu\mu}) \tag{2.3.14}$$

$$T^{[\mu\nu]} \equiv \frac{1}{2}(T^{\mu\nu} - T^{\nu\mu}) \tag{2.3.15}$$

2.4 平移与联络

张量是逐点定义的,A 点的张量与 B 点的张量相减,其差将既不是 A 点的张量,也不是 B 点的张量。这就是说,两个不同点上的张量直接相减,其差将会失去张量的变换性质,不再是张量。然而,研究张量场的微分,又必须用到相邻两点的张量之差。为了使微分运算不破坏张量性质,必须用一种特殊的方式来定义相邻两点的张量之差,使新定义的"差"保持张量的变换性质。为此,我们引入"矢量平移"和"仿射联络"两个新概念。

先研究协变矢量的平移。设矢量场 A_μ 在相邻的 P、Q 两点的值分别为 $A_\mu(P)$ 和 $A_\mu(Q)$。这样来定义矢量的平移:P 点的矢量 $A_\mu(P)$ 平移到 Q 点后,写作 $A_\mu(P \to Q)$,一般说来,它不等于矢量场 A_μ 在 Q 点的值 $A_\mu(Q)$,定义要求平移后所得的新矢量 $A_\mu(P \to Q)$ 在 Q 点具有协变矢量的变换性质

$$A'_\mu(P \to Q) = \left(\frac{\partial x^\alpha}{\partial x'^\mu}\right)_Q A_\alpha(P \to Q) \tag{2.4.1}$$

我们知道,矢量 $A_\mu(P)$ 虽然在 P 点是一个协变矢量,在 Q 点却不能像 $A_\mu(Q)$ 那样按协变矢量的规则变换;所以,平移后的矢量 $A_\mu(P \to Q)$ 显然与 $A_\mu(P)$ 不同,会有一个增量。平移的定义要求,平移所引起的改变量 $\delta A_\mu(P)$ 正比于 $A_\mu(P)$ 和 P、Q 两点间的位移 $\mathrm{d}x^\nu$。注意,定义要求对于 $\delta A_\mu(P)$ 的任意一个分量,例如 $\delta A_2(P)$,$A_\mu(P)$ 的所有分量都有贡献。考虑到 $A_\mu(P)$ 和 $\mathrm{d}x^\nu$ 的所有分量都有贡献,$\delta A_\mu(P)$ 用下式表示:

$$\delta A_\mu(P) \equiv A_\mu(P \to Q) - A_\mu(P) = \Gamma^\lambda_{\mu\nu}(P) \cdot A_\lambda(P) \cdot \mathrm{d}x^\nu \tag{2.4.2}$$

式中引入了比例系数 $\Gamma^\lambda_{\mu\nu}(P)$,$\Gamma^\lambda_{\mu\nu}(P)$ 就叫 P 点的仿射联络,或简称联络。定义了联络的

仿射空间,称仿射联络空间。注意,上式中重复指标代表求和;四维仿射空间中的联络,共有 $4^3=64$ 个分量。

我们看到,平移的定义有两点要求。第一,平移后的矢量 $A_\mu(P \to Q)$ 应是 Q 点的矢量;第二,平移所引起的改变量与原矢量及平移的位移均成(2.4.2)式所示的线性关系。这种平移,称为列维-西维塔平移。

我们现在来求联络在坐标变换下的变换性质,前提是保证矢量平移条件(2.4.1)式成立。利用(2.4.2)式以及变换矩阵元满足的微分关系

$$\left(\frac{\partial x^\alpha}{\partial x'^\mu}\right)_Q = \left(\frac{\partial x^\alpha}{\partial x'^\mu}\right)_P + \left(\frac{\partial^2 x^\alpha}{\partial x'^\nu \partial x'^\mu}\right)_P \mathrm{d}x'^\nu = \left(\frac{\partial x^\alpha}{\partial x'^\mu}\right)_P + \left(\frac{\partial^2 x^\alpha}{\partial x'^\mu \partial x'^\nu} \frac{\partial x'^\nu}{\partial x^\sigma}\right)_P \mathrm{d}x^\sigma \quad (2.4.3)$$

(2.4.1)式可写作

$$A'_\mu + \Gamma'^\lambda_{\mu\nu} \cdot A'_\lambda \cdot \mathrm{d}x'^\nu = \left(\frac{\partial x^\alpha}{\partial x'^\mu} + \frac{\partial^2 x^\alpha}{\partial x'^\mu \partial x'^\nu} \frac{\partial x'^\nu}{\partial x^\sigma} \mathrm{d}x^\sigma\right) \cdot (A_\alpha + \Gamma^\beta_{\alpha\gamma} \cdot A_\beta \cdot \mathrm{d}x^\gamma)$$

$$(2.4.4)$$

上式中的各量都在 P 点取值,因此下标 P 被省略了。把

$$A'_\mu = \frac{\partial x^\alpha}{\partial x'^\mu} A_\alpha, \quad \mathrm{d}x'^\nu = \frac{\partial x'^\nu}{\partial x^\sigma} \mathrm{d}x^\sigma$$

代入(2.4.4)式,并略去坐标微分的二阶以上小量,可得

$$\Gamma'^\lambda_{\mu\nu} \frac{\partial x^\rho}{\partial x'^\lambda} \frac{\partial x'^\nu}{\partial x^\sigma} A_\rho \mathrm{d}x^\sigma = \Gamma^\beta_{\alpha\sigma} \frac{\partial x^\alpha}{\partial x'^\mu} A_\beta \mathrm{d}x^\sigma + \frac{\partial^2 x^\alpha}{\partial x'^\mu \partial x'^\nu} \frac{\partial x'^\nu}{\partial x^\sigma} A_\alpha \mathrm{d}x^\sigma \quad (2.4.5)$$

注意到傀偏指标(即代表求和的重复指标)可以任意更换,上式化成

$$\left(\Gamma'^\lambda_{\mu\nu} \frac{\partial x^\rho}{\partial x'^\lambda} \frac{\partial x'^\nu}{\partial x^\sigma} - \Gamma^\rho_{\alpha\sigma} \frac{\partial x^\alpha}{\partial x'^\mu} - \frac{\partial^2 x^\rho}{\partial x'^\mu \partial x'^\nu} \frac{\partial x'^\nu}{\partial x^\sigma}\right) A_\rho \mathrm{d}x^\sigma = 0 \quad (2.4.6)$$

注意,上式左边共有 16 项,由于 A_ρ、$\mathrm{d}x^\sigma$ 都是 P 点的任意矢量,要使上式为零,左边每一个括弧内的部分必须各自为零,于是有

$$\Gamma'^\lambda_{\mu\nu} \frac{\partial x^\rho}{\partial x'^\lambda} \frac{\partial x'^\nu}{\partial x^\sigma} = \Gamma^\rho_{\alpha\sigma} \frac{\partial x^\alpha}{\partial x'^\mu} + \frac{\partial^2 x^\rho}{\partial x'^\mu \partial x'^\nu} \frac{\partial x'^\nu}{\partial x^\sigma} \quad (2.4.7)$$

两边乘以 $\frac{\partial x'^\tau}{\partial x^\rho} \frac{\partial x^\sigma}{\partial x'^\gamma}$,对重复指标求和,并注意到(2.2.5)式,可得

$$\Gamma'^\tau_{\mu\gamma} = \Gamma^\rho_{\alpha\sigma} \frac{\partial x^\alpha}{\partial x'^\mu} \frac{\partial x^\sigma}{\partial x'^\gamma} \frac{\partial x'^\tau}{\partial x^\rho} + \frac{\partial^2 x^\rho}{\partial x'^\mu \partial x'^\gamma} \frac{\partial x'^\tau}{\partial x^\rho} \quad (2.4.8)$$

这就是仿射联络在坐标变换下的变换公式。显然,它不同于张量变换的公式;因此,联络不是张量。

我们只要在任意一个坐标系中给定一个联络场 $\Gamma^\rho_{\alpha\sigma}$,就可以用(2.4.8)式给出该联络场在其他坐标系中的表达式 $\Gamma'^\rho_{\alpha\sigma}$。

可以证明,逆变矢量在平移下的增量为

$$\delta A^\mu(P) \equiv A^\mu(P \to Q) - A^\mu(P) = -\Gamma^\mu_{\lambda\nu}(P) \cdot A^\lambda(P) \cdot \mathrm{d}x^\nu \quad (2.4.9)$$

更高阶张量的平移公式我们兴趣不大,标量在平移下不发生改变。

根据上面的讨论,我们不难看出联络有下列性质:

(1) 在同一仿射空间中引入两种联络 $_1\Gamma^\lambda_{\mu\nu}$ 和 $_2\Gamma^\lambda_{\mu\nu}$,虽然它们中的每一个都不是张量,但

它们的差 $\delta\Gamma^\lambda_{\mu\nu}$ 是 $(1,2)$ 阶张量

$$\delta\Gamma^\lambda_{\mu\nu} = {}_1\Gamma^\lambda_{\mu\nu} - {}_2\Gamma^\lambda_{\mu\nu} \tag{2.4.10}$$

（2）联络一般是非对称的，但可以写成对称部分和反对称部分之和

$$\Gamma^\lambda_{\mu\nu} = \Gamma^\lambda_{(\mu\nu)} + \Gamma^\lambda_{[\mu\nu]} \tag{2.4.11}$$

其对称部分

$$\Gamma^\lambda_{(\mu\nu)} \equiv \frac{1}{2}(\Gamma^\lambda_{\mu\nu} + \Gamma^\lambda_{\nu\mu}) \tag{2.4.12}$$

叫对称联络，它不是张量。反对称部分

$$\Gamma^\lambda_{[\mu\nu]} \equiv \frac{1}{2}(\Gamma^\lambda_{\mu\nu} - \Gamma^\lambda_{\nu\mu}) \tag{2.4.13}$$

是张量，叫挠率张量。

联络总共有 64 个分量，其对称部分有 40 个独立分量，反对称部分（挠率张量）有 24 个独立分量。

2.5 协变微商

有了矢量平移和仿射联络的概念，我们就可以定义张量场的微商运算。这种新的微商叫协变微商，能保证微商后的量仍是张量。

1. 标量场的协变微商

标量场 $U(\boldsymbol{x})$ 的普通微商用 $U_{,\mu}$ 来表示：

$$U_{,\mu} \equiv \frac{\partial U(\boldsymbol{x})}{\partial x^\mu} \tag{2.5.1}$$

变换到新坐标系为 $U'_{,\mu}$，容易看出

$$U'_{,\mu} \equiv \frac{\partial U'(\boldsymbol{x}')}{\partial x'^\mu} = \frac{\partial U'}{\partial x^\alpha}\frac{\partial x^\alpha}{\partial x'^\mu} = \frac{\partial U}{\partial x^\alpha}\frac{\partial x^\alpha}{\partial x'^\mu} = U_{,\alpha}\frac{\partial x^\alpha}{\partial x'^\mu} \tag{2.5.2}$$

可见 $U_{,\mu}$ 是协变矢量。标量场的普通微商虽然不再是标量场，但仍属于张量场的一种；因此，标量场的普通微商就被定义为它的协变微商。我们用符号"；"来表示协变微商，对标量场有

$$U_{;\mu} = U_{,\mu} \tag{2.5.3}$$

2. 协变矢量场的协变微商

协变矢量的普通微商定义为

$$A_{\mu,\nu} \equiv \frac{\partial A_\mu}{\partial x^\nu} \equiv \lim_{Q\to P}\frac{A_\mu(Q) - A_\mu(P)}{\Delta x^\nu} \tag{2.5.4}$$

因为空间二不同点的张量之差 $[A_\mu(Q) - A_\mu(P)]$ 不再是张量，上述普通微商一般不再具有张量性质。

协变矢量的协变微商用平移来定义：

$$A_{\mu;\nu} \equiv \lim_{Q\to P}\frac{A_\mu(Q) - A_\mu(P\to Q)}{\Delta x^\nu} \tag{2.5.5}$$

利用(2.4.2)式可得

$$A_{\mu;\nu} = A_{\mu,\nu} - \Gamma^{\lambda}_{\mu\nu}A_{\lambda} \tag{2.5.6}$$

这就是协变矢量的协变微商公式。上节指出,平移操作保证 $A_{\mu}(Q)$ 和 $A_{\mu}(P \rightarrow Q)$ 都是 Q 点的张量,所以 $A_{\mu;\nu}$ 仍具有张量的性质;不难验证,它是二阶协变张量。但要注意(2.5.6)式右端两项中的任何一项,单独拿出来都不是张量,只有它们的差才是张量。

3. 协变微商的莱布尼茨法则

规定协变微商与普通微商一样,服从莱布尼茨法则

$$(A_{\cdots}^{\cdots}B_{\cdots}^{\cdots})_{;\lambda} = (A_{\cdots;\lambda}^{\cdots})(B_{\cdots}^{\cdots}) + (A_{\cdots}^{\cdots})(B_{\cdots;\lambda}^{\cdots}) \tag{2.5.7}$$

例如 $(A_{\sigma}^{\mu\nu}B_{\beta\gamma\epsilon}^{\alpha})_{;\lambda} = A_{\sigma\ ;\lambda}^{\mu\nu} \cdot B_{\beta\gamma\epsilon}^{\alpha} + A_{\sigma}^{\mu\nu} \cdot B_{\beta\gamma\epsilon;\lambda}^{\alpha}$。

4. 逆变矢量场的协变微商

现在来求逆变矢量场 $A^{\mu}(\boldsymbol{x})$ 的协变微商。引入任意的协变矢量场 $B_{\mu}(\boldsymbol{x})$,与 $A^{\mu}(\boldsymbol{x})$ 内乘构成标量场。由于标量场的协变微商即普通微商,有

$$(A^{\mu}B_{\mu})_{;\lambda} = (A^{\mu}B_{\mu})_{,\lambda} \tag{2.5.8}$$

运用协变微商及普通微商的莱布尼茨公式,可得

$$A_{;\lambda}^{\mu}B_{\mu} + A^{\mu}B_{\mu;\lambda} = A_{,\lambda}^{\mu}B_{\mu} + A^{\mu}B_{\mu,\lambda} \tag{2.5.9}$$

利用(2.5.6)式,上式化成

$$A_{;\lambda}^{\mu}B_{\mu} = A_{,\lambda}^{\mu}B_{\mu} + \Gamma^{\nu}_{\mu\lambda}A^{\mu}B_{\nu} \tag{2.5.10}$$

更换傀标,并注意到矢量场 B_{μ} 的任意性,可得

$$A_{;\nu}^{\mu} = A_{,\nu}^{\mu} + \Gamma^{\mu}_{\lambda\nu}A^{\lambda} \tag{2.5.11}$$

此即逆变矢量的协变微商公式。

5. 高阶张量场的协变微商

利用莱布尼茨法则和矢量的协变微商公式(2.5.6)与(2.5.11),不难得到任意阶协变、逆变、混合张量的协变微商公式。对二阶张量,有

$$T_{\mu\nu;\lambda} = T_{\mu\nu,\lambda} - \Gamma^{\rho}_{\mu\lambda}T_{\rho\nu} - \Gamma^{\rho}_{\nu\lambda}T_{\mu\rho} \tag{2.5.12}$$

$$T_{;\lambda}^{\mu\nu} = T_{,\lambda}^{\mu\nu} + \Gamma^{\mu}_{\rho\lambda}T^{\rho\nu} + \Gamma^{\nu}_{\rho\lambda}T^{\mu\rho} \tag{2.5.13}$$

$$T_{\nu;\lambda}^{\mu} = T_{\nu,\lambda}^{\mu} + \Gamma^{\mu}_{\rho\lambda}T_{\nu}^{\rho} - \Gamma^{\rho}_{\nu\lambda}T_{\rho}^{\mu} \tag{2.5.14}$$

可以求出克罗内克符号的协变微商。

我们在 2.2 节中指出,克罗内克符号是二阶混合张量,所以

$$\delta_{\nu;\lambda}^{\mu} = \delta_{\nu,\lambda}^{\mu} + \Gamma^{\mu}_{\rho\lambda}\delta_{\nu}^{\rho} - \Gamma^{\rho}_{\nu\lambda}\delta_{\rho}^{\mu} = \delta_{\nu,\lambda}^{\mu} \tag{2.5.15}$$

由于 δ_{ν}^{μ} 的分量是常数,有

$$\delta_{\nu,\lambda}^{\mu} = 0 \tag{2.5.16}$$

因此,有

$$\delta_{\nu;\lambda}^{\mu} = 0 \tag{2.5.17}$$

2.6 测地线与仿射参量

平直空间中的直线,可以定义为两点之间的短程线,也可定义为线上任意相邻两点的切矢量都互相平行的曲线(自平行线)。我们利用"自平行"的性质,把直线概念推广到仿射空间,称它为测地线。

四维空间中曲线的参数方程可写为

$$x^\mu = x^\mu(\lambda) \tag{2.6.1}$$

其中 λ 是一个标量性的参量。曲线上任一点的切矢量定义为

$$A^\mu = \frac{\mathrm{d}x^\mu}{\mathrm{d}\lambda} \tag{2.6.2}$$

它是一个逆变矢量。设曲线上两邻点 P 和 Q 的坐标分别为 x^μ 和 $x^\mu + \mathrm{d}x^\mu$。为了比较 P、Q 两点的切矢量,必须利用平移操作,把 P 点的切矢量 $A^\mu(P)$ 平移到 Q 点,变成 $A^\mu(P \to Q)$。要求 $A^\mu(P \to Q)$ 与 $A^\mu(Q)$ 平行意味着

$$A^\mu(Q) = F(\lambda + \mathrm{d}\lambda) A^\mu(P \to Q) \tag{2.6.3}$$

即

$$\frac{A^1(Q)}{A^1(P \to Q)} = \frac{A^2(Q)}{A^2(P \to Q)} = \frac{A^3(Q)}{A^3(P \to Q)} = \frac{A^4(Q)}{A^4(P \to Q)} = F(\lambda + \mathrm{d}\lambda)$$

式中,F 是参量 λ 的函数,P 点的 F 为 $F(\lambda)$,Q 点的 F 为 $F(\lambda + \mathrm{d}\lambda)$,把 Q 点的 F 在 P 点展开,有

$$F(\lambda + \mathrm{d}\lambda) = F(\lambda) + \frac{\mathrm{d}F}{\mathrm{d}\lambda}\mathrm{d}\lambda$$

容易看出 $F(\lambda) = 1$,定义 $f(\lambda) = \frac{\mathrm{d}F}{\mathrm{d}\lambda}$,于是(2.6.3)式可写作

$$A^\mu(Q) = [1 + f(\lambda)\mathrm{d}\lambda] \cdot A^\mu(P \to Q) \tag{2.6.4}$$

上式被满足时,我们说 P、Q 两点的切矢是相互平行的,定义满足(2.6.4)式的曲线为测地线(或称自平行线)。

利用(2.4.9)式和(2.6.2)式,可得

$$A^\mu(P \to Q) = A^\mu(P) - \Gamma^\mu_{\alpha\beta}(P) \cdot A^\alpha(P)\mathrm{d}x^\beta = \frac{\mathrm{d}x^\mu}{\mathrm{d}\lambda} - \Gamma^\mu_{\alpha\beta}\frac{\mathrm{d}x^\alpha}{\mathrm{d}\lambda}\frac{\mathrm{d}x^\beta}{\mathrm{d}\lambda}\mathrm{d}\lambda \tag{2.6.5}$$

式中各因子均在 P 点取值。另一方面,有

$$A^\mu(Q) = A^\mu(P) + \mathrm{d}A^\mu(P) = \frac{\mathrm{d}x^\mu}{\mathrm{d}\lambda} + \frac{\mathrm{d}^2 x^\mu}{\mathrm{d}\lambda^2}\mathrm{d}\lambda \tag{2.6.6}$$

把(2.6.5)式和(2.6.6)式代入(2.6.4)式,保留 $\mathrm{d}\lambda$ 的一级小量,可得

$$\frac{\mathrm{d}^2 x^\mu}{\mathrm{d}\lambda^2} + \Gamma^\mu_{\alpha\beta}\frac{\mathrm{d}x^\alpha}{\mathrm{d}\lambda}\frac{\mathrm{d}x^\beta}{\mathrm{d}\lambda} = f(\lambda)\frac{\mathrm{d}x^\mu}{\mathrm{d}\lambda} \tag{2.6.7}$$

这就是测地线的微分方程。

如果参量 λ 选得好,(2.6.7)式还可以简化。引入参量变换

$$\lambda = \lambda(\sigma) \tag{2.6.8}$$

σ 也是标量参量,利用

$$\frac{\mathrm{d}x^{\mu}}{\mathrm{d}\lambda} = \frac{\mathrm{d}x^{\mu}}{\mathrm{d}\sigma} \cdot \frac{\mathrm{d}\sigma}{\mathrm{d}\lambda}$$

$$\frac{\mathrm{d}^{2}x^{\mu}}{\mathrm{d}\lambda^{2}} = \frac{\mathrm{d}^{2}x^{\mu}}{\mathrm{d}\sigma^{2}} \cdot \left(\frac{\mathrm{d}\sigma}{\mathrm{d}\lambda}\right)^{2} + \frac{\mathrm{d}x^{\mu}}{\mathrm{d}\sigma} \cdot \frac{\mathrm{d}^{2}\sigma}{\mathrm{d}\lambda^{2}}$$

(2.6.7)式可写成

$$\left(\frac{\mathrm{d}^{2}x^{\mu}}{\mathrm{d}\sigma^{2}} + \Gamma^{\mu}_{\alpha\beta}\frac{\mathrm{d}x^{\alpha}}{\mathrm{d}\sigma}\frac{\mathrm{d}x^{\beta}}{\mathrm{d}\sigma}\right) \cdot \left(\frac{\mathrm{d}\sigma}{\mathrm{d}\lambda}\right)^{2} = \frac{\mathrm{d}x^{\mu}}{\mathrm{d}\sigma} \cdot \left[f(\lambda)\frac{\mathrm{d}\sigma}{\mathrm{d}\lambda} - \frac{\mathrm{d}^{2}\sigma}{\mathrm{d}\lambda^{2}}\right] \qquad (2.6.9)$$

如果参量变换(2.6.8)式满足

$$\frac{\mathrm{d}^{2}\sigma}{\mathrm{d}\lambda^{2}} = f(\lambda) \cdot \frac{\mathrm{d}\sigma}{\mathrm{d}\lambda} \qquad (2.6.10)$$

则测地线方程可以简化为

$$\frac{\mathrm{d}^{2}x^{\mu}}{\mathrm{d}\sigma^{2}} + \Gamma^{\mu}_{\alpha\beta}\frac{\mathrm{d}x^{\alpha}}{\mathrm{d}\sigma}\frac{\mathrm{d}x^{\beta}}{\mathrm{d}\sigma} = 0 \qquad (2.6.11)$$

称满足(2.6.10)式的标量性参量 σ 为仿射参量。

比较(2.6.7)式与(2.6.11)式可知,当采用仿射参量 σ 时,$f(\sigma)=0$,自平行条件(2.6.4)式简化成

$$A^{\mu}(Q) = A^{\mu}(P \rightarrow Q) \qquad (2.6.12)$$

即,从 P 点平移到 Q 点的切矢量,恰等于 Q 点的切矢量。

应该注意,仿射参量并不唯一。从(2.6.10)式可知,当 σ 是仿射参量时,

$$\tau = a\sigma + b \qquad (2.6.13)$$

也是仿射参量,式中 a 和 b 是常数。这就是说,仿射参量作线性变换后得到的参量,仍是仿射参量。

测地线和仿射参量的概念,在广义相对论的研究中十分重要。

2.7 曲率与挠率

联络和它的对称部分都不是张量,但它的反称部分是一个张量——挠率张量。本节将指出,由联络还可以构造出另一个张量——曲率张量。这两个张量是决定空间几何性质最重要的量。

我们首先讨论协变微商次序的可交换性,从解析的角度来认识曲率张量和挠率张量,然后再讨论它们的几何意义。

1. 曲率张量的引入

对一个给定的协变矢量场 $A_{\lambda}(x)$,求两次协变微商 $A_{\lambda;\mu;\nu}$ 可得

$$A_{\lambda;\mu;\nu} = A_{\lambda;\mu,\nu} - \Gamma^{\rho}_{\lambda\nu}A_{\rho;\mu} - \Gamma^{\rho}_{\mu\nu}A_{\lambda;\rho}$$

$$= A_{\lambda,\mu,\nu} - \Gamma^{\rho}_{\lambda\mu,\nu}A_{\rho} - \Gamma^{\rho}_{\lambda\mu}A_{\rho,\nu} - \Gamma^{\rho}_{\lambda\nu}A_{\rho,\mu} + \Gamma^{\rho}_{\lambda\nu}\Gamma^{\sigma}_{\rho\mu}A_{\sigma} - \Gamma^{\rho}_{\mu\nu}A_{\lambda;\rho} \qquad (2.7.1)$$

如果交换协变微商的顺序,则有

$$A_{\lambda;\nu;\mu} = A_{\lambda,\nu,\mu} - \Gamma^{\rho}_{\lambda\nu,\mu}A_{\rho} - \Gamma^{\rho}_{\lambda\nu}A_{\rho,\mu} - \Gamma^{\rho}_{\lambda\mu}A_{\rho,\nu} + \Gamma^{\rho}_{\lambda\mu}\Gamma^{\sigma}_{\rho\nu}A_{\sigma} - \Gamma^{\rho}_{\nu\mu}A_{\lambda;\rho} \qquad (2.7.2)$$

它们的差是

$$A_{\lambda;\mu;\nu} - A_{\lambda;\nu;\mu} = R^{\rho}_{\lambda\mu\nu}A_{\rho} - 2\Gamma^{\rho}_{[\mu\nu]}A_{\lambda;\rho} \tag{2.7.3}$$

其中

$$R^{\rho}_{\lambda\mu\nu} \equiv \Gamma^{\rho}_{\lambda\nu,\mu} - \Gamma^{\rho}_{\lambda\mu,\nu} + \Gamma^{\rho}_{\sigma\mu}\Gamma^{\sigma}_{\lambda\nu} - \Gamma^{\rho}_{\sigma\nu}\Gamma^{\sigma}_{\lambda\mu} \tag{2.7.4}$$

联络的反称部分

$$\Gamma^{\rho}_{[\mu\nu]} = \frac{1}{2}(\Gamma^{\rho}_{\mu\nu} - \Gamma^{\rho}_{\nu\mu}) \tag{2.7.5}$$

为挠率张量。由于(2.7.3)式左边是张量,右边第二项也是张量,所以 $R^{\rho}_{\lambda\mu\nu}$ 必定也是张量,我们称它为曲率张量。

从(2.7.3)式可看出,仅当曲率和挠率都为零时,协变矢量的协变微商的次序才可以交换。不难证明,这一结论对逆变矢量及各阶张量的协变微商均成立。

2. 挠率的几何意义

下面我们从几何的角度来讨论曲率与挠率。如图2.7.1所示,设空间中有两个从 O 点出发的无穷小位移 $\mathrm{d}x^{\mu}$ 和 δx^{μ},分别用 OQ' 和 OQ 表示。

现在把 $\mathrm{d}x^{\mu}$ 平移 δx^{μ} 到 Q 点,平移后的矢量用 QP 来表示。再把 δx^{μ} 平移 $\mathrm{d}x^{\mu}$ 到 Q' 点,平移后的矢量用 $Q'P'$ 来表示。如果空间是平直的,从欧氏几何可知,P' 与 P 必定重合,形成封闭的平行四边形 $PQOQ'$。如果空间不是平直的,情况就比较复杂。从(2.4.9)式可知,$\mathrm{d}x^{\mu}$ 平移 δx^{μ} 后变成

$$QP = \mathrm{d}x^{\mu} - \Gamma^{\mu}_{\lambda\nu}\mathrm{d}x^{\lambda}\delta x^{\nu} \tag{2.7.6}$$

而 δx^{μ} 平移 $\mathrm{d}x^{\mu}$ 后变成

$$Q'P' = \delta x^{\mu} - \Gamma^{\mu}_{\lambda\nu}\delta x^{\lambda}\mathrm{d}x^{\nu} \tag{2.7.7}$$

P 与 P' 两点之差为

$$\begin{aligned}\Delta &= OQ + QP - (OQ' + Q'P')\\ &= \delta x^{\mu} + (\mathrm{d}x^{\mu} - \Gamma^{\mu}_{\lambda\nu}\mathrm{d}x^{\lambda}\delta x^{\nu}) - [\mathrm{d}x^{\mu} + (\delta x^{\mu} - \Gamma^{\mu}_{\lambda\nu}\delta x^{\lambda}\mathrm{d}x^{\nu})]\\ &= (\Gamma^{\mu}_{\nu\lambda} - \Gamma^{\mu}_{\lambda\nu})\delta x^{\nu}\mathrm{d}x^{\lambda} = 2\Gamma^{\mu}_{[\nu\lambda]}\delta x^{\nu}\mathrm{d}x^{\lambda}\end{aligned} \tag{2.7.8}$$

其中,$\Gamma^{\mu}_{[\nu\lambda]}$ 为挠率张量。可见,当且仅当挠率为零时,上述平移操作才能形成封闭的四边形。当空间有挠时,必须对上述无穷小平移附加一个移动 Δ,才能形成闭合环路。这个附加的移动,正是空间挠率(扭曲)产生的几何效应。

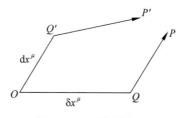

图 2.7.1 空间的挠率

3. 曲率的几何意义

现在讨论空间无挠的情况,即挠率为零的情况。这时,通过平移 $\mathrm{d}x^{\mu}$ 和 δx^{μ},可形成如

图 2.7.2 所示的闭合四边形。我们再考虑另外一个矢量 A^μ,让它从 O 点开始,沿此闭合路径平移。先把 A^μ 平移 δx^μ 到 Q,再平移 $(\mathrm{d}x^\mu - \Gamma^\mu_{\lambda\nu}\mathrm{d}x^\lambda\delta x^\nu)$ 到 P,然后平移 $-(\delta x^\mu - \Gamma^\mu_{\lambda\nu}\delta x^\lambda\mathrm{d}x^\nu)$ 到 Q',最后平移 $-\mathrm{d}x^\mu$ 回到 O 点。回到 O 点后,A^μ 变成了 $A'^\mu = A^\mu + \delta A^\mu$,平移后的增量 δA^μ 仍是逆变矢量,不难看出

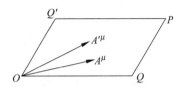

图 2.7.2 空间的曲率

$$\delta A^\mu = A'^\mu - A^\mu = A^\mu(O \to Q \to P \to Q' \to O) - A^\mu$$
$$= A^\mu(O \to Q \to P) - A^\mu(O \to Q' \to P) \qquad (2.7.9)$$

其中 A'^μ 即 $A^\mu(O \to Q \to P \to Q' \to O)$。利用(2.4.9)式可算出

$$A^\mu(O \to Q) = A^\mu - \Gamma^\mu_{\lambda\nu}A^\lambda\delta x^\nu \qquad (2.7.10)$$

$$A^\mu(O \to Q \to P) = (A^\mu - \Gamma^\mu_{\lambda\nu}A^\lambda\delta x^\nu) -$$
$$\Gamma^\mu_{\alpha\beta}(Q)(A^\alpha - \Gamma^\alpha_{\tau\sigma}A^\tau\delta x^\sigma)(\mathrm{d}x^\beta - \Gamma^\beta_{\rho\gamma}\mathrm{d}x^\rho\delta x^\gamma)$$
$$= A^\mu - \Gamma^\mu_{\lambda\nu}A^\lambda\delta x^\nu - \Gamma^\mu_{\alpha\beta}(Q)A^\alpha\mathrm{d}x^\beta +$$
$$\Gamma^\mu_{\alpha\beta}(Q)\Gamma^\beta_{\rho\gamma}A^\alpha\mathrm{d}x^\rho\delta x^\gamma + \Gamma^\mu_{\alpha\beta}(Q)\Gamma^\alpha_{\tau\sigma}A^\tau\delta x^\sigma\mathrm{d}x^\beta$$
$$= A^\mu - \Gamma^\mu_{\lambda\nu}A^\lambda(\delta x^\nu + \mathrm{d}x^\nu) - \Gamma^\mu_{\lambda\nu,\gamma}A^\lambda\mathrm{d}x^\nu\delta x^\gamma +$$
$$\Gamma^\mu_{\lambda\nu}\Gamma^\nu_{\rho\gamma}A^\lambda\mathrm{d}x^\rho\delta x^\gamma + \Gamma^\mu_{\lambda\nu}\Gamma^\lambda_{\rho\gamma}A^\rho\delta x^\gamma\mathrm{d}x^\nu \qquad (2.7.11)$$

这里 $A^\mu = A^\mu(O)$,$\Gamma^\mu_{\lambda\nu} = \Gamma^\mu_{\lambda\nu}(O)$。我们已用了

$$\Gamma^\mu_{\alpha\beta}(Q) = \Gamma^\mu_{\alpha\beta}(O) + \Gamma^\mu_{\alpha\beta,\gamma}(O)\delta x^\gamma = \Gamma^\mu_{\alpha\beta} + \Gamma^\mu_{\alpha\beta,\gamma}\delta x^\gamma \qquad (2.7.12)$$

并考虑了傀标的可替换性。同理可得

$$A^\mu(O \to Q') = A^\mu - \Gamma^\mu_{\lambda\nu}A^\lambda\mathrm{d}x^\nu$$

$$A^\mu(O \to Q' \to P) = (A^\mu - \Gamma^\mu_{\lambda\nu}A^\lambda\mathrm{d}x^\nu) -$$
$$\Gamma^\mu_{\alpha\beta}(Q')(A^\alpha - \Gamma^\alpha_{\tau\sigma}A^\tau\mathrm{d}x^\sigma)(\delta x^\beta - \Gamma^\beta_{\rho\gamma}\mathrm{d}x^\gamma\delta x^\rho)$$
$$= A^\mu - \Gamma^\mu_{\lambda\nu}A^\lambda(\mathrm{d}x^\nu + \delta x^\nu) - \Gamma^\mu_{\lambda\nu,\gamma}A^\lambda\delta x^\nu\mathrm{d}x^\gamma +$$
$$\Gamma^\mu_{\lambda\nu}\Gamma^\nu_{\rho\gamma}A^\lambda\mathrm{d}x^\gamma\delta x^\rho + \Gamma^\mu_{\lambda\nu}\Gamma^\lambda_{\rho\gamma}A^\rho\mathrm{d}x^\gamma\delta x^\nu \qquad (2.7.13)$$

其中用了

$$\Gamma^\mu_{\alpha\beta}(Q') = \Gamma^\mu_{\alpha\beta} + \Gamma^\mu_{\alpha\beta,\gamma}\mathrm{d}x^\gamma \qquad (2.7.14)$$

把(2.7.11)式和(2.7.13)式代入(2.7.9)式,可得

$$\delta A^\mu = \Gamma^\mu_{\lambda\nu,\gamma}A^\lambda(\delta x^\nu\mathrm{d}x^\gamma - \mathrm{d}x^\nu\delta x^\gamma) + \Gamma^\mu_{\lambda\nu}\Gamma^\nu_{\rho\gamma}A^\lambda(\mathrm{d}x^\rho\delta x^\gamma - \mathrm{d}x^\gamma\delta x^\rho) +$$
$$\Gamma^\mu_{\lambda\nu}\Gamma^\lambda_{\rho\gamma}A^\rho(\delta x^\gamma\mathrm{d}x^\nu - \mathrm{d}x^\gamma\delta x^\nu) \qquad (2.7.15)$$

我们考虑的是无挠空间,联络是对称的,所以上式中第二项为零,即

$$\Gamma^\mu_{\lambda\nu}\Gamma^\nu_{\rho\gamma}A^\lambda(\mathrm{d}x^\rho\delta x^\gamma - \mathrm{d}x^\gamma\delta x^\rho) = 0 \qquad (2.7.16)$$

所以

$$\begin{aligned}
\delta A^{\mu} &= (\Gamma^{\mu}_{\lambda\nu,\gamma} A^{\lambda} - \Gamma^{\mu}_{\lambda\nu}\Gamma^{\lambda}_{\rho\gamma} A^{\rho})(\delta x^{\nu} \mathrm{d}x^{\gamma} - \mathrm{d}x^{\nu} \delta x^{\gamma}) \\
&= (\Gamma^{\mu}_{\lambda\nu,\gamma} - \Gamma^{\mu}_{\sigma\nu}\Gamma^{\sigma}_{\lambda\gamma}) A^{\lambda} (\delta x^{\nu} \mathrm{d}x^{\gamma} - \mathrm{d}x^{\nu} \delta x^{\gamma}) \\
&= (\Gamma^{\mu}_{\lambda\nu,\gamma} - \Gamma^{\mu}_{\sigma\nu}\Gamma^{\sigma}_{\lambda\gamma}) A^{\lambda} \delta x^{\nu} \mathrm{d}x^{\gamma} - (\Gamma^{\mu}_{\lambda\gamma,\nu} - \Gamma^{\mu}_{\sigma\gamma}\Gamma^{\sigma}_{\lambda\nu}) A^{\lambda} \delta x^{\nu} \mathrm{d}x^{\gamma} \\
&= -R^{\mu}_{\lambda\nu\gamma} A^{\lambda} \delta x^{\nu} \mathrm{d}x^{\gamma}
\end{aligned} \tag{2.7.17}$$

其中

$$R^{\mu}_{\lambda\nu\gamma} = \Gamma^{\mu}_{\lambda\gamma,\nu} - \Gamma^{\mu}_{\lambda\nu,\gamma} + \Gamma^{\mu}_{\sigma\nu}\Gamma^{\sigma}_{\lambda\gamma} - \Gamma^{\mu}_{\sigma\gamma}\Gamma^{\sigma}_{\lambda\nu} \tag{2.7.18}$$

就是曲率张量(2.7.4)。作指标替换 $\mu \to \rho, \nu \to \mu, \gamma \to \nu$ 后,形式与(2.7.4)式完全相同;然而,这种形式上的差别不具有任何实质意义。

(2.7.17)式表明,任意一个逆变矢量绕无穷小闭合回路平移一周,都不与原矢量重合,除非该回路所处的空间曲率为零。不难证明,协变矢量平移也有类似的结果。

可见,任意一个矢量沿无穷小闭合环路平移一周后,必须再附加一个转动,才能和原矢量重合。这个附加的转动,正是空间曲率产生的几何效应。

4. 空间的平直性

从(2.7.8)式和(2.7.17)式可知,只有挠率和曲率都为零的时空,矢量沿无穷小环路平移一周,才能不附加任何移动和转动而与原矢量重合。我们知道,平直空间中矢量的平移具有这一性质。可以证明,对于挠率和曲率都为零的空间,一定可以找到一个坐标系,使联络的所有分量在这个坐标系中都是零。这时,平移公式(2.4.2)和(2.4.9)变成

$$\delta A_{\mu} = 0, \quad \delta A^{\mu} = 0 \tag{2.7.19}$$

测地线方程(2.6.11)化成

$$\frac{\mathrm{d}^2 x^{\mu}}{\mathrm{d}\sigma^2} = 0 \tag{2.7.20}$$

(2.7.19)式表明,矢量在平移下不改变分量;(2.7.20)式表明,测地线是直线。这些性质告诉我们,挠率和曲率都为零的空间是平直的;我们称曲率不为零的空间是弯曲的,挠率不为零的空间是扭曲的。

挠率和曲率都是张量,按照张量的变换规律,如果在一个坐标系中某个张量的所有分量都是零,则在任何坐标系下,它们都将是零,所以挠率和曲率是空间的内秉性质,不依赖于坐标系的选择。与此相反,联络不是张量,依赖于坐标系的选择,联络的所有分量在一个坐标系中为零,在另一个坐标系中却可能不为零。一个平直空间,不管选择任何坐标系,它的挠率和曲率肯定都是零,然而联络却不一定都是零。平直空间仅仅意味着我们一定能找到一个"联络的所有分量均为零"的坐标系,并不意味着在任何坐标系中联络均为零。这一点,我们以后还会谈到。

5. 曲率张量的两个性质

(1) 曲率张量的后一对指标是反称的。

$$R^{\rho}_{\lambda\mu\nu} = -R^{\rho}_{\lambda\nu\mu} \tag{2.7.21}$$

(2) 曲率张量只有两种独立的缩并方式。

（a）一、二两个指标缩并
$$A_{\mu\nu} = R^{\lambda}_{\lambda\mu\nu} \qquad (2.7.22)$$
（b）一、三两个指标缩并
$$R_{\mu\nu} = R^{\lambda}_{\mu\lambda\nu} \qquad (2.7.23)$$
一、四缩并与一、三缩并只差一个负号，不是一种独立的缩并方式。

2.8 度规张量

我们已在仿射空间中引入了联络，但还没有引入度量。引入度量的仿射空间称为黎曼空间，黎曼空间中的几何称为黎曼几何。引入度量，就是引入度规和距离的概念。

1. 距离与度规

我们用二次型
$$ds^2 = g_{\mu\nu} dx^{\mu} dx^{\nu} \qquad (2.8.1)$$
来定义空间中相邻两点间的距离 ds（也称 ds 为线元）。我们要求距离是标量（不变量），与坐标系的选择无关。由于 dx^{μ} 是一阶逆变矢量，$g_{\mu\nu}$ 必须是二阶协变张量，我们称它为度规张量。

因为 dx^{μ} 和 dx^{ν} 是对称的，$g_{\mu\nu}$ 必定是对称张量，即
$$g_{\mu\nu} = g_{\nu\mu} \qquad (2.8.2)$$
下面举几个例子。

（1）三维欧氏空间

在三维欧氏空间中，采用直角坐标时，线元（距离元）表达式为
$$ds^2 = dx^2 + dy^2 + dz^2 \qquad (2.8.3)$$
度规张量为
$$(g_{ij}) = \begin{pmatrix} 1 & 0 & 0 \\ 0 & 1 & 0 \\ 0 & 0 & 1 \end{pmatrix}, \quad i,j = 1,2,3 \qquad (2.8.4)$$
即
$$g_{11} = g_{22} = g_{33} = 1$$
$$g_{12} = g_{21} = g_{13} = g_{31} = g_{23} = g_{32} = 0 \qquad (2.8.5)$$
当采用球坐标时，线元表达式为
$$ds^2 = dr^2 + r^2 d\theta^2 + r^2 \sin^2\theta d\varphi^2 \qquad (2.8.6)$$
度规张量为
$$(g_{ij}) = \begin{pmatrix} 1 & 0 & 0 \\ 0 & r^2 & 0 \\ 0 & 0 & r^2\sin^2\theta \end{pmatrix}, \quad i,j = 1,2,3 \qquad (2.8.7)$$
即
$$g_{11} = 1, \quad g_{22} = r^2, \quad g_{33} = r^2\sin^2\theta, \quad g_{ij} = 0, \quad i \neq j \qquad (2.8.8)$$

（2）四维闵可夫斯基空间

取坐标 $x^0 = ct$，$x^1 = x$，$x^2 = y$，$x^3 = z$ 时，线元表达式为

$$ds^2 = -(dx^0)^2 + (dx^1)^2 + (dx^2)^2 + (dx^3)^2 \qquad (2.8.9)$$

度规张量为

$$(g_{\mu\nu}) = (\eta_{\mu\nu}) \equiv \begin{pmatrix} -1 & 0 & 0 & 0 \\ 0 & 1 & 0 & 0 \\ 0 & 0 & 1 & 0 \\ 0 & 0 & 0 & 1 \end{pmatrix}, \quad \mu,\nu = 0,1,2,3 \qquad (2.8.10)$$

即

$$g_{00} = -1, \quad g_{11} = g_{22} = g_{33} = 1, \quad g_{\mu\nu} = 0, \quad \mu \neq \nu \qquad (2.8.11)$$

2. 度规的正则形式与幺正基

一般来说，黎曼空间中的度规分量 $g_{\mu\nu}$ 不是常数。如果 $g_{\mu\nu}$ 是常数，而且行列式

$$\det |g_{\mu\nu}| \neq 0 \qquad (2.8.12)$$

那么一定可以找到一个坐标变换，把二次型

$$ds^2 = g_{\mu\nu} dx^\mu dx^\nu$$

化成坐标微分的平方和（或差）的形式，使其度规张量在新坐标系下的分量为

$$g_{\mu\nu} = \begin{cases} \pm 1, & \mu = \nu \\ 0, & \mu \neq \nu \end{cases} \qquad (2.8.13)$$

这个定理的证明从略。(2.8.13)式叫作度规张量的正则形式，把 $g_{\mu\nu}$ 表示为正则形式的坐标基叫正交归一基或幺正基。事实上，当且仅当黎曼空间平直时，才能在全空间把度规张量变换到(2.8.13)式的形式。然而，在空间中任一点 P 的邻域，由于 $g_{\mu\nu}(P)$ 仅取那一点的值，可以看作常数，所以一定能够在一点的邻域把度规化成(2.8.13)式的形式。这就是说，黎曼空间虽然就整体来说，一般不是平直的，但该空间中每一点的邻域，却都可看作局域平直的。

3. 时空与号差

(2.8.4)式和(2.8.7)式中度规张量的非对角元都是零，而对角元都是正的，我们称这种度规为正定度规。(2.8.10)式中度规张量的非对角元也是零，但对角元不全是正的，有正有负，这种度规称为不定度规。实践告诉我们，物理空间是三维的，时间是一维的。从(2.8.9)式和(2.8.11)式可以看出，时间坐标 x^0 对应的度规分量是 $g_{00} = -1$，而三个空间坐标（x^1，x^2，x^3）对应的度规分量都是 $+1$，即 $g_{11} = g_{22} = g_{33} = +1$。我们定义，正则形式下度规分量对角元之和为度规的号差；显然，闵可夫斯基空间的号差为 $+2$。我们把上述概念推广到四维黎曼空间，此时 $g_{\mu\nu}$ 的非对角元一般不是零，但我们仍可逐点把度规化作正则形式，在正则形式下定义 $g_{\mu\nu}$ 对角元之和为号差。在号差为 $+2$ 的黎曼空间中，可以认为"负对角元"所对应的坐标是时间坐标，三个"正对角元"对应的坐标为空间坐标。可以区分"空间"和"时间"概念的黎曼空间，称为黎曼时空。显然，闵可夫斯基空间可以称为闵可夫斯基时空。今后我们感兴趣的，正是这种具有不定度规，而且号差为 $+2$ 的黎曼空间——黎曼时空。

顺便说明，在数学上也可以采用另一种规定，让时间坐标与度规张量的"正对角元"对应，空间坐标与"负对角元"对应。这时有一个正对角元、三个负对角元，不定度规的号差为 -2。这种号差为 -2 的黎曼时空与号差为 $+2$ 的黎曼时空，在物理上完全等价。数学上采

用哪一种,完全是人为选取的,本书将采用号差为+2的规定。

把对(2.8.13)式所作的讨论应用到四维黎曼时空,可以知道,平直的黎曼时空中一定可以建立(2.8.10)式所示的闵可夫斯基坐标系。弯曲的黎曼时空,虽然不能建立整体的闵氏坐标系,但可以逐点建立局域的闵氏坐标系。

4. 张量指标的升降

黎曼空间中的张量指标,可以借助于度规张量来升降。为此,我们首先定义逆变度规张量。

协变度规张量 $g_{\alpha\beta}$ 的行列式写成

$$g \equiv \det | g_{\alpha\beta} | \tag{2.8.14}$$

$g_{\alpha\beta}$ 的代数余子式写为 $\Delta^{\alpha\beta}$。当 $g \neq 0$ 时,可以定义逆变度规张量为

$$g^{\alpha\lambda} = \frac{\Delta^{\alpha\lambda}}{g} \tag{2.8.15}$$

显然,它满足

$$g^{\alpha\lambda} g_{\lambda\beta} = \frac{\Delta^{\alpha\lambda}}{g} \cdot g_{\lambda\beta} = \delta^{\alpha}_{\beta} \tag{2.8.16}$$

协变度规张量可用来降低逆变指标

$$A_{\alpha} \equiv g_{\alpha\beta} A^{\beta}, \quad T_{\alpha\beta} \equiv g_{\alpha\lambda} T^{\lambda}_{\beta} \tag{2.8.17}$$

这叫指标的下降,我们把 A_{α} 定义为与逆变矢量 A^{β} 相应的协变矢量。逆变度规张量可用来升高协变指标,这叫指标的上升,即

$$A^{\alpha} \equiv g^{\alpha\beta} A_{\beta}, \quad T^{\alpha}_{\beta} \equiv g^{\alpha\lambda} T_{\lambda\beta} \tag{2.8.18}$$

A^{α} 可看作与 A_{β} 相应的逆变矢量。不难证明,(2.8.18)式中的 A^{α} 就是(2.8.17)式中的 A^{β},即

$$A^{\alpha} = g^{\alpha\mu} A_{\mu} = g^{\alpha\mu} g_{\mu\beta} A^{\beta} = \delta^{\alpha}_{\beta} A^{\beta} \tag{2.8.19}$$

利用度规张量,可定义坐标微分的协变形式。通常的坐标微分 $\mathrm{d}x^{\alpha}$ 是逆变矢量,相应的协变矢量定义为

$$\mathrm{d}x_{\alpha} = g_{\alpha\beta} \mathrm{d}x^{\beta} \tag{2.8.20}$$

因此,线元的表达式可写成多种形式如下:

$$\mathrm{d}s^2 = g_{\alpha\beta} \mathrm{d}x^{\alpha} \mathrm{d}x^{\beta} = \mathrm{d}x_{\beta} \mathrm{d}x^{\beta} = g^{\alpha\beta} \mathrm{d}x_{\alpha} \mathrm{d}x_{\beta} \tag{2.8.21}$$

$$\mathrm{d}x_{\beta} \mathrm{d}x^{\beta} = \delta^{\alpha}_{\beta} \mathrm{d}x_{\alpha} \mathrm{d}x^{\beta} \tag{2.8.22}$$

(2.8.16)式、(2.8.19)式和(2.8.22)式都告诉我们 δ^{α}_{β} 实际上是度规的混合张量形式,即

$$g^{\alpha}_{\beta} = \delta^{\alpha}_{\beta} \tag{2.8.23}$$

(2.8.21)式表明,坐标微分矢量 $\mathrm{d}x^{\alpha}$,$\mathrm{d}x_{\alpha}$ 可以借助度规构成标量;实际上,任何矢量都能做到这一点,如

$$g_{\alpha\beta} A^{\alpha} A^{\beta} = A_{\alpha} A^{\alpha} = g^{\alpha\beta} A_{\alpha} A_{\beta} \tag{2.8.24}$$

(2.8.24)式所示的标量定义为矢量 A^{α}(或 A_{α})长度的平方。

2.9　克里斯托费尔符号

我们在仿射空间中建立了联络,又建立了度规,从而定义了黎曼空间。但是,是否可以给出联络与度规之间的关系呢?

我们在仿射空间中定义了平移,却没有对矢量长度在平移下的变化加以限制。在欧氏空间中,矢量长度在平移下是不变的;我们希望黎曼空间能够保持这一重要性质,这自然会对联络的形式加以限制。

在无挠空间中,联络是对称的。本节将指出,矢量长度的平移不变性能唯一地确定"对称联络"与"度规张量"的泛函关系。把这种由度规完全确定的对称联络,称为克里斯托费尔(Christoffel)符号,或简称克氏符。

1. 联络与度规的关系

我们把 P 点的逆变矢量 $A^\mu(P)$ 平移到邻近点 Q,从(2.4.9)式可知

$$A^\mu(P \to Q) = A^\mu(P) - \Gamma^\mu_{\nu\lambda}(P)A^\nu(P)\mathrm{d}x^\lambda \tag{2.9.1}$$

如果平移不改变矢量长度,则有

$$g_{\mu\nu}(Q)A^\mu(P \to Q)A^\nu(P \to Q) = g_{\mu\nu}(P)A^\mu(P)A^\nu(P) \tag{2.9.2}$$

把

$$g_{\mu\nu}(Q) = g_{\mu\nu}(P) + g_{\mu\nu,\lambda}(P) \cdot \mathrm{d}x^\lambda \tag{2.9.3}$$

及(2.9.1)式代入(2.9.2)式,并略去 $\mathrm{d}x^\mu$ 的二阶以上小量,可得

$$(g_{\mu\nu,\lambda} - g_{\alpha\nu}\Gamma^\alpha_{\mu\lambda} - g_{\mu\alpha}\Gamma^\alpha_{\nu\lambda})A^\mu A^\nu \mathrm{d}x^\lambda = 0 \tag{2.9.4}$$

注意到 A^α 是任意矢量, $\mathrm{d}x^\lambda$ 是任意位移,有

$$g_{\mu\nu,\lambda} - g_{\alpha\nu}\Gamma^\alpha_{\mu\lambda} - g_{\mu\alpha}\Gamma^\alpha_{\nu\lambda} = 0 \tag{2.9.5}$$

轮换指标 $\mu \to \nu, \nu \to \lambda, \lambda \to \mu$,上式可以写成

$$g_{\nu\lambda,\mu} - g_{\alpha\lambda}\Gamma^\alpha_{\nu\mu} - g_{\nu\alpha}\Gamma^\alpha_{\lambda\mu} = 0 \tag{2.9.6}$$

同理可得

$$g_{\lambda\mu,\nu} - g_{\alpha\mu}\Gamma^\alpha_{\lambda\nu} - g_{\lambda\alpha}\Gamma^\alpha_{\mu\nu} = 0 \tag{2.9.7}$$

(2.9.6)式加(2.9.7)式,再减去(2.9.5)式,并注意到联络的对称性,可得

$$\Gamma_{\lambda\mu\nu} \equiv g_{\lambda\alpha}\Gamma^\alpha_{\mu\nu} = \frac{1}{2}(g_{\mu\lambda,\nu} + g_{\nu\lambda,\mu} - g_{\mu\nu,\lambda}) \tag{2.9.8}$$

$$\Gamma^\alpha_{\mu\nu} = \frac{1}{2}g^{\alpha\lambda}(g_{\mu\lambda,\nu} + g_{\nu\lambda,\mu} - g_{\mu\nu,\lambda}) \tag{2.9.9}$$

(2.9.9)式即无挠黎曼空间中,在保持矢量长度平移不变性的条件下,对称联络与度规的泛函关系式。满足此式的联络,称为克氏符;这个式子在广义相对论中极为常见,原因是广义相对论所用的时空就是无挠的黎曼时空。

(2.9.5)式的另一个意义是,度规张量的协变微商为零,即

$$g_{\mu\nu;\lambda} = 0 \tag{2.9.10}$$

利用(2.8.16)式可证明

$$g^{\mu\nu}_{;\lambda} = 0 \tag{2.9.11}$$

在 2.5 节中已指出

$$\delta^\mu_{\nu;\lambda} = 0 \tag{2.9.12}$$

反过来,我们也可以从(2.9.10)式出发(即要求黎曼空间中度规张量的协变微商为零),来得到联络与度规的关系式(2.9.9),并可证明在这样的条件下,黎曼空间中的矢量长度具有平移不变性。

2. 等效原理的数学基础

定理　对无挠黎曼时空中的任何一点,都可以找到一个坐标变换,把那点的克氏符的所有分量都变到零。

此定理的证明从略,由方程(2.6.11)可知,当 $\Gamma^{\mu}_{\alpha\beta}$ 的所有分量都是零时,测地线方程化成直线方程

$$\frac{\mathrm{d}^2 x^{\mu}}{\mathrm{d}\sigma^2} = 0 \tag{2.9.13}$$

即

$$x^{\mu} = a^{\mu}\sigma + b^{\mu} \tag{2.9.14}$$

其中, a^{μ}, b^{μ} 为常数。当 $\Gamma^{\mu}_{\alpha\beta}$ 的分量不全为零时,做不到这点,方程(2.6.11)仍是曲线方程。众所周知,平直空间中的惯性运动是与直线相联系的,可见联络相应于引力场强或惯性场强。上面的定理表明,对无挠空间中任何一点,总可以找到一个把克氏符的所有分量都变到零的无穷小坐标系。这个坐标系在物理上就相应于自由下落的坐标系,所以此定理可看作等效原理的数学基础。

费米进一步证明,在黎曼时空中总可以找到一个沿测地线平移的无穷小坐标系,联络的所有分量在其中始终是零。"沿测地线"就是自由下落,"平移"就是无自转,这告诉我们沿测地线自由下落的无自转的无穷小坐标系始终是局部惯性系。

值得注意的是,在有挠空间找不到上述坐标变换。这是因为挠率是张量,不可能通过坐标变换把它的一切分量都变到零;也就是说,等效原理在有挠空间不成立。实验表明,我们所处的时空中等效原理成立,这意味着我们的时空只是弯曲的,不是扭曲的,至少在真空处,挠率一定是零。

2.10　短程线

欧氏空间中两点间的短程线是直线,现在我们用变分原理来求黎曼空间中两点间的短程线。

黎曼空间中的任意两点 A 与 B 之间,可以有无穷多条连线,我们把其中取极值的一条称为短程线。对于度规正定的空间,取极值的线一定是最短的一条。然而,对于具有不定度规的空间,例如我们的四维时空,两点间取极值的线却不一定是最短的一条,有时反而是最长的一条。研究表明,如果连接 A、B 两点的曲线是有因果联系的亚光速曲线(即类时线),则它们中取极值的线为最长线,而不是最短线。在黎曼几何中,把取极值的线(不管是最短线还是最长线)统称为短程线。下面,我们就用变分原理来求短程线。为此,先定义泛函

$$S = \int_A^B \mathrm{d}s \tag{2.10.1}$$

积分可沿过 A, B 的任意曲线来作, S 即曲线的"长度", $\mathrm{d}s$ 是由(2.8.1)式定义的线元,它表示无穷接近的二相邻点间的"距离元"。短程线必须满足

$$\delta S = \delta \int_A^B \mathrm{d}s = 0 \tag{2.10.2}$$

从(2.8.1)式得

$$ds = (g_{\alpha\beta}dx^{\alpha}dx^{\beta})^{1/2} \qquad (2.10.3)$$

引入标量型参量 λ,有

$$ds = (g_{\alpha\beta}\dot{x}^{\alpha}\dot{x}^{\beta})^{1/2}d\lambda \qquad (2.10.4)$$

这里

$$\dot{x}^{\alpha} = \frac{dx^{\alpha}}{d\lambda} \qquad (2.10.5)$$

把(2.10.4)式代入(2.10.2)式,得

$$\delta\int_A^B L\,d\lambda = 0 \qquad (2.10.6)$$

其中

$$L \equiv (g_{\alpha\beta}\dot{x}^{\alpha}\dot{x}^{\beta})^{1/2} \qquad (2.10.7)$$

为拉格朗日函数。拉格朗日方程为

$$\frac{\partial L}{\partial x^{\nu}} - \frac{d}{d\lambda}\frac{\partial L}{\partial \dot{x}^{\nu}} = 0 \qquad (2.10.8)$$

把(2.10.7)式代入(2.10.8)式,可得

$$\frac{1}{(g_{\alpha\beta}\dot{x}^{\alpha}\dot{x}^{\beta})^{1/2}}\frac{\partial g_{\alpha\beta}}{\partial x^{\nu}}\dot{x}^{\alpha}\dot{x}^{\beta} - \frac{d}{d\lambda}\frac{g_{\alpha\nu}\dot{x}^{\alpha} + g_{\beta\nu}\dot{x}^{\beta}}{(g_{\alpha\beta}\dot{x}^{\alpha}\dot{x}^{\beta})^{1/2}} = 0 \qquad (2.10.9)$$

当 λ 选择为线长 s 时,有

$$g_{\alpha\beta}\dot{x}^{\alpha}\dot{x}^{\beta} = g_{\alpha\beta}\frac{dx^{\alpha}}{d\lambda}\frac{dx^{\beta}}{d\lambda} = g_{\alpha\beta}\frac{dx^{\alpha}}{ds}\frac{dx^{\beta}}{ds} = 1 \qquad (2.10.10)$$

(2.10.9)式可化简为

$$\frac{1}{2}g_{\alpha\beta,\nu}\dot{x}^{\alpha}\dot{x}^{\beta} - \frac{d}{ds}(g_{\alpha\nu}\dot{x}^{\alpha}) = 0 \qquad (2.10.11)$$

即

$$g_{\alpha\nu}\frac{d^2x^{\alpha}}{ds^2} + \left(g_{\alpha\nu,\beta} - \frac{1}{2}g_{\alpha\beta,\nu}\right)\frac{dx^{\alpha}}{ds}\frac{dx^{\beta}}{ds} = 0 \qquad (2.10.12)$$

注意到

$$g_{\alpha\nu,\beta}\frac{dx^{\alpha}}{ds}\frac{dx^{\beta}}{ds} = g_{\beta\nu,\alpha}\frac{dx^{\beta}}{ds}\frac{dx^{\alpha}}{ds} = g_{\beta\nu,\alpha}\frac{dx^{\alpha}}{ds}\frac{dx^{\beta}}{ds} \qquad (2.10.13)$$

(2.10.12)式可以写成

$$\frac{d^2x^{\mu}}{ds^2} + \frac{1}{2}g^{\mu\nu}[g_{\alpha\nu,\beta} + g_{\beta\nu,\alpha} - g_{\alpha\beta,\nu}]\frac{dx^{\alpha}}{ds}\frac{dx^{\beta}}{ds} = 0 \qquad (2.10.14)$$

利用(2.9.9)式,上式可化成

$$\frac{d^2x^{\mu}}{ds^2} + \Gamma^{\mu}_{\alpha\beta}\frac{dx^{\alpha}}{ds}\frac{dx^{\beta}}{ds} = 0 \qquad (2.10.15)$$

这就是黎曼空间中的短程线方程。比较(2.6.11)式可知,它形式上与测地线方程完全一样,s 是仿射参量。不过(2.10.15)式中的 $\Gamma^{\mu}_{\alpha\beta}$ 是克氏符,与度规张量之间存在确定的关系(2.9.9)式,而(2.6.11)式中的 $\Gamma^{\mu}_{\alpha\beta}$ 却可以不是克氏符,与度规之间可以不存在(2.9.9)式所示的关系。此外,(2.6.11)式在有挠时空中也成立,这时 $\Gamma^{\mu}_{\alpha\beta}$ 是非对称联络,包含挠率的贡献。

不难看出,在挠率为零且联络为克氏符的黎曼空间(广义相对论采用的就是这种黎曼空间)中,测地线就是短程线,具有欧氏空间中直线的主要特点;当曲率趋于零时,测地线就化为欧氏空间中的直线。

(2.10.15)式还告诉我们,沿测地线的距离参量 s(即测地线的"长度"),可以选作测地线的仿射参量。然而,以后我们会讲到,对于描述光线的"零测地线",由于其"长度"为零,即

$$\mathrm{d}s = 0 \qquad\qquad (2.10.16)$$

s 不能选作仿射参量。

2.11 黎曼空间的曲率张量

在 2.7 节中我们讨论了仿射联络空间中的曲率张量和挠率张量,那里构成曲率张量的联络是非对称的,而且没有限制度规和联络的关系。在 2.8 节中,我们给仿射联络空间引入度量,定义了度规场和不变距离,并称这样的空间为黎曼空间。在 2.9 节中我们考虑了一类特殊的黎曼空间:挠率为零,从而使联络具有对称性;保证矢量长度在平移下不变,从而限定了联络与度规间的泛函关系,这样的联络称克氏符。爱因斯坦的广义相对论所用的正是这样的黎曼空间和这样的仿射联络,本节将具体讨论这类黎曼空间中曲率张量的性质。

1. 曲率张量的对称性

2.7 节中我们给出了曲率张量与联络的关系

$$R^{\rho}_{\lambda\mu\nu} = \Gamma^{\rho}_{\lambda\nu,\mu} - \Gamma^{\rho}_{\lambda\mu,\nu} + \Gamma^{\rho}_{\sigma\mu}\Gamma^{\sigma}_{\lambda\nu} - \Gamma^{\rho}_{\sigma\nu}\Gamma^{\sigma}_{\lambda\mu} \qquad (2.11.1)$$

并指出它具有反对称性

$$R^{\rho}_{\lambda\mu\nu} = -R^{\rho}_{\lambda\nu\mu} \qquad\qquad (2.11.2)$$

(2.11.1)式所示的是曲率张量的 $(1,3)$ 型表示。为了进一步讨论它的对称性,我们引入它的 $(0,4)$ 型表示

$$R_{\rho\lambda\mu\nu} \equiv g_{\rho\sigma}R^{\sigma}_{\lambda\mu\nu} \qquad\qquad (2.11.3)$$

不难证明曲率张量有下述对称性:

(1) 后一对指标是反对称的

$$R^{\rho}_{\lambda\mu\nu} = -R^{\rho}_{\lambda\nu\mu}, \quad R_{\rho\lambda\mu\nu} = -R_{\rho\lambda\nu\mu} \qquad (2.11.4)$$

(2) 前一对指标也是反对称的

$$R_{\rho\lambda\mu\nu} = -R_{\lambda\rho\mu\nu} \qquad\qquad (2.11.5)$$

(3) 前一对指标与后一对指标是对称的

$$R_{\rho\lambda\mu\nu} = R_{\mu\nu\rho\lambda} \qquad\qquad (2.11.6)$$

(4) 符合里奇恒等式

$$R^{\rho}_{\lambda\mu\nu} + R^{\rho}_{\mu\nu\lambda} + R^{\rho}_{\nu\lambda\mu} = 0, \quad R_{\rho\lambda\mu\nu} + R_{\rho\mu\nu\lambda} + R_{\rho\nu\lambda\mu} = 0 \qquad (2.11.7)$$

我们利用克氏符的对称性,它与度规的泛函关系(2.9.9)式以及仿射空间中曲率张量的定义(2.11.1)式,不难证明曲率张量的上述对称性质。从(2.11.1)式容易看出性质(1)的正确性,把(2.11.3)式中的联络的微分展开成度规的二阶微分可证明性质(3)。结合性质(1)与(3)不难证明性质(2),把(2.11.1)式代入(2.11.7)式左边,可证性质(4)。

2. 三个派生的重要张量

通过曲率张量的缩并，可以得到下面三个重要的张量。

（1）里奇张量

在 2.7 节的最后，给出了曲率张量的两种可能缩并方式。然而，在黎曼空间中，克氏符的对称性增加了曲率张量的对称性，导致缩并

$$A_{\mu\nu} = R^{\lambda}_{\lambda\mu\nu} = g^{\lambda\rho}R_{\rho\lambda\mu\nu} = 0 \qquad (2.11.8)$$

因此，曲率张量仅仅剩下一种独立的缩并方式

$$R_{\mu\nu} = R^{\lambda}_{\mu\lambda\nu} \qquad (2.11.9)$$

我们称其为里奇（Ricci）张量。显然，里奇张量是对称的：

$$R_{\mu\nu} = g^{\lambda\rho}R_{\rho\mu\lambda\nu} = g^{\lambda\rho}R_{\lambda\nu\rho\mu} = g^{\rho\lambda}R_{\lambda\nu\rho\mu} = R^{\rho}_{\nu\rho\mu} = R_{\nu\mu} \qquad (2.11.10)$$

（2）曲率标量

我们定义里奇张量的缩并为曲率标量，即：

$$R = g^{\mu\nu}R_{\mu\nu} = R^{\mu}_{\mu} \qquad (2.11.11)$$

（3）爱因斯坦张量

爱因斯坦引入一个对广义相对论特别有用的张量

$$G_{\mu\nu} \equiv R_{\mu\nu} - \frac{1}{2}g_{\mu\nu}R \qquad (2.11.12)$$

称其为爱因斯坦张量，显然它是一个二阶对称的张量。

3. 曲率张量的独立分量

我们讨论 n 维空间中的曲率张量 $R_{\mu\nu\tau\lambda}$ 的不为零的独立分量数目，四维空间是其中 $n=4$ 的情况。由于曲率张量是四阶的，不管空间多少维，它都是四个指标。下面分三种情况考虑。

（1）四个指标中只包含两个不同的值

由对称性可知

$$R_{\mu\mu\mu\nu} = R_{\mu\mu\nu\nu} = 0 \qquad (2.11.13)$$

故仅仅有一种独立的排列方式 $R_{\mu\nu\mu\nu}$，例如 $\mu=1,\nu=2$ 时，有

$$R_{1212} = -R_{2112} = -R_{1221} = R_{2121} \qquad (2.11.14)$$

$$R_{1122} = R_{2211} = 0 \qquad (2.11.15)$$

（2.11.14）式所示的四种排列中，只有一种是独立的。所以，只有两个指标相异时，不为零的独立分量个数为

$$C_n^2 = \frac{n!}{2!(n-2)!} \qquad (2.11.16)$$

（2）四个指标中包含三个不同值

从 n 个数中先任取三个数作为指标，共有 C_n^3 种取法。现在取定一种组合，第四个指标必定与先选出的三个指标中的一个相同。考虑到前一对指标反对称，后一对指标也反对称，相同的两个指标不可能都处于前一对，也不可能都处于后一对，只能一个处于前一对，另一个处于后一对。再考虑到前一对指标与后一对指标对称，不难看出这组指标只有一种独立

的排列方式。但是第四个指标可与前三个指标中的任意一个重复，又对应三种独立组合方式，所以，独立分量数目为

$$C_n^3 \times 1 \times 3 = \frac{n!}{2!(n-3)!} \tag{2.11.17}$$

（3）四个指标均取不同值

共有 C_n^4 种取法，不考虑里奇恒等式时，每一种组合对应三种独立的排列方式；考虑里奇恒等式，独立排列方式减少一个。所以，独立分量数目为

$$C_n^4 \times 2 = \frac{2 \times n!}{4!(n-4)!} \tag{2.11.18}$$

综合上述三种情况，n 维黎曼空间中曲率张量的不为零的独立分量数目为

$$N = C_n^2 \times 1 + C_n^3 \times 3 + C_n^4 \times 2 = \frac{n^2(n^2-1)}{12} \tag{2.11.19}$$

对于四维空间，$N=20$；对于三维空间，$N=6$；对于二维空间，$N=1$。

在 n 维空间中，里奇张量 $R_{\mu\nu}$ 共有 n^2 个分量。由于它是对称张量，独立分量数目为

$$N = n + \frac{n^2 - n}{2} = \frac{n(n+1)}{2} \tag{2.11.20}$$

对于四维空间，$N=10$。

曲率标量 R 是不变量，在 n 维空间中只有一个分量。由于里奇张量和度规张量都是对称的，爱因斯坦张量 $G_{\mu\nu}$ 也是对称的，故也有

$$N = \frac{n(n+1)}{2} \tag{2.11.21}$$

个独立分量。我们感兴趣的四维空间有 10 个独立分量。

4. 空间的平坦性

我们采用的黎曼空间中，联络是对称的，即挠率为零。此时，只要

$$R^\rho_{\lambda\mu\nu} = 0 \tag{2.11.22}$$

根据 2.7 节所述的定理，就一定可以找到一个坐标系，使联络的所有分量都是零，即

$$\Gamma^\lambda_{\mu\nu} = 0 \tag{2.11.23}$$

从(2.9.6)式可知，它意味着

$$g_{\mu\nu,\lambda} = 0 \tag{2.11.24}$$

也就是说度规分量都是常数。2.8 节指出，这样的度规一定可以化成(2.8.13)式所示的对角形式；这就是说，曲率张量的所有分量都为零的空间一定是平坦的。当黎曼空间是一个曲率张量为零的四维时空时，度规一定可以化成闵可夫斯基度规。(2.11.22)式是空间平坦性的判据。

5. 比安基恒等式

从曲率张量的定义(2.11.1)式出发，可以证明曲率张量的一个微分恒等式

$$R^\rho_{\lambda\mu\nu;\sigma} + R^\rho_{\lambda\nu\sigma;\mu} + R^\rho_{\lambda\sigma\mu;\nu} = 0 \tag{2.11.25}$$

称它为比安基(Bianchi)恒等式。

张量关系式在坐标变换下不变，所以在任何坐标系下证明(2.11.25)式都一样。为了简

单方便,对于任意一点 P,我们选择该点处联络为零的坐标系来证明。此时由(2.11.1)式,在 P 点有关系式

$$R^{\rho}_{\lambda\mu\nu;\sigma} = R^{\rho}_{\lambda\mu\nu,\sigma} \tag{2.11.26}$$

所以

$$R^{\rho}_{\lambda\mu\nu;\sigma} = (\Gamma^{\rho}_{\lambda\nu,\mu} - \Gamma^{\rho}_{\lambda\mu,\nu})_{,\sigma} + (\Gamma^{\rho}_{\alpha\mu}\Gamma^{\alpha}_{\lambda\nu} - \Gamma^{\rho}_{\alpha\nu}\Gamma^{\alpha}_{\lambda\mu})_{,\sigma}$$

$$= (\Gamma^{\rho}_{\lambda\nu,\mu} - \Gamma^{\rho}_{\lambda\mu,\nu})_{,\sigma} = \Gamma^{\rho}_{\lambda\nu,\mu,\sigma} - \Gamma^{\rho}_{\lambda\mu,\nu,\sigma} \tag{2.11.27}$$

同理可得

$$R^{\rho}_{\lambda\sigma\mu;\mu} = \Gamma^{\rho}_{\lambda\sigma,\nu,\mu} - \Gamma^{\rho}_{\lambda\nu,\sigma,\mu} \tag{2.11.28}$$

$$R^{\rho}_{\lambda\sigma\mu;\nu} = \Gamma^{\rho}_{\lambda\mu,\sigma,\nu} - \Gamma^{\rho}_{\lambda\sigma,\mu,\nu} \tag{2.11.29}$$

把(2.11.27)式、(2.11.28)式和(2.11.29)式相加,注意到普通微商顺序的可交换性,就可证明(2.11.25)式在 P 点成立。由于 P 点是任意选取的,(2.11.25)式自然在全空间成立。

现在缩并比安基恒等式(2.11.25)的指标 ρ 和 σ,得

$$R^{\sigma}_{\lambda\mu\nu;\sigma} - R_{\lambda\nu;\mu} + R_{\lambda\mu;\nu} = 0 \tag{2.11.30}$$

乘以 $g^{\nu\lambda}$,并注意到 $g^{\nu\lambda}_{;\alpha} = 0$,上式可以化成

$$R^{\sigma}_{\mu;\sigma} - R_{;\mu} + R^{\nu}_{\mu;\nu} = 0 \tag{2.11.31}$$

即

$$R^{\nu}_{\mu;\nu} - \frac{1}{2}R_{;\mu} = 0 \tag{2.11.32}$$

也即

$$\left(R^{\nu}_{\mu} - \frac{1}{2}\delta^{\nu}_{\mu}R\right)_{;\nu} = 0 \tag{2.11.33}$$

(2.11.33)式还可以写成协变或逆变张量的形式

$$\left(R_{\mu\nu} - \frac{1}{2}g_{\mu\nu}R\right)^{;\nu} = 0 \tag{2.11.34}$$

$$\left(R^{\mu\nu} - \frac{1}{2}g^{\mu\nu}R\right)_{;\nu} = 0 \tag{2.11.35}$$

这三个式子表明爱因斯坦张量的协变散度为零

$$G^{\nu}_{\mu;\nu} = G^{;\nu}_{\mu\nu} = G^{\mu\nu}_{;\nu} = 0 \tag{2.11.36}$$

爱因斯坦张量的这一性质,对于建立广义相对论的场方程极为重要。

2.12 几个重要的运算

1. 度规的微分

设 g 为协变度规张量 $g_{\mu\nu}$ 的行列式,$\Delta^{\mu\nu}$ 为相应的代数余子式。显然

$$g \times \delta^{\nu}_{\alpha} = g_{\alpha\rho} \times \Delta^{\nu\rho} \tag{2.12.1}$$

在(2.8.15)式中已定义逆变度规张量

$$g^{\mu\nu} \equiv \frac{\Delta^{\mu\nu}}{g} \tag{2.12.2}$$

从(2.12.1)式和(2.12.2)式可得

$$\frac{\partial g}{\partial g_{\mu\nu}} = \Delta^{\mu\nu} \tag{2.12.3}$$

$$\frac{\partial g}{\partial g_{\mu\nu}} = g \cdot g^{\mu\nu} \tag{2.12.4}$$

于是

$$dg = g \cdot g^{\mu\nu} dg_{\mu\nu} = -g \cdot g_{\mu\nu} dg^{\mu\nu} \tag{2.12.5}$$

导出(2.12.5)式的最后一步用到了

$$d(g^{\mu\nu} g_{\mu\nu}) = 0 \tag{2.12.6}$$

此外,容易得到

$$\frac{\partial g}{\partial x^{\alpha}} = g \cdot g^{\mu\nu} \frac{\partial g_{\mu\nu}}{\partial x^{\alpha}} = -g \cdot g_{\mu\nu} \frac{\partial g^{\mu\nu}}{\partial x^{\alpha}} \tag{2.12.7}$$

上述关于度规行列式的普通微商运算,以及 2.9 节中讲到的度规张量的协变微商运算

$$g_{\mu\nu;\lambda} = g^{\mu\nu}_{;\lambda} = \delta^{\mu}_{\nu;\lambda} = 0 \tag{2.12.8}$$

都是广义相对论中比较常用的运算。

2. 一个特殊的克里斯托费尔符号

$$\Gamma^{\mu}_{\alpha\mu} = \frac{1}{2} g^{\mu\nu} g_{\mu\nu,\alpha} = -\frac{1}{2} g_{\mu\nu} g^{\mu\nu}_{,\alpha} = \frac{1}{2g} \frac{\partial g}{\partial x^{\alpha}} = \frac{\partial}{\partial x^{\alpha}} (\ln\sqrt{-g}) \tag{2.12.9}$$

3. 散度的运算

黎曼空间中的散度运算,定义与欧氏空间相仿,但要用协变微商代替普通微商,散度运算使张量降阶。需要强调的是,对协变指标的散度运算,定义为把指标升高后再求散度。

逆变矢量的散度

$$\operatorname{div}A^{\mu} = A^{\mu}_{;\mu} = A^{\mu}_{,\mu} + \Gamma^{\mu}_{\alpha\mu} A^{\alpha} = \frac{1}{\sqrt{-g}} \frac{\partial}{\partial x^{\mu}} (\sqrt{-g} A^{\mu}) \tag{2.12.10}$$

达朗贝尔算符

$$\Box\Phi = \operatorname{div}(\operatorname{grad}\Phi) = \operatorname{div}\left(g^{\mu\nu} \frac{\partial\Phi}{\partial x^{\nu}}\right) = \frac{1}{\sqrt{-g}} \frac{\partial}{\partial x^{\mu}}\left(\sqrt{-g}\, g^{\mu\nu} \frac{\partial\Phi}{\partial x^{\nu}}\right) \tag{2.12.11}$$

二阶逆变张量的散度

$$C^{\mu\nu}_{;\nu} = \frac{1}{\sqrt{-g}} \frac{\partial}{\partial x^{\nu}} (C^{\mu\nu} \sqrt{-g}) + \Gamma^{\mu}_{\nu\sigma} C^{\nu\sigma} \tag{2.12.12}$$

当此二阶张量反称时,运算特别简单,

$$C^{\mu\nu}_{;\nu} = \frac{1}{\sqrt{-g}} \frac{\partial}{\partial x^{\nu}} (C^{\mu\nu} \sqrt{-g}) \tag{2.12.13}$$

4. 旋度的运算

黎曼空间中的旋度,定义与欧氏空间相仿,原则上也应该用协变微商代替普通微商。然而,容易证明,这些协变微商又可以化简为普通微商,所以,黎曼空间中的旋度运算与普通旋

度运算相同。

旋度运算使得协变矢量场变成二阶反对称张量场，又使得二阶反对称张量场变成三阶反对称张量场，即

$$\text{curl}_{\mu\nu}(A_\mu) \equiv A_{\mu;\nu} - A_{\nu;\mu} = A_{\mu,\nu} - A_{\nu,\mu} \tag{2.12.14}$$

$$\text{curl}_{\mu\nu\tau}(A_{\mu\nu}) \equiv A_{\mu\nu;\tau} + A_{\nu\tau;\mu} + A_{\tau\mu;\nu} = A_{\mu\nu,\tau} + A_{\nu\tau,\mu} + A_{\tau\mu,\nu} \tag{2.12.15}$$

5. 体元的变换

赝张量定义为

$$T^{\mu\nu} = \frac{\alpha}{|\alpha|} \frac{\partial x^\mu}{\partial x'^\rho} \frac{\partial x^\nu}{\partial x'^\sigma} T'^{\rho\sigma} \tag{2.12.16}$$

式中 α 为坐标变换矩阵的行列式，$|\alpha|$ 为 α 的绝对值。对于不含反射的坐标变换，$\frac{\alpha}{|\alpha|} = +1$，赝张量的变换与张量相同。但对于反射变换，$\frac{\alpha}{|\alpha|} = -1$，赝张量的变换比张量变换多一个负号。我们不加证明地指出，体元在坐标变换下的规律是

$$\sqrt{-g}\,\mathrm{d}^4 x = \frac{\alpha}{|\alpha|} \sqrt{-g'}\,\mathrm{d}^4 x' \tag{2.12.17}$$

所以体元不是标量，而是赝标量。

习题

1. 证明挠率 $\Gamma^\lambda_{[\mu\nu]}$（即联络的反对称部分）是一个张量。

2. Φ 是标量，证明 $A_\mu = \dfrac{\partial \Phi}{\partial x^\mu}$ 是协变矢量。

3. $T^{\mu\nu}$ 是对称张量，$A_{\mu\nu}$ 是反对称张量，证明 $T^{\mu\nu}A_{\mu\nu} = 0$。

4. 用 $\Gamma^\mu_{\nu\rho}$ 在坐标变换下的变换规律直接证明：$A^\mu_{;\rho} = A^\mu_{,\rho} + \Gamma^\mu_{\nu\rho}A^\nu$ 是一个二阶混合张量。

5. 已知 $\mathrm{d}s^2 = g_{\mu\nu}\mathrm{d}x^\mu \mathrm{d}x^\nu = -\mathrm{d}\tau^2$，从变分原理 $\delta\int_A^B \mathrm{d}s = 0$ 或 $\delta\int_A^B \left(\dfrac{\mathrm{d}\tau}{\mathrm{d}\lambda}\right)^2 \mathrm{d}\lambda = 0$ 求出短程线方程。

6. 试证：$\Gamma^\mu_{\alpha\mu} = \dfrac{1}{2}g^{\mu\nu}g_{\mu\nu,\alpha} = \dfrac{\partial}{\partial x^\alpha}(\ln\sqrt{-g})$。

7. 设 $\{t, x\}$ 是二维闵氏空间的洛伦兹坐标系，试证由下式定义的 $\{t', x'\}$ 也是洛伦兹系。

$$\begin{cases} t' = t\sinh\lambda + x\sinh\lambda \\ x' = t\sinh\lambda + x\cosh\lambda \end{cases}, \quad \lambda \text{ 为常数}$$

注：洛伦兹坐标系是指二维闵氏度规在其中能写成 $\begin{pmatrix} -1 & 0 \\ 0 & 1 \end{pmatrix}$ 的坐标系。

8. 已知 $g_{\mu\nu;\lambda} = 0$，求证 $g^{\mu\nu}_{;\lambda} = 0$。

9. 已知 $A_{\mu;\nu}=A_{\mu,\nu}-\Gamma^{\lambda}_{\mu\nu}A_{\lambda}$,利用标量微分关系 $U_{;\mu}=U_{,\mu}$ 及莱布尼茨法则证明:$B^{\mu}_{;\nu}=B^{\mu}_{,\nu}+\Gamma^{\mu}_{\lambda\nu}B^{\lambda}$。

10. 一个嵌入三维欧氏空间的普通球面空间,选用球极坐标系,则其线元为

$$ds^2=a^2d\theta^2+a^2\sin^2\theta d\varphi^2$$

(1) 求 $g^{\mu\nu}$;

(2) 求全部的克里斯托费尔联络 $\Gamma^{\mu}_{\alpha\beta}$;

(3) 求全部 $R^{\mu}_{\nu\rho\sigma}$;

(4) 求全部 $R_{\mu\nu}$;

(5) 求 R;

(6) 写出该度规表示的球面空间的测地线方程。

11. 证明比安基恒等式(2.11.25)及(2.11.35):

$$R^{\rho}_{\lambda\mu\nu;\sigma}+R^{\rho}_{\lambda\nu\sigma;\mu}+R^{\rho}_{\lambda\sigma\mu;\nu}=0$$

$$\left(R^{\mu\nu}-\frac{1}{2}g^{\mu\nu}R\right)_{;\nu}=0$$

爱因斯坦场方程与时空的基本理论

本章介绍广义相对论的核心理论：场方程与运动方程，它们之间的关系与牛顿近似，坐标条件与边界条件，以及时间与空间的测量理论，时空弯曲对力学定律和电磁学定律的影响。

3.1 广义相对论中的时间与空间

1. 坐标钟与标准钟

对于弯曲时空中的任意坐标系 $x^\mu (\mu = 0,1,2,3)$，如果视 x^0 为时间坐标，则以速率 $t = x^0/c$ 运行的钟，叫坐标钟，t 称为坐标时间，c 是真空中的光速。

在狭义相对论中，我们称固定于一个惯性系中的真实的钟（任何作等周期运动的物体）为标准钟，它所记录的时间，为那个惯性系的固有时间，即静止于那个系中的观测者亲身经历的时间。从

$$\mathrm{d}s^2 = -c^2 \mathrm{d}t^2 + \mathrm{d}x^2 + \mathrm{d}y^2 + \mathrm{d}z^2 = -c^2 \mathrm{d}t^2 \qquad (3.1.1)$$

可得此惯性系的固有时间为

$$\mathrm{d}t = \frac{\mathrm{i}\mathrm{d}s}{c} \qquad (3.1.2)$$

相对论中习惯于用字母 τ 来标记固有时间，即

$$\mathrm{d}\tau = \frac{\mathrm{i}\mathrm{d}s}{c} \qquad (3.1.3)$$

显然这个时间正比于观测者（或钟）世界线的长度。由于 s 与 τ 都是标量，所以世界线长度 s 和固有时间 τ 均不依赖于坐标系的选择，也就是说，它们在坐标变换下不变。

在广义相对论中，根据等效原理，可对时空中的任意观测者 A 引入相对于他瞬时静止的局部惯性系 B，并仿照狭义相对论，定义静止于 B 系中的"真实钟"为标准钟，它所记录的时间为惯性系 B 的固有时间。当然，相对于 A 不瞬时静止的局部惯性系，也可定义标准钟与固有时间，不过我们对此没有兴趣。设 L_A 为任意观测者 A 的世界线，当 A 在 P 点时，相对于他瞬时静止的局部惯性系的世界线为 L_B，显然 L_B 与 L_A 在 P 点相切。从狭义相对论

可知,惯性系 B 的固有时间为

$$d\tau_B = \frac{ids}{c} \qquad (3.1.4)$$

但微分几何告诉我们,在一点的邻域,曲线 L_A 的线元 ds_A 与其切线的线元 ds_B 相等,即

$$ds_A = ds_B \qquad (3.1.5)$$

所以,我们可以合理地定义观测者 A(一般不是惯性观测者)的固有时间为

$$d\tau_A = \frac{ids_A}{c} = \frac{ids_B}{c} = d\tau_B \qquad (3.1.6)$$

它正比于 A 的世界线长度。因此,对于弯曲时空中的任意观测者,我们可以让他所持的钟的读数正比于自己世界线的长度。这个钟就是他的标准钟,记录的时间就是他的固有时间

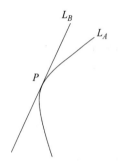

图 3.1.1 弯曲时空中任意观测者的固有时间

(图 3.1.1)。而且,我们看到,在他的世界线上每一点,此固有时间都与该点的瞬时静止局部惯性系的固有时间相等。因此,"随着观测者 A 一起运动的钟"和"A 的瞬时静止局部惯性系的钟",都可以作为 A 的标准钟,记录他的固有时间。但前者只是一个单一的钟,可连续记录 A 的固有时间,后者由无穷多个钟组成,每一个只在一个时空点的邻域,记录 A 在那一瞬间的固有时间。

需要说明,任何观测者所持的任何一种作周期运动的真实装置,都可以作为他的标准钟,此钟所记录的时间,就是他的固有时间,也就是他真实经历的时间。如何才能保证此固有时间与他描出的世界线的长度成正比呢?广义相对论中规定,此世界线的长度是用他的标准钟的读数来参数化的。这样,固有时间就自然与世界线的长度成正比了。

下面我们来考察相对于某个坐标系 x^μ 静止的观测者,寻找他的坐标时间与固有时间之间的关系。从(2.8.1)式和(3.1.6)式不难得出此关系为

$$d\tau = \frac{ids}{c} = \frac{1}{c}\sqrt{-g_{\mu\nu}dx^\mu dx^\nu} = \frac{1}{c}\sqrt{-g_{00}}dx^0 = \sqrt{-g_{00}}dt \qquad (3.1.7)$$

这里我们已考虑到观测者静止于坐标系 x^μ 中的一个点。从(3.1.7)式可知,在非笛卡儿坐标系中,同一时空点的固有时间一般不等于坐标时间。

我们要强调以下四点。

(1) 坐标钟是虚构的,坐标时间仅在计算中有用,只有理论意义,不能直接测量。标准钟才是真实的钟,有测量意义的是标准钟记录的固有时间,不是坐标时间。然而,弯曲时空中各时空点标准钟的速率一般不同,固有时间一般只有局部意义,在大范围时空有意义的是坐标时间,所以广义相对论中的物理定律、公式一般要用坐标量(包括坐标时间)表示。

(2) 任何作周期运动的物体都可以作为标准钟。标准钟不一定要置于惯性系或瞬时惯性系中,它可以在弯曲时空中沿任何类时世界线运动,并用自身的读数来把世界线参数化,因此它所记录的固有时间就是它的世界线的长度。

(3) 任何观测者的固有时间可以等价地用两种钟计量:他自己携带的标准钟;相对于他瞬时静止的自由下落钟。

(4) 固有时间依赖于质点的世界线,但不依赖于坐标系的选择。坐标时间依赖于坐标

系的选择,但不依赖于质点的世界线。过同一点的不同世界线有不同的固有时;同一点用不同坐标系覆盖,有不同的坐标时。

2. 固有距离的测量

如图 3.1.2 所示,假定 A、B 为空间两邻点,光信号在 A 钟的${}^{(1)}x_A^0$ 从 A 射向 B,在 B 钟的 x_B^0 时刻到达 B 并反射回 A,再于 A 钟的${}^{(2)}x_A^0$ 时刻到达 A,所需要的坐标时间为

$$\Delta x^0 = \mathrm{d}x_{(2)}^0 - \mathrm{d}x_{(1)}^0 \qquad (3.1.8)$$

其中 $\mathrm{d}x_{(1)}^0 = {}^{(1)}x_A^0 - x_B^0$,$\mathrm{d}x_{(2)}^0 = {}^{(2)}x_A^0 - x_B^0$。

因为没有假定用坐标时间表达的光速各向同性,所以 $\mathrm{d}x_{(1)}^0$ 不一定等于 $\mathrm{d}x_{(2)}^0$。在 B 点引入瞬时静止的局部惯性系,与 Δx^0 相应的固有时间是

$$\Delta \tau = \frac{1}{c}\sqrt{-g_{00}}\,\Delta x^0 \qquad (3.1.9)$$

图 3.1.2　固有距离的测量

在此局部惯性系中,用固有量表达的光速各向同性并恒等于 c,因此两邻点间的纯空间距离为

$$\mathrm{d}l = \frac{c\,\Delta \tau}{2} = \frac{1}{2}\sqrt{-g_{00}}\,\Delta x^0 \qquad (3.1.10)$$

这就是用"标准尺"测得的纯空间距离,即固有距离。事实上,"标准尺"子虚乌有,固有距离是依据对真空中光速的约定,用测量固有时间的方法间接测得的。由

$$\mathrm{d}s^2 = 0 = g_{00}(\mathrm{d}x^0)^2 + 2g_{0i}\mathrm{d}x^0\mathrm{d}x^i + g_{ik}\mathrm{d}x^i\mathrm{d}x^k \qquad (3.1.11)$$

可得

$$\mathrm{d}x^0 = \frac{-g_{0i}\mathrm{d}x^i \pm \sqrt{(g_{0i}g_{0k} - g_{00}g_{ik})\mathrm{d}x^i\mathrm{d}x^k}}{g_{00}} \qquad (3.1.12)$$

"±"号分别对应往返的光信号,所以有

$$\Delta x^0 = \frac{2\sqrt{(g_{0i}g_{0k} - g_{00}g_{ik})\mathrm{d}x^i\mathrm{d}x^k}}{-g_{00}} \qquad (3.1.13)$$

把上式代入(3.1.10)式可得

$$\mathrm{d}l = \sqrt{\left(g_{ik} - \frac{g_{0i}g_{0k}}{g_{00}}\right)\mathrm{d}x^i\mathrm{d}x^k} \qquad (3.1.14)$$

或

$$\mathrm{d}l^2 = \gamma_{ik}\mathrm{d}x^i\mathrm{d}x^k \qquad (3.1.15)$$

其中

$$\gamma_{ik} = g_{ik} - \frac{g_{0i}g_{0k}}{g_{00}} \qquad (3.1.16)$$

是纯空间度规,它不同于 g_{ik},(3.1.14)式和(3.1.15)式所示的 $\mathrm{d}l$,就是 A、B 两点间的纯空间距离——固有距离。

再强调一下,它实际上是依据对光速的约定和光速不变原理,用标准钟测得的。广义相对论中只存在"标准钟",不存在"标准尺";谈论用"标准尺测得固有距离",完全是为了叙述

上的形象、方便。

3. 物理上可实现的最普遍的时空坐标

按等效原理,引力场中任一点可引进局部惯性系,采用笛卡儿直角坐标

$$x^{\mu}=(x^0,x^1,x^2,x^3),\quad x^0=ct \tag{3.1.17}$$

t 为局部惯性系中的时间坐标。线元为

$$ds^2=\eta_{\mu\nu}dx^{\mu}dx^{\nu},\quad \mu,\nu=0,1,2,3 \tag{3.1.18}$$

其中 $\eta_{\mu\nu}$ 为(2.8.10)式所示的闵可夫斯基度规。引入连续、可微且雅可比行列式满足

$$\det\left|\frac{\partial x'^{\mu}}{\partial x^{\nu}}\right|\neq 0 \tag{3.1.19}$$

的坐标变换

$$x'^{\mu}=x'^{\mu}(x^{\nu}) \tag{3.1.20}$$

光速不变原理要求线元在坐标变换下不变,即

$$ds^2=\eta_{\mu\nu}dx^{\mu}dx^{\nu}=g_{\mu\nu}dx'^{\mu}dx'^{\nu} \tag{3.1.21}$$

(3.1.21)式告诉我们

$$g_{\mu\nu}=\eta_{\alpha\beta}\frac{\partial x^{\alpha}}{\partial x'^{\mu}}\frac{\partial x^{\beta}}{\partial x'^{\nu}} \tag{3.1.22}$$

我们从实践中知道,时间是一维的,空间是三维的,一个有物理意义的坐标变换,必须保证新坐标系中有一个时间坐标,三个空间坐标。

定理 欲使点变换 $x'^{\mu}=x'^{\mu}(x^{\nu})$ 所得的四个新变量 (x'^0,x'^1,x'^2,x'^3) 的第一个表示时间坐标,后三个表示空间坐标,新度规张量 $g_{\mu\nu}$ 必须符合下述充要条件:

$$g_{00}<0,\quad \begin{vmatrix}g_{00}&g_{01}\\g_{10}&g_{11}\end{vmatrix}<0,\quad \begin{vmatrix}g_{00}&g_{01}&g_{02}\\g_{10}&g_{11}&g_{12}\\g_{20}&g_{21}&g_{22}\end{vmatrix}<0,$$

$$\begin{vmatrix}g_{00}&g_{01}&g_{02}&g_{03}\\g_{10}&g_{11}&g_{12}&g_{13}\\g_{20}&g_{21}&g_{22}&g_{23}\\g_{30}&g_{31}&g_{32}&g_{33}\end{vmatrix}<0 \tag{3.1.23}$$

证明 已知 x^{μ} 为局部惯性系中的笛卡儿坐标,x'^{μ} 为新坐标。若要求 x'^i 代表空间坐标,则对空间任一固定点有

$$x'^i=常数,\quad dx'^i=0 \tag{3.1.24}$$

此空间固定点相对于局部惯性系的速度为

$$v^i=\frac{dx^i}{dt}=\frac{c\,dx^i}{dx^0} \tag{3.1.25}$$

考虑到 $dx'^i=0$,可得

$$dx^i=\frac{\partial x^i}{\partial x'^{\mu}}dx'^{\mu}=\frac{\partial x^i}{\partial x'^0}dx'^0 \tag{3.1.26}$$

$$dx^0=\frac{\partial x^0}{\partial x'^{\mu}}dx'^{\mu}=\frac{\partial x^0}{\partial x'^0}dx'^0 \tag{3.1.27}$$

所以

$$v^i = c\left(\frac{\partial x^i}{\partial x'^0}\bigg/\frac{\partial x^0}{\partial x'^0}\right) \tag{3.1.28}$$

由于光速是极限速度

$$\frac{v^2}{c^2} = \frac{v^i v^i}{c^2} < 1 \tag{3.1.29}$$

不难看出

$$\left(\frac{\partial x^i}{\partial x'^0}\right)\left(\frac{\partial x^i}{\partial x'^0}\right) - \left(\frac{\partial x^0}{\partial x'^0}\right)\left(\frac{\partial x^0}{\partial x'^0}\right) < 0 \tag{3.1.30}$$

于是,从(3.1.22)式可得

$$g_{00} = \left(\frac{\partial x^i}{\partial x'^0}\right)\left(\frac{\partial x^i}{\partial x'^0}\right) - \left(\frac{\partial x^0}{\partial x'^0}\right)\left(\frac{\partial x^0}{\partial x'^0}\right) < 0 \tag{3.1.31}$$

我们看到,若要选新变量 x'^0 为时间坐标,必须有 $g_{00} < 0$,对度规的这种限制来源于光速的极限性。

下面再分析固有距离的实数性对度规的限制,固有距离 $\mathrm{d}l$ 是可测量的量,实验告诉我们它必须是实数。这样,(3.1.15)式所示的固有距离的平方必须正定,即

$$\mathrm{d}l^2 = \gamma_{ik}\,\mathrm{d}x'^i\,\mathrm{d}x'^k > 0 \tag{3.1.32}$$

由二次型正定的充要条件——雅可比公式可得

$$\gamma_{11} > 0, \quad \begin{vmatrix} \gamma_{11} & \gamma_{12} \\ \gamma_{21} & \gamma_{22} \end{vmatrix} > 0, \quad \begin{vmatrix} \gamma_{11} & \gamma_{12} & \gamma_{13} \\ \gamma_{21} & \gamma_{22} & \gamma_{23} \\ \gamma_{31} & \gamma_{32} & \gamma_{33} \end{vmatrix} > 0 \tag{3.1.33}$$

把(3.1.16)式代入后,上述条件可化成

$$\begin{vmatrix} g_{00} & g_{01} \\ g_{10} & g_{11} \end{vmatrix} < 0, \quad \begin{vmatrix} g_{00} & g_{01} & g_{02} \\ g_{10} & g_{11} & g_{12} \\ g_{20} & g_{21} & g_{22} \end{vmatrix} < 0, \quad \begin{vmatrix} g_{00} & g_{01} & g_{02} & g_{03} \\ g_{10} & g_{11} & g_{12} & g_{13} \\ g_{20} & g_{21} & g_{22} & g_{23} \\ g_{30} & g_{31} & g_{32} & g_{33} \end{vmatrix} < 0 \tag{3.1.34}$$

从(3.1.33)式得到(3.1.34)式时,考虑到了取负值的 g_{00} 对不等号的影响。(3.1.34)式就是固有距离取实数的充要条件,"固有距离取实数"来源于瞬时静止的局域惯性观测者的测量要求:测量值不能是虚数。

(3.1.31)式及(3.1.34)式就是我们要证的结果,可见对度规的上述限制来源于两个物理要求:①光速的极限性;②可测量必须是实数。此外还事先约定了真空中的光速各向同性,是一个常数,而且光速不变原理成立。

从数学的角度看,任意的曲线坐标系都可以采用。从物理的角度看,只有不违背基本物理规律和基本物理事实的曲线坐标系才是可用的。研究广义相对论,应该注意物理坐标系与一般坐标系的区别。

3.2节将讲到对坐标系的另一个物理限制:能够在大范围内建立同时面(定义"同时"概念)的时空,坐标系必须时轴正交,即

$$g_{0i} = 0, \quad i = 1, 2, 3 \tag{3.1.35}$$

在此条件限制下,(3.1.31)式与(3.1.34)式应化成

$$g_{00} < 0, \quad g_{ii} > 0, \quad \begin{vmatrix} g_{ii} & g_{ik} \\ g_{ki} & g_{kk} \end{vmatrix} > 0, \quad \begin{vmatrix} g_{11} & g_{12} & g_{13} \\ g_{21} & g_{22} & g_{23} \\ g_{31} & g_{32} & g_{33} \end{vmatrix} > 0 \qquad (3.1.36)$$

3.2 同时的传递性

在狭义相对论中,爱因斯坦指出,静止于同一惯性系的不同空间点的钟,总可以根据光速的均匀各向同性,用光信号来加以校准,使它们"同时"或"同步",从而建立起全空间的同时面。

爱因斯坦把"同时"和"同步"视作相同的概念,本节的讨论表明,二者还是有区别的。下面我们把钟的时刻校准,称为"同时",把钟的快慢校准称为"同步"。

1. "同时传递性"的条件

把空间中各点的钟校准同时,建立同时面,这件在惯性系中肯定可以做到的事情,在广义相对论的各种弯曲时空的任意坐标系中,却不一定都能做到。

在物理学中,校准不同地方的钟,定义"同时"概念,都必须给出实际可行的方法,否则就是无用的空谈。在黎曼时空的任意坐标系中,我们仍然用光信号来校准静止于各空间点的钟,并定义"同时"性。

设 A、B 为黎曼时空中两个相邻的空间点,L、M 分别为点 A 和点 B 的世界线。如果在 A 点的坐标时刻[(1)] x_A^0,从 A 向 B 发出一个光信号,此信号在 B 点的坐标时刻 x_B^0 到达 B,并反射回 A。回到 A 时,A 的坐标时刻为[(2)] x_A^0,如图 3.2.1 所示。令

$$\mathrm{d}x_{(1)}^0 \equiv {}^{(1)}x_A^0 - x_B^0 \qquad (3.2.1)$$

$$\mathrm{d}x_{(2)}^0 \equiv {}^{(2)}x_A^0 - x_B^0 \qquad (3.2.2)$$

$$x_A^0 \equiv \frac{{}^{(1)}x_A^0 + {}^{(2)}x_A^0}{2} \qquad (3.2.3)$$

并定义 x_A^0 为与 x_B^0 同时的 A 处的坐标时刻。显然

$$x_A^0 = \frac{1}{2}\left[(x_B^0 + \mathrm{d}x_{(1)}^0) + (x_B^0 + \mathrm{d}x_{(2)}^0)\right] = x_B^0 + \frac{1}{2}(\mathrm{d}x_{(2)}^0 + \mathrm{d}x_{(1)}^0) \qquad (3.2.4)$$

这就是说,当两异地事件同时发生时,坐标钟会相差

$$\Delta x^0 = x_A^0 - x_B^0 = \frac{1}{2}(\mathrm{d}x_{(2)}^0 + \mathrm{d}x_{(1)}^0) \qquad (3.2.5)$$

光信号的传播应服从(3.1.11)式,利用(3.1.12)式,可得

$$\Delta x^0 = \frac{-g_{0i}}{g_{00}}\mathrm{d}x^i \qquad (3.2.6)$$

用(3.2.6)式,可沿任一开放路径,把路径上各点的坐标钟调整成"同时"。"同时"被定义为相邻坐标钟的指示相差 $\dfrac{-g_{0i}}{g_{00}}\mathrm{d}x^i$,但是,由于 Δx^0 一般不是全微分,沿闭合路径的积分一般不等于零,即

$$\oint \Delta x^0 \neq 0 \qquad (3.2.7)$$

所以,如果某两点相距有限距离,沿不同路径去校准这两点的坐标钟,结果会不同。因此,若把 A 调整到与 B 同时,再把 C 调整到与 B 同时,这时 C 与 A 仍不一定同时,即"同时性不一定具有传递性"。显然,同时性具有传递性的充要条件是 Δx^0 为全微分,即

$$\oint \Delta x^0 = \oint \left(-\frac{g_{0i}}{g_{00}} \right) \mathrm{d}x^i = 0 \tag{3.2.8}$$

一般说来,这意味着时轴正交,即

$$g_{0i} = 0 \tag{3.2.9}$$

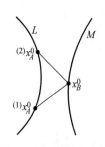

图 3.2.1　两异地事件的同时

所以,仅当采用时轴正交系时,才能把空间各点的坐标钟调整到同时,建立同时面。可见,时轴正交系在广义相对论中具有重要意义。

2. "钟速同步传递性"的条件

我们再介绍一个比建立同时面稍弱一点的命题:使空间各点坐标钟的速率同步(仅仅钟的快慢一样,不要求有同时面)。

在相邻的 A、B 两点的第一个同时时刻,坐标钟相差

$$\Delta x_1^0 = x_{A1}^0 - x_{B1}^0 = -(g_{0i}/g_{00})_1 \mathrm{d}x^i \tag{3.2.10}$$

在第二个同时时刻,坐标钟相差

$$\Delta x_2^0 = x_{A2}^0 - x_{B2}^0 = -(g_{0i}/g_{00})_2 \mathrm{d}x^i \tag{3.2.11}$$

二坐标钟的速率之差为

$$\delta(\Delta x^0) \equiv (x_{A2}^0 - x_{A1}^0) - (x_{B2}^0 - x_{B1}^0) = \Delta x_2^0 - \Delta x_1^0$$
$$= -[(g_{0i}/g_{00})_2 - (g_{0i}/g_{00})_1] \mathrm{d}x^i \tag{3.2.12}$$

上式为零的条件是 (g_{0i}/g_{00}) 与坐标时间 x^0 无关。可见,各空间点坐标钟速率相同的充分条件是

$$\frac{\partial}{\partial x^0} \frac{g_{0i}}{g_{00}} = 0 \tag{3.2.13}$$

充要条件则是

$$\oint \left(-\frac{g_{0i}}{g_{00}} \right)_1 \mathrm{d}x^i = \oint \left(-\frac{g_{0i}}{g_{00}} \right)_2 \mathrm{d}x^i \tag{3.2.14}$$

或

$$\frac{\partial}{\partial x^0} \oint \Delta x^0 = \frac{\partial}{\partial x^0} \oint \left(-\frac{g_{0i}}{g_{00}} \right) \mathrm{d}x^i = 0 \tag{3.2.15}$$

也即

$$\oint \left(-\frac{g_{0i}}{g_{00}} \right) \mathrm{d}x^i = \phi \tag{3.2.16}$$

其中 ϕ 是不依赖于时间 x^0 的常数。

条件(3.2.13)比(3.2.9)要弱,条件(3.2.15)或(3.2.16)则比(3.2.8)要弱。这就是说,把"钟的速率调得一样快"比把"钟调整同时"的条件要弱。

在满足条件(3.2.15)式,但不满足(3.2.8)式的坐标系中,钟速的同步具有传递性,即可把空间中各点坐标钟的速率调得一样快,但是,不能在空间建立同时面,即不存在全空间统

一的"同时时刻"。

此外,还应该注意,从黎曼时空中任一点的静止标准钟与坐标钟的关系式

$$\Delta\tau = \frac{1}{c}\sqrt{-g_{00}}\,\Delta x^0 \tag{3.2.17}$$

不难看出,即使把引力场中各点的坐标钟调整同步了,各点标准钟的速率也不一样。

3.3　场方程与运动方程

本节介绍广义相对论的核心——爱因斯坦场方程,同时介绍运动方程。

1. 建立场方程和运动方程的几点考虑

爱因斯坦在等效原理、马赫原理、广义相对性原理和光速不变原理的基础上,建立了广义相对论的场方程——爱因斯坦方程。应该指出,爱因斯坦深受马赫的影响,他在建立场方程时,曾受到马赫原理的启发;虽然后来的研究表明,马赫原理并不是场方程的必要基础。

另外,他设想自己的理论除场方程外还应包含运动方程;场方程描述物质对时空的影响,运动方程则描述粒子在弯曲时空中的运动。

他是在下列考虑的基础上,得出场方程和运动方程的。

(1) 等效原理。爱因斯坦据此猜测,万有引力是一种几何效应,可能是时空弯曲的表现。平直时空中惯性力的数学表现是度规 $g_{\mu\nu}$ 偏离洛伦兹度规 $\eta_{\mu\nu}$,克里斯托费尔符号不为零,等效原理预期引力也应在数学上有同样的表现,即引力效应在数学上应该用度规张量和克氏符的泛函来表示,猜测这个泛函与时空的曲率有关。(后来的研究表明,等效原理还要求时空的挠率为零,至少在真空处挠率必须为零。爱因斯坦当时未考虑挠率,只考虑曲率,恰好符合了等效原理。)

(2) 马赫原理。马赫认为惯性力起源于加速物体与遥远星系的相互作用,是遥远星系相对该物体加速时,对该物体施加的类似于引力的效应。爱因斯坦据此设想,场方程的一端应该反映时空的曲率,另一端则应该反映物质和物质的运动。

(3) 广义相对性原理。爱因斯坦认为,这一原理表现为物理规律的广义协变性。场方程必须满足广义协变性,所以应该是张量方程。此外,由于离开物质源的地方,万有引力依然存在,广义相对论的基本方程必须是微分方程,不能是代数方程。

(4) 光速不变原理。要求时空中的线元(距离元)ds 是不变量。

(5) 质点运动的短程线原理。该原理假定,任何时空中的自由质点均应沿短程线(测地线)运动。而短程线可用变分原理求出:

$$\delta\int ds = 0 \tag{3.3.1}$$

所以质点的运动方程即测地线方程。

(6) 对应原理。在牛顿近似下场方程应化为牛顿引力理论的泊松方程

$$\Delta\varphi = 4\pi G\rho \tag{3.3.2}$$

即弱场近似下,万有引力定律应该成立,(3.3.2)式中 φ 为万有引力势,ρ 为物质密度,G 为万有引力常数。另外,时空趋于平直时,作为运动方程的测地线方程应化成直线方程,这一

第3章　爱因斯坦场方程与时空的基本理论　　53

点是当然的,我们在 2.9 节和 2.10 节中已经得到了这样的结果。

2. 场方程的建立

从以上(1)、(2)、(3)三点,爱因斯坦推测场方程的一端应是物质场的能量动量张量(也称能动张量)$T_{\mu\nu}$,另一端应是反映时空几何的张量 $M_{\mu\nu}$,即

$$M_{\mu\nu} = \kappa T_{\mu\nu} \qquad (3.3.3)$$

其中 κ 是一个常数。由于能动张量是对称张量,有 10 个分量,所以 $M_{\mu\nu}$ 也应是对称张量,有 10 个分量。曲率张量 $R^{\sigma}_{\mu\nu\rho}$ 和曲率标量 R 的分量都不是 10 个,不能作为 $M_{\mu\nu}$。$M_{\mu\nu}$ 的可能的候选者是里奇张量 $R_{\mu\nu}$ 和度规张量 $g_{\mu\nu}$,以及它们的组合。

考虑到能动张量是守恒的,即

$$T^{\mu\nu}_{;\nu} = 0 \qquad (3.3.4)$$

(3.3.3)式告诉我们应该有

$$M^{\mu\nu}_{;\nu} = 0 \qquad (3.3.5)$$

合适的候选者显然是 2.11 节中讨论过的爱因斯坦张量

$$G_{\mu\nu} = R_{\mu\nu} - \frac{1}{2} g_{\mu\nu} R \qquad (3.3.6)$$

它满足比安基恒等式

$$G^{\mu\nu}_{;\nu} = 0 \qquad (3.3.7)$$

于是爱因斯坦得到广义相对论的场方程,它的协变、逆变和混合张量形式分别为

$$R_{\mu\nu} - \frac{1}{2} g_{\mu\nu} R = \kappa T_{\mu\nu} \qquad (3.3.8)$$

$$R^{\mu\nu} - \frac{1}{2} g^{\mu\nu} R = \kappa T^{\mu\nu} \qquad (3.3.9)$$

$$R^{\mu}_{\nu} - \frac{1}{2} \delta^{\mu}_{\nu} R = \kappa T^{\mu}_{\nu} \qquad (3.3.10)$$

以后将指出,常数 κ 与万有引力常数 G 有关:

$$\kappa = \frac{8\pi G}{c^4} \qquad (3.3.11)$$

爱因斯坦 1905 年开始研究引力,1907 年提出等效原理,1911 年得到光线在引力场中弯曲的结论,1912 年猜测万有引力是时空弯曲的表现,1913 年与格罗斯曼一起把黎曼几何引进引力研究,1914 年得到自由质点的运动方程(测地线方程)并明确提出"广义协变原理",1915 年,在与希尔伯特讨论后不久,爱因斯坦终于得到了场方程的正确形式。然后,他又在 1916 年预言存在引力波,1917 年尝试引入宇宙项,1930 年从场方程推出了运动方程,使场方程成为广义相对论唯一的基本方程。

应该说明,场方程不是通过机械的逻辑推理推出来的,而是爱因斯坦反复思考、猜测、尝试后得到的。还要说明的是,在得到场方程的时候,无论是爱因斯坦还是希尔伯特,都还不知道比安基恒等式。

3. 运动方程的建立

按照爱因斯坦的(4)、(5)两点设想,自由质点(不受引力、惯性力之外的任何力作用的质

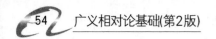

点)的运动方程就是黎曼时空的测地线方程

$$\frac{d^2 x^\mu}{ds^2} + \Gamma^\mu_{\alpha\beta}\frac{dx^\alpha}{ds}\frac{dx^\beta}{ds} = 0 \qquad (3.3.12)$$

场方程与运动方程一起,构成了广义相对论理论的核心。

4. 宇宙项

不难看出,场方程中可以加入任何一个散度为零的项,而不影响比安基恒等式(3.3.7)和能量动量守恒定律(3.3.4)式的成立。从(2.9.11)式可知,度规张量的散度为零。1917年,爱因斯坦在建立静态宇宙模型的时候,曾尝试在场方程中加入一个与度规成正比的项 $\Lambda g_{\mu\nu}$,并称这一项为宇宙项,常数 Λ 为宇宙学常数。此时,场方程变成

$$R^{\mu\nu} - \frac{1}{2}g^{\mu\nu}R + \Lambda g^{\mu\nu} = \kappa T^{\mu\nu} \qquad (3.3.13)$$

$$R_{\mu\nu} - \frac{1}{2}g_{\mu\nu}R + \Lambda g_{\mu\nu} = \kappa T_{\mu\nu} \qquad (3.3.14)$$

$$R^\mu_\nu - \frac{1}{2}\delta^\mu_\nu R + \Lambda\delta^\mu_\nu = \kappa T^\mu_\nu \qquad (3.3.15)$$

关于这一项是否属于场方程的问题一直有所争论,爱因斯坦本人后来主张放弃这一项,但有些人不同意,争论一直持续到今天。天文观测长期未能支持宇宙项的存在;宇宙项即使存在,效应也应当极其微弱,即 Λ 必须非常小。顺便指出,宇宙项大体起着"斥力"作用,在场方程中加入宇宙项,相当于在引力系统中加入"排斥效应"。近年来关于暗能量的探讨,使宇宙项的研究获得了新的活力,一些人猜测所谓"暗能量"其实就是宇宙项引起的效应。

5. 关于挠率的考虑

爱因斯坦的理论只考虑了时空的弯曲,没有考虑时空扭曲(挠率不为零的情况)。近年来的研究表明,描述时空对称的庞加莱群有两个重要的卡西米尔(Casimir)算符,一个与质量有关,另一个与自旋有关。不少人推测,不仅质量(派生能动张量)影响时空几何,自旋也影响时空几何,这一点也是爱因斯坦没有考虑的。

按照这样的思路,反映曲率与质量关系的爱因斯坦方程(3.3.8),在描述时空几何与物质的关系上,不能认为是完备的,即还应加上反映挠率与自旋关系的方程,有人称其为杨振宁方程。我们把关系简述如下:

爱因斯坦方程: 曲率——质量

杨振宁方程: 挠率——自旋

也有人认为,关系并不如此简单,应该有

这种情况有点类似于电磁理论,爱因斯坦方程相当于麦克斯韦方程组中的一个方程,我们还不清楚其余的方程。近年来,这方面有不少论文发表,但进展不大,主要是因为等效原理要

求挠率在真空处极小,无法对各种理论方案进行实验判决。

我们知道,等效原理是得到实验支持的,而且精度极高。如果真空区域有挠率,等效原理将不成立,所以挠率或者在真空区极小,或者没有传播性,仅存在于自旋不为零的物质所占据的非真空处。如果挠率不能传播,描述它的方程只能是代数方程,不能是微分方程。

6. 关于马赫原理的讨论

无论是牛顿力学还是狭义相对论都未能解决惯性力的本质问题,也未能说明引力场与惯性场何以能够等效。

牛顿认为转动必须看作是绝对的,并用水桶实验来论证自己的观点。马赫从哲学的角度反对绝对空间和绝对运动的存在,认为一切运动都是相对的。在水桶实验中,他指出:"……惯性离心力是水相对于地球或其他天体作相对转动时才显示出来的。"他认为,惯性效应起源于物体相对于遥远星系的加速运动。所谓加速,是相对于整个宇宙中存在的物质加速。水受到惯性离心力,是由于它相对于整个宇宙中的星系转动的结果。

马赫认为加速运动是相对的,惯性效应不过是遥远星系对加速物体施加的一种类似于万有引力的效应。爱因斯坦赞同这种认为惯性力起源于相对加速的物质间的相互作用的思想,把它归纳为马赫原理:加速运动是相对的,一切物体的惯性效应来自宇宙中物质作相对加速运动时产生的相互作用。

爱因斯坦指出,依据马赫原理应该期望:

(1) 在物体附近有物质堆积时,它的惯性(即惯性质量)应增加。

(2) 邻近物质作加速运动时,此物体应受到一个与加速度同方向的加速力。

(3) 转动的中空物体,必在其内部产生径向离心力与科里奥利力。

爱因斯坦觉得自己的广义相对论似乎给出了上述效应;梯尔令(H. Thirring)研究了转动的中空球壳,他也似乎得到了上述效应。因此,爱因斯坦本人认为,广义相对论与马赫原理一致。然而,马赫原理存在诸多疑问。

第一,马赫原理并没有得到实验支持。按马赫原理,地面物体的质量应来自两部分,一部分来自宇宙的整体影响,另一部分来自银河系的影响。宇宙整体影响是各向同性的,而银河系影响是各向异性的。利用核磁共振手段,测得质量的各向异性部分 Δm 与各向同性部分 m 之比

$$\frac{\Delta m}{m} \leqslant 10^{-20} \tag{3.3.16}$$

利用水星轨道进动,测得

$$\frac{\Delta m}{m} \leqslant 1.57 \times 10^{-10} \tag{3.3.17}$$

两个实验都未能对马赫原理给出肯定的支持。

第二,虽然马赫本人与爱因斯坦等人都论述过马赫的思想,但对马赫原理始终没有给出一个统一的文字表述,更没有给出定量的计算公式,也没有说明惯性力的瞬时出现和引力的有限传播速度何以相容。

第三,虽然爱因斯坦本人强调广义相对论与马赫原理一致,但马赫本人否认相对论符合

他的思想。事实上,广义相对论与马赫原理也确实存在明显矛盾,例如对于除实验质点外一无所有的真空,场方程

$$R_{\mu\nu} = 0 \qquad (3.3.18)$$

显然有一个解

$$g_{\mu\nu} = \eta_{\mu\nu} \qquad (3.3.19)$$

当质点作加速运动时,加速坐标变换将给出惯性力;由于空间一无所有,此惯性效应肯定不能归因于其他质量的存在。梯尔令的工作虽然得到了一些似乎与马赫原理一致的结论,但同时也得到了一个数量级与径向离心力相等的轴向力。如把转动中空球壳看作遥远星系,则应期望在众所周知的惯性效应外,还应有一个轴向惯性力,这当然与事实不符;因此,梯尔令模型不能完全说明马赫原理。

布拉斯(C. Brans)和迪克(R. H. Dicke)明确指出,广义相对论与马赫原理并不一致。他们提出了一个符合马赫原理的标量-张量理论,然而到目前为止,实验支持的仍是广义相对论,而不是标量-张量理论。

总之,从实验上说,马赫原理并未得到验证,从理论上说它又存在许多问题,因此它的真实性是值得怀疑的。但是,马赫关于惯性起源于相对作加速运动的物质间的相互作用的思想,含有合理的内核。爱因斯坦创立广义相对论时,曾受到马赫思想的启发,所以马赫原理在历史上的作用至少是不应否定的。

值得注意的是,牛顿水桶实验和马赫原理所讨论的惯性力起源的问题,到今天也没有搞清楚,广义相对论没有对这个问题给出答案。

3.4 运动方程的导出及其牛顿近似

20世纪30年代,爱因斯坦和福克分别独立地从场方程导出了运动方程,使广义相对论的基本方程减少到一个,而且使人们清楚地看到,在广义相对论的框架中,引力质量和惯性质量确实是同一个东西。

1. 四维速度

从(3.1.7)式可知,广义相对论中的固有时间定义为

$$d\tau = \frac{\mathrm{i}\,ds}{c} \qquad (3.4.1)$$

即

$$d\tau^2 = -\frac{ds^2}{c^2} = -\frac{g_{\mu\nu}}{c^2}dx^\mu dx^\nu, \quad \mu,\nu = 0,1,2,3 \qquad (3.4.2)$$

利用固有时间,可以定义质点的四维速度(简称四速)

$$u^\mu \equiv \frac{dx^\mu}{d\tau}$$

不难看出

$$u^\mu u_\mu = g_{\mu\nu}u^\mu u^\nu = \frac{g_{\mu\nu}dx^\mu dx^\nu}{d\tau^2} \qquad (3.4.3)$$

即

$$u^{\mu}u_{\mu} = -c^2 \tag{3.4.4}$$

如果选取 $c=1$ 的自然单位制,(3.4.1)式、(3.4.2)式、(3.4.4)式可分别化成

$$d\tau = ids \tag{3.4.5}$$

$$d\tau^2 = -ds^2 = -g_{\mu\nu}dx^{\mu}dx^{\nu} \tag{3.4.6}$$

$$u^{\mu}u_{\mu} = -1 \tag{3.4.7}$$

容易看出,静质量不为零的粒子的四速的平方(即它的内积)都等于 $-c^2$,在自然单位制下都等于 -1。对于静质量为零的粒子,例如光子,由于

$$c^2 d\tau^2 = -ds^2 = 0 \tag{3.4.8}$$

我们必须用另外的仿射参量 λ 来定义四速

$$u^{\mu} \equiv \frac{dx^{\mu}}{d\lambda} \tag{3.4.9}$$

并且有

$$u^{\mu}u_{\mu} = 0 \tag{3.4.10}$$

即零静质量粒子的四速的模为零。

2. 从场方程导出运动方程

设一个粒子的能动张量可用下式表出:

$$T^{\mu\nu} = \rho u^{\mu}u^{\nu}, \quad \mu, \nu = 0, 1, 2, 3 \tag{3.4.11}$$

即把粒子系统看作非相对论理想流体或松散介质(见 3.6 节),式中 ρ 为在相对于粒子瞬时静止的局部惯性系中所测得的粒子的静质量密度,u^{μ} 为四速。场方程

$$R^{\mu\nu} - \frac{1}{2}g^{\mu\nu}R = \kappa T^{\mu\nu} \tag{3.4.12}$$

满足比安基恒等式

$$\left(R^{\mu\nu} - \frac{1}{2}g^{\mu\nu}R\right)_{;\nu} = 0 \tag{3.4.13}$$

所以能动张量满足守恒定律

$$T^{\mu\nu}_{;\nu} = 0 \tag{3.4.14}$$

利用(2.5.13)式和(2.12.9)式,或直接利用(2.12.12)式,可把上式化成

$$\frac{1}{\sqrt{-g}}\frac{\partial}{\partial x^{\nu}}(\sqrt{-g}\,T^{\mu\nu}) + \Gamma^{\mu}_{\alpha\nu}T^{\alpha\nu} = 0 \tag{3.4.15}$$

即

$$\frac{\partial}{\partial x^0}(\sqrt{-g}\,T^{0\mu}) + \frac{\partial}{\partial x^i}(\sqrt{-g}\,T^{i\mu}) + \sqrt{-g}\,\Gamma^{\mu}_{\alpha\nu}T^{\alpha\nu} = 0, \quad i = 1, 2, 3 \tag{3.4.16}$$

对上式作体积分

$$\int \frac{\partial}{\partial x^0}(\sqrt{-g}\,T^{0\mu})d^3x + \int \frac{\partial}{\partial x^i}(\sqrt{-g}\,T^{i\mu})d^3x + \int \sqrt{-g}\,\Gamma^{\mu}_{\alpha\nu}T^{\alpha\nu}d^3x = 0 \tag{3.4.17}$$

其中

$$d^3x = dx^1 dx^2 dx^3 \tag{3.4.18}$$

由于考虑的是"质点",在体积的边界上 $\rho=0$,所以积分(3.4.17)式的中间一项为零

$$\int \frac{\partial}{\partial x^i}(\sqrt{-g}\,T^{i\mu})\mathrm{d}^3x = \oiint_s \sqrt{-g}\,\rho u^i u^\mu \mathrm{d}s = 0 \tag{3.4.19}$$

上式用了高斯定理。于是(3.4.17)式简化为

$$\frac{\mathrm{d}}{\mathrm{d}x^0}\int \rho u^0 u^\mu \sqrt{-g}\,\mathrm{d}^3x + \int \Gamma^\mu_{\alpha\beta}\rho u^\alpha u^\beta \sqrt{-g}\,\mathrm{d}^3x = 0 \tag{3.4.20}$$

上式第一项交换了微分与积分的顺序,考虑到积分后的量只是 x^0 的函数,把 $\dfrac{\partial}{\partial x^0}$ 改写为 $\dfrac{\mathrm{d}}{\mathrm{d}x^0}$。

把表述质量守恒的连续性方程

$$(\rho u^\nu)_{;\nu} = \frac{1}{\sqrt{-g}}(\sqrt{-g}\,\rho u^\nu)_{,\nu} = 0 \tag{3.4.21}$$

两端乘 $\sqrt{-g}$ 后再积分,可得

$$\frac{\mathrm{d}}{\mathrm{d}x^0}\int \rho u^0 \sqrt{-g}\,\mathrm{d}^3x + \int \frac{\partial}{\partial x^i}(\sqrt{-g}\,\rho u^i)\mathrm{d}^3x = 0 \tag{3.4.22}$$

对第二项用高斯定理,并注意到在积分的边界上 $\rho=0$,可知此项为零。在随动局部惯性系中 $u^0=c$,$\mathrm{d}t=\mathrm{d}\tau$,上式可化成

$$\frac{\mathrm{d}}{\mathrm{d}x^0}\int \rho u^0 \sqrt{-g}\,\mathrm{d}^3x = \frac{\mathrm{d}}{\mathrm{d}t}\int \rho \mathrm{d}^3x = \frac{\mathrm{d}}{\mathrm{d}\tau}\int \rho \mathrm{d}^3x = 0 \tag{3.4.23}$$

令

$$\frac{1}{c}\int \rho u^0 \sqrt{-g}\,\mathrm{d}^3x = \int \rho \mathrm{d}^3x = m \tag{3.4.24}$$

从(3.4.23)式可以看出,m 是一个不依赖于瞬时静止局部惯性系中的坐标时间 x^0 的常数,它也不依赖于固有时间 τ,即 m 沿质点运动的世界线守恒。从(3.4.24)式可以看出,m 就是该粒子的静止质量。

我们考虑的是"质点"的运动,积分仅在一点的邻域里进行,所以 u^μ 与 $\Gamma^\mu_{\alpha\beta}$ 均可取该点的值而提到积分号外边。于是(3.4.20)式可化成

$$\frac{\mathrm{d}}{\mathrm{d}x^0}\left(u^\mu \int \rho u^0 \sqrt{-g}\,\mathrm{d}^3x\right) + \Gamma^\mu_{\alpha\beta}u^\alpha u^\beta \frac{1}{u^0}\int \rho u^0 \sqrt{-g}\,\mathrm{d}^3x = 0 \tag{3.4.25}$$

把(3.4.24)式代入,可得

$$\frac{\mathrm{d}x^0}{\mathrm{d}\tau}\frac{\mathrm{d}}{\mathrm{d}x^0}(m u^\mu) + m\Gamma^\mu_{\alpha\beta}u^\alpha u^\beta = 0 \tag{3.4.26}$$

于是有

$$\frac{\mathrm{d}}{\mathrm{d}\tau}(m u^\mu) + m\Gamma^\mu_{\alpha\beta}u^\alpha u^\beta = 0 \tag{3.4.27}$$

此即粒子在弯曲时空中的运动方程。虽然我们是在局部惯性系中导出此方程,但从下面协变导数的定义(3.4.35)式可以看出,它是一个张量方程,所以在任何坐标系中都成立。因此,这是一个在弯曲时空中普遍成立的运动方程。

当 m 是不依赖于 τ 的常数时,(3.4.27)式可化成测地线方程

$$\frac{\mathrm{d}u^{\mu}}{\mathrm{d}\tau} + \Gamma^{\mu}_{\alpha\beta}u^{\alpha}u^{\beta} = 0 \tag{3.4.28}$$

$$\frac{\mathrm{d}^2 x^{\mu}}{\mathrm{d}\tau^2} + \Gamma^{\mu}_{\alpha\beta}\frac{\mathrm{d}x^{\alpha}}{\mathrm{d}\tau}\frac{\mathrm{d}x^{\beta}}{\mathrm{d}\tau} = 0 \tag{3.4.29}$$

不难看出(3.4.29)式也可写成(2.10.15)式的形式

$$\frac{\mathrm{d}^2 x^{\mu}}{\mathrm{d}s^2} + \Gamma^{\mu}_{\alpha\beta}\frac{\mathrm{d}x^{\alpha}}{\mathrm{d}s}\frac{\mathrm{d}x^{\beta}}{\mathrm{d}s} = 0 \tag{3.4.30}$$

这里 $\mathrm{d}s$ 是线元。

我们从场方程导出了运动方程；可见，广义相对论的基本方程只有一个，即场方程。从场方程导出运动方程,在物理学中是没有先例的,包括电磁理论在内的一切物理理论都做不到这一点。不过,容易看出,我们的证明实际是以能动张量守恒为出发点的,所以广义相对论的这一独特性质,可能与广义相对论中的能动张量守恒定律可以作为场方程的推论直接从场方程推出有关,也有人认为还可能与场方程的非线性有关。

3. 协变导数

在 2.5 节中,我们介绍过协变微分(即协变微商)的概念,一个矢量的协变微商可写为

$$A_{\mu;\nu} = A_{\mu,\nu} - \Gamma^{\lambda}_{\mu\nu}A_{\lambda} \tag{3.4.31}$$

$$A^{\mu}_{;\nu} = A^{\mu}_{,\nu} + \Gamma^{\mu}_{\lambda\nu}A^{\lambda} \tag{3.4.32}$$

本节中我们又引入了四速的概念

$$u^{\mu} = \frac{\mathrm{d}x^{\mu}}{\mathrm{d}\tau} \tag{3.4.33}$$

现在,我们利用协变微商和四速,引入协变导数的概念,矢量的协变导数定义为

$$\frac{\mathrm{D}A_{\mu}}{\mathrm{d}\tau} = A_{\mu;\nu}u^{\nu} = \frac{\mathrm{d}A_{\mu}}{\mathrm{d}\tau} - \Gamma^{\lambda}_{\mu\nu}A_{\lambda}u^{\nu} \tag{3.4.34}$$

$$\frac{\mathrm{D}A^{\mu}}{\mathrm{d}\tau} = A^{\mu}_{;\nu}u^{\nu} = \frac{\mathrm{d}A^{\mu}}{\mathrm{d}\tau} + \Gamma^{\mu}_{\lambda\nu}A^{\lambda}u^{\nu} \tag{3.4.35}$$

显然,在惯性系中采用笛卡儿坐标时,由于 $\Gamma^{\lambda}_{\mu\nu}$ 为零,协变导数就等于普通导数

$$\frac{\mathrm{D}A_{\mu}}{\mathrm{d}\tau} = \frac{\mathrm{d}A_{\mu}}{\mathrm{d}\tau} \tag{3.4.36}$$

$$\frac{\mathrm{D}A^{\mu}}{\mathrm{d}\tau} = \frac{\mathrm{d}A^{\mu}}{\mathrm{d}\tau} \tag{3.4.37}$$

利用协变导数,可把测地线方程(3.4.28)式写成

$$\frac{\mathrm{D}u^{\mu}}{\mathrm{d}\tau} = 0 \tag{3.4.38}$$

4. 运动方程的牛顿近似

我们在下列近似下化简运动方程(3.4.27)。

(1) 引力场是弱场,即

$$g_{\mu\nu} = \eta_{\mu\nu} + h_{\mu\nu} \tag{3.4.39}$$

其中 $\eta_{\mu\nu}$ 是闵可夫斯基度规(2.8.10),而

$$|h_{\mu\nu}| \ll 1 \tag{3.4.40}$$

(2) 引力场是静态的,即

$$g_{\mu\nu,0} = h_{\mu\nu,0} = 0 \tag{3.4.41}$$

(3) 引力场是空间缓变的,即

$$|g_{\mu\nu,i}| = |h_{\mu\nu,i}| \ll 1, \quad i = 1,2,3 \tag{3.4.42}$$

(4) 粒子作低速运动

$$\left| \frac{\mathrm{d}x^i}{\mathrm{d}x^0} \right| \ll 1, \quad \left| \frac{\mathrm{d}x^i}{\mathrm{d}\tau} \right| \ll \left| \frac{\mathrm{d}x^0}{\mathrm{d}\tau} \right|, \quad \left| \frac{\mathrm{d}x^i}{\mathrm{d}\tau} \right| \ll c \tag{3.4.43}$$

注意,在自然单位制下 $c=1$。这些近似能把运动方程化成牛顿形式,所以称上述化简为牛顿近似。

利用近似条件(1)、(2)和(3),略去高于一阶的小量,联络可以化成

$$\Gamma^{\mu}_{\alpha\beta} = \frac{1}{2} \eta^{\mu\rho} (h_{\rho\alpha,\beta} + h_{\rho\beta,\alpha} - h_{\alpha\beta,\rho}) \tag{3.4.44}$$

再注意到条件(4),可把运动方程(3.4.27)化为

$$\frac{\mathrm{d}}{\mathrm{d}\tau} \left(m \frac{\mathrm{d}x^0}{\mathrm{d}\tau} \right) = 0 \tag{3.4.45}$$

$$\frac{\mathrm{d}}{\mathrm{d}\tau} \left(m \frac{\mathrm{d}x^i}{\mathrm{d}\tau} \right) + m\Gamma^i_{00} \left(\frac{\mathrm{d}x^0}{\mathrm{d}\tau} \right)^2 = 0 \tag{3.4.46}$$

当 m 是不依赖于 τ 的常数(即粒子不分裂)时,由(3.4.45)式可得

$$x^0 = a\tau + \mathrm{const} \tag{3.4.47}$$

其中 a 为常数。代入(3.4.46)式有

$$m \frac{\mathrm{d}^2 x^i}{(\mathrm{d}x^0)^2} = -m\Gamma^i_{00} \tag{3.4.48}$$

利用(3.4.44)式可得

$$m \frac{\mathrm{d}^2 x^i}{(\mathrm{d}x^0)^2} = \frac{m}{2} h_{00,i} \tag{3.4.49}$$

因为

$$x^0 = ct \tag{3.4.50}$$

所以

$$m \frac{\mathrm{d}^2 x^i}{\mathrm{d}t^2} = \frac{m}{2} c^2 h_{00,i} \tag{3.4.51}$$

我们知道,在经典的万有引力场中,牛顿第二定律可写成

$$m_I \frac{\mathrm{d}^2 x^i}{\mathrm{d}t^2} = m_g \left(-\frac{\partial \varphi}{\partial x^i} \right) \tag{3.4.52}$$

其中 φ 为牛顿引力势。比较可知,(3.4.51)式和(3.4.52)式相同。于是,我们把广义相对论的自由粒子运动方程,化成了经典力学中粒子在引力场中运动的牛顿方程。h_{00} 相应于牛顿引力势

$$\varphi = -\frac{c^2}{2}h_{00} + \text{const} \tag{3.4.53}$$

设无穷远处引力场消失,$\varphi = 0$,此时度规应回到闵可夫斯基度规,$h_{00} = 0$。可见,(3.4.53)式中常数应为零,于是有

$$\varphi = -\frac{c^2}{2}h_{00} \tag{3.4.54}$$

$$g_{00} = -1 + h_{00} = -\left(1 + \frac{2\varphi}{c^2}\right) \tag{3.4.55}$$

当引力场为静态球对称场时,源外的牛顿引力势

$$\varphi = -\frac{GM}{r} \tag{3.4.56}$$

$$g_{00} = -\left(1 - \frac{2GM}{c^2 r}\right) \tag{3.4.57}$$

其中 G 为万有引力常数。弱场近似条件(3.4.40)意味着

$$r \gg r_{\text{g}} = \frac{2GM}{c^2} \tag{3.4.58}$$

我们称 r_{g} 为星体的引力半径,以后将看到它是质量为 M 的黑洞的半径。一般星体的引力半径都是很小的,例如太阳的引力半径只有 3km,而太阳的真实物理半径达 7×10^5 km。太阳形成白矮星时半径将缩到 10^4 km;如果太阳形成中子星,半径会缩到 10km。可见,太阳外部的引力场可以看作弱场,白矮星附近的引力场也可看作弱场;但中子星和黑洞不行,它们附近的引力场必须看作强场。

我们看到,虽然引力场中的牛顿方程仅适用于静态、空间缓变的弱引力场中的低速质点,但对研究地球和太阳系的天体运动,已经足够精确了。

5. 引力质量就是惯性质量

比较(3.4.51)式和(3.4.52)式可知,在牛顿理论中没有内在联系而只是"偶然"相等的引力质量和惯性质量,在广义相对论中是同一个东西。同一个 m 出现于(3.4.51)式的两边,在左边,它起惯性质量的作用;在右边,它起引力质量的作用。(3.4.51)式是广义相对论自由粒子运动方程(3.4.27)的近似表达式。从(3.4.11)式、(3.4.24)式和(3.4.27)式可知,m 原本属于作为引力场源的能量动量张量 $T^{\mu\nu}$,在从场方程导出运动方程的过程中,它同时出现在运动方程(3.4.27)的两项之中。在第一项中,它起惯性质量的作用;在第二项中,它起引力质量的作用。所以,在广义相对论的理论体系中,引力质量和惯性质量确实是同一个东西。

3.5　广义相对论中的力学和电磁学方程

本节介绍引力场对力学、电磁学方程的影响,即给出力学、电磁学定律的广义协变形式。

1. 质点力学

狭义相对论中,质点的能量和动量分别为

$$E = \frac{m_0 c^2}{\sqrt{1 - \frac{v^2}{c^2}}} \tag{3.5.1}$$

$$p^i = \frac{m_0 v^i}{\sqrt{1 - \frac{v^2}{c^2}}} \tag{3.5.2}$$

动力学方程,即牛顿第二定律和功率表达式,可分别表述为

$$f^i = \frac{\mathrm{d}p^i}{\mathrm{d}t} = \frac{\mathrm{d}}{\mathrm{d}t} \frac{m_0 v^i}{\sqrt{1 - \frac{v^2}{c^2}}} \tag{3.5.3}$$

$$w = \boldsymbol{f} \cdot \boldsymbol{v} = \frac{\mathrm{d}}{\mathrm{d}t} \frac{m_0 c^2}{\sqrt{1 - \frac{v^2}{c^2}}} \tag{3.5.4}$$

式中,E 为质点能量,m_0 为质点静质量,f^i,p^i,v^i 分别为三维力、三维动量和三维速度,w 为功率,$\boldsymbol{f} = (f^1, f^2, f^3)$,$\boldsymbol{v} = (v^1, v^2, v^3)$。

上述物理量和公式也可用四维时空的矢量表出。四维动量定义为

$$P^\mu = m_0 u^\mu \tag{3.5.5}$$

其中 u^μ 为四速,即

$$u^\mu = \frac{\mathrm{d}x^\mu}{\mathrm{d}\tau} = \left(\frac{c}{\sqrt{1 - \frac{v^2}{c^2}}}, \frac{\boldsymbol{v}}{\sqrt{1 - \frac{v^2}{c^2}}} \right) \tag{3.5.6}$$

因此,四维动量可具体写为

$$P^\mu = \left(\frac{E}{c}, \boldsymbol{p} \right) = \left(\frac{m_0 c}{\sqrt{1 - \frac{v^2}{c^2}}}, \frac{m_0 \boldsymbol{v}}{\sqrt{1 - \frac{v^2}{c^2}}} \right) \tag{3.5.7}$$

不难看出,四维动量的三个空间分量 P^i 就是三维动量 p^i,即

$$P^i = p^i \tag{3.5.8}$$

这和四速与三维速度的关系不同

$$u^i = \frac{\mathrm{d}x^i}{\mathrm{d}\tau} \neq \frac{\mathrm{d}x^i}{\mathrm{d}t} = v^i \tag{3.5.9}$$

在四维时空中,动力学方程,即牛顿第二定律(3.5.3)和功率表达式(3.5.4)可统一写为

$$\frac{\mathrm{d}P^\mu}{\mathrm{d}\tau} = F^\mu \tag{3.5.10}$$

式中四维力定义为

$$F^\mu = \left(\frac{\boldsymbol{f} \cdot \frac{\boldsymbol{v}}{c}}{\sqrt{1 - \frac{v^2}{c^2}}}, \frac{\boldsymbol{f}}{\sqrt{1 - \frac{v^2}{c^2}}} \right) \tag{3.5.11}$$

(3.5.10)式就是牛顿第二定律的四维形式,当 m_0 为常数时(即粒子不发生分裂或者火箭不

喷射等情况），(3.5.10)式又可以写为

$$m_0 \frac{\mathrm{d}u^\mu}{\mathrm{d}\tau} = F^\mu \tag{3.5.12}$$

注意，由于号差 $+2$，有 $G_{00} = G^{00} = -1$，所以 $u_0 = -u^0$，$P_0 = -P^0$，$F_0 = -F^0$；但 $u_i = u^i$，$P_i = P^i$，$F_i = F^i$。

在广义相对论中，应该把方程写成广义协变的形式。具体做法是，把普通微商改写成协变微商，把普通导数改写成协变导数

$$\left.\begin{array}{c} , \rightarrow ; \\[4pt] \dfrac{\mathrm{d}}{\mathrm{d}\tau} \rightarrow \dfrac{\mathrm{D}}{\mathrm{d}\tau} \\[10pt] \dfrac{1}{\sqrt{1-\dfrac{v^2}{c^2}}} \rightarrow \dfrac{\mathrm{d}t}{\mathrm{d}\tau} \end{array}\right\} \tag{3.5.13}$$

四速、四动量和四维力分别改写成

$$u^\mu = \frac{\mathrm{d}x^\mu}{\mathrm{d}\tau} = \left(c\,\frac{\mathrm{d}t}{\mathrm{d}\tau}, \boldsymbol{v}\,\frac{\mathrm{d}t}{\mathrm{d}\tau} \right) \tag{3.5.14}$$

$$P^\mu = m_0 u^\mu = (E/c, \boldsymbol{p}) = \left(m_0 c\,\frac{\mathrm{d}t}{\mathrm{d}\tau}, m_0\,\boldsymbol{v}\,\frac{\mathrm{d}t}{\mathrm{d}\tau} \right) \tag{3.5.15}$$

$$F^\mu = \left(\frac{\boldsymbol{f}\cdot\boldsymbol{v}}{c}\,\frac{\mathrm{d}t}{\mathrm{d}\tau}, \boldsymbol{f}\,\frac{\mathrm{d}t}{\mathrm{d}\tau} \right) \tag{3.5.16}$$

动力学方程(3.5.10)和(3.5.12)可推广为

$$\frac{\mathrm{D}P^\mu}{\mathrm{d}\tau} = F^\mu \tag{3.5.17}$$

$$m_0\,\frac{\mathrm{D}u^\mu}{\mathrm{d}\tau} = F^\mu \tag{3.5.18}$$

注意，式中的四维力 F^μ 是指外力，即除去引力和惯性力之外的力。这两个式子可分别写成

$$\frac{\mathrm{d}(m_0 u^\mu)}{\mathrm{d}\tau} + m_0 \Gamma^\mu_{\alpha\beta} u^\alpha u^\beta = F^\mu \tag{3.5.19}$$

$$\frac{\mathrm{d}^2 x^\mu}{\mathrm{d}\tau^2} + \Gamma^\mu_{\alpha\beta} \frac{\mathrm{d}x^\alpha}{\mathrm{d}\tau} \frac{\mathrm{d}x^\beta}{\mathrm{d}\tau} = F^\mu/m_0 \tag{3.5.20}$$

当外力为零时，它们回到测地线方程。可见，外力使得质点的运动偏离测地线。

2. 电动力学

麦克斯韦方程组

$$\begin{cases} \mathrm{rot}\boldsymbol{E} + \dfrac{1}{c}\dfrac{\partial \boldsymbol{B}}{\partial t} = \boldsymbol{0} \\[8pt] \mathrm{div}\boldsymbol{B} = 0 \end{cases} \tag{3.5.21}$$

$$\begin{cases} \mathrm{rot}\boldsymbol{B} - \dfrac{1}{c}\dfrac{\partial \boldsymbol{E}}{\partial t} = \dfrac{4\pi}{c}\boldsymbol{j} \\[8pt] \mathrm{div}\boldsymbol{E} = 4\pi\rho \end{cases} \tag{3.5.22}$$

在狭义相对论中可以写成四维洛伦兹协变的形式

$$F_{\mu\nu,\tau} + F_{\nu\tau,\mu} + F_{\tau\mu,\nu} = 0 \qquad (3.5.23)$$

$$F_{\mu\nu,\nu} = \frac{4\pi}{c} J_{\mu} \qquad (3.5.24)$$

式中

$$F_{\mu\nu} = \begin{pmatrix} 0 & E_1 & E_2 & E_3 \\ -E_1 & 0 & -B_3 & B_2 \\ -E_2 & B_3 & 0 & -B_1 \\ -E_3 & -B_2 & B_1 & 0 \end{pmatrix} \qquad (3.5.25)$$

其中四维电流密度为

$$J^{\mu} = \rho_0 u^{\mu} = (c\rho, \boldsymbol{j}) \qquad (3.5.26)$$

上式中 $\rho = \dfrac{\rho_0}{\sqrt{1-v^2/c^2}}$，$\boldsymbol{j} = \rho\boldsymbol{v}$，其中 ρ 为运动粒子的电荷密度，ρ_0 为静止粒子的电荷密度，$\boldsymbol{j}$ 为三维电流密度。电荷守恒定律为

$$J^{\mu}_{,\mu} = 0 \qquad (3.5.27)$$

即

$$\frac{\partial \rho}{\partial t} + \mathrm{div}(\rho\boldsymbol{v}) = 0 \qquad (3.5.28)$$

电磁场张量 $F_{\mu\nu}$ 可以用电磁四矢 $A_{\mu} = (\Phi, A_i)$ 来表示

$$F_{\mu\nu} = A_{\nu,\mu} - A_{\mu,\nu} \qquad (3.5.29)$$

此即

$$\begin{cases} \boldsymbol{E} = -\mathrm{grad}\Phi - \dfrac{1}{c}\dfrac{\partial \boldsymbol{A}}{\partial t} \\ \boldsymbol{B} = \mathrm{rot}\boldsymbol{A} \end{cases} \qquad (3.5.30)$$

这时(3.5.23)式成为恒等式。(3.5.24)式变成

$$A_{\mu,\alpha,\alpha} = -\frac{4\pi}{c} J_{\mu} \qquad (3.5.31)$$

也即

$$\begin{cases} \nabla^2 \Phi - \dfrac{1}{c^2}\dfrac{\partial^2 \Phi}{\partial t^2} = -4\pi\rho \\ \nabla^2 \boldsymbol{A} - \dfrac{1}{c^2}\dfrac{\partial^2 \boldsymbol{A}}{\partial t^2} = -\dfrac{4\pi}{c}\boldsymbol{j} \end{cases} \qquad (3.5.32)$$

在这里我们已经用了洛伦兹规范

$$A_{\nu,\nu} = 0 \qquad (3.5.33)$$

即

$$\nabla \cdot \boldsymbol{A} + \frac{1}{c}\frac{\partial \Phi}{\partial t} = 0 \qquad (3.5.34)$$

在广义相对论中，方程都应该写成广义协变的形式，即

$$F_{\mu\nu;\tau} + F_{\nu\tau;\mu} + F_{\tau\mu;\nu} = F_{\mu\nu,\tau} + F_{\nu\tau,\mu} + F_{\tau\mu,\nu} = 0 \qquad (3.5.35)$$

$$F^{\mu\nu}{}_{;\nu} = \frac{1}{\sqrt{-g}}(F^{\mu\nu}\sqrt{-g})_{,\nu} = \frac{4\pi}{c}J^{\mu} \tag{3.5.36}$$

$$J^{\mu}{}_{;\mu} = \frac{1}{\sqrt{-g}}(\sqrt{-g}J^{\mu})_{,\mu} = 0 \tag{3.5.37}$$

$$F_{\mu\nu} = A_{\nu;\mu} - A_{\mu;\nu} = A_{\nu,\mu} - A_{\mu,\nu} \tag{3.5.38}$$

$$A_{\mu;\nu}{}^{;\nu} - R_{\mu\alpha}A^{\alpha} = -\frac{4\pi}{c}J_{\mu} \tag{3.5.39}$$

$$A^{\nu}{}_{;\nu} = \frac{1}{\sqrt{-g}}(\sqrt{-g}A^{\nu})_{,\nu} = 0 \tag{3.5.40}$$

这里用了(2.12.10)～(2.12.15)式,且考虑到联络的对称性和电磁场张量的反对称性。

值得注意的是(3.5.39)式中出现了时空的曲率项,下面我们给出该式的证明。从中可以看出,此曲率项来源于协变微分顺序的交换。

把(3.5.38)式代入(3.5.36)式可得

$$A_{\nu;\mu}{}^{;\nu} - A_{\mu;\nu}{}^{;\nu} = \frac{4\pi}{c}J_{\mu} \tag{3.5.41}$$

从(2.7.3)式可知,对于无挠时空

$$A_{\nu;\mu}{}^{;\nu} - A_{\nu}{}^{;\nu}{}_{;\mu} = R^{\rho}{}_{\nu\mu}{}^{\nu}A_{\rho} = R^{\nu}{}_{\rho\nu\mu}A^{\rho} = R_{\rho\mu}A^{\rho} \tag{3.5.42}$$

把(3.5.42)式代入(3.5.41)式得

$$A_{\nu}{}^{;\nu}{}_{;\mu} + R_{\rho\mu}A^{\rho} - A_{\mu;\nu}{}^{;\nu} = \frac{4\pi}{c}J_{\mu} \tag{3.5.43}$$

再考虑洛伦兹规范 $A_{\nu}{}^{;\nu}=0$,即可以得到(3.5.39)式,证毕。

(3.5.39)式还可以写成

$$\Box A_{\mu} - R_{\mu\alpha}A^{\alpha} = -\frac{4\pi}{c}J_{\mu} \tag{3.5.44}$$

式中

$$\Box A_{\mu} \equiv A_{\mu;\nu}{}^{;\nu} \tag{3.5.45}$$

3. 能量动量张量

在狭义相对论中,能量动量张量为

$$T_{\mu\nu} = \begin{pmatrix} \varepsilon & S_1/c & S_2/c & S_3/c \\ cM_1 & T_{11} & T_{12} & T_{13} \\ cM_2 & T_{21} & T_{22} & T_{23} \\ cM_3 & T_{31} & T_{32} & T_{33} \end{pmatrix} \tag{3.5.46}$$

其中,T_{ik} 为三维空间应力张量或动量流密度张量,$S_k = c \cdot T_{0k}$ 为三维能流密度矢量,$M_i = T_{i0}/c$ 为三维动量密度矢量,$\varepsilon = T_{00}$ 为三维空间的能量密度标量,以上取 $i,k=1,2,3$。注意,$T_{\mu\nu}$ 是一个对称张量,且满足能量守恒定律

$$T_{\mu\nu,\nu} = 0 \tag{3.5.47}$$

用三维形式表示为

$$\mathrm{div}\boldsymbol{S} = -\frac{\partial \varepsilon}{\partial t} \tag{3.5.48}$$

$$\nabla \cdot \boldsymbol{T} = -\frac{\partial \boldsymbol{M}}{\partial t} \tag{3.5.49}$$

(3.5.48)式表示能量守恒,(3.5.49)式表示动量守恒,即运动方程。

在广义相对论中(3.5.47)式变成

$$T^{\mu\nu}_{;\nu} = 0 \tag{3.5.50}$$

下面给出一些物质场的能动张量的具体表达式。

(1) 电磁场

$$T^{\mu\nu} = \frac{1}{4\pi}\left(F_\lambda{}^\mu F^{\lambda\nu} - \frac{1}{4}g^{\mu\nu}F_{\rho\lambda}F^{\rho\lambda}\right) \tag{3.5.51}$$

(2) 理想流体

$$T^{\mu\nu} = \left(\rho + \frac{p}{c^2}\right)u^\mu u^\nu + pg^{\mu\nu} \tag{3.5.52}$$

(3) 无相互作用的松散物质

$$T^{\mu\nu} = \rho u^\mu u^\nu \tag{3.5.53}$$

其中,ρ 为相对于物质瞬时静止的局域惯性观测者测得的质量密度,p 为压强。

3.6　场方程的牛顿近似

本节指出,在静态、缓变弱场近似下,爱因斯坦场方程可以约化为牛顿引力方程,并找到爱因斯坦场方程中的 κ 与万有引力常数 G 的关系。

把场方程(3.3.8)的一个指标升高,再缩并,可得

$$R = -\kappa T \tag{3.6.1}$$

其中

$$T = T^\mu{}_\mu \tag{3.6.2}$$

是能动张量的迹。把(3.6.1)式代入(3.3.8)式,得

$$R_{\mu\nu} = \kappa\left(T_{\mu\nu} - \frac{1}{2}g_{\mu\nu}T\right) \tag{3.6.3}$$

这是场方程的另一种表述形式。

设引力源由非相对论性理想流体构成。"非相对论性"意味着介质粒子的热运动速度远远小于光速,因而压强 p 远远小于密度 ρ。从(3.5.52)式可知,这种流体的能动张量为

$$T^{\mu\nu} = \rho u^\mu u^\nu \tag{3.6.4}$$

其中,ρ 为流体元在随动惯性系(即瞬时静止的局部惯性系)中测得的密度,u^μ 为四速。假定这些介质宏观上静止,采用相对于介质静止的坐标系,有

$$u^\mu \equiv \frac{\mathrm{d}x^\mu}{\mathrm{d}\tau} = \frac{1}{\sqrt{-g_{00}}}(c,0,0,0) \tag{3.6.5}$$

这时,能量动量张量不为零的分量只有一个

$$T^{00} = -\rho c^2/g_{00} \tag{3.6.6}$$

张量的迹为

$$T = g_{\mu\nu}T^{\mu\nu} = \rho u^{\mu}u_{\mu} = -\rho c^2 \tag{3.6.7}$$

从(2.11.1)式与(2.11.9)式可知,里奇张量可表示为

$$R_{\mu\nu} = R^{\lambda}_{\mu\lambda\nu} = \Gamma^{\lambda}_{\mu\nu,\lambda} - \Gamma^{\lambda}_{\mu\lambda,\nu} + \Gamma^{\lambda}_{\lambda\rho}\Gamma^{\rho}_{\mu\nu} - \Gamma^{\lambda}_{\nu\rho}\Gamma^{\rho}_{\mu\lambda} \tag{3.6.8}$$

在(3.4.39)~(3.4.42)式所示的静态、空间缓变弱场近似下,保留 $h_{\mu\nu}$ 和 $h_{\mu\nu,\rho}$ 的一级小量,联络可以表示为

$$\Gamma^{\lambda}_{\mu\nu} = \frac{1}{2}\eta^{\lambda\rho}(h_{\rho\mu,\nu} + h_{\rho\nu,\mu} - h_{\mu\nu,\rho}) \tag{3.6.9}$$

具体算得其分量为

$$\begin{cases} \Gamma^{0}_{00} = 0, \quad \Gamma^{0}_{0i} = -\frac{1}{2}h_{00,i}, \quad \Gamma^{0}_{ij} = -\frac{1}{2}(h_{0i,j} + h_{0j,i}), \quad \Gamma^{i}_{00} = -\frac{1}{2}h_{00,i} \\ \Gamma^{i}_{0j} = \frac{1}{2}(h_{0i,j} - h_{0j,i}), \quad \Gamma^{i}_{jk} = \frac{1}{2}(h_{ij,k} + h_{ik,j} - h_{jk,i}), \quad i,j,k = 1,2,3 \end{cases} \tag{3.6.10}$$

可见,联络由一阶小量构成。于是,里奇张量中联络的二次项为二阶小量,可以忽略,所以

$$R_{\mu\nu} = \Gamma^{\lambda}_{\mu\nu,\lambda} - \Gamma^{\lambda}_{\mu\lambda,\nu} \tag{3.6.11}$$

具体算得其分量为

$$R_{00} = -\frac{1}{2}h_{00,i,i}, \quad R_{0i} = \frac{1}{2}(h_{k0,i,k} - h_{0i,k,k})$$

$$R_{ij} = -\frac{1}{2}(-h_{00,i,j} + h_{kk,i,j} - h_{ki,j,k} - h_{kj,i,k} + h_{ij,k,k}) \tag{3.6.12}$$

重复指标代表求和。利用

$$R^{\mu\nu} \equiv g^{\mu\alpha}g^{\nu\beta}R_{\alpha\beta} = \eta^{\mu\alpha}\eta^{\nu\beta}R_{\alpha\beta} \tag{3.6.13}$$

在一阶近似下,可得到

$$R^{00} = R_{00}, \quad R^{0i} = -R_{0i}, \quad R^{ij} = R_{ij} \tag{3.6.14}$$

场方程(3.6.3)可以写作逆变形式

$$R^{\mu\nu} = \kappa\left(T^{\mu\nu} - \frac{1}{2}g^{\mu\nu}T\right) \tag{3.6.15}$$

为了得到牛顿近似,我们只对(3.6.15)式的"00"分量方程感兴趣

$$R^{00} = \kappa\left(T^{00} - \frac{1}{2}g^{00}T\right) \tag{3.6.16}$$

利用(3.6.6)式、(3.6.7)式、(3.6.12)式和(3.6.14)式,可以从上式得到

$$h_{00,i,i} = -c^2\kappa\rho \tag{3.6.17}$$

把(3.4.54)式 $\varphi = -\dfrac{c^2}{2}h_{00}$ 代入(3.6.17)式可得

$$\Delta\varphi = \frac{c^4}{2}\kappa\rho \tag{3.6.18}$$

它与牛顿力学的泊松方程(3.3.2)式 $\Delta\varphi = 4\pi G\rho$ 完全一样,可见爱因斯坦场方程满足对应原理。比较(3.3.2)式与(3.6.18)式,可得

$$\kappa = \frac{8\pi G}{c^4} \tag{3.6.19}$$

当取自然单位制时 $c=1$,有

$$\kappa = 8\pi G \tag{3.6.20}$$

我们找到了爱因斯坦场方程中的常数 κ 与万有引力常数 G 之间的关系。

3.7　坐标条件与边界条件

本节引入了场方程的坐标条件,指出坐标条件和边界条件都不是协变的,然后具体介绍了谐和坐标条件。

1. 坐标条件的引入

能动张量 $T_{\mu\nu}$ 和爱因斯坦张量 $G_{\mu\nu}$ 都是二阶对称张量,各有 10 个分量。因此,场方程

$$R_{\mu\nu} - \frac{1}{2}g_{\mu\nu}R = \kappa T_{\mu\nu} \tag{3.7.1}$$

由 10 个方程组成。它们以度规张量 $g_{\mu\nu}$ 为未知函数,方程中包含度规张量的分量及其一阶、二阶偏导数,所以场方程是由 10 个方程组成的二阶非线性偏微分方程组。

作为未知函数的度规是二阶对称张量,有 10 个独立分量。粗看起来,场方程是 10 个方程,有 10 个未知量,只要给定边界条件,它的解应该是唯一确定的。然而比安基恒等式

$$G^{\mu\nu}{}_{;\nu} = 0 \tag{3.7.2}$$

和能动张量守恒

$$T^{\mu\nu}{}_{;\nu} = 0 \tag{3.7.3}$$

使 10 个方程中包含了 4 个恒等式。于是,只剩下 6 个独立方程,不能唯一确定 10 个 $g_{\mu\nu}$。

这种情况与电磁理论类似,3.5 节中讲到,在平直时空中引入电磁四矢 A_μ 之后,电磁场方程(3.5.22)可写作

$$F_{\mu\alpha,\alpha} = A_{\alpha,\mu,\alpha} - A_{\mu,\alpha,\alpha} = \frac{4\pi}{c}J_\mu \tag{3.7.4}$$

(3.7.4)式共有 4 个方程和 4 个未知量,似乎应该唯一确定 A_μ,然而电荷守恒定律

$$J_{\mu,\mu} = 0 \tag{3.7.5}$$

及 $F_{\mu\alpha,\alpha\mu}=0$,使(3.7.4)式中含有一个恒等式。因此,(3.7.4)式不能唯一确定电磁四矢,不得不引入规范条件。通常采用洛伦兹规范

$$A_{\mu,\mu} = 0 \tag{3.7.6}$$

或库仑规范

$$\mathrm{div}\boldsymbol{A} = 0 \tag{3.7.7}$$

采用洛伦兹规范后,(3.7.4)式写作

$$\Box A_\mu = A_{\mu,\alpha,\alpha} = -\frac{4\pi}{c}J_\mu \tag{3.7.8}$$

此时对满足 $\Box\alpha(x)=0$ 的标量函数 α,仍可作规范变换 $A_\mu \to A_\mu + \partial_\mu\alpha$,称第二类规范变换,故(3.7.8)式还不能唯一确定 A_μ。

类似地,对于引力场方程不能唯一确定 $g_{\mu\nu}$ 的情况也可以引入适当的"规范条件"。由于爱因斯坦场方程有 4 个恒等式,应该引入 4 个方程组成的"规范条件"。这些规范条件与

6 个独立的场方程一起,构成完备的方程组。实际上,这些附加的"规范条件"是对坐标选择的任意性加以限制。10 个场方程确定不了 10 个 $g_{\mu\nu}$,这种情况反映如下事实:在任意坐标变换 $x \rightarrow x'$ 下,度规张量发生变换

$$g_{\mu\nu} \rightarrow g'_{\mu\nu}$$

但变换前后的度规分量都是场方程的解,都反映同一物理实在。引入"规范条件"正是对坐标系加以选择,以使 $g_{\mu\nu}$ 确定下来,故称这些条件为坐标条件。然而,正如洛伦兹规范未能完全确定电磁四矢一样(可差一个第二类规范变换),引力场的规范条件一般也不能把坐标系(或说把 $g_{\mu\nu}$)完全确定下来。例如,满足谐和条件的坐标系就不是唯一的,所以在谐和条件下,度规的分量并不唯一确定。

2. 坐标条件与边界条件的非协变性

应当指出,坐标条件不能是协变的,也就是说描述坐标条件的方程不能是张量方程。这是因为,引入坐标条件的目的,就是要对坐标系加以选择,以得到 $g_{\mu\nu}$ 在指定坐标系下的确定值。如果坐标条件本身是协变的,$g_{\mu\nu}$ 可取任意坐标系下的值,根本不可能确定下来,引入这样的坐标条件毫无意义。

顺便指出,场方程和坐标条件都是偏微分方程,要确定这些方程的解,还需要边界条件,边界条件也是非协变的。

场方程协变,坐标条件和边界条件都不协变,这种情况与广义相对性原理是否矛盾? 这个问题曾引起过不少争论。实际上,场方程反映一般的物理规律,坐标条件和边界条件则反映观测者所处的外界环境。广义相对性原理只是告诉我们,基本物理规律不依赖于坐标系的选择,但基本规律在系统中的具体表现,还要依赖于系统所处的边界条件;观测者究竟看到了什么现象,还要依赖于他所用的参考系。总而言之,坐标条件和边界条件的非协变性并不与广义相对性原理矛盾。

3. 谐和条件

谐和条件是广义相对论的一个重要坐标条件。这是因为,作弱场线性近似时,用谐和坐标特别方便,而且当引力场消失时,谐和坐标系能自然回到平直时空的惯性系。

谐和条件定义为

$$\Gamma^{\lambda} \equiv g^{\mu\nu}\Gamma^{\lambda}_{\mu\nu} = 0 \tag{3.7.9}$$

也可写成

$$\Gamma^{\lambda} \equiv \frac{1}{2}g^{\mu\nu}g^{\lambda\rho}(g_{\rho\mu,\nu} + g_{\rho\nu,\mu} - g_{\mu\nu,\rho}) = 0 \tag{3.7.10}$$

这样命名是因为满足(3.7.9)式或(3.7.10)式的坐标 x^{μ} 是调和函数(谐和函数),也就是说,它们满足调和方程(谐和方程)

$$\Box x^{\mu} = 0 \tag{3.7.11}$$

为了看清这一点,先化简(3.7.10)式。利用(2.12.9)式及

$$\delta^{\lambda}_{\mu,\nu} = (g^{\lambda\rho}g_{\rho\mu})_{,\nu} = g^{\lambda\rho}g_{\rho\mu,\nu} + g_{\rho\mu}g^{\lambda\rho}_{,\nu} = 0 \tag{3.7.12}$$

可得

$$\Gamma^{\lambda} \equiv \frac{1}{2}g^{\mu\nu}(-g_{\rho\mu}g^{\lambda\rho}_{,\nu}) + \frac{1}{2}g^{\mu\nu}(-g_{\rho\nu}g^{\lambda\rho}_{,\mu}) - \frac{1}{2}g^{\mu\nu}g^{\lambda\rho}g_{\mu\nu,\rho}$$

$$= -\frac{1}{2}g^{\mu\nu}g_{\rho\mu}g^{\lambda\rho}_{,\nu} - \frac{1}{2}g^{\nu\mu}g_{\rho\mu}g^{\lambda\rho}_{,\nu} - g^{\lambda\rho}\frac{\partial}{\partial x^{\rho}}(\ln\sqrt{-g})$$

$$= -\delta^{\nu}_{\rho}g^{\lambda\rho}_{,\nu} - g^{\lambda\rho}\frac{1}{\sqrt{-g}}\frac{\partial}{\partial x^{\rho}}(\sqrt{-g}) = -\frac{1}{\sqrt{-g}}\frac{\partial}{\partial x^{\rho}}(\sqrt{-g}\,g^{\lambda\rho}) \quad (3.7.13)$$

另外,由(2.12.11)式可知,调和方程

$$\Box\varphi = 0 \quad (3.7.14)$$

可表示为

$$\frac{1}{\sqrt{-g}}\frac{\partial}{\partial x^{\rho}}\left(\sqrt{-g}\,g^{\lambda\rho}\frac{\partial\varphi}{\partial x^{\lambda}}\right) = 0 \quad (3.7.15)$$

当调和函数 φ 本身就是坐标时,(3.7.15)式化成

$$\Gamma^{\mu} = -\Box x^{\mu} = 0 \quad (3.7.16)$$

可见,当谐和条件(3.7.9)式被满足时,坐标确实是调和函数。

不存在引力场时,可以采用笛卡儿直角坐标,此时度规为闵可夫斯基度规,即

$$g_{\mu\nu} = \eta_{\mu\nu} \quad (3.7.17)$$

它使联络的所有分量为零,谐和条件(3.7.9)自然被满足。这表明,惯性系是满足谐和条件的,因此谐和坐标系可看作惯性系在引力场中的推广。福克特别强调谐和坐标的优越地位,他不承认广义相对性原理,认为满足谐和条件的坐标系比其他坐标系优越,周培源也持类似的看法。然而,段一士指出,谐和坐标不是唯一的,把谐和坐标系作为黎曼时空中的优越参考系的看法值得商榷。

4. 谐和坐标下的弱场近似

在作弱场线性近似时,采用谐和坐标最为方便。弱场线性近似下,度规可写成

$$g_{\mu\nu} = \eta_{\mu\nu} + h_{\mu\nu} \quad (3.7.18)$$

$$|h_{\mu\nu}| \ll 1 \quad (3.7.19)$$

克氏符表示为

$$\Gamma^{\mu}_{\alpha\beta} = \frac{1}{2}\eta^{\mu\nu}(h_{\nu\alpha,\beta} + h_{\nu\beta,\alpha} - h_{\alpha\beta,\nu}) = \frac{1}{2}(h^{\mu}_{\alpha,\beta} + h^{\mu}_{\beta,\alpha} - h_{\alpha\beta}{}^{,\mu}) \quad (3.7.20)$$

指标升降是用 $\eta^{\mu\nu}$ 和 $\eta_{\mu\nu}$ 进行的。里奇张量化成

$$R_{\mu\nu} = \Gamma^{\lambda}_{\mu\nu,\lambda} - \Gamma^{\lambda}_{\mu\lambda,\nu} = -\frac{1}{2}(h_{\mu\nu}{}^{,\alpha}{}_{,\alpha} + h_{,\mu,\nu} - h^{\alpha}_{\mu,\nu,\alpha} - h^{\alpha}_{\nu,\mu,\alpha}) \quad (3.7.21)$$

其中

$$h \equiv h^{\alpha}_{\alpha} = \eta^{\alpha\beta}h_{\alpha\beta} = -h_{00} + h_{11} + h_{22} + h_{33} \quad (3.7.22)$$

定义

$$\bar{h}_{\mu\nu} = h_{\mu\nu} - \frac{1}{2}\eta_{\mu\nu}h \quad (3.7.23)$$

于是,场方程

$$R_{\mu\nu} - \frac{1}{2}\eta_{\mu\nu}R = 8\pi G T_{\mu\nu} \quad (3.7.24)$$

化成

$$\bar{h}_{\mu\nu}{}^{,\alpha}{}_{,\alpha} + \eta_{\mu\nu}\bar{h}_{\alpha\beta}{}^{,\alpha,\beta} - \bar{h}_{\mu\alpha}{}^{,\alpha}{}_{,\nu} - \bar{h}_{\nu\alpha}{}^{,\alpha}{}_{,\mu} = -16\pi G T_{\mu\nu} \quad (3.7.25)$$

另外,利用(3.7.23)式,谐和条件(3.7.10)可化成

$$\bar{h}_{\mu\alpha}{}^{,\alpha} = 0 \qquad\qquad (3.7.26)$$

于是,(3.7.25)式后三项均为零,该式化成

$$\bar{h}_{\mu\nu}{}^{,\alpha}{}_{,\alpha} = -16\pi G T_{\mu\nu} \qquad\qquad (3.7.27)$$

(3.7.27)式和(3.7.26)式分别是谐和坐标下的线性化引力场方程及谐和条件,它们类似于电磁理论中的电磁场方程(3.7.8)和洛伦兹规范条件(3.7.6),所以(3.7.26)式也称为引力势的洛伦兹规范条件。

众所周知,电磁场的洛伦兹规范没有完全确定电磁四矢,仍可作规范变换。这里,引力场的洛伦兹规范也没有完全确定度规分量,还能再作坐标变换。这一点与谐和坐标不唯一的证明是一致的。

在谐和条件(3.7.26)下,(3.7.27)式的解为

$$\bar{h}_{\mu\nu}(\boldsymbol{r},t) = \frac{\kappa}{2\pi}\int \frac{T_{\mu\nu}\left(\boldsymbol{r}',t-\dfrac{r}{c}\right)}{r}\mathrm{d}V' \qquad\qquad (3.7.28)$$

式中,$\mathrm{d}V'$为体积元,而

$$r = \left[(x^i - x'^i)\cdot(x^i - x'^i)\right]^{1/2}$$

(3.7.28)式为推迟解。把$T_{\mu\nu}$看作引力场源,$\bar{h}_{\mu\nu}(\boldsymbol{r},t)$表示$t$时刻距离引力源$T_{\mu\nu}$为$r$处的引力势,而该势是由引力源在时刻$\left(t-\dfrac{r}{c}\right)$的物质分布和运动状态决定的,这表明引力场以光速传播。

当引力源局限于一个很小的区域,观测点又远离引力源时,(3.7.28)式可简化为

$$\bar{h}_{\mu\nu} = \frac{\kappa}{2\pi r_0}\int T_{\mu\nu}{}^* \,\mathrm{d}V' \qquad\qquad (3.7.29)$$

式中,r_0为引力源到观测点的平均距离,"$*$"号表示推迟。

如果把引力场看成以闵可夫斯基时空$\eta_{\mu\nu}$为背景的二阶张量场$h_{\mu\nu}$,量子化后将得到自旋为2,静质量为0的引力子。显然,这是一种以光速传播的玻色子。

5. 广义相对论与牛顿引力论的比较

我们已经讲过,在弱引力场情况,牛顿引力论与广义相对论相当精确地吻合。但在强引力场情况,二者的表达式和结论会明显不同。

事实上,广义相对论与万有引力定律在物理本质上是完全不同的:

(1) 广义相对论是一种时空理论,认为引力并非真实的力,而是时空弯曲产生的几何效应。牛顿引力论则把引力看作平直时空背景上的一种真实的物理力,在这个理论中,引力与时空没有关系。

(2) 万有引力定律是一种瞬时的超距作用理论,广义相对论则认为引力场以光速传播。

习题

1. 说明固有时与坐标时的关系与差别;证明在相对于观测者静止的坐标系中,有

$$\mathrm{d}\tau = \sqrt{-g_{00}}\,\mathrm{d}t$$

2. 在相对论中并不存在真实的标准尺。固有距离是在约定光速的基础上,通过测量时间得到的。证明固有距离的公式(3.1.15):

$$dl^2 = \gamma_{ik}\, dx^i\, dx^k$$

3. 证明在时空中存在同时面的条件为(3.2.8)式及(3.2.9)式:

$$\oint \Delta x^0 = \oint \left(-\frac{g_{0i}}{g_{00}}\right) dx^i = 0$$

$$g_{0i} = 0$$

4. 证明场方程

$$R_{\mu\nu} - \frac{1}{2} g_{\mu\nu} R = \kappa T_{\mu\nu}$$

可以写成

$$R_{\mu\nu} = \kappa\left(T_{\mu\nu} - \frac{1}{2} g_{\mu\nu} T\right)$$

5. 质点的四速为 $u^\mu = \dfrac{dx^\mu}{d\tau}$,试证 $u^\mu u_\mu = -1$。

6. 试证真空中的爱因斯坦场方程可以写成 $R_{\mu\nu} = 0$,里奇张量为零的时空一定平直吗?

7. 从运动方程(3.4.27)出发,用牛顿近似说明在广义相对论中引力质量就是惯性质量。

8. 证明在弯曲时空中,电磁场方程为(3.5.44)式,描述曲率的里奇张量出现在其中:

$$\Box A_\mu - R_{\mu\alpha} A^\alpha = -\frac{4\pi}{c} J_\mu$$

9. 在弱引力场的线性近似情况下,我们把度规表示成

$$g_{\mu\nu} = \eta_{\mu\nu} + h_{\mu\nu}$$

其中 $|h_{\mu\nu}| \ll 1$,线性近似理论中只保留 $h_{\mu\nu}$ 中的线性项。为了表达引力场方程的方便,我们定义

$$\bar{h}_{\mu\nu} \equiv h_{\mu\nu} - \frac{1}{2} \eta_{\mu\nu} h$$

试证明,它的逆变换是

$$\bar{\bar{h}}_{\mu\nu} \equiv \bar{h}_{\mu\nu} - \frac{1}{2} \eta_{\mu\nu} \bar{h} = h_{\mu\nu}$$

10. 线性近似理论只保留 $h_{\mu\nu}$ 中的线性项,于是有

$$\Gamma^\mu_{\alpha\beta} = \frac{1}{2} \eta^{\mu\nu}(h_{\alpha\nu,\beta} + h_{\beta\nu,\alpha} - h_{\alpha\beta,\nu}) \equiv \frac{1}{2}(h^\mu_{\alpha,\beta} + h^\mu_{\beta,\alpha} - h_{\alpha\beta}{}^{,\mu})$$

线性近似理论中张量指标的升降是借助于 $\eta^{\mu\nu}$ 和 $\eta_{\mu\nu}$ 进行的。线性化后的里奇张量也很简单

$$R_{\mu\nu} = \Gamma^\lambda_{\mu\nu,\lambda} - \Gamma^\lambda_{\mu\lambda,\nu} \equiv -\frac{1}{2}(h_{\mu\nu}{}^{,\alpha}{}_{,\alpha} + h_{,\mu,\nu} - h^\alpha_{\mu,\nu,\alpha} - h^\alpha_{\nu,\mu,\alpha})$$

其中 $h \equiv h^\alpha_\alpha = \eta^{\alpha\beta} h_{\alpha\beta}$。试证明 $\bar{R}_{\mu\nu} \equiv R_{\mu\nu} - \frac{1}{2}\eta_{\mu\nu}R = 8\pi G T_{\mu\nu}$ 具体化为

$$\bar{h}_{\mu\nu}{}^{,\alpha}{}_{,\alpha} + \eta_{\mu\nu}\bar{h}_{\alpha\beta}{}^{,\alpha,\beta} - \bar{h}_{\mu\alpha}{}^{,\alpha}{}_{,\nu} - \bar{h}_{\nu\alpha}{}^{,\alpha}{}_{,\mu} = -16\pi G T_{\mu\nu}$$

11. 证明对于静态时空,(3.7.21)式可化为(3.6.12)式,即

$$R_{\mu\nu} = \Gamma^{\lambda}_{\mu\nu,\lambda} - \Gamma^{\lambda}_{\mu\lambda,\nu} = -\frac{1}{2}(h_{\mu\nu}{}^{,\alpha}{}_{,\alpha} + h_{,\mu,\nu} - h^{\alpha}_{\mu,\nu,\alpha} - h^{\alpha}_{\nu,\mu,\alpha})$$

可化为

$$R_{00} = -\frac{1}{2}h_{00,i,i}, \quad R_{0i} = \frac{1}{2}(h_{k0,i,k} - h_{0i,k,k})$$

$$R_{ij} = -\frac{1}{2}(-h_{00,i,j} + h_{kk,i,j} - h_{ki,j,k} - h_{kj,i,k} + h_{ij,k,k})$$

第 4 章

广 义 相 对 论 的 实 验 验 证

本章首先求出场方程的静态球对称真空解——史瓦西解,然后给出广义相对论三大验证的数学结果。此外,还讨论了广义相对论中的测量与"测量比较"的问题,特别是转盘上空间几何非欧与时钟变慢的问题。

4.1 史瓦西解

1916 年,史瓦西(K. Schwarzschild)给出了场方程的静态球对称真空解,这是场方程的一个严格解。用这个解,可以算出著名的三大验证的数学结果,还可以研究最简单的黑洞——史瓦西黑洞的构造。在这一节中,我们将从真空场方程出发,求出史瓦西解。

1. 真空场方程

在 3.6 节中,我们通过对场方程

$$R_{\mu\nu} - \frac{1}{2} g_{\mu\nu} R = \kappa T_{\mu\nu} \tag{4.1.1}$$

缩并得到

$$R = -\kappa T \tag{4.1.2}$$

进而得到场方程的另一种表达形式

$$R_{\mu\nu} = \kappa \left(T_{\mu\nu} - \frac{1}{2} g_{\mu\nu} T \right) \tag{4.1.3}$$

在真空处,物质场的能动张量为零,即

$$T_{\mu\nu} = 0 \tag{4.1.4}$$

当然,它的迹也为零,即

$$T = T^{\mu}_{\ \mu} = 0 \tag{4.1.5}$$

这时,(4.1.3)式化成真空场方程

$$R_{\mu\nu} = 0 \tag{4.1.6}$$

我们看到,真空处里奇张量一定是零。把(4.1.5)式代入(4.1.2)式,还可知道,曲率标量 R 在真空处也一定是零。然而,要注意,里奇张量和曲率标量为零,并不意味着曲率张量 $R^{\lambda}_{\ \mu\nu\rho}$

也是零。曲率张量为零是时空区平直的充要条件；仅仅里奇张量和曲率标量为零，而曲率张量不为零的时空区，仍是弯曲的。例如，太阳、行星之外的真空区域，即这样的弯曲时空区。

2. 球对称度规的普遍形式

所谓静态球对称真空解，是指存在于球对称引力源外部的不随时间变化的引力场。引力场即时空的弯曲，用度规张量来描述。解场方程，就是求度规场。我们假定了引力源是球对称的，然后求引力源外部的度规场。引力源外部的时空区当然是真空。

从对称性的角度考虑，既然物质分布（引力源）是球对称的，真空区（引力源外部）的度规场也应是球对称的，不难看出，如果令

$$\begin{cases} x^0 = ct \\ x^1 = r \\ x^2 = \theta \\ x^3 = \varphi \end{cases} \tag{4.1.7}$$

则最一般的真空球对称度规应该写成

$$ds^2 = b(r,t)c^2 dt^2 + a(r,t)dr^2 + r^2(d\theta^2 + \sin^2\theta d\varphi^2) \tag{4.1.8}$$

式中，a,b 是两个待定函数。当 $a \to 1, b \to -1$ 时，上式就回到四维闵可夫斯基时空中的球对称度规

$$ds^2 = -c^2 dt^2 + dr^2 + r^2(d\theta^2 + \sin^2\theta d\varphi^2) \tag{4.1.9}$$

(4.1.9)式的后三项之和就是普通球坐标下三维空间中的距离元

$$dl^2 = dr^2 + r^2(d\theta^2 + \sin^2\theta d\varphi^2) \tag{4.1.10}$$

3. 伯克霍夫定理

1927 年，伯克霍夫(G. D. Birkhoff)证明了一个定理：

真空球对称度规一定是静态的。

依据伯克霍夫定理，真空球对称度规应该写成与时间 t 无关的形式。也就是说，(4.1.8)式应简化成

$$ds^2 = b(r)c^2 dt^2 + a(r)dr^2 + r^2(d\theta^2 + \sin^2\theta d\varphi^2) \tag{4.1.11}$$

a,b 两个待定函数都只与 r 有关。

伯克霍夫定理告诉我们：

(1) 只要引力源是球对称的，源外的真空引力场（度规场）就一定是静态球对称的。

(2) 不管引力源是静态的还是动态（如作球对称膨胀、收缩、脉动的），只要源内的物质分布始终是球对称的，源外的真空引力场就一定是球对称的，而且一定是静态的。

需要注意的是，在史瓦西黑洞的视界以内，由于时空坐标互换（见第 5 章），r 代表时间，t 代表空间，前面给出的伯克霍夫定理的表述会出现问题，这一点以后会进一步解释。伯克霍夫定理的实质是说，真空球对称度规场一定与 t 无关。在视界以外，t 代表时间，上述定理就具体表述为：真空球对称度规场一定是静态的。在视界以内，r 代表时间，度规不能再看作静态，伯克霍夫定理只能表述为：真空球对称度规场一定与 t 无关。近年来，该定理的一个新提法是：真空球对称度规一定是史瓦西的。意思是，视界以外是静态球对称的，视界

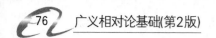

以内虽然不是静态,也不球对称,但一定仍可写作(4.1.11)式的形式。

4. 史瓦西解的求出

下面,我们来求静态球对称的真空解。对称性已把度规的一般形式限制为(4.1.11)式,我们把(4.1.11)式给出的度规分量代入真空场方程(4.1.6)求解。为了求解方便,我们先把待定函数 a 与 b 写成新的形式

$$a(r) \equiv e^{\mu(r)}, \quad b(r) \equiv -e^{\nu(r)} \tag{4.1.12}$$

于是线元(4.1.11)式变成

$$ds^2 = -e^{\nu(r)}c^2 dt^2 + e^{\mu(r)}dr^2 + r^2(d\theta^2 + \sin^2\theta d\varphi^2) \tag{4.1.13}$$

即

$$
\begin{cases}
g_{00} = -c^2 e^{\nu}, \quad g_{11} = e^{\mu}, \quad g_{22} = r^2, \quad g_{33} = r^2\sin^2\theta, \\
g_{\alpha\beta} = 0, \quad \alpha,\beta = 0,1,2,3, \quad \alpha \neq \beta
\end{cases} \tag{4.1.14}
$$

度规张量的行列式为

$$g = -c^2 e^{(\mu+\nu)} r^4 \sin^2\theta \tag{4.1.15}$$

利用(2.8.15)式,可算出度规张量的逆变分量为

$$
\begin{cases}
g^{00} = -\dfrac{1}{c^2}e^{-\nu}, \quad g^{11} = e^{-\mu}, \quad g^{22} = \dfrac{1}{r^2}, \quad g^{33} = \dfrac{1}{r^2\sin^2\theta}, \\
g^{\alpha\beta} = 0, \quad \alpha,\beta = 0,1,2,3, \quad \alpha \neq \beta
\end{cases} \tag{4.1.16}
$$

再利用(2.9.9)式可算得克氏符的非零分量为

$$
\begin{cases}
\Gamma^0_{10} = \Gamma^0_{01} = \dfrac{1}{2}\nu', \quad \Gamma^1_{11} = \dfrac{1}{2}\mu', \quad \Gamma^1_{00} = \dfrac{c^2}{2}e^{\nu-\mu}\nu', \\
\Gamma^1_{22} = -re^{-\mu}, \quad \Gamma^1_{33} = -re^{-\mu}\sin^2\theta, \quad \Gamma^2_{12} = \Gamma^2_{21} = \dfrac{1}{r}, \\
\Gamma^2_{33} = -\sin\theta\cos\theta, \quad \Gamma^3_{13} = \Gamma^3_{31} = \dfrac{1}{r}, \quad \Gamma^3_{23} = \Gamma^3_{32} = \cot\theta
\end{cases} \tag{4.1.17}
$$

其中

$$\mu' = \frac{d\mu}{dr}, \quad \nu' = \frac{d\nu}{dr} \tag{4.1.18}$$

把(2.11.1)式代入(2.11.9)式,可得里奇张量的表达式

$$R_{\mu\nu} = R^\lambda_{\mu\lambda\nu} = \Gamma^\lambda_{\mu\nu,\lambda} - \Gamma^\lambda_{\mu\lambda,\nu} + \Gamma^\lambda_{\sigma\lambda}\Gamma^\sigma_{\mu\nu} - \Gamma^\lambda_{\sigma\nu}\Gamma^\sigma_{\mu\lambda} \tag{4.1.19}$$

把(4.1.17)式代入(4.1.19)式,算得里奇张量的非零分量为

$$R_{00} = -c^2 e^{\nu-\mu}\left[-\frac{\nu''}{2} - \frac{\nu'}{r} + \frac{\nu'}{4}(\mu'-\nu')\right], \quad R_{11} = -\left[\frac{\nu''}{2} - \frac{\mu'}{r} + \frac{\nu'}{4}(\nu'-\mu')\right],$$

$$R_{22} = -e^{-\mu}\left[1 - e^{\mu} + \frac{r}{2}(\nu'-\mu')\right], \quad R_{33} = R_{22}\sin^2\theta \tag{4.1.20}$$

代入真空场方程(4.1.6),可得

$$\frac{\nu''}{2} + \frac{\nu'}{r} - \frac{\nu'}{4}(\mu'-\nu') = 0 \tag{4.1.21}$$

$$\frac{\nu''}{2} - \frac{\mu'}{r} - \frac{\nu'}{4}(\mu'-\nu') = 0 \tag{4.1.22}$$

$$1 - e^{\mu} + \frac{r}{2}(\nu' - \mu') = 0 \tag{4.1.23}$$

这三个方程中只有两个独立,这是因为场方程含有恒等式的缘故。从(4.1.21)式减去(4.1.22)式,可得

$$\mu' + \nu' = 0 \tag{4.1.24}$$

把(4.1.24)式代入(4.1.23)式有

$$1 - e^{\mu} - r\mu' = 0 \tag{4.1.25}$$

(4.1.24)式和(4.1.25)式可以看作由真空场方程演化而来的两个独立方程,我们求得

$$\mu + \nu = A \tag{4.1.26}$$

$$e^{-\mu} = 1 - \frac{B}{r} \tag{4.1.27}$$

其中 A 与 B 是两个常数,不难由上面两个式子得出

$$e^{\nu} = e^{A-\mu} = e^{A}\left(1 - \frac{B}{r}\right) \tag{4.1.28}$$

由(4.1.14)式可得

$$g_{00} = -c^2 e^{A}\left(1 - \frac{B}{r}\right) \tag{4.1.29}$$

$$g_{11} = \left(1 - \frac{B}{r}\right)^{-1} \tag{4.1.30}$$

改变时间 t 的尺度,可吸收掉 g_{00} 中的常数 e^{A},于是

$$g_{00} = -c^2\left(1 - \frac{B}{r}\right) \tag{4.1.31}$$

在 3.4 节中,我们在弱场线性近似下,把广义相对论的运动方程与牛顿方程进行比较,定出 g_{00} 与牛顿引力势的关系(3.4.57)式。但要注意,那里的 g_{00} 是与 $\mathrm{d}x^0 = c\,\mathrm{d}t$ 匹配的,本节中的 g_{00} 则是与 $\mathrm{d}t$ 匹配的,二者差真空光速的平方 c^2。所以,(3.4.57)式在这里应写作

$$g_{00} = -c^2\left(1 - \frac{2GM}{c^2 r}\right) \tag{4.1.32}$$

比较(4.1.31)式与(4.1.32)式,可定出常数 B 为

$$B = \frac{2GM}{c^2} \tag{4.1.33}$$

于是得到

$$g_{00} = -c^2\left(1 - \frac{2GM}{c^2 r}\right), \quad g_{11} = \left(1 - \frac{2GM}{c^2 r}\right)^{-1} \tag{4.1.34}$$

我们求得静态球对称真空的线元为

$$\mathrm{d}s^2 = -c^2\left(1 - \frac{2GM}{c^2 r}\right)\mathrm{d}t^2 + \left(1 - \frac{2GM}{c^2 r}\right)^{-1}\mathrm{d}r^2 + r^2(\mathrm{d}\theta^2 + \sin^2\theta \mathrm{d}\varphi^2) \tag{4.1.35}$$

其中 G 为万有引力常数,M 为引力源的总质量。当取 $c = G = 1$ 的单位制时,上式可写成

$$\mathrm{d}s^2 = -\left(1 - \frac{2M}{r}\right)\mathrm{d}t^2 + \left(1 - \frac{2M}{r}\right)^{-1}\mathrm{d}r^2 + r^2(\mathrm{d}\theta^2 + \sin^2\theta \mathrm{d}\varphi^2) \tag{4.1.36}$$

线元表达式(4.1.35)式或(4.1.36)式就是场方程的史瓦西解。

我们看到,史瓦西度规只依赖于引力源的总质量。只要引力源的物质是球对称分布的就行;与物质密度随 r 的分布无关,也与引力源的体积无关。

我们还看到,当 r 趋于无穷远时,(4.1.35)式化成

$$ds^2 = -c^2 dt^2 + dr^2 + r^2(d\theta^2 + \sin^2\theta d\varphi^2) \tag{4.1.37}$$

这正是闵可夫斯基时空中的线元表达式,只不过用球坐标代替了直角坐标。这说明史瓦西解是渐近平直的。

上面讨论的史瓦西解,描述球对称引力源外部的度规场,称为史瓦西外部解。另外,还可以用非真空爱因斯坦场方程(4.1.1),求解球对称引力源内部的度规场,得到史瓦西内部解。求内部解时,把场方程(4.1.1)和物态方程联立,并注意满足边界条件,即要和外部解在引力源的边界处接好。选择不同的能动张量表达式和不同的物态方程,可以得到不同的内部解。如想得到稳定的内部解,必须在能动张量和物态方程中引入排斥效应。广义相对论是纯"吸引"的理论,不外加排斥效应,得不到稳定的物质结构。

4.2 史瓦西时空的坐标量和固有量

史瓦西坐标直接给出的是坐标量,而实验测得的却是固有量,所以我们对坐标量与固有量的关系非常感兴趣。

史瓦西时空是时轴正交的,即

$$g_{0i} = 0, \quad i = 1, 2, 3 \tag{4.2.1}$$

我们曾在 3.2 节中指出,这样的时空可以建立同时面,定义统一的坐标时间。另一方面,时轴正交还将把固有距离的表达(3.1.15)式化简成

$$dl^2 = \gamma_{ik} dx^i dx^k = g_{ik} dx^i dx^k \tag{4.2.2}$$

下面我们就来具体讨论史瓦西时空中坐标量与固有量的关系。

1. 坐标距离与固有距离

(4.2.2)式告诉我们,史瓦西时空中固有距离的平方是

$$dl^2 = \left(1 - \frac{2GM}{c^2 r}\right)^{-1} dr^2 + r^2 d\theta^2 + r^2 \sin^2\theta d\varphi^2 \tag{4.2.3}$$

分别写出沿 r、θ、φ 三个方向的固有距离表达式

$$dl_r = \left(1 - \frac{2GM}{c^2 r}\right)^{-1/2} dr \tag{4.2.4}$$

$$dl_\theta = r d\theta \tag{4.2.5}$$

$$dl_\varphi = r \sin\theta d\varphi \tag{4.2.6}$$

(4.2.5)式和(4.2.6)式告诉我们,沿 θ 方向和 φ 方向的固有距离,就是相应的坐标距离 $r d\theta$ 和 $r \sin\theta d\varphi$。若令(4.2.3)式中的 dr 为零,可以得到等 r 面上的线元

$$dl_s^2 = r^2 d\theta^2 + r^2 \sin^2\theta d\varphi^2 \tag{4.2.7}$$

不难看出,它与三维平直空间中的二维球面上的线元表达式完全一样。可见,等 r 面就是通常的球面,等 r 面上的几何,就是通常的球面几何,θ, φ 就是通常的球面角坐标。

但是,r 方向的情况完全不同。(4.2.4)式告诉我们,坐标距离 dr 不等于固有距离 dl_r,dr 不具有测量意义。而且坐标距离与固有距离之比不是常数,是时空点的函数。仅当 r 趋于无穷远时,dr 等于 dl_r。当 $r < \dfrac{2GM}{c^2}$ 时,dr 相应的固有距离成为虚数,这显然不合理,问题出在时空坐标的互换上。通常把

$$r_g = \frac{2GM}{c^2} \tag{4.2.8}$$

定义为引力半径,也就是黑洞的视界,在视界内部,r 不再是空间坐标,而是时间坐标。第 6 章将详细讨论这个问题。总而言之,除去 r 趋于无穷的情况之外,dr 都不是固有距离,都不具有测量意义。

2. 坐标时间与固有时间

从(3.1.7)式和(4.1.35)式可知,史瓦西时空的固有时间与坐标时间的关系为

$$d\tau = \left(1 - \frac{2GM}{c^2 r}\right)^{\frac{1}{2}} dt \tag{4.2.9}$$

可见,除去无穷远情况之外,坐标时间 dt 不等于固有时间 $d\tau$,所以史瓦西时空的坐标时间一般不具有测量意义。

然而,由于时轴正交,全史瓦西时空可以建立统一的坐标时间 t,使各点坐标钟的时间都相同。从(4.2.9)式可以看出,这时不同 r 处的标准钟的快慢肯定不同。在相同的坐标时间间隔 Δt 内,不同 r 处的标准钟将走过不同的固有时间 $\Delta \tau$。

3. 光的坐标速度与固有速度

现在讨论光在史瓦西场中的切向速度和径向速度。粒子在史瓦西时空中任一点的切向固有速度为

$$v_{ps} \equiv \frac{dl_s}{d\tau} = \frac{r\sqrt{d\theta^2 + \sin^2\theta d\varphi^2}}{\left(1 - \dfrac{2GM}{c^2 r}\right)^{1/2} dt} \tag{4.2.10}$$

径向固有速度为

$$v_{pr} \equiv \frac{dl_r}{d\tau} = \left(1 - \frac{2GM}{c^2 r}\right)^{-1} \frac{dr}{dt} \tag{4.2.11}$$

我们已用了(4.2.4)式、(4.2.7)式和(4.2.9)式。当粒子是光子时,相应的线元是

$$ds^2 = -c^2\left(1 - \frac{2GM}{c^2 r}\right)dt^2 + r^2(d\theta^2 + \sin^2\theta d\varphi^2) = 0 \tag{4.2.12}$$

$$ds^2 = -c^2\left(1 - \frac{2GM}{c^2 r}\right)dt^2 + \left(1 - \frac{2GM}{c^2 r}\right)^{-1}dr^2 = 0 \tag{4.2.13}$$

把(4.2.12)式代入(4.2.10)式,得

$$v_{ps} = c \tag{4.2.14}$$

把(4.2.13)式代入(4.2.11)式也得

$$v_{pr} = c \tag{4.2.15}$$

可见,切向固有速度和径向固有速度都是 c。这就是说,在史瓦西时空中任一点测量光速,结果都是 c,与光的运动方向无关。像闵可夫斯基时空一样,史瓦西时空的光速仍是均匀各向同性的。

但是,如果我们用坐标量来定义光速,光速一般就不均匀各向同性了。例如径向坐标光速可定义为

$$v_{r1} \equiv \frac{\mathrm{d}r}{\mathrm{d}\tau} = c\left(1 - \frac{2GM}{c^2 r}\right)^{1/2} \tag{4.2.16}$$

$$v_{r2} \equiv \frac{\mathrm{d}r}{\mathrm{d}t} = c\left(1 - \frac{2GM}{c^2 r}\right) \tag{4.2.17}$$

切向坐标光速可定义为

$$v_{s1} = \frac{r\sqrt{\mathrm{d}\theta^2 + \sin^2\theta \mathrm{d}\varphi^2}}{\mathrm{d}\tau} = c \tag{4.2.18}$$

$$v_{s2} = \frac{r\sqrt{\mathrm{d}\theta^2 + \sin^2\theta \mathrm{d}\varphi^2}}{\mathrm{d}t} = c\left(1 - \frac{2GM}{c^2 r}\right)^{1/2} \tag{4.2.19}$$

可见,这两种方法(时间采用 τ 或 t)定义的坐标光速都不是均匀各向同性的。

不过,坐标光速只是一种形式的定义,并无实质意义,有实质意义的还是可以用测量来验证的固有光速。

4.3　测量及测量的比较

1. 局域测量

狭义相对论中,时间和长度的测量,是用静止在那个惯性系中的标准钟和刚性尺来进行的。在黎曼时空中,一般不能建立有限范围的惯性系,而且放置于各时空点的标准钟,一般也速率不等。但是,等效原理保证我们在黎曼时空的任何一点,都可以建立局部惯性系,在此类局部惯性系中,我们可以仿照狭义相对论的情况,建立标准钟和刚性尺。在 3.1 节中曾经谈到,任何一个观测者携带的钟,都可以作为他的标准钟,记录的固有时间,正比于他的世界线长度。在世界线的任一点,相对于这个观测者瞬时静止的无穷小、不自转的自由下落坐标系,称为他的瞬时静止局部惯性系,此惯性系的世界线在该点与观测者的世界线相切。静止于这个局部惯性系中的标准钟,与观测者携带的标准钟,指示的固有时间同步。

我们现在来建立四维黎曼时空中的正交标架。这种标架是局域的,仅在一点的邻域里有效。时空的任何一点都可以建立这样的标架,其中一个轴表示时间,三个轴表示空间,相互间正交归一。对于一个确定的观测者 A,我们可以在他的世界线的每一点建立一个正交标架,使这些标架的时间轴与世界线相切,这样做是考虑了他的固有时间就是自己的世界线的长度,三个空间轴的取向可以有一定的任意性。在相对于观测者 A 瞬时静止的局部惯性系中,也可以建立这样的正交标架,我们也令该标架的时间轴取观测者世界线的切线方向,也即沿局部惯性系自己世界线的方向(它的世界线是直线)。显然,对于观测者 A 的标架和局部惯性系的标架,它们的时间轴在世界线上的每一点都是重合的。我们可以把惯性系标架的空间轴也处处选得与观测者标架的空间轴重合。于是,A 的世界线的每一点上都有了

正交标架,而且这些标架恰好也就是那一点的瞬时静止局部惯性系中的标架。

在局部惯性系中,这个标架相当于四维闵可夫斯基坐标,虽然时空在这一点的曲率有可能并不是零。标架的时间轴可以用来度量固有时间,三个相互正交归一的刚性空间轴(相当于刚性尺)也可以用来度量固有长度。任何用矢量、张量表示出的物理量(能动张量、电磁张量等)或几何量(时空距离等)在标架上的投影,就是局部惯性观测者对该物理量或几何量的测量值。由于这些瞬时惯性系中的标架同时就是观测者 A 的标架,所以各种物理量和几何量(以矢量和张量表出)在上述标架上的投影,也就是观测者 A 的测量值。

设有 A、B 两个观测者,以不同的加速度运动,世界线分别为 L_A 和 L_B,他们在时空点 P 相遇,而且在相遇的瞬间相对静止,也就是说,他们在 P 点有相同的瞬时速度,但有不同的瞬时加速度,如图 4.3.1 所示。这时,他们有同一个瞬时静止的局部惯性系,该局部惯性系的世界线以 L_C 表示。几何上意味着曲线 L_A 与 L_B 共同切直线 L_C 于 P 点,或者说 L_C 是 L_A 和 L_B 的公切线,P 是它们的公切点。显然,在 P 点他们有共同的正交标架,从而对任何物理量和几何量有共同的测量值。他们在 P 点的速度是相同的,但加速度不同。由此可见,在一点的邻域作局域测量时,加速度对测量值并无影响。

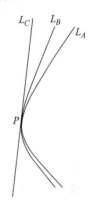

图 4.3.1　时空中任意点 P 的不同观测者的世界线

应该注意的是,黎曼时空中的任何一点 P 都有无穷多个正交标架。这些标架可以看作由同一个标架转动而成。标架的这种转动,类似于闵可夫斯基时空中四维正交坐标系的转动。只要时间轴变了角度,就意味着洛伦兹变换,即携带新标架的观测者和携带旧标架的观测者在 P 点的瞬时速度不同。新旧标架的时间轴各代表一组世界线的切矢,这两组世界线的切矢不同,表明两组观测者在 P 点的瞬时速度不同。另一方面,由于新标架相对于旧标架转了一个角度,特别是时间轴转了一个角度,P 点的张量(代表时间、距离、能量、动量等物理量)在两个标架上的投影将会不同。所以,这两组观测者测到的值会不同,但两组值之间以洛伦兹变换相联系。这两组观测者的差别在于速度不同,每组内的观测者的差别在于加速度不同。物理量和几何量的测量值对每组内的各观测者是相同的,但两组之间是不同的。这再次表明,加速度对物理量和几何量的局域测量无影响,但速度会有影响,这种影响类似于狭义相对论中的洛伦兹变换。

我们对局域测量小结如下。

(1) 在黎曼时空的任一点都可以建立正交归一的四维标架,其中一个轴是时间轴,三个轴是空间轴。

(2) 正交标架可以转动。规定观测者携带的标架的时间轴取他的世界线切矢方向,空间轴的取向可有一定的任意性。时间轴的每一个取向,对应一组瞬时速度相同,瞬时加速度不同的观测者。

(3) 观测者的测量值,是该物理量(能动张量等)和几何量(时空尺度等)在他携带的标架上的投影。测量值只与观测者和观测对象的瞬时相对速度有关,而与他们的相对加速度无关。所以,任意观测者的测量值,也就是他的瞬时静止局部惯性系的测量值。

(4) 在任一时空点相遇的两个观测者,测量同一观测对象的差值,只与二观测者的瞬时相对速度有关,与他们的相对加速度无关。虽然,这两个观测者不一定是惯性观测者,他们的测量值仍以洛伦兹变换相联系。

(5) 同一时空点的不同取向的正交标架,以洛伦兹变换相联系。与狭义相对论情况不同的是,那里的洛伦兹变换是整体的,时空是平直的,而这里介绍的标架变换是局域的,所处时空点的曲率一般不是零。

(6) 正交标架不等于局部惯性系。正交标架只要求标架的度规的分量为闵可夫斯基度规 $g_{\mu\nu}|_P = \eta_{\mu\nu}$,而局部惯性系还要求度规的一阶导数在该点为零,即要求 $g_{\mu\nu,\lambda}|_P = 0$,也就是说,要求联络的所有分量在该点为零(当然,$g_{\mu\nu,\lambda\rho}|_P$ 一般不为零,否则该点的时空曲率将为零)。$g_{\mu\nu,\lambda}|_P = 0$ 表示局部惯性系的正交标架不仅沿测地线运动,而且不作纯空间转动。偏离测地线会产生惯性力,纯空间转动会产生科里奥利力。

2. 转盘上的几何

上面讨论了同一时空点上不同观测者的测量。下面打算以转盘为例,来比较不同时空点上各观测者的测量。为此我们先给出转盘上的几何。坐标变换为

$$\begin{cases} X = r\cos(\theta + \omega t) \\ Y = r\sin(\theta + \omega t) \\ Z = z \\ dT = dt \end{cases} \tag{4.3.1}$$

把平直时空中的直角坐标系

$$X^\mu = (cT, X, Y, Z) \tag{4.3.2}$$

变到匀速转动坐标系

$$x^\mu = (ct, r, \theta, z) \tag{4.3.3}$$

(4.3.1)式中表征角速度的 ω 是常数。转动系下,线元表达式为

$$ds^2 = -c^2\left(1 - \frac{r^2\omega^2}{c^2}\right)dt^2 + dr^2 + r^2d\theta^2 + dz^2 + 2\omega r^2 d\theta dt \tag{4.3.4}$$

度规分量为

$$g_{00} = -c^2\left(1 - \frac{r^2\omega^2}{c^2}\right), \quad g_{11} = 1, \quad g_{22} = r^2, \quad g_{33} = 1, \quad g_{02} = g_{20} = \omega r^2 \tag{4.3.5}$$

不难看出,转动系是一个时轴非正交的稳态坐标系。从 3.2 节的讨论可知,在此系中,坐标时间不存在统一的同时时刻,但存在统一的钟速。因此我们建议(4.3.1)式中的第四式不写作 $T = t$,而写作 $dT = dt$。我们知道,转动圆盘上的几何正是用这个坐标系来描述的。

为了弄清盘上几何,我们来比较分别静止于惯性系(4.3.2)式和转盘(4.3.3)式上的钟与尺。设盘的半径为 R,盘上的观测者沿盘的边沿放一组尺,首尾相接,摆满一圈;再沿径向放一组尺,从盘心直到盘边,也首尾相接。在惯性观测者看来,沿盘边切向放置的尺,相对于自己的尺以速度

$$v = \omega R \tag{4.3.6}$$

运动,而且运动方向沿着尺的方向。狭义相对论的知识告诉他,盘上的尺将发生洛伦兹收缩,他量得盘上尺的长度为

$$l = l_0\sqrt{1 - \frac{\omega^2 R^2}{c^2}} \tag{4.3.7}$$

它显然比静止于惯性系中的尺的长度 l_0 要短。如果在惯性系中惯性观测者围绕盘的边沿也放一组尺,用这组尺同时去测盘上各尺的长度,他会发现盘上(沿盘边)放置的所有的尺都缩短了。然而,当他用自己的尺去测量盘的周长时,发现周长并未改变,仍是

$$\oint \frac{\mathrm{d}s}{l_0} = 2\pi R \tag{4.3.8}$$

这时,他看到盘上的观测者在用那组"缩短"了的尺测量盘的长度,结果当然是

$$\oint \frac{\mathrm{d}s}{l_0 \sqrt{1 - \frac{\omega^2 R^2}{c^2}}} = \frac{2\pi R}{\sqrt{1 - \frac{\omega^2 R^2}{c^2}}} > 2\pi R \tag{4.3.9}$$

另外,在惯性观测者看来,沿盘的径向放置的尺,虽然在随盘转动,但运动方向始终与尺垂直,并不发生洛伦兹收缩。所以惯性观测者与盘上观测者对盘的半径的测量结果是一致的,都是 R,然而在盘上观测者看来,自己的空间几何不再是欧氏几何了,如下式:

$$\frac{周长}{半径} = \frac{2\pi}{\sqrt{1 - \frac{\omega^2 R^2}{c^2}}} > 2\pi \tag{4.3.10}$$

一个可能的疑问是,从相对运动的观点看来,沿盘边静置于惯性系中的尺,相对静置于盘上的尺,也以速度(4.3.6)式运动,难道惯性系中的尺就不发生洛伦兹收缩吗?如果发生,我们是否有可能得出与上面相反的结论?回答是,对于静置于盘上的每一根充分小的尺,相对于它以速度 v 运动的惯性系中的尺都会发生如(4.3.7)式所示的洛伦兹收缩,但这只是局域测量效应,我们不可能据此得出与前面的积分结果相反的结论。原因是转动系不是轴正交,不能定义整个盘上的同时时刻。我们不能简单地用盘上沿周边放置的所有的尺,同时去测量惯性系中的各个尺,以判定它们是否同时发生了洛伦兹收缩。所以,企图用相反的程序来论证惯性系中的几何非欧是行不通的。站在转盘观测者的立场,只能用(3.1.15)式所定义的测固有距离的方法,通过积分来得到盘边的固有长度

$$s = \int \sqrt{\gamma_{ik}\, \mathrm{d}x^i\, \mathrm{d}x^k} = \int_0^{2\pi} \sqrt{\gamma_{22}}\, \mathrm{d}\theta = \frac{2\pi R}{\sqrt{1 - \frac{\omega^2 R^2}{c^2}}} \tag{4.3.11}$$

此长度就是盘上观测者测得的盘的周长,它与惯性观测者所得的结论(4.3.9)式完全一致。可见,我们以惯性观测者的测量为基础来论证盘上的几何为非欧几何,其结论具有绝对意义。

应该特别指出的是,曲率是张量,四维时空的坐标变换不可能把四维曲率张量从零变到非零,只能把低于四维的空间的曲率张量从零变到非零。因此转盘的四维时空仍是平直的,只不过它的三维子时空,从平直变为弯曲了。

3. 转盘上的时间

转盘上的坐标时间没有统一的同时时刻,但是对于转盘上每一点,都可以有确定的坐标时间和固有时间。我们可以在盘上每一点放置一个标准钟,然后比较它们之间的快慢,也可以拿它们与静止于惯性系中的钟相比较。

设转盘的中心为 A,B 是盘边上的一点。从(3.1.7)式和(4.3.5)式可知,A 点坐标钟与标准钟的关系是

$$\mathrm{d}\tau_A = \mathrm{d}t_A \tag{4.3.12}$$

B 点坐标钟与标准钟的关系是

$$\mathrm{d}\tau_B = \sqrt{1 - \frac{\omega^2 R^2}{c^2}}\,\mathrm{d}t_B \tag{4.3.13}$$

另外,惯性系中的坐标钟就是标准钟,所以从(4.3.1)式可得惯性系中的标准钟与转盘系中的坐标钟之间的关系为

$$\mathrm{d}T = \mathrm{d}t \tag{4.3.14}$$

在 A 点有

$$\mathrm{d}T_A = \mathrm{d}t_A = \mathrm{d}\tau_A \tag{4.3.15}$$

即两个系在 A 点(盘心)的标准钟有相同的速率,这并不奇怪,静止于盘心的钟,速度 $v=0$,因此两个钟相对静止。在 B 点,有

$$\mathrm{d}T_B = \mathrm{d}t_B = \frac{\mathrm{d}\tau_B}{\sqrt{1 - \frac{\omega^2 R^2}{c^2}}} \tag{4.3.16}$$

即盘上的钟比静止于惯性系中的钟走得慢。在惯性观测者看来,这是由于盘上的钟以速度 $v=\omega R$ 运动,从而显示出狭义相对论的时间延缓效应。正如前面指出的,在局域测量中,加速度 $a=\omega^2 R$ 不显示时间效应,全部效应由速度引起。然而,如果我们把这一效应的影响积分起来,就可看出积分后的结果依赖于加速度,盘上的钟变慢不再是相对的,而是绝对的了。如时空图 4.3.2 所示,位于盘上 B 点的钟转动一周后与固定于盘外 B 点的钟再次相遇。它们分开时的坐标时刻为 t_p,重逢时的时刻为 t_q。盘外钟的世界线 pq 是与惯性系的时间轴(T 轴)平行的直线,长度为

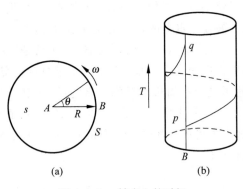

图 4.3.2 转盘上的时间

$$T_q - T_p = \int_p^q \mathrm{d}T = \int_p^q \mathrm{d}t \tag{4.3.17}$$

盘上钟的世界线为曲线 pq,长度为

$$\tau_q - \tau_p = \int_p^q \mathrm{d}\tau = \int_p^q \sqrt{1 - \frac{\omega^2 R^2}{c^2}}\,\mathrm{d}t = \sqrt{1 - \frac{\omega^2 R^2}{c^2}}\,(T_q - T_p) \tag{4.3.18}$$

可见,盘外钟的世界线(直线 pq)比盘上钟的世界线(曲线 pq)长,盘上的钟绝对地变慢了。这一变换是由于固有加速度的存在,使它的世界线偏离测地线(即图 4.3.2 中直线)造成的,此例的讨论与双生子佯谬完全相同。

下面我们来比较固定于盘上 A、B 两点的钟的快慢,并分析其原因。注意,惯性系中各点的钟是调整同步了的,所以

$$\mathrm{d}T_A = \mathrm{d}T_B \tag{4.3.19}$$

这也表明盘上 A、B 两点的坐标钟同步,即

$$\mathrm{d}t_A = \mathrm{d}t_B \tag{4.3.20}$$

把(4.3.15)式和(4.3.16)式代入,得到

$$\mathrm{d}\tau_A = \frac{\mathrm{d}\tau_B}{\sqrt{1 - \dfrac{\omega^2 R^2}{c^2}}} \tag{4.3.21}$$

可见,边上的钟比盘心的钟走得慢。对于惯性观测者,这不奇怪,他看到盘心的钟相对于自己静止,盘边的钟相对于自己以速度 $v = \omega R$ 运动,所以他认为(4.3.21)式是狭义相对论时间延缓效应的表现。但是盘上的观测者就不能这样认为了,对于他,盘心和盘边的钟都是静止的,如果盘被封闭,他甚至看不到外界,无法知道盘是否在转动,只感到盘上存在一个非均匀的静态引力场,其引力势为

$$\varphi = \frac{\omega^2 r^2}{2} \tag{4.3.22}$$

此引力势在盘心为零,即

$$\varphi_A = 0 \tag{4.3.23}$$

在盘边的 B 点为

$$\varphi_B = \frac{\omega^2 R^2}{2} \tag{4.3.24}$$

所以,静止于转盘上的观测者,只能把 B 点钟的变慢归因于引力场的存在。同样,他也把盘上的纯空间几何非欧,归因于引力场的存在。

值得注意的是,盘外观测者把上述效应归因于速度和加速度的同时存在,盘内观测者则把它归因于引力场(惯性场)的存在。

4. 不同时空点上测量的比较

在"局域测量"的讨论中,我们指出测量值是物理量(或几何量)在观测者所携带的正交标架上的投影。还指出,位于同一时空点的不同观测者的局域测量值,只与观测者间的相对速度有关,与加速度及该点的引力势和时空曲率均没有关系。

现在我们以转盘为例来比较不同的时空点上的观测者对同一物理量(或几何量)的测量。(4.3.20)式和(4.3.21)式告诉我们,两个时空点上的观测量(物理量或几何量在标架上的投影)需要通过两点的坐标量之间的关系来联系,才能相互比较,即

A 点的标架分量↔A 点的坐标分量↔B 点的坐标分量↔B 点的标架分量。

例如,A 点标准钟测得的固有时间 $\mathrm{d}\tau_A$ 与该点的坐标时间 $\mathrm{d}t_A$ 有关,如(4.3.15)式;$\mathrm{d}t_A$ 又与 B 点的坐标时间 $\mathrm{d}t_B$ 有关,如(4.3.20)式;$\mathrm{d}t_B$ 则通过(4.3.16)式与 B 点的固有时间 $\mathrm{d}\tau_B$ 相联系。利用这一系列联系,我们终于得到 A、B 两点的固有时间之间的关系(4.3.21)式。

上面的讨论具有普遍性;固有量是逐点测量的,不同时空点上的正交标架互不覆盖,不能直接建立联系,而坐标系可以覆盖不同的时空点,所以任何物理量和几何量在不同时空点上的测量值,都必须通过上述途径来比较。

不难看出,不同时空点上的测量值,与时空几何有关,也与加速度有关(这里指的是四维加速度,即使观测者感受到惯性力的固有加速度,也不是指相对的三维加速度)。各点的时空曲率不同或各观测者感受到的引力场(惯性场)不同,都会使他们对同一物理量(或几何量)的测量得到不同的结果。一般说来,引力势大的地点,时钟走得比较慢,长度收缩得也比

较多,这些效应具有绝对意义。

5. 大范围测量

我们首先指出,只有稳态时空,才能测量有限的固有长度。如果时空非稳态,度规会随时间变化,长度的大范围测量没有意义。其次,只有时轴正交系,才能测量闭合的固有长度(如圆周长)。如果时轴非正交,则不能定义同时面。"不同时"的长度测量,也没有意义。在转盘问题中,盘上的观测者无法定义同时面,不能"同时"测量盘的周长。而静止于盘外的惯性观测者却能做到这点,所以盘上尺的收缩及空间几何的非欧性都具有绝对意义。

一般说来,在同一时空点,不同观测者的"局域测量"值之间的比较,只具有相对意义。例如,当转盘边沿上的观测者与盘外的静止观测者瞬时相遇时,根据洛伦兹变换,都会认为对方的钟变慢尺缩短。然而,当我们把这些局域测量的无穷小量积分为有限值时,比较的结果将具有绝对意义。这是因为,这些观测者除去速度不同外,四维加速度也不同,因而会有不同的世界线。观测者的固有时间即世界线的长度,盘上观测者的世界线(有加速度,不是直线)与盘外惯性观测者的世界线(加速度为零,是直线)不同,他们经历的固有时间也就不同,所以盘上的钟变慢具有绝对意义。双生子佯谬中作加速运动的时钟绝对变慢,也是这个原因。

我们看到,虽然相对运动所导致的时间延缓、长度缩短表观上只与相对速度有关,与加速度无关,但这些效应是否具有绝对意义,却肯定与加速度有关。狭义相对论中,两个惯性观测者之间不存在加速度,他们所观测到的上述效应就只具有相对意义。广义相对论中的转盘、双生子佯谬等问题由于观测者之间除存在相对速度外,还存在四维加速度的差别,因而时间延缓、长度缩短具有绝对意义。其中作加速运动的观测者,感到自己处在引力场(惯性场)中,他认为自己时钟的绝对变慢是引力造成的。因此,我们可以说,引力场的存在,或速度与四维加速度的同时存在,能够造成绝对的时间延缓和长度缩短效应。

4.4　引力红移

这一节介绍广义相对论的三大实验验证之一,光谱线的引力红移。

1. 稳态时空中的标准钟

度规分量与坐标时间无关的时空,有

$$\frac{\partial g_{\mu\nu}}{\partial t}=0, \quad \mu,\nu=0,1,2,3 \tag{4.4.1}$$

定义为稳态时空。时轴正交的稳态时空,有

$$g_{0i}=0, \quad i=1,2,3 \tag{4.4.2}$$

称为静态时空,显然史瓦西时空是静态的。

设在稳态时空的 P_1 和 P_2 两空间点,分别有静止的光源和静止的观测者。P_1 处的光源在坐标时刻 t_1 发出一个光信号,P_2 处的观测者在坐标时刻 t_2 收到这个信号。定义二坐标时刻之差为

$$\delta t = t_2 - t_1 \tag{4.4.3}$$

然后，P_1 处的光源在坐标时刻 t'_1 又发出一个光信号，此信号在 t'_2 到达 P_2 处，二坐标时刻之差为

$$\delta t' = t'_2 - t'_1 \tag{4.4.4}$$

由于时空是稳态的，一定有

$$\delta t = \delta t' \tag{4.4.5}$$

也就是

$$t_2 - t_1 = t'_2 - t'_1 \tag{4.4.6}$$

所以有

$$dt_2 \equiv t'_2 - t_2 = t'_1 - t_1 \equiv dt_1 \tag{4.4.7}$$

其中 dt_1 为 P_1 点发出两个光信号的坐标时间间隔，其固有时间间隔为

$$d\tau_1 = \sqrt{-g_{00}}\Big|_{(1)} dt_1 \tag{4.4.8}$$

dt_2 为 P_2 处的观测者收到这两个光信号的坐标时间间隔，其固有时间间隔为

$$d\tau_2 = \sqrt{-g_{00}}\Big|_{(2)} dt_2 \tag{4.4.9}$$

由(4.4.7)式可知

$$d\tau_2 = \frac{\sqrt{-g_{00}}\Big|_{(2)}}{\sqrt{-g_{00}}\Big|_{(1)}} d\tau_1 \tag{4.4.10}$$

(4.4.7)式表明，稳态时空中任意两点的坐标钟所标记的同一组（两个）信号的时间差是相等的，所以可称 dt 为世界时；(4.4.10)式表明，任意两点的静止标准钟所测量的同一组（两个）信号的固有时刻之差，一般是不等的。

在 P_1 点，这两个信号分别是在固有时刻 τ_1 和 τ'_1 发出的；在 P_2 点，它们分别是在固有时刻 τ_2 和 τ'_2 收到的。P_2 的观测者认为，当 P_1 的标准钟走了

$$\Delta\tau_1 = \tau'_1 - \tau_1 \tag{4.4.11}$$

他自己的标准钟走了

$$\Delta\tau_2 = \tau'_2 - \tau_2 \tag{4.4.12}$$

但

$$\Delta\tau_2 \neq \Delta\tau_1 \tag{4.4.13}$$

所以，他认为静止于稳态时空不同空间点的标准钟，一般都快慢不同，(4.4.10)式正是表述这一效应的式子。

把史瓦西度规代入(4.4.10)式，得到

$$d\tau_2 = \sqrt{\frac{1 - \dfrac{2GM}{c^2 r_2}}{1 - \dfrac{2GM}{c^2 r_1}}} d\tau_1 \tag{4.4.14}$$

当 $r_1 < r_2$ 时，有

$$d\tau_2 > d\tau_1 \tag{4.4.15}$$

所以，静止于引力势大（r 小）的地方的标准钟走得慢。令 r_2 趋于无穷远，并注意到无穷远处的标准钟即坐标钟，则(4.4.14)式化成

$$dt = \left(1 - \frac{2GM}{c^2 r}\right)^{-\frac{1}{2}} d\tau \tag{4.4.16}$$

其中,r 即 r_1,$d\tau$ 即 $d\tau_1$,$dt = d\tau_2$ 为静止于无穷远的观测者的标准钟,在史瓦西情况下它就是那里的坐标钟。对于静止在太阳表面上的标准钟,地球上的观测者可近似看作无穷远观测者。(4.4.16)式告诉我们,太阳表面的标准钟会比地球上的标准钟走得慢。

2. 引力红移

位于两地的钟,不能直接比较快慢,但可用光谱线频率的移动来验证钟速变化的理论。

原子发射的光谱线的固有频率,反映原子的某种固有振动频率。我们可以把原子的固有振动类比为一个节拍器的振动,振动频率为

$$\nu = \frac{dN}{d\tau} \tag{4.4.17}$$

其中 N 为节拍器振动的次数。由于 P_1 点和 P_2 点测得的振动次数是相同的(绝对的),即

$$dN_1 = dN_2 \tag{4.4.18}$$

有

$$\nu_1 d\tau_1 = \nu_2 d\tau_2 \tag{4.4.19}$$

于是由(4.4.10)式和(4.4.14)式可得

$$\nu_2 = \frac{\sqrt{-g_{00}}\big|_{(1)}}{\sqrt{-g_{00}}\big|_{(2)}} \nu_1 \tag{4.4.20}$$

和

$$\nu_2 = \sqrt{\left(1 - \frac{2GM}{c^2 r_1}\right)\Big/\left(1 - \frac{2GM}{c^2 r_2}\right)} \cdot \nu_1 \tag{4.4.21}$$

(4.4.20)式和(4.4.21)式表明,由于稳态引力场中各点标准钟的速率不同,当光子从一点传播到另一点时,两处观测者测得的该光子的频率将不同,也就是说,光谱线将发生蓝移或红移。

利用(4.4.16)式或(4.4.21)式,可得静止于无穷远的观测者所看到的,来自恒星表面的光子的频率移动

$$\nu = \nu_0 \left(1 - \frac{2GM}{c^2 r}\right)^{1/2} \tag{4.4.22}$$

其中 ν_0 为恒星表面处原子的固有振动频率,即该原子发射的光子的固有频率,它也就是位于恒星表面的实验室测得的该光子的频率,ν 则为无穷远静止观测者测得的该光子的固有频率。(4.4.22)式表明,无穷远观测者会觉得频率变小,即光谱线发生红移,移动的频率为

$$\Delta\nu = \nu - \nu_0 = \nu_0 \left[\left(1 - \frac{2GM}{c^2 r}\right)^{1/2} - 1\right] \tag{4.4.23}$$

由同种原子发射的同种光子的固有频率,是那种原子的内在性质,在任何相对于该原子瞬时静止的参考系中都应相同。例如,静止于太阳表面的氢原子,发射的光子的固有频率应该和地球上氢原子发射的光子相同。但(4.4.22)式表明,在地球上收到的来自太阳的光子的频率比地球上氢原子发射的同种光子要小,发生了红移。其原因只能归之于太阳表面的标准

钟比地球上的标准钟走得慢,使那里发射的光子的频率,从地球上看来,变小了。

3. 实验验证

引力红移是爱因斯坦发表广义相对论时预言的一个效应,这个效应被天文观测和实验室观测所证实。

我们定义红移的相对值为

$$Z \equiv \frac{-\Delta \nu}{\nu_0} = \left[1 - \left(1 - \frac{2GM}{c^2 r} \right)^{1/2} \right] \qquad (4.4.24)$$

由于 $\frac{2GM}{c^2 r}$ 是小量,上式可用泰勒级数展开

$$Z = \frac{GM}{c^2 r} + \frac{1}{2} \left(\frac{GM}{c^2 r} \right)^2 + \cdots \qquad (4.4.25)$$

保留一级近似

$$Z \approx \frac{GM}{c^2 r} \qquad (4.4.26)$$

(1) 太阳谱线的引力红移

太阳表面温度很高,物质热运动产生的多普勒效应会使谱线变宽,但不会使谱线移动。然而,太阳表面的宏观气流,却会导致谱线的多普勒移动。这种移动会附加在引力红移上,影响观测的准确性。由于太阳气流一般是径向的,我们可观测太阳盘面的边缘,以避开多普勒效应的影响。此外,还要扣除地球自转、公转和太阳自转产生的影响。太阳质量 $M_\odot = 1.983 \times 10^{33} \mathrm{g}$,太阳半径 $r_\odot = 6.95 \times 10^{10} \mathrm{cm}$,从(4.4.26)式可算得相对红移的理论值为 $Z = 2.12 \times 10^{-6}$,观测值为 $Z = (2.12 \times 10^{-6}) \times (1.05 \pm 0.05)$,所以观测值以 5% 的精度验证了理论值。

(2) 恒星谱线的引力红移

白矮星和中子星的红移远大于太阳,应该更容易测到。但这些遥远恒星的质量和半径很难确定,因此理论和实验不好比较。

(a) 天狼星伴星

天狼星伴星是一颗白矮星,质量 $M \approx M_\odot$,半径 $r \approx 10^{-2} r_\odot$,红移的理论值为 $Z \approx 2.12 \times 10^{-4}$,观测值为 $Z = (2.8 \pm 1) \times 10^{-4}$。

(b) 波江座 40 伴星 B

理论值 $Z = 5.6 \times 10^{-5}$,观测值 $Z = 7 \times 10^{-5}$。

(3) 用穆斯堡尔(Mossbauer)效应验证

1958 年穆斯堡尔成功完成了放射性核吸收由同种核发出的 γ 射线的实验。它采取的主要措施是把放射性核嵌入晶体,然后在低温下冷冻,以消除发射、吸收射线时核的反冲。

用这个效应可以在实验室中检测引力红移。具体做法是,把两个相同的放射源放置在同一垂线上,但高度不同,一个为 H_1,另一个为 H_2。从一个源发射 γ 射线,另一个源加以吸收。二源的引力势之差为

$$V = g(H_1 - H_2) \qquad (4.4.27)$$

其中 g 为用广义相对论算得的重力加速度。光谱线的移动为

$$\frac{\Delta \nu}{\nu_0} = \frac{g}{c^2} \cdot \Delta H \tag{4.4.28}$$

当发射源位置高于吸收源时，$\Delta H > 0$，$\Delta \nu > 0$，得到蓝移；当发射源位置低于吸收源时，$\Delta H < 0$，$\Delta \nu < 0$，得到红移。实验结果为，理论值为 $\frac{\Delta \nu}{\nu_0} = 4.92 \times 10^{-15}$，观测值为 $\frac{\Delta \nu}{\nu_0} = 4.92 \times 10^{-15} \times (0.997 \pm 0.008)$。

4. 牛顿理论对引力红移的解释

利用"引力质量和惯性质量相等""质能关系式"和"万有引力定律"，也可以解释引力红移。

容易看出，从太阳表面飞向无穷远的光子，其能量损耗为

$$\Delta E = \int_R^\infty \frac{-GMm}{r^3} \boldsymbol{r} \cdot \mathrm{d}\boldsymbol{r} = -GM \int_R^\infty \frac{m}{r^2} \mathrm{d}r \tag{4.4.29}$$

其中 M 为太阳质量，R 为太阳半径，m 为光子的引力质量。光子的惯性质量为 m'，当

$$m = m' \tag{4.4.30}$$

有

$$\Delta E = -GM \int_R^\infty \frac{m'}{r^2} \mathrm{d}r \tag{4.4.31}$$

因为实际观测到的红移量很小，光子质量在运动过程中损耗不大，(4.4.31)式可化成

$$\Delta E \approx -GMm' \int_R^\infty \frac{\mathrm{d}r}{r^2} = -\frac{GMm'}{R} \tag{4.4.32}$$

光子能量

$$E = m'c^2 = h\nu \tag{4.4.33}$$

于是有

$$m' = \frac{h\nu}{c^2} \tag{4.4.34}$$

和

$$\Delta E = h \Delta \nu \tag{4.4.35}$$

代入(4.4.32)式可得红移

$$\Delta \nu = -\nu \frac{GM}{c^2 R} \approx -\nu_0 \frac{GM}{c^2 R} \tag{4.4.36}$$

相对红移为

$$Z = \frac{-\Delta \nu}{\nu_0} = \frac{GM}{c^2 R} \tag{4.4.37}$$

我们看到，利用万有引力定律和狭义相对论，并考虑引力质量与惯性质量相等，也可以算出红移，在一级近似下与广义相对论算出的结果相同。更详细的计算表明，两种理论计算的结果在二级近似下有差异。

5. 关于红移的讨论

(1) 广义相对论把引力红移归因于时空几何，时空曲率大处时钟走得慢，造成红移。牛

顿理论把引力红移归因于光子动能向势能的转换,光子动能的减少引起红移。

(2)广义相对论与牛顿理论预言的红移,在$\dfrac{GM}{c^2R}$的一级近似下一致,二级近似下有差异。但目前天文观测和穆斯堡尔效应的测量,都只能测到一级近似,无法鉴别这两种理论哪一种更符合实际。然而,在用牛顿理论计算时,我们用了"引力质量和惯性质量相等"的假定,因此,应该认为,到目前为止关于引力红移的观测,至少支持了"等效原理"这一作为广义相对论基础的重要假定。

(3)目前人类知道的红移机制只有两种,一种是多普勒红移,另一种是引力红移。长期以来,人们以为宇宙学红移是多普勒红移;近年来,人们逐渐认识到宇宙学红移与多普勒红移有本质不同,宇宙学红移是空间膨胀造成的,而多普勒效应是光源在空间中运动造成的。宇宙学红移从本质上讲仍属于引力红移。

4.5 史瓦西时空中的运动方程

本节讨论史瓦西时空中的运动方程与守恒量,为计算"水星近日点的进动"和"光线偏折"作准备。

1. 零短程线的变分原理

在2.10节中,我们从变分原理

$$\delta \int ds = \delta \int \dfrac{ds}{d\lambda} d\lambda = 0 \tag{4.5.1}$$

得出了黎曼时空中静质量不为零的质点的运动方程

$$\dfrac{d^2 x^\mu}{ds^2} + \Gamma^\mu_{\alpha\beta} \dfrac{dx^\alpha}{ds} \dfrac{dx^\beta}{ds} = 0 \tag{4.5.2}$$

它就是黎曼时空中的短程线方程,其中λ是标量型参量。考虑到线元ds与固有时间$d\tau$的关系

$$ds = i\, d\tau \tag{4.5.3}$$

(4.5.1)式和(4.5.2)式又可以写成

$$\delta \int d\tau = \delta \int \dfrac{d\tau}{d\lambda} d\lambda = 0 \tag{4.5.4}$$

和

$$\dfrac{d^2 x^\mu}{d\tau^2} + \Gamma^\mu_{\alpha\beta} \dfrac{dx^\alpha}{d\tau} \dfrac{dx^\beta}{d\tau} = 0 \tag{4.5.5}$$

不难由(4.5.4)式写出短程线的拉格朗日方程

$$\dfrac{\partial L}{\partial x^\nu} - \dfrac{d}{d\lambda} \dfrac{\partial L}{\partial \dot{x}^\nu} = 0 \tag{4.5.6}$$

其中拉氏量为

$$L = \dfrac{d\tau}{d\lambda} = \dfrac{-i\, ds}{d\lambda} = (-g_{\alpha\beta} \dot{x}^\alpha \dot{x}^\beta)^{1/2} \tag{4.5.7}$$

广义速度为

$$\dot{x}^{\nu} = \frac{dx^{\nu}}{d\lambda} \qquad (4.5.8)$$

当把 λ 选作 τ 时,$L=1$,由(4.5.6)式可以求出短程线方程(4.5.5)。在2.10节中我们介绍了上述求短程线的方法,但是2.10节中的证明对于零短程线不适用,这是因为当时我们为了简化证明把仿射参量选择为线元,然而对于光线有

$$ds = id\tau = 0 \qquad (4.5.9)$$

不能把 λ 选作 τ 或 s。现在我们介绍一个新的拉氏量,用它能够方便地导出包括零短程线在内的所有短程线的方程。我们把(4.5.4)式修改为

$$\delta \int \left(\frac{1}{2} \frac{d\tau}{d\lambda} \right) d\tau = \delta \int \frac{1}{2} \left(\frac{d\tau}{d\lambda} \right)^{2} d\lambda = 0 \qquad (4.5.10)$$

这时,拉氏量为

$$L = \frac{1}{2} \left(\frac{d\tau}{d\lambda} \right)^{2} = -\frac{1}{2} g_{\alpha\beta} \dot{x}^{\alpha} \dot{x}^{\beta} \qquad (4.5.11)$$

不难看出(4.5.7)式和(4.5.11)式这两个不同的拉氏量都建立在四速缩并的基础上。把(4.5.11)式代入拉氏方程(4.5.6),可以很容易得到

$$\frac{d^{2} x^{\mu}}{d\lambda^{2}} + \Gamma^{\mu}_{\alpha\beta} \frac{dx^{\alpha}}{d\lambda} \frac{dx^{\beta}}{d\lambda} = 0 \qquad (4.5.12)$$

在导出(4.5.12)式的过程中,不必对标量型参量加限制,它可以不是 s 和 τ,所以此证明对于质点和光子均有效。(4.5.12)式既可以描写质点运动的类时测地线(在爱因斯坦广义相对论中,测地线就是短程线),又可以描写光子运动的零测地线。对于质点,可以把 λ 选作 s 或 τ,这时(4.5.12)式就是(4.5.2)式或(4.5.5)式。对于光子,λ 不能选作 s 或 τ,但可以是其他的仿射参量。把史瓦西度规代入(4.5.12)式,就得到史瓦西时空中质点和光子的运动方程。

2. 两个守恒量

运动方程(4.5.12)式是二阶常微分方程组,在史瓦西时空中直接求解它们比较麻烦,最好是利用几个第一积分。

把史瓦西度规(4.1.36)式代入(4.5.11)式,得

$$L = \frac{1}{2} \left[\left(1 - \frac{2M}{r} \right) \dot{t}^{2} - \left(1 - \frac{2M}{r} \right)^{-1} \dot{r}^{2} - r^{2} \dot{\theta}^{2} - r^{2} \sin^{2}\theta \dot{\varphi}^{2} \right] \qquad (4.5.13)$$

对于光子,(4.5.9)式和(4.5.11)式告诉我们,$L=0$。对于质点,选 λ 为 τ 时 $L = \frac{1}{2}$。定义

$$\eta = \begin{cases} 0, & \text{(光子)} \\ 1, & \text{(质点)} \end{cases} \qquad (4.5.14)$$

则拉氏量

$$L = \frac{\eta}{2} \qquad (4.5.15)$$

史瓦西度规是静态球对称的,度规不是时间 t 和转角 φ 的函数,(4.5.13)式告诉我们

$$\frac{\partial L}{\partial t} = 0, \quad \frac{\partial L}{\partial \varphi} = 0 \tag{4.5.16}$$

所以存在两个守恒量,能量

$$E = \frac{\partial L}{\partial \dot{t}} = \left(1 - \frac{2M}{r}\right)\frac{\mathrm{d}t}{\mathrm{d}\lambda} \tag{4.5.17}$$

和角动量

$$\widetilde{L} = -\frac{\partial L}{\partial \dot{\varphi}} = r^2 \sin^2\theta \frac{\mathrm{d}\varphi}{\mathrm{d}\lambda} \tag{4.5.18}$$

由于拉氏量(4.5.13)式中不含非引力相互作用,所以这里描写的质点一定沿测地线运动。因此 E 和 $\widetilde{L}$ 是史瓦西时空中沿测地线运动的单位质量质点的两个守恒量。但 E 和 $\widetilde{L}$ 并不是在弯曲的史瓦西时空中静止的观测者直接测得的量,仅仅在无穷远处才是静止观测者测得的量。一般说来,静止于史瓦西时空中的观测者测量到的单位质量粒子的能量是

$$E_P = \frac{E}{\sqrt{-g_{00}}} \tag{4.5.19}$$

显然 E_P 沿着测地线不守恒,但是 E 沿着测地线守恒,这就是我们重视 E 的原因。同样,守恒的角动量 $\widetilde{L}$ 也不是在史瓦西时空中直接测量的量,仅当 r 充分大时,$\widetilde{L}$ 才是在时空中静止的观测者测得的该单位质量粒子的角动量。

从(4.5.6)式及(4.5.13)式还可以得到关于 θ 的方程

$$\frac{\partial L}{\partial \theta} - \frac{\mathrm{d}}{\mathrm{d}\lambda}\frac{\partial L}{\partial \dot{\theta}} = \frac{\mathrm{d}}{\mathrm{d}\lambda}(r^2\dot{\theta}) - r^2\dot{\varphi}^2\sin\theta\cos\theta = 0 \tag{4.5.20}$$

即

$$r^2\ddot{\theta} = r^2\dot{\varphi}^2\sin\theta\cos\theta - 2r\dot{r}\dot{\theta} \tag{4.5.21}$$

上式告诉我们,若把粒子的初始条件选作

$$\theta_0 = \frac{\pi}{2}, \quad \dot{\theta}_0 = 0 \tag{4.5.22}$$

则必有

$$\ddot{\theta} = 0 \tag{4.5.23}$$

也就是说,粒子将一直保持在赤道面内运动,有

$$\dot{\theta} = 0 \tag{4.5.24}$$

我们采用初始条件(4.5.22)式,此时(4.5.18)式可简化为

$$\widetilde{L} = r^2\frac{\mathrm{d}\varphi}{\mathrm{d}\lambda} \tag{4.5.25}$$

3. 四速的归一化条件

我们已经找到了两个第一积分,一个是能量守恒的表达式(4.5.17),另一个是角动量守恒的表达式(4.5.25),现在我们来找第三个第一积分。由(4.5.13)式和(4.5.15)式可得

$$\left(1 - \frac{2M}{r}\right) \cdot \left(\frac{\mathrm{d}t}{\mathrm{d}\lambda}\right)^2 - \left(1 - \frac{2M}{r}\right)^{-1}\left(\frac{\mathrm{d}r}{\mathrm{d}\lambda}\right)^2 - r^2\left(\frac{\mathrm{d}\varphi}{\mathrm{d}\lambda}\right)^2 = \eta \tag{4.5.26}$$

不难看出,它就是史瓦西时空中的四速归一化条件

$$g_{\mu\nu}u^{\mu}u^{\nu} = -\eta \qquad (4.5.27)$$

当粒子为质点时,我们取 λ 为 τ,$\eta=1$,当粒子为光子时,仿射参量 λ 不能取 τ,$\eta=0$。

把(4.5.17)式、(4.5.25)式和(4.5.26)式加以整理,可以得到

$$\frac{dt}{d\lambda} = E \cdot \left(1 - \frac{2M}{r}\right)^{-1}, \quad （能量守恒） \qquad (4.5.28)$$

$$\frac{d\varphi}{d\lambda} = \frac{\widetilde{L}}{r^2}, \quad （角动量守恒） \qquad (4.5.29)$$

$$\left(\frac{dr}{d\lambda}\right)^2 = E^2 - \left(1 - \frac{2M}{r}\right)\left(\eta + \frac{\widetilde{L}^2}{r^2}\right), \quad （四速归一化） \qquad (4.5.30)$$

这三个方程式是进一步讨论"轨道近日点进动"和"光线偏折"的基础。本节略去与轨道分类有关的内容,我们将用上述方法来研究"水星近日点的进动"和"光线偏折"这两个著名的广义相对论效应。

4.6 水星近日点的进动

水星近日点的进动检测的是 $\left(\dfrac{GM}{c^2 r}\right)$ 的二级效应,因此是广义相对论三大验证中最重要的一个。

1. 牛顿力学中行星的轨道

理论力学中曾经讨论过行星在万有引力作用下的运动方程,有关的第一积分是

$$\frac{d\varphi}{dt} = \frac{L}{r^2} \quad （角动量守恒） \qquad (4.6.1)$$

$$\frac{1}{2}\left(\frac{dr}{dt}\right)^2 = E + \frac{GM}{r} - \frac{L^2}{2r^2} \quad （能量守恒） \qquad (4.6.2)$$

其中守恒量 E 和 L 分别是行星的能量和角动量。消去二式中的 t,可得轨道方程

$$\frac{1}{2}\left[\frac{d}{d\varphi}\left(\frac{1}{r}\right)\right]^2 = \frac{E}{L^2} - \frac{1}{2r^2} + \frac{GM}{rL^2} \qquad (4.6.3)$$

两边对 φ 微商,得

$$\frac{d^2}{d\varphi^2}\left(\frac{1}{r}\right) + \frac{1}{r} = \frac{GM}{L^2} \qquad (4.6.4)$$

作变量代换

$$u = \frac{GM}{r} \qquad (4.6.5)$$

可把上式化成

$$\frac{d^2 u}{d\varphi^2} + u = \left(\frac{GM}{L}\right)^2 \qquad (4.6.6)$$

此方程的解就是描写行星运动轨道的曲线,它是

$$u = \left(\frac{GM}{L}\right)^2 (1 + e\cos\varphi) \tag{4.6.7}$$

或

$$r = \frac{L^2}{GM} \cdot \frac{1}{1 + e\cos\varphi} \tag{4.6.8}$$

显然这是一个闭合的椭圆,e 为偏心率。所以,按照牛顿理论,行星运动的轨道是闭合椭圆。

但是,精确的天文观测表明,行星轨道不是封闭的,它的近日点会发生进动,其中以水星的进动效应最为显著。然而即使是对水星,这个效应从绝对值来讲也是很微弱的;观测表明,每一百年,水星近日点进动 $5600.73'' \pm 0.41''$。扣除岁差和行星摄动等因素影响后,还有约 $43''$ 的进动得不到解释,这是爱因斯坦发表广义相对论之前就知道的事实。

2. 狭义相对论的修正

有人曾经仿照索末菲(A. Sommerfeld)对氢原子轨道的修正,把狭义相对论与万有引力定律相结合,并且考虑引力质量和惯性质量相等,得到了新的轨道方程。这种附加了狭义相对论效应的新方程是

$$\frac{d^2 u}{d\varphi^2} + \left[1 + \left(\frac{GM}{L}\right)^2\right] u = \left(\frac{GM}{L}\right)^2 \tag{4.6.9}$$

其中,u 如(4.6.5)式所示,L 仍是轨道角动量。从(4.6.9)式所得到的轨道不再是封闭的椭圆;近日点有进动,但是仅仅为观测值 $43''$ 的 $\frac{1}{6}$,且符号相反。可见,这种修正是不成功的。

3. 广义相对论中的行星轨道

下面我们开始用广义相对论来计算行星轨道近日点的进动。对于行星,(4.5.28)式、(4.5.29)式和(4.5.30)式分别可以写作

$$\frac{dt}{d\tau} = E \cdot \left(1 - \frac{2M}{r}\right)^{-1} \tag{4.6.10}$$

$$\frac{d\varphi}{d\tau} = \frac{\tilde{L}}{r^2} \tag{4.6.11}$$

$$\left(\frac{dr}{d\tau}\right)^2 = E^2 - \left(1 - \frac{2M}{r}\right)\left(1 + \frac{\tilde{L}^2}{r^2}\right) \tag{4.6.12}$$

其中,τ 为固有时。消去(4.6.11)式和(4.6.12)式中的 $d\tau$,可得到轨道方程

$$\frac{1}{2}\left[\frac{d}{d\varphi}\left(\frac{1}{r}\right)\right]^2 = \frac{E^2-1}{2\tilde{L}^2} - \frac{1}{2r^2} + \frac{M}{r^3} + \frac{M}{r\tilde{L}^2} \tag{4.6.13}$$

注意,我们采用了 $G = c = \hbar = 1$ 的自然单位制。两边对 φ 微商,得

$$\frac{d^2}{d\varphi^2}\left(\frac{1}{r}\right) + \frac{1}{r} = \frac{M}{\tilde{L}^2} + \frac{3M}{r^2} \tag{4.6.14}$$

做变量代换(4.6.5)式,上式化成

$$\frac{\mathrm{d}^2 u}{\mathrm{d}\varphi^2} + u = \left(\frac{M}{\widetilde{L}}\right)^2 + 3u^2 \qquad (4.6.15)$$

把(4.6.6)式也取 $G=1$ 的单位并且与(4.6.15)式比较,可以看出区别仅仅在于(4.6.15)式中附加了一项 $3u^2$。这一项正是广义相对论效应的体现,可以看作牛顿理论的广义相对论修正项。对于太阳,我们有 $GM=1.5\times10^3\,\mathrm{m}$,水星轨道的平均半径 $r=5\times10^{10}\,\mathrm{m}$,不难看出 u 的量级为

$$u = \frac{GM}{r} \sim 10^{-7} \qquad (4.6.16)$$

由(4.6.7)式可知,$\left(\dfrac{GM}{\widetilde{L}}\right)^2$ 与 u 有相同的量级

$$\left(\frac{GM}{\widetilde{L}}\right)^2 \sim 10^{-7} \qquad (4.6.17)$$

从以上讨论可知,方程修正项的量级为

$$3u^2 \sim 10^{-14} \qquad (4.6.18)$$

其他行星的轨道半径比水星要大,此修正项将更小。广义相对论修正项既然如此小,我们当然可以把牛顿方程的解(4.6.7)式看作方程(4.6.15)解的零级近似。

为了把非线性方程(4.6.15)式化作线性,我们把零级解代进去,得到

$$\frac{\mathrm{d}^2 u}{\mathrm{d}\varphi^2} + u \approx \left(\frac{M}{\widetilde{L}}\right)^2 + 3\left(\frac{M}{\widetilde{L}}\right)^4 + 6\left(\frac{M}{\widetilde{L}}\right)^4 e\cos\varphi \qquad (4.6.19)$$

因为水星轨道偏心率很小,$e\ll1$,上式中略去了 e^2 项。(4.6.19)式是一个线性方程,两个常数项比较,有 $\left(\dfrac{M}{\widetilde{L}}\right)^2 \gg 3\left(\dfrac{M}{\widetilde{L}}\right)^4$,所以可略去高阶常数项,把(4.6.19)式简化为

$$\frac{\mathrm{d}^2 u}{\mathrm{d}\varphi^2} + u \approx \left(\frac{M}{\widetilde{L}}\right)^2 + 6\left(\frac{M}{\widetilde{L}}\right)^4 e\cos\varphi \qquad (4.6.20)$$

把此线性方程的解分成两个部分

$$u = u_1 + u_2 \qquad (4.6.21)$$

代入(4.6.20)式,得到

$$\frac{\mathrm{d}^2 u_1}{\mathrm{d}\varphi^2} + u_1 = \left(\frac{M}{\widetilde{L}}\right)^2 \qquad (4.6.22)$$

$$\frac{\mathrm{d}^2 u_2}{\mathrm{d}\varphi^2} + u_2 = 6\left(\frac{M}{\widetilde{L}}\right)^4 e\cos\varphi \qquad (4.6.23)$$

(4.6.22)式的解即(4.6.7)式,为

$$u_1 = \left(\frac{M}{\widetilde{L}}\right)^2 (1 + e\cos\varphi) \qquad (4.6.24)$$

(4.6.23)式的解为

$$u_2 = 3\left(\frac{M}{\widetilde{L}}\right)^4 e\varphi\sin\varphi \qquad (4.6.25)$$

所以,方程(4.6.20)的解为

$$u = \left(\frac{M}{\widetilde{L}}\right)^2 \left[1 + e\cos\varphi + 3\left(\frac{M}{\widetilde{L}}\right)^2 e\varphi\sin\varphi\right] \qquad (4.6.26)$$

略去幂次高于 $\left(\dfrac{M}{\widetilde{L}}\right)^4$ 的项,得到广义相对论的水星轨道方程

$$u \approx \left(\frac{M}{\widetilde{L}}\right)^2 \left\{1 + e\cos\left[1 - 3\left(\frac{M}{\widetilde{L}}\right)^2\right]\varphi\right\} \qquad (4.6.27)$$

此方程也适用于偏心率不大的其他行星。

从(4.6.27)式可知,行星轨道上的任一点在转动 $\varphi = 2\pi$ 后,都回不到相应的"原位置"上,而必须再转过一个小角度。这是因为 u 的周期 T 不再是 $\varphi = 2\pi$,而是

$$T = \frac{2\pi}{1 - 3\left(\dfrac{M}{\widetilde{L}}\right)^2} \qquad (4.6.28)$$

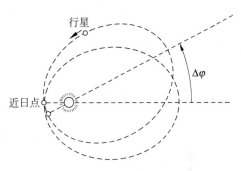

图 4.6.1 水星轨道近日点进动示意图

也就是说,在行星的连续运动中,轨道上任何一点要转过

$$\varphi_n = \frac{2n\pi}{1 - \dfrac{3M^2}{\widetilde{L}^2}} \approx 2n\pi\left(1 + \frac{3M^2}{\widetilde{L}^2}\right) \qquad (4.6.29)$$

才能回到相应的"原位置"。这表明,轨道将不断发生进动。对于进动的轨道,"原位置"的概念容易模糊,实验上也不容易观测。只有近日点和远日点这两个特殊点,在轨道进动过程中能保持概念清楚并易于观测。特别是近日点,观测上更为方便;所以,人们在研究行星轨道的进动时,只讨论它们的近日点进动。(4.6.29)式对轨道上一切点均成立,对近日点当然也成立。从(4.6.29)式不难得出相邻近日点的进动为

$$\Delta\varphi = (\varphi_{n+1} - \varphi_n) - 2\pi = 6\pi\left(\frac{M}{\widetilde{L}}\right)^2 \qquad (4.6.30)$$

恢复到通常的单位制为

$$\Delta\varphi = 6\pi\left(\frac{GM}{c\widetilde{L}}\right)^2 \qquad (4.6.31)$$

对于水星,$\Delta\varphi = 0.1''$,这就是说,水星每运动一周,轨道近日点进动 $0.1''$。此效应极弱,积累起来,每一百年可有

$$\sum\Delta\varphi \approx 43'' \qquad (4.6.32)$$

实验观测上原来有进动角

$$(5600.73'' \pm 0.41'') - (5557.62'' \pm 0.20'') = 43.11'' \pm 0.45'' \qquad (4.6.33)$$

得不到解释,广义相对论效应正好与之相符。

值得注意的是,角动量 $\widetilde{L}$ 具有如下的量级

$$\widetilde{L} \sim r^2\dot{\varphi} \sim R \cdot c \qquad (4.6.34)$$

其中 r 为行星轨道的坐标半径，$r\dot\varphi$ 为行星运动的坐标速度，而 R 为太阳半径，c 为光速。把 (4.6.34)式代入(4.6.31)式可得

$$\Delta\varphi \sim \left(\frac{GM}{c^2R}\right)^2 \tag{4.6.35}$$

这表明，行星轨道近日点的进动，是 $\left(\dfrac{GM}{c^2R}\right)^2$ 级的效应。

　　水星近日点进动的验证，是对广义相对论理论的有力支持。爱因斯坦在算出与观测值精确相符的进动值之后，欣喜异常，他在给朋友的信中写道："方程给出了水星近日点的正确数字，你可以想象我有多么高兴！有好些天，我高兴得不知怎样才好。"

4.7　光线偏折

　　爱因斯坦依据广义相对论的时空弯曲理论，预言光线在引力场中会发生偏折。牛顿理论从万有引力的吸引效应也可以得出光线偏折的结论，但预言值只有广义相对论值的一半。观测结果支持了广义相对论，而不支持牛顿理论。

1. 史瓦西时空中的光迹

　　光线沿着零测地线运动，这时，$ds = id\tau = 0$，不能用 s 或 τ 作为零测地线的仿射参量。我们把光子的四速定义为

$$u^\mu = \frac{dx^\mu}{d\lambda} \tag{4.7.1}$$

方程(4.5.28)式、(4.5.29)式和(4.5.30)式可写成

$$\frac{dt}{d\lambda} = E \cdot \left(1 - \frac{2M}{r}\right)^{-1} \tag{4.7.2}$$

$$\frac{d\varphi}{d\lambda} = \frac{\widetilde{L}}{r^2} \tag{4.7.3}$$

$$\left(\frac{dr}{d\lambda}\right)^2 = E^2 - \left(1 - \frac{2M}{r}\right)\frac{\widetilde{L}^2}{r^2} \tag{4.7.4}$$

从(4.7.3)式和(4.7.4)式中消去 λ，得到光子在引力场中的轨道方程

$$\left[\frac{d}{d\varphi}\left(\frac{1}{r}\right)\right]^2 = \left(\frac{E}{\widetilde{L}}\right)^2 - \frac{1}{r^2}\left(1 - \frac{2M}{r}\right) \tag{4.7.5}$$

对 φ 微商，得

$$\frac{d^2}{d\varphi^2}\left(\frac{1}{r}\right) = -\frac{1}{r} + \frac{3M}{r^2} \tag{4.7.6}$$

作变量代换

$$u = \frac{M}{r} \tag{4.7.7}$$

可得

$$\frac{d^2 u}{d\varphi^2} + u = 3u^2 \tag{4.7.8}$$

(4.7.8)式就是我们用来讨论光线偏折的数学依据。为了看清(4.7.8)式中各项的意义,我们引进另一种坐标变换。先把(4.7.7)式用普通单位表出

$$u = \frac{GM}{c^2 r} \tag{4.7.9}$$

令

$$\tilde{u} \equiv \frac{1}{r} \tag{4.7.10}$$

则

$$u = \frac{GM}{c^2} \tilde{u} \tag{4.7.11}$$

把(4.7.11)式代入(4.7.8)式可得

$$\frac{d^2 \tilde{u}}{d\varphi^2} + \tilde{u} = \frac{3GM}{c^2} \tilde{u}^2 \tag{4.7.12}$$

当 $c \to \infty$ 或 $G \to 0$ 时,$\tilde{u}^2$ 消失,上式化为直线方程

$$\frac{d^2 \tilde{u}}{d\varphi^2} + \tilde{u} = 0 \tag{4.7.13}$$

众所周知,$c \to \infty$ 意味着非(狭义)相对论近似;$G \to 0$ 意味着引力场消失。$\tilde{u}^2$ 项不为零意味着相对论性引力场的存在,正是这一项所示的引力效应破坏了光线传播的直线性。因此,(4.7.12)式决定的零短程线,不再是直线。

2. 太阳附近光线的偏折

下面,我们从方程(4.7.12)出发,来讨论太阳附近光线的偏折。这时,M 为太阳质量,不难看出 $\frac{3GM}{c^2}$ 是很小的量。用逐次逼近法求解(4.7.12)式,首先把(4.7.13)式的解

$$\tilde{u}_0 = R^{-1} \cos\varphi \tag{4.7.14}$$

作为方程(4.7.12)的零级近似解。它是一条直线,常数 R 是光线到太阳中心的最短距离。因为通常讨论的是擦太阳表面而过的光线,所以 R 大体上就是太阳半径。如图 4.7.1 所示,S 为太阳,A 为遥远恒星的真实位置。它发出的光被太阳引力场所偏折,在地球上的观测者 O 看来,它的视位置在 A'。

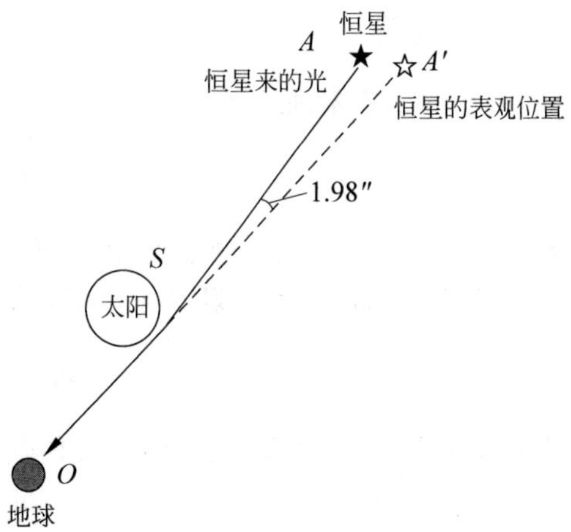

现在把零级解代入(4.7.12)式的右边,来求一级近似解。代入后方程(4.7.12)化为

$$\frac{d^2 \tilde{u}_1}{d\varphi^2} + \tilde{u}_1 = \frac{3GM}{c^2 R^2} \cos^2\varphi \tag{4.7.15}$$

设

$$\tilde{u}_1 = B \sin^2\varphi + B' \tag{4.7.16}$$

其中 B 和 B' 为常数。把它代入(4.7.15)式可知它确实满足这个方程,而且定出

图 4.7.1 太阳附近光线的偏折

$$B = B' = \frac{GM}{c^2 R^2} \tag{4.7.17}$$

于是我们得到(4.7.15)式的一个特解

$$\tilde{u}_1 = \frac{GM}{c^2 R^2}(1 + \sin^2\varphi) \tag{4.7.18}$$

所以,(4.7.12)式的一级近似解可写为

$$\tilde{u} = \tilde{u}_0 + \tilde{u}_1 = R^{-1}\cos\varphi + \frac{GM}{c^2 R^2}(1 + \sin^2\varphi) \tag{4.7.19}$$

此即零测地线在一级近似下的表达式。把它与直线(4.7.14)式比较,就可得到光线的偏转角。在(4.7.14)式中令 $r \to \infty$,即 $\tilde{u}_0 \to 0$,可得零级解(直线)在无穷远处的方位角

$$\varphi = \pm \frac{\pi}{2} \tag{4.7.20}$$

如果令(4.7.19)式中 $r \to \infty$,即 $\tilde{u} \to 0$,应该能得到一级解(曲线)在趋于无穷远处的方位角。一级解的方位角显然不再是 $\pm\frac{\pi}{2}$,它将偏离这个值,但又不会偏离太远。我们令一级解的方位角为

$$\varphi = \pm\left(\frac{\pi}{2} + \alpha\right) \tag{4.7.21}$$

其中,增量 α 是小量。在(4.7.19)式中令 $r \to \infty$,得

$$0 = R^{-1}\cos\varphi + \frac{GM}{c^2 R^2}(1 + \sin^2\varphi) \tag{4.7.22}$$

将(4.7.21)式代入,可得

$$0 = R^{-1}\cos\left[\pm\left(\frac{\pi}{2} + \alpha\right)\right] + \frac{GM}{c^2 R^2}\left\{1 + \sin^2\left[\pm\left(\frac{\pi}{2} + \alpha\right)\right]\right\} \tag{4.7.23}$$

也即

$$0 = -R^{-1}\sin\alpha + \frac{GM}{c^2 R^2}(1 + \cos^2\alpha) \tag{4.7.24}$$

把 $\sin\alpha$ 和 $\cos\alpha$ 作泰勒展开,只保留一级近似,得到方位角的增量

$$\alpha = \frac{2GM}{c^2 R} \tag{4.7.25}$$

注意,(4.7.19)式所示的零测地线向两个方向延伸时,方位角都会有一个偏离直线(4.7.14)式方位角的增量 α,所以太阳附近时空弯曲造成的光线偏折为

$$\Delta\theta = 2\alpha = \frac{4GM}{c^2 R} \tag{4.7.26}$$

把太阳质量 M 和半径 R 的值代入,可具体算出偏转角的值

$$\Delta\theta = 1.75'' \tag{4.7.27}$$

这个值已被日全食时拍摄的太阳附近星空的照片所证实。

3. 牛顿理论预期的偏折

牛顿理论也预期光线经过太阳附近时会发生偏折。按照这个理论,太阳附近的时空仍

是平直的,但光子经过那里时会受到万有引力的作用而偏离直线轨道。

设光子和实物粒子一样,运动轨道也由(4.6.6)式决定,即

$$\frac{\mathrm{d}^2 u}{\mathrm{d}\varphi^2} + u = \left(\frac{GM}{L}\right)^2 \tag{4.7.28}$$

对于掠太阳表面而过的光子,其角动量为

$$L = R \cdot c \tag{4.7.29}$$

R 为太阳半径。把上式代入(4.7.28)式可得

$$\frac{\mathrm{d}^2 u}{\mathrm{d}\varphi^2} + u = \left(\frac{GM}{cR}\right)^2 \tag{4.7.30}$$

求解此方程,就得到光子轨道。然而,为了便于与广义相对论的计算相比较,我们作(4.7.10)式所示的坐标变换

$$\tilde{u} = \frac{1}{r} \tag{4.7.31}$$

这时

$$u = \frac{GM}{r} = GM\tilde{u} \tag{4.7.32}$$

(4.7.30)式可改写成

$$\frac{\mathrm{d}^2 \tilde{u}}{\mathrm{d}\varphi^2} + \tilde{u} = \frac{GM}{c^2 R^2} \tag{4.7.33}$$

略去小量 $\left(\frac{GM}{c^2 R^2}\right)$ 后,(4.7.33)式的近似解是一条直线,即

$$\tilde{u}_0 = R^{-1}\cos\varphi \tag{4.7.34}$$

显然,(4.7.33)式的严格解是

$$\tilde{u} = \tilde{u}_0 + \frac{GM}{c^2 R^2} = R^{-1}\cos\varphi + \frac{GM}{c^2 R^2} \tag{4.7.35}$$

这是光子在万有引力作用下的轨道,它已不再是直线了。

直线(4.7.34)式向两个方向延长到无穷远后,由于 $r \to \infty, \tilde{u}_0 \to 0$,方位角为 $\left(\pm\frac{\pi}{2}\right)$。设曲线(4.7.35)式在无穷远处($\tilde{u} \to 0$)的方位角为 $\pm\left(\frac{\pi}{2} + \alpha\right)$,代入(4.7.35)式后得

$$0 = R^{-1}\cos\left[\pm\left(\frac{\pi}{2} + \alpha\right)\right] + \frac{GM}{c^2 R^2} \tag{4.7.36}$$

由此可算出方位角的增量为

$$\alpha \approx \sin\alpha = \frac{GM}{c^2 R} \tag{4.7.37}$$

光线偏折角为

$$\Delta\theta = 2\alpha \approx \frac{2GM}{c^2 R} \tag{4.7.38}$$

比较(4.7.26)式和(4.7.38)式可知,用牛顿理论算得的光线偏折效应只有广义相对论计算值的一半。1919年,爱丁顿利用日全食的机会首次观测了光线偏折效应,观测结果与

广义相对论的预言一致。此后多年观测的平均值为 1.89″,与广义相对论的理论值基本符合。

近年来,有关光线偏折的观测精度有了很大提高。1975 年,射电天文观测发现,通过太阳附近的无线电波的偏转角为 1.761″±0.016″,已经非常接近广义相对论的预言值。2004 年,观测精度又进一步提高,夏皮罗(S. S. Shapiro)等得到偏转角的观测值与理论值之比为 0.99983±0.00045。

注意,牛顿理论和广义相对论对光线偏折的解释是完全不同的。牛顿理论认为,太阳附近的时空仍是平直的,太阳引力作用在光子上,使光子运动偏离直线轨道。广义相对论则认为,根本就不存在引力,光子是在没有外力的情况下沿零测地线自由运动的。只不过太阳的存在使时空发生了弯曲,零测地线不再是直线,从而使无穷远观测者觉得光子的运动发生了偏折,其轨道不再是直线了。

到目前为止,我们已经介绍完了广义相对论的三大验证。毫无疑问,这三大验证都支持了广义相对论理论。然而,比较(4.4.25)式、(4.6.35)式和(4.7.26)式可知,"引力红移"和"光线偏折"检测的都是 $\left(\dfrac{GM}{c^2 R}\right)$ 的一级效应,只有"行星轨道近日点进动"检测的是 $\left(\dfrac{GM}{c^2 R}\right)$ 的二级效应。严格说来,"引力红移"的观测,到目前为止,只验证了等效原理。只有"光线偏折"和"行星轨道进动"验证了场方程。特别是"行星轨道进动",它验证了场方程的二级效应。

4.8　若干引力实验简介

除去著名的三大验证之外,还有一些检验广义相对论和牛顿引力理论的实验,现把其中较为重要的简介如下。

1. 雷达回波实验

如果自行星 A 发射一组雷达回波,从太阳表面经过,到达另一行星 B,然后再返回 A。由于太阳使它附近的时空弯曲,雷达波返回的时间会比太阳不存在时延迟,这个实验叫雷达回波实验。

1970 年美国发射水手 6 号和 7 号飞行器,当它们运行到太阳背面时,从地球上向它们发射雷达波,并反射回来,测出时间延迟效应是 $(204\pm8)\,\mu s$。广义相对论预言值为 $200\,\mu s$,标量张量理论预言值为 $186\,\mu s$,实验结果倾向于广义相对论,对布拉斯和迪克的标量-张量理论不利。

2. 时钟变慢效应

近年来,在使用 GPS 系统进行定时定位研究时,观测到由于狭义相对论的动钟变慢效应,在 2 万米高空运行的卫星上的原子钟会比地面上的钟每天慢 $7\,\mu s$;而由于广义相对论效应,地面处时空弯曲比高空厉害,所以卫星上的钟会比地面钟每天快 $45\,\mu s$。两个效应相互叠加,卫星上的钟会比地面钟每天快 $38\,\mu s$。观测结果与理论计算一致。

3. 引力波检测

爱因斯坦依据广义相对论预言了引力波的存在。但是,由于理论上没有得到引力场能量密度的公认表达形式,实验上引力波又极为微弱,致使有关的理论和实验研究都十分困难。

1970 年马里兰大学的韦伯(J. Weber)曾宣布接收到来自银河系中心的、频率为 1660 Hz 的引力波,但至今没有人能重复收到。现今仪器的灵敏度已比韦伯当年提高了几个量级,但仍没有收到类似的信号,故韦伯的发现没有被公认。然而,有关引力波的测试工作并没有停止。

1978 年泰勒(J. H. Taylor)宣布观测到脉冲双星 PSR1913+16 的周期每年减小万分之一秒,若用引力辐射造成的能量消耗来解释,正好与观测相符,这被认为是对引力波可能存在的一个间接证明。

2016 年,美国的一个科研团队宣布,他们设计的地面探测装置在 2015 年 9 月 14 日首次接收到了来自宇宙深处的引力波信号(编号 GW150914)。他们宣称,这是 13.4 亿年前两个黑洞合并发出的时空波动的涟漪。

4. 引力常数 G 的测定

自卡文迪什(H. Cavendish)用扭秤测量引力常数 G 以来,已经 200 年过去了,但 G 的测量精度提高不大。

狄拉克曾认为引力常数 G 是时间的函数,布拉斯和迪克的标量-张量理论也认为 G 随时间变化,此外还有形形色色的理论推测 G 是时间或距离的函数。另外,历史上许多测量 G 的实验含有较明显的系统误差,似乎表明 G 是距离的函数。1976 年郎(D. R. Long)的实验再次表明 G 似乎是距离的函数。此后,一些实验室开始认真进行 G 的测量,并对各实验室历年公布的实验报告进行复查。他们在更高的精度内没有发现 G 偏离常数,因而否决了以往的一些结果,包括郎的实验在内。

值得一提的是我国物理学家陈应天的工作。他首次求出了有限长圆柱体外一点引力场强的解析公式,因而提高了实验精度。他的实验证明,在现有的精度范围内,G 不是距离的函数。然而,现在的实验结果还不足以使大家都确信 G 与时间、距离都无关,更精密的实验还在进行中。

5. 马赫原理与等效原理

在 3.8 节中,我们简单介绍了对马赫原理的实验检测,目前的检测结果不支持马赫原理。在 1.2 节中,我们介绍了对引力质量与惯性质量是否相等的检测,实验也一直没有发现二者的差别。关于等效原理的检测一直在进行中,至今还没有发现引力场与惯性场在局域上的差别。

习题

1. 简述伯克霍夫定理的内容。
2. 不直接利用伯克霍夫定理,从爱因斯坦方程求出史瓦西解。

3. 匀速转动的转盘上能否建立同时面？"钟速同步"是否具有传递性？

4. 说明转盘上空间几何的非欧性是绝对的。

5. 说明静止于转盘边沿的钟确实比静止于盘外惯性系中的钟走得慢,这一效应是绝对的。

6. 证明在任何稳态时空中,红移公式(4.4.20)均成立:

$$\nu_2 = \frac{\sqrt{-g_{00}}\,\Big|_{(1)}}{\sqrt{-g_{00}}\,\Big|_{(2)}}\nu_1$$

7. 从球对称史瓦西时空的运动方程

$$\frac{\mathrm{d}\varphi}{\mathrm{d}\tau} = \frac{\tilde{L}}{r^2} \tag{1}$$

$$\left(\frac{\mathrm{d}r}{\mathrm{d}\tau}\right)^2 = E^2 - \left(1 - \frac{2GM}{r}\right)\left(1 + \frac{\tilde{L}^2}{r^2}\right) \tag{2}$$

出发,导出在平面极坐标系下轨道所满足的微分方程(即推广的比内公式),并进而从理论上分析、讨论水星的进动问题(不要求数值的计算和估计)。

8. 从史瓦西时空的运动方程(4.5.28)~方程(4.5.30):

$$r^2\frac{\mathrm{d}\varphi}{\mathrm{d}\lambda} = \tilde{L} \tag{1}$$

$$\left(1 - \frac{2GM}{r}\right)\frac{\mathrm{d}t}{\mathrm{d}\lambda} = E \tag{2}$$

$$\left(\frac{\mathrm{d}r}{\mathrm{d}\lambda}\right)^2 = E^2 - \frac{\tilde{L}^2}{r^2}\left(1 - \frac{2GM}{r}\right) \tag{3}$$

出发,导出光子在平面极坐标系下轨道所满足的微分方程,并进而从理论上分析、讨论光线的偏折问题。

9. 设 $\mathrm{d}s^2 = -(x^0)^4(\mathrm{d}x^0)^2 + 2\mathrm{e}^{x^1}(\mathrm{d}x^1)^2 + \mathrm{e}^{-x^2}(\mathrm{d}x^2)^2 + (\mathrm{d}x^3)^2$,证明时空是平直的。

引力波初步

爱因斯坦 1915 年发表广义相对论,1916 年就从理论上预言存在引力波这种时空的波动,然而他又曾发生过动摇。

美国物理学家韦伯对引力波进行过深入的理论研究和长期的实验搜寻,并在 1969 年一度宣称自己收到了来自银河系中心的引力波信号,但此结果后来又被同行的研究分析所否定。

1978 年,美国的泰勒和休斯通过对脉冲双星运转周期的研究,宣布间接发现了引力波,此结果被同行基本肯定。

2016 年,美国的一个科研团队宣布他们在 2015 年 9 月 14 日直接接收到了来自宇宙深处的引力波信号。他们的工作很快被学术界肯定,并于 2017 年获得了诺贝尔物理学奖。

目前,对引力波的理论研究和实验搜寻是相对论天体物理研究的一个热点。

本章介绍引力波的基本性质,一些具体计算引力场能量和引力辐射的方法,并简介了目前检测引力波实验的进展情况。[1,3,8]

5.1　平面引力波

1. 真空中的平面电磁波

真空中的平面电磁波应满足波动方程

$$\Box A_\mu = 0 \tag{5.1.1}$$

和洛伦兹条件

$$A^\mu_{,\mu} = 0 \tag{5.1.2}$$

设符合上二式的平面电磁波为

$$A_\mu = e_\mu e^{ik_\nu x^\nu} \tag{5.1.3}$$

将此式代入(5.1.1)式和(5.1.2)式,得

$$k^\mu k_\mu = \eta^{\mu\nu} k_\mu k_\nu = 0 \tag{5.1.4}$$

$$k_\mu e^\mu = \eta^{\mu\nu} k_\mu e_\nu = 0 \tag{5.1.5}$$

式中,k_μ,k^μ 为四维波矢量。

(5.1.4)式表示电磁波沿光锥传播,用量子论语言来表示,即光子静止质量为 0。因为

在一般情况下应有下式成立

$$k_\mu k^\mu = -\frac{m_0^2 c^2}{\hbar^2} \qquad (5.1.6)$$

可见,(5.1.4)式表明 $m_0 = 0$。

(5.1.5)式表明电磁波是横波,e^μ 叫极化矢量(或偏振矢量)。同时,由(5.1.5)式知 4 个极化矢量分量受一个方程约束,所以独立的 e^μ 仅三个。以下将证明这三个中只有两个有物理意义。

证明 引入规范变换

$$A_\mu \rightarrow A_\mu + \varphi_{,\mu} = A'_\mu \qquad (5.1.7)$$

显然要使规范不变性和洛伦兹条件并存,应有 $\Box\varphi = 0$,即 φ 应满足达朗贝尔方程。

设 $\varphi \equiv i\varepsilon e^{ik_\nu x^\nu}$,可得

$$A'_\mu = e'_\mu e^{ik_\nu x^\nu} \qquad (5.1.8)$$

式中,$e'_\mu = e_\mu - \varepsilon k_\mu$,其中 ε 为任意常数。

选取坐标轴使波沿 x^3 方向传播,即令

$$k^1 = k^2 = 0, \quad k^3 = k^0 \equiv k > 0 \qquad (5.1.9)$$

这样,由(5.1.5)式得

$$k_3 e_3 - k_0 e_0 = 0$$

注意到 $k_0 = -k^0 = -k$,$k_3 = k^3 = k$,有

$$e_0 = -e_3 \qquad (5.1.10)$$

因此

$$e'_1 = e_1, \quad e'_2 = e_2, \quad e'_3 = e_3 - \varepsilon k, \quad e'_0 = e_0 + \varepsilon k \qquad (5.1.11)$$

可令 $\varepsilon = \dfrac{e_3}{k} = -\dfrac{e_0}{k}$,此时有

$$e'_1 = e_1, \quad e'_2 = e_2, \quad e'_3 = 0, \quad e'_0 = 0 \qquad (5.1.12)$$

故恒可选取规范和坐标系,使 $e_0 = e_3 = 0$ 或 $A_0 = A_3 = 0$,也就是说极化矢量仅在与波矢量垂直的方向上的两个分量 e_1,e_2 有物理意义,故电磁波为横波。

现在,进一步研究 e_μ 的物理意义。一般说来,若任意平面波 Ψ 在纯空间绕波矢方向(x^3 轴)转动 θ 角,即作如下转动变换时:

$$(a_\mu^\nu) = \begin{pmatrix} 1 & 0 & 0 & 0 \\ 0 & \cos\theta & \sin\theta & 0 \\ 0 & -\sin\theta & \cos\theta & 0 \\ 0 & 0 & 0 & 1 \end{pmatrix} \qquad (5.1.13)$$

变换规律为

$$\Psi' = e^{is\theta}\Psi \qquad (5.1.14)$$

则定义 s 为场 Ψ 的螺旋度。不难证明:

(1) 横场 $[e_1, e_2(A_1, A_2)]$ 的螺旋度为 ± 1;

(2) 纵场 $[e_3(A_3)]$ 的螺旋度为 0;

(3) 类时场 $[e_0(A_0)]$ 的螺旋度为 0。

证明 由 $e'_\mu = \alpha^\nu_\mu e_\nu$ 得

$$\begin{cases} e'_1 = e_1 \cos\theta + e_2 \sin\theta \\ e'_2 = -e_1 \sin\theta + e_2 \cos\theta \end{cases} \tag{5.1.15}$$

可见 $e'_\pm = e_\pm e^{\pm i\theta}$，即 $s = \pm 1$，所以横场螺旋度为 ± 1，其中 $e_\pm \equiv e_1 \mp i e_2$，同时有

$$e'_3 = e_3 = e_3 e^{i0\theta} \tag{5.1.16}$$

$$e'_0 = e_0 = e_0 e^{i0\theta} \tag{5.1.17}$$

这表明纵场和类时场的螺旋度为 0。

通过上面的分析，以及量子电动力学，我们得到：

（1）辐射电磁场一定是横场（纵场和类时场可通过规范变换消掉）。

（2）量子化后辐射电磁场可看作由静止质量为 0，自旋为 1（螺旋度为 ± 1）的光子所组成。

（3）纵场和类时场（如库仑场），是不能辐射的；可以看作由静止质量为 0，自旋分别为 1 和 0（螺旋度都为零）的虚光子组成。

2. 真空中的平面引力波

现在我们用类似的方法来讨论平面引力波，平面引力波相当于离波源足够远且接收面积足够小的情形。

在弱场线性近似下，采用（3.7.26）式所示的谐和坐标条件

$$h^\nu_{\mu,\nu} = \frac{1}{2} h^\nu_{\nu,\mu} \tag{5.1.18}$$

（3.7.21）式可化为

$$R_{\mu\nu} = -\frac{1}{2} \Box h_{\mu\nu} \tag{5.1.19}$$

于是真空爱因斯坦场方程可化为

$$\Box h_{\mu\nu} = 0 \tag{5.1.20}$$

类比电磁场的情况，平面引力波的标准形式可写为

$$h_{\mu\nu} = e_{\mu\nu} e^{ik_\sigma x^\sigma} \tag{5.1.21}$$

代入（5.1.18）式和（5.1.20）式，我们得到

$$k_\mu k^\mu = 0 \tag{5.1.22}$$

$$k_\mu e^\mu_\nu = \frac{1}{2} k_\nu e^\mu_\mu \tag{5.1.23}$$

式中，$k^\mu \equiv \eta^{\mu\nu} k_\nu$，$e^\mu_\nu \equiv \eta^{\mu\lambda} e_{\lambda\nu}$。

（5.1.22）式表示引力波沿光锥传播（即以光速传播），用量子论语言来表示，即引力子静止质量为 0。由（5.1.23）式，易得引力波是横波，$e_{\mu\nu}$ 叫极化张量，且 $e_{\mu\nu} = e_{\nu\mu}$。由（5.1.23）式知 10 个分量受到 4 个方程的约束，因而其中仅 6 个独立。下面证明在一定的规范和坐标选择下此 6 个分量中仅 2 个有物理意义。

证明 作无穷小坐标变换 $x^\mu \to x^\mu + \varepsilon^\mu(x)$，则有

$$h'_{\mu\nu} = h_{\mu\nu} - \varepsilon_{\mu,\nu} - \varepsilon_{\nu,\mu} \tag{5.1.24}$$

式中 ε_μ 要满足 $\Box(\varepsilon_{\mu,\nu} + \varepsilon_{\nu,\mu}) = 0$（$\Box' = \Box$）。由（5.1.22）式知，可作如下选择

$$\varepsilon^\mu(x) = i\varepsilon^\mu e^{ik_\nu x^\nu} \tag{5.1.25}$$

因而可得

$$h'_{\mu\nu}(x) = e'_{\mu\nu} e^{ik_\nu x^\nu} \tag{5.1.26}$$

式中

$$e'_{\mu\nu} = e_{\mu\nu} + k_\mu \varepsilon_\nu + k_\nu \varepsilon_\mu \tag{5.1.27}$$

选取坐标轴,使引力波沿 x^3 方向传播,即令

$$k^1 = k^2 = 0, \quad k^3 = k^0 \equiv k > 0 \tag{5.1.28}$$

同时,注意到 $k_\mu e^\mu_\nu = \eta^{\mu\lambda} k_\mu e_{\lambda\nu}$,且

$$\eta_{\mu\nu} = \begin{pmatrix} -1 & 0 & 0 & 0 \\ 0 & 1 & 0 & 0 \\ 0 & 0 & 1 & 0 \\ 0 & 0 & 0 & 1 \end{pmatrix} \tag{5.1.29}$$

$$k_0 = -k^0 = -k, \quad k_3 = k^3 = k \tag{5.1.30}$$

由(5.1.23)式得

$$k_3 e_{3\nu} - k_0 e_{0\nu} = \frac{1}{2} k_\nu \eta^{\lambda\rho} e_{\rho\lambda} \tag{5.1.31}$$

将上式具体表示为

$$\begin{cases} e_{31} = -e_{01}, \quad e_{32} = -e_{02} \\ e_{33} + e_{03} = \dfrac{1}{2}(e_{11} + e_{22} + e_{33} - e_{00}) \\ e_{30} + e_{00} = -\dfrac{1}{2}(e_{11} + e_{22} + e_{33} - e_{00}) \end{cases} \tag{5.1.32}$$

或

$$e_{31} = -e_{01}, \quad e_{32} = -e_{02}, \quad e_{11} = -e_{22}, \quad e_{03} = -\frac{1}{2}(e_{00} + e_{33}) \tag{5.1.33}$$

考虑到(5.1.27)式,得

$$\begin{cases} e'_{11} = e_{11}, \quad e'_{12} = e_{12}, \quad e'_{22} = e_{22} \\ e'_{13} = e_{13} + k\varepsilon_1, \quad e'_{23} = e_{23} + k\varepsilon_2 \\ e'_{33} = e_{33} + 2k\varepsilon_3, \quad e'_{00} = e_{00} - 2k\varepsilon_0 \end{cases} \tag{5.1.34}$$

令 $\varepsilon_1 = -\dfrac{e_{13}}{k}, \varepsilon_2 = -\dfrac{e_{23}}{k}, \varepsilon_3 = -\dfrac{e_{33}}{2k}, \varepsilon_0 = \dfrac{e_{00}}{2k}$,则得

$$\begin{cases} e'_{11} = e_{11}, \quad e'_{12} = e_{12}, \quad e'_{22} = -e_{11} \\ \text{其他分量全为 0} \end{cases} \tag{5.1.35}$$

因此,总可选取适当的坐标系使得仅有 2 个独立分量 e_{11}, e_{12} 存在,而其他均为 0,也就是说极化张量仅有与波矢方向垂直的两个分量有物理意义,故引力波为横波。

容易证明,在纯空间中绕波矢量方向(x^3 轴)的转动变换(5.1.13)式下,有

横场 $[e_{11}, e_{12}, e_{22}, (h_{11}, h_{12}, h_{22})]$ 的螺旋度为 ± 2

混合场 $[e_{31}, e_{32}, e_{01}, e_{02}, (h_{31}, h_{32}, h_{01}, h_{02})]$ 的螺旋度为 ± 1

纵场 $[e_{33}, (h_{33})]$ 的螺旋度为 0

类时场 $[e_{00}, (h_{00})]$ 的螺旋度为 0

证明 由 $e'_\pm = e_\pm e^{\pm i2\theta}$,得 $s = \pm2$;由 $f'_\pm = f_\pm e^{\pm i\theta}$,得 $s = \pm1$;由 $e'_{33} = e_{33}$,$e'_{00} = e_{00}$,得 $s = 0$,其中 $e_\pm = e_{11} \mp ie_{12} = -e_{22} \mp ie_{12}$,$f_\pm = e_{31} \mp ie_{32} = -(e_{01} \mp ie_{02})$。

总之,在弱场线性近似下,

(1) 辐射引力场是横场,量子化后它可看作由静止质量为 0、自旋为 2 的引力子组成。

(2) 混合场、纵场和类时场总可引入坐标变换而消除掉,它们是不能辐射的,但可看作由静止质量为 0、自旋为 1 或 0 的虚引力子所组成,特别是其中纵场和类时场 $e_{33}(h_{33})$,$e_{00}(h_{00})$ 与牛顿场对应。

5.2 引力场的能量

在有引力场存在的情况下,物质的能量-动量张量协变守恒式为[1]

$$T^\nu_{\mu;\nu} = \frac{1}{\sqrt{-g}}(\sqrt{-g}\,T^\nu_\mu)_{,\nu} - \frac{1}{2}g_{\alpha\beta,\mu}T^{\alpha\beta} = 0 \tag{5.2.1}$$

上式并不是普通意义上的守恒定律,第二项表示引力场同其他物质场之间的耦合。在引力场中,守恒的应是物质场连同引力场在一起的总能量-动量。

令

$$(\sqrt{-g}\,t^\nu_\mu)_{,\nu} = -\frac{1}{2}\sqrt{-g}\,g_{\alpha\beta,\mu}T^{\alpha\beta} \tag{5.2.2}$$

则显见

$$[\sqrt{-g}\,(T^\nu_\mu + t^\nu_\mu)]_{,\nu} = 0 \tag{5.2.3}$$

将上式对四维空间作体积分,三维空间部分的积分通过高斯定理化为面积分,则可给出包括引力场在内的守恒定律。t^ν_μ 可看作引力场对能量-动量的贡献,但它并不是真正的张量。$\tau^\nu_\mu = T^\nu_\mu + t^\nu_\mu$ 被解释为物质和引力场的总的能量-动量密度。

当引力场很弱时,由(5.2.2)式知,引力场的能量-动量满足

$$(\sqrt{-g}\,t^\nu_\mu)_{,\nu} \approx -\frac{1}{2}h_{\alpha\beta,\mu}T^{\alpha\beta} \tag{5.2.4}$$

在弱场线性近似下,把引力场方程(3.7.27)

$$\square \bar{h}_{\alpha\beta} = -16\pi G T_{\alpha\beta}$$

代入(5.2.4)式可得

$$(\sqrt{-g}\,t^\nu_\mu)_{,\nu} = \frac{1}{32\pi G}h^{\alpha\beta}_{,\mu}\left(h^{\;\;\nu}_{\alpha\beta,} - \frac{1}{2}\eta_{\alpha\beta}h^{\;;\nu}_{;}\right) \tag{5.2.5}$$

其中

$$h^{\alpha\beta}_{,\mu}\left(h^{\;\;\nu}_{\alpha\beta,} - \frac{1}{2}\eta_{\alpha\beta}h^{\;;\nu}_{;}\right) = \left(h^{\alpha\beta}_{,\mu}h^{\;\;\nu}_{\alpha\beta} - \frac{1}{2}\delta^\nu_\mu h_{\alpha\beta,\rho}h^{\alpha\beta,\rho} - \frac{1}{2}h_{,\mu}h^{\;\nu} + \frac{1}{4}h_{,\rho}h^{\;\rho}\delta^\nu_\mu\right)_{,\nu}$$

因此,(5.2.5)式可以改写为

$$\sqrt{-g}\,t^\nu_\mu = \frac{1}{64\pi G}\left[2h^{\alpha\beta}_{,\mu}h^{\;\;\nu}_{\alpha\beta} - h_{,\mu}h^{\;\nu} + \delta^\nu_\mu\left(\frac{1}{2}h_{,\rho}h^{\;\rho} - h_{\alpha\beta,\rho}h^{\alpha\beta,\rho}\right)\right] \tag{5.2.6}$$

由于引力场是横波,当它沿 z 轴传播时,从(5.1.35)式可知,$h_{11} = -h_{22}$,$h_{00} = h_{33} = 0$,所以 $h = -h_{00} + h_{11} + h_{22} + h_{33} = 0$,于是有

$$\bar{h}_{\alpha\beta} = h_{\alpha\beta}$$

据此(5.2.6)式可表达成另一种形式

$$\sqrt{-g}\, t^\nu_\mu = \frac{1}{64\pi G}\left[2\bar{h}^{\alpha\beta}_{,\mu}\bar{h}^{\ \ \nu}_{\alpha\beta,} - \bar{h}_{,\mu}\bar{h}^{,\nu} + \delta^\nu_\mu\left(\frac{1}{2}\bar{h}_{,\rho}\bar{h}^{,\rho} - \bar{h}_{\alpha\beta,\rho}\bar{h}^{\alpha\beta,\rho}\right)\right] \qquad (5.2.7)$$

对沿 z 方向传播的一束平面波,通过适当选择坐标可以得到平面引力波的能量-动量的平均值为

$$\langle t_{\mu\nu}\rangle = \frac{k_\mu k_\nu}{8\pi G}(|e_{11}|^2 + |e_{12}|^2) \qquad (5.2.8)$$

或用螺旋量的振幅表示

$$\langle t_{\mu\nu}\rangle = \frac{k_\mu k_\nu}{16\pi G}(|e_+|^2 + |e_-|^2) \qquad (5.2.9)$$

注意,上面的(5.2.6)式、(5.2.7)式仅在弱场线性近似下成立,而(5.2.8)式、(5.2.9)式则不仅限于弱场线性近似情况。同时,(5.2.7)式~(5.2.9)式只适用于平面引力波。

在不受弱场限制的最为一般的情况下,可以证明

$$\sqrt{-g}\, t^\nu_\mu = -\frac{1}{2\kappa}\left[\delta^\nu_\mu L_g - \frac{\partial L_g}{\partial g^{\alpha\beta}_{,\nu}}g^{\alpha\beta}_{,\mu}\right] \qquad (5.2.10)$$

式中

$$L_g = -\sqrt{-g}\, g^{\mu\nu}[\Gamma^\alpha_{\mu\beta}\Gamma^\beta_{\nu\alpha} - \Gamma^\alpha_{\mu\nu}\Gamma^\beta_{\alpha\beta}] \qquad (5.2.11)$$

L_g 为引力场的拉格朗日量。爱因斯坦与托曼最先给出了上述表达式,所以称

$$^{(E)}Z^\nu_\mu = \sqrt{-g}\,(T^\nu_\mu + t^\nu_\mu) \qquad (5.2.12)$$

为弯曲时空中能量-动量的爱因斯坦-托曼(Einstein-Tolman)表述,t^ν_μ 则被称为纯引力场能量-动量的爱因斯坦-托曼表述。

(5.2.3)式把协变微分守恒律改写成了普通微分守恒律,而且可以得到积分守恒量,这显然是有意义的,似乎引力场能量-动量如何表述的问题已成功解决。然而,人们很快发现上述表述并不尽如人意。首先,t^ν_μ 不是广义协变张量,在一个坐标系中 t^ν_μ 不为零,但变到局部惯性系中 t^ν_μ 的所有分量都会是零,这表明引力场能量不能定域化。而且,t^ν_μ 不唯一,$t^{\mu\nu}$ 也不对称。此外,在纯空间坐标变换下,t^0_0 也不是标量,也就是说引力场的能量密度不是三维空间标量,甚至在某些纯空间坐标变换下还会出现发散困难。

针对爱因斯坦-托曼表述的缺点,朗道等给出了弯曲时空中能量-动量的另一个表述,即朗道-栗弗席兹(Landau-Lifshitz)表述

$$^{(\Lambda)}Z^{\mu\nu} = -g(T^{\mu\nu} + \bar{t}^{\mu\nu}) \qquad (5.2.13)$$

式中

$$\begin{aligned}\bar{t}^{\mu\nu} = \frac{1}{2\kappa}\{&(2\Gamma^\alpha_{\beta\gamma}\Gamma^\rho_{\alpha\rho} - \Gamma^\alpha_{\beta\rho}\Gamma^\rho_{\gamma\alpha} - \Gamma^\alpha_{\beta\alpha}\Gamma^\rho_{\gamma\rho})(g^{\mu\beta}g^{\nu\gamma} - g^{\mu\nu}g^{\beta\gamma}) + \\ &g^{\mu\beta}g^{\gamma\alpha}(\Gamma^\nu_{\beta\rho}\Gamma^\rho_{\gamma\alpha} + \Gamma^\nu_{\gamma\alpha}\Gamma^\rho_{\beta\rho} - \Gamma^\nu_{\alpha\rho}\Gamma^\rho_{\beta\gamma} - \Gamma^\nu_{\beta\gamma}\Gamma^\rho_{\alpha\rho}) + g^{\nu\beta}g^{\gamma\alpha}(\Gamma^\mu_{\beta\rho}\Gamma^\rho_{\gamma\alpha} + \\ &\Gamma^\mu_{\gamma\alpha}\Gamma^\rho_{\beta\rho} - \Gamma^\mu_{\alpha\rho}\Gamma^\rho_{\beta\gamma} - \Gamma^\mu_{\beta\gamma}\Gamma^\rho_{\alpha\rho}) + g^{\beta\gamma}g^{\alpha\rho}(\Gamma^\mu_{\beta\alpha}\Gamma^\nu_{\gamma\rho} - \Gamma^\mu_{\beta\gamma}\Gamma^\nu_{\alpha\rho})\} \end{aligned} \qquad (5.2.14)$$

为纯引力场能量-动量的朗道-栗弗席兹表述。$^{(\Lambda)}Z^{\mu\nu}$ 唯一确定,而且是对称量,并且用它可以定义守恒的动量矩。然而,$\bar{t}^{\mu\nu}$ 仍不是张量,也不能定域化。

为了克服爱因斯坦表述和朗道表述的困难,人们又相继提出了多种表述,例如穆勒(C. Møller)表述、段一士表述等,但所有的表述均有缺点,均不能克服引力场能量的定域化困难。现在,人们已逐渐得到一个共识:引力场能量是不能定域化的。一些人提出"准局域能"的概念,在一定程度上推进了引力场能量的研究。不过,需要说明,虽然引力场能量的所有表述都有缺点,但却都可以在一定程度上用来研究引力辐射中的能量变化。

5.3 引力辐射能

1. 引力四极矩

弱场线性近似下,场方程的动态推迟解如(3.7.28)式所示

$$\bar{h}^{\nu}_{\mu} = \frac{\kappa}{2\pi} \int \frac{T^{\nu}_{\mu}\left(\boldsymbol{r}', t - \dfrac{r}{c}\right)}{r} \, \mathrm{d}V'$$

当 T^{ν}_{μ} 分布在有限区域时,在离场源 T^{ν}_{μ} 足够远处,可取(3.7.29)式

$$\bar{h}^{\nu}_{\mu} = \frac{\kappa}{2\pi} \frac{1}{r_0} \int T^{\nu}_{\mu}{}^{*} \, \mathrm{d}V$$

式中 r_0 表示场源到观测点的平均距离,* 表示推迟解。

由场方程(3.7.27)

$$\Box \bar{h}^{\nu}_{\mu} = -2\kappa T^{\nu}_{\mu}$$

及调和坐标条件(3.7.26)

$$\bar{h}^{\nu}_{\mu,\nu} = 0$$

可得 $T^{\nu}_{\mu,\nu} = 0$,即

$$T^{i}_{k,i} + T^{0}_{k,0} = 0 \tag{5.3.1}$$

$$T^{i}_{0,i} + T^{0}_{0,0} = 0 \tag{5.3.2}$$

对(5.3.1)式两边乘以 x^{j},并对空间积分得

$$\frac{\partial}{\partial x^0} \int T^{0}_{k} x^{j} \, \mathrm{d}V = -\int T^{i}_{k,i} x^{j} \, \mathrm{d}V = \int \left[T^{i}_{k} \delta^{j}_{i} - \frac{\partial (T^{i}_{k} x^{j})}{\partial x^{i}} \right] \mathrm{d}V = \int T^{j}_{k} \, \mathrm{d}V - \int \frac{\partial}{\partial x^{i}} (T^{i}_{k} x^{j}) \, \mathrm{d}V$$

右边第二项由高斯定理及无穷远边界条件知可化为 0,故有

$$\int T_{kj} \, \mathrm{d}V = -\frac{1}{2} \frac{\partial}{\partial x^0} \int (T_{0k} x_{j} + T_{0j} x_{k}) \, \mathrm{d}V \tag{5.3.3}$$

把(5.3.2)式两边乘以 $x^{k} x^{j}$,对空间积分得

$$\frac{\partial}{\partial x^0} \int T^{0}_{0} x^{k} x^{j} \, \mathrm{d}V = -\int T^{i}_{0,i} x^{k} x^{j} \, \mathrm{d}V = \int T^{i}_{0} \delta^{k}_{i} x^{j} \, \mathrm{d}V + \int T^{i}_{0} x^{k} \delta^{j}_{i} \, \mathrm{d}V - \int \frac{\partial}{\partial x^{i}} (T^{i}_{0} x^{k} x^{j}) \, \mathrm{d}V$$

$$= \int (T^{k}_{0} x^{j} + T^{j}_{0} x^{k}) \, \mathrm{d}V$$

即

$$\frac{\partial}{\partial x^0} \int T_{00} x_{k} x_{j} \, \mathrm{d}V = -\int (T_{0k} x_{j} + T_{0j} x_{k}) \, \mathrm{d}V \tag{5.3.4}$$

由(5.3.3)式与(5.3.4)式得

$$\int T_{kj}\,\mathrm{d}V = \frac{1}{2}\,\frac{\partial^2}{\partial(x^0)^2}\int T_{00}x_kx_j\,\mathrm{d}V$$

以 $T_{00}=\mu c^2$, $t=\dfrac{x^0}{c}$ 代入上式得

$$\int T_{kj}\,\mathrm{d}V = \frac{1}{2}\,\frac{\partial^2}{\partial t^2}\int \mu x_kx_j\,\mathrm{d}V$$

将此式代入推迟势公式,得 $\bar{h}_{\mu\nu}$ 的纯空间分量为

$$\bar{h}_{kj} = \frac{\kappa}{4\pi r_0^*}\left[\frac{\partial^2}{\partial t^2}\int(\mu x_kx_j)^{}\,\mathrm{d}V\right]^* = \frac{2G}{c^4 r_0^*}\left[\frac{\partial^2}{\partial t^2}\int \mu x_kx_j\,\mathrm{d}V\right]^* \tag{5.3.5}$$

由第一节的讨论可知,离开场源足够远时,波面总可以近似看成平面波,取波矢量 $\boldsymbol{k}$ 沿 x^3 轴,这时自由度只有 2 个,即仅需考虑 h_{11} ($h_{22}=-h_{11}$),h_{12},且 $\bar{h}_{kj}=h_{kj}$。

引入四极矩

$$Q_{kj} = \int \mu x_kx_j\,\mathrm{d}V \tag{5.3.6}$$

及四极矩张量

$$D_{kj} = 3Q_{kj} - \delta_{kj}Q_{ii} \tag{5.3.7}$$

式中,$D_{ii}=D_{11}+D_{22}+D_{33}=0$,$Q_{ii}=Q_{11}+Q_{22}+Q_{33}$。至此,表达(5.3.5)式可以改写成

$$h_{12} = \frac{2G}{c^4 r_0}\ddot{Q}_{12}\,\Big|^* = \frac{2G}{3c^4 r_0}\ddot{D}_{12}\,\Big|^* \tag{5.3.8}$$

$$h_{11} = \frac{2G}{c^4 r_0}\ddot{Q}_{11}\,\Big|^* = \frac{2G}{c^4 r_0}\left(\frac{\ddot{Q}_{11}-\ddot{Q}_{22}}{2}\right)\Big|^* = \frac{2G}{3c^4 r_0}\left(\frac{\ddot{D}_{11}-\ddot{D}_{22}}{2}\right)\Big|^* \tag{5.3.9}$$

(5.3.8)式和(5.3.9)式表明,引力辐射按多级辐射展开时,最低阶为 4 极辐射。众所周知,电磁辐射的最低阶为偶极辐射。对于引力辐射,积分 $\int \mu x_i\,\mathrm{d}V$ 是决定场源质心位置的,$\int \mu x\,\mathrm{d}V = r_0\int \mu\,\mathrm{d}V$,孤立系统质心作匀速运动,因此不存在偶极辐射。四极辐射远弱于偶极辐射,这加大了探测引力辐射的困难。

2. 引力辐射能

下面研究引力源辐射的一般规律,我们采用朗道-栗弗席兹能量表述 $\bar{t}^{\mu\nu}$ 来研究引力辐射能。[1]

设平面引力波沿 x^3 轴传播,从

$$\bar{t}^{\mu\nu} = \frac{c\omega\ |s_k/c}{cg_i\ |\bar{t}_{ik}} \tag{5.3.10}$$

可知,能流密度为

$$s_3 = c\bar{t}^{03} \tag{5.3.11}$$

把朗道表述(5.2.14)式代入,只保留二阶小量得到

$$c\bar{t}^{03} = -\frac{c^4}{16\pi G}\left(\frac{\partial h_{11}}{\partial x^3}\frac{\partial h_{11}}{\partial t} + \frac{\partial h_{12}}{\partial x^3}\frac{\partial h_{12}}{\partial t}\right) \tag{5.3.12}$$

由于 $h_{\mu\nu} = h_{\mu\nu}[(x^3 - ct)]$,可知

$$\frac{\partial h_{\mu\nu}}{\partial x^3} = -\frac{1}{c}\frac{\partial h_{\mu\nu}}{\partial t}$$

于是(5.3.12)式可化为

$$c\bar{t}^{03} = \frac{c^3}{16\pi G}(\dot{h}_{11}^2 + \dot{h}_{12}^2) \tag{5.3.13}$$

把(5.3.8)式与(5.3.9)式代入,得

$$s_3 = c\bar{t}^{03} = \frac{G}{36\pi c^5 r_0^2}\left[\left(\frac{\dddot{D}_{11} - \dddot{D}_{22}}{2}\right)^2 + \dddot{D}_{12}^2\right]^* = \frac{G}{4\pi c^5 r_0^2}(\dddot{Q}_{11}^2 + \dddot{Q}_{12}^2)^* \tag{5.3.14}$$

沿 x^3 轴方向立体角 $\mathrm{d}\Omega$ 内的辐射强度为

$$\mathrm{d}I = s_3 r_0^2 \mathrm{d}\Omega = \frac{G}{36\pi c^5}\left[\left(\frac{\dddot{D}_{11} - \dddot{D}_{22}}{2}\right)^2 + \dddot{D}_{12}^2\right]^* \mathrm{d}\Omega$$

$$= \frac{G}{4\pi c^5}(\dddot{Q}_{11}^2 + \dddot{Q}_{12}^2)^* \mathrm{d}\Omega \tag{5.3.15}$$

对于辐射引力源,实际上沿各个方向均有辐射,可以算出各个方向的平均辐射强度 $\bar{I}$,并进而算出引力源的放能率

$$-\frac{\mathrm{d}E}{\mathrm{d}t} = 4\pi\frac{\mathrm{d}\bar{I}}{\mathrm{d}\Omega} = \frac{G}{45c^5}\dddot{D}_{ij}^2 = \frac{G}{5c^5}\left(\dddot{Q}_{ij}^2 - \frac{1}{3}\dddot{Q}_{kk}^2\right) \tag{5.3.16}$$

下面我们以转动物体为例,具体计算一下引力源的放能率。设在 x^μ 系中,刚体绕 x^3 轴转动,引入刚体的随动坐标系 x'^μ,则有

$$\begin{cases} x_1 = x_1'\cos\omega t - x_2'\sin\omega t, \quad x_2 = x_1'\sin\omega t + x_2'\cos\omega t \\ x_3 = x_3', \quad t = t' \end{cases} \tag{5.3.17}$$

在 $x^i = x^i(t)$ 系内,四极矩为

$$Q_{ij} = \int \mu(x) x_i x_j \mathrm{d}V \tag{5.3.18}$$

而在随动系中,四极矩则可表示为转动惯量

$$I_{ij} = \int \mu(x') x_i' x_j' \mathrm{d}V' \tag{5.3.19}$$

此式即转动惯量的定义。任何二级对称(或厄米)矩阵总可以通过转动变换成对角矩阵

$$(I_{ij}) = \begin{pmatrix} I_{11} & 0 & 0 \\ 0 & I_{22} & 0 \\ 0 & 0 & I_{33} \end{pmatrix} \tag{5.3.20}$$

设转动轴 x_3' 为惯性椭球的一个主轴,x_1'、x_2' 为另两个主轴,则

$$Q_{11}(t) = \int \mu x_1 x_1 \mathrm{d}V = \int \mu(x_1'\cos\omega t - x_2'\sin\omega t)^2 \mathrm{d}V'$$

$$= \int \mu(x_1'^2\cos^2\omega t + x_2'^2\sin^2\omega t - 2x_1'x_2'\sin\omega t\cos\omega t)\mathrm{d}V'$$

$$= \left(\int \mu x_1'^2 \mathrm{d}V'\right)\cos^2\omega t + \left(\int \mu x_2'^2 \mathrm{d}V'\right)\sin^2\omega t$$

$$= I_{11}\cos^2\omega t + I_{22}\sin^2\omega t \tag{5.3.21}$$

因此

$$Q_{11}(t) = \frac{1}{2}(I_{11} + I_{22}) + \frac{1}{2}(I_{11} - I_{22})\cos 2\omega t \tag{5.3.22}$$

同理可得

$$\begin{cases} Q_{12}(t) = \frac{1}{2}(I_{11} - I_{22})\sin 2\omega t \\ Q_{22}(t) = \frac{1}{2}(I_{11} + I_{22}) + \frac{1}{2}(I_{22} - I_{11})\cos 2\omega t \\ Q_{13}(t) = Q_{23}(t) = 0, \quad Q_{33}(t) = I_{33} \end{cases} \tag{5.3.23}$$

于是,可求得

$$\begin{cases} \dddot{Q}_{11}^2 = \frac{1}{4}(I_{11} - I_{22})^2 \times 64\omega^6 \sin^2 2\omega t \\ \dddot{Q}_{22}^2 = \frac{1}{4}(I_{11} - I_{22})^2 \times 64\omega^6 \sin^2 2\omega t \\ 2\dddot{Q}_{12}^2 = \frac{1}{2}(I_{11} - I_{22})^2 \times 64\omega^6 \cos^2 2\omega t \end{cases} \tag{5.3.24}$$

$$\begin{cases} (\dddot{Q}_{kk})^2 = (\dddot{Q}_{11} + \dddot{Q}_{22} + \dddot{Q}_{33})^2 = 0, \quad (\dddot{Q}_{11} = -\dddot{Q}_{22}, \dddot{Q}_{33} = 0) \\ \dddot{Q}_{ij}^2 = (\dddot{Q}_{11}^2 + \dddot{Q}_{22}^2 + 2\dddot{Q}_{12}^2) = \frac{1}{2} \times 64\omega^6(I_{11} - I_{22})^2, \quad (Q_{13} = Q_{23} = 0, \dddot{Q}_{33} = 0) \end{cases} \tag{5.3.25}$$

代入(5.3.16)式,得

$$-\frac{\mathrm{d}E}{\mathrm{d}t} = \frac{G}{5c^5}\left[\frac{1}{2} \times 64\omega^6(I_{11} - I_{22})^2\right] = \frac{32}{5}\frac{G}{c^5}\omega^6 I^2 e^2 \tag{5.3.26}$$

式中

$$I = I_{11} + I_{22} \tag{5.3.27}$$

为绕 x_3 轴在随动坐标系中算出的转动惯量,而

$$e \equiv \frac{I_{11} - I_{22}}{I} \tag{5.3.28}$$

为赤道椭率,另外需要说明的是以上各式均采用主轴坐标系。

例 1 回转对称球。

由于 $e = 0$,因此

$$\frac{\mathrm{d}E}{\mathrm{d}t} = 0 \tag{5.3.29}$$

所以自转的球体不辐射引力波。

例 2 以半径 r 的圆周作公转的质点 m。

在随动系中,$x_1' = r, x_2' = x_3' = 0$,因此 $I = I_1 = mr^2, e = 1$,其他 I_{ij} 均为零,所以

$$-\frac{\mathrm{d}E}{\mathrm{d}t} = \frac{32}{5}\frac{G}{c^5}\omega^6 m^2 r^4 \tag{5.3.30}$$

以木星为例,公转角速度 $\omega = 1.68 \times 10^{-8}\,\mathrm{s}^{-1}$,木星的质量 $m = 1.9 \times 10^{30}\,\mathrm{g}$,木星公转轨道平均半径 $r = 7.78 \times 10^{13}\,\mathrm{cm}$,不难算出木星公转产生引力辐射的放能率为

$$-\frac{\mathrm{d}E}{\mathrm{d}t} \simeq 5.3 \times 10^{10}\,\mathrm{erg/s} = 5.3\,\mathrm{kW}$$

而木星绕日的非相对论公转动能为 10^{42} erg $\sim 10^{35}$ J,因此木星公转的引力辐射能微乎其微,几乎不对木星的公转产生影响,实际上引力辐射放出的能量仅相当于一个电灯泡射出的能量。

例3 中子星自转。

已知 $\omega = 10^4 \mathrm{s}^{-1}$, $m = 1 M_\odot$, $r = 10$km,转动惯量 $I = 10^{45}$ g $\cdot$ cm^2,式中 $M_\odot$ 为太阳质量,由此可算出中子星自转造成的引力辐射的放能率为

$$-\frac{\mathrm{d}E}{\mathrm{d}t} \simeq 10^{55} e^2 \, \mathrm{erg/s} \tag{5.3.31}$$

中子星总自转动能为 10^{53} erg,只要 e 不小于 10^{-4},中子星自转动能会在几年内辐射掉。但由于辐射阻尼的影响,转速会迅速下降,引力辐射放能率会很快降低。不过,在中子星生成初期,引力辐射应该是十分重要的。例如蟹状星云中的中子星,$2\pi/\omega = 0.03309$s,$I = 10^{45}$ g $\cdot$ cm^2,若 $e \simeq 10^{-4}$,则 $-\frac{\mathrm{d}E}{\mathrm{d}t} \simeq 10^{37}$ erg/s。

例4 双星。

圆运动情况:从开普勒第三定律 $\frac{a^3}{T^2} = \frac{1}{4\pi^2} G(m_1 + m_2)$ 可知

$$\omega^2 = \frac{G(m_1 + m_2)}{R^3} \tag{5.3.32}$$

其中 R 为双星距离,而

$$I = \frac{m_1 m_2}{m_1 + m_2} R^2, \quad e = 1 \tag{5.3.33}$$

式中,$\frac{m_1 m_2}{m_1 + m_2}$ 为折合质量,相当于视一颗星不动,另一颗星绕它转动,转动半径为 R,但转动星的质量应视为折合质量。于是,可算得放能率为

$$-\frac{\mathrm{d}E}{\mathrm{d}t} = \frac{32}{5} \frac{G^4}{c^5} m_1^2 m_2^2 (m_1 + m_2)/R^5 \tag{5.3.34}$$

椭圆运动情况:发射频率不是单色的,不难算出椭圆运动时的放能率为

$$-\frac{\mathrm{d}E}{\mathrm{d}t} = \left[\frac{32 G^4}{5 c^5} m_1^2 m_2^2 (m_1 + m_2)/R^5\right] f(e) \tag{5.3.35}$$

其中

$$f(e) = \frac{1 + \frac{73}{24} e^2 + \frac{37}{96} e^4}{(1 - e^2)^{7/2}} \tag{5.3.36}$$

式中,e 为偏心率,R 为椭圆轨道半长轴的长度。对于一般双星,有 $-\frac{\mathrm{d}E}{\mathrm{d}t} \simeq 10^{29} \sim 10^{31}$ erg/s,对于距太阳系 $10^{19} \sim 10^{22}$ cm(约 10 光年 $\sim$ 1 万光年)的双星射到地球的能流为 $10^{-13} \sim 10^{-10}$ erg/(cm$^2 \cdot$ s)。

5.4 脉冲双星的引力辐射

图5.4.1中 PSR1913+16 是一组脉冲双星,两颗星都是中子星。泰勒(J. H. Taylor)与休斯(R. A. Hulse)通过对此双星周期改变的观测,间接证明了引力波的存在。

现在我们介绍一种计算双星引力辐射的方法。1980 年,桂元星、赵峥和刘辽曾用此方法和朗道表述计算了这组双星的周期变化率,得到与泰勒等人基本一致的结果。

1. 辐射功率计算

设双星在 xy 平面内转动,取质心坐标系,则

$$d_1 = \frac{m_2}{m_1 + m_2}d, \quad d_2 = \frac{m_1}{m_1 + m_2}d \tag{5.4.1}$$

式中,$d = d_1 + d_2$ 为两颗星的距离;m_1, m_2 为两颗星的质量。从万有引力定律容易得到双星运动的轨道方程

$$d = \frac{a(1 - e^2)}{1 + e\cos\Psi} \tag{5.4.2}$$

式中,a 为椭圆轨道的半长轴,e 为偏心率。

图 5.4.1 脉冲双星的引力辐射

系统的非零四极矩可从(5.3.6)式算出

$$Q_{xx} = \mu d^2 \cos^2\Psi, \quad Q_{yy} = \mu d^2 \sin^2\Psi, \quad Q_{xy} = Q_{yx} = \mu d^2 \sin\Psi\cos\Psi \tag{5.4.3}$$

其中

$$\mu = \frac{m_1 m_2}{m_1 + m_2} \tag{5.4.4}$$

为折合质量。

从开普勒第二定律(面积定律)可知,双星公转的角速度为

$$\dot{\Psi} = \frac{[G(m_1 + m_2)a(1 - e^2)]^{1/2}}{d^2} \tag{5.4.5}$$

从(5.4.2)式、(5.4.3)式与(5.4.5)式容易算出

$$\begin{cases} \dddot{Q}_{xx} = \beta(1 + e\cos\Psi)^2(2\sin 2\Psi + 3e\sin\Psi\cos^2\Psi) \\ \dddot{Q}_{yy} = -\beta(1 + e\cos\Psi)^2[2\sin 2\Psi + e\sin\Psi(1 + 3\cos^2\Psi)] \\ \dddot{Q}_{xy} = \dddot{Q}_{yx} = -\beta(1 + e\cos\Psi)^2[2\cos 2\Psi - e\cos\Psi(1 - 3\cos^2\Psi)] \end{cases} \tag{5.4.6}$$

式中

$$\beta^2 \equiv \frac{4G^2 m_1^2 m_2^2(m_1 + m_2)}{a^5(1 - e^2)^5} \tag{5.4.7}$$

计算时应注意，d 是 Ψ 的函数，$\dot{\Psi}$ 通过 d 也是 Ψ 的函数。

从(5.3.16)式知引力源的放能率为

$$P = -\frac{\mathrm{d}E}{\mathrm{d}t} = \frac{G}{5c^5}\left(\dddot{Q}_{ij}\dddot{Q}_{ij} - \frac{1}{3}\dddot{Q}_{ii}\dddot{Q}_{jj}\right) \tag{5.4.8}$$

把(5.4.6)式代入，可算得

$$P = \frac{8G^4}{15c^5}\frac{m_1^2 m_2^2(m_1+m_2)}{a^5(1-e^2)^5}(1+e\cos\Psi)^4\left[12(1+e\cos\Psi)^2 + e^2\sin^2\Psi\right] \tag{5.4.9}$$

由

$$P = -\frac{\mathrm{d}E}{\mathrm{d}t} = -\frac{\mathrm{d}E}{\mathrm{d}\Psi}\dot{\Psi} \tag{5.4.10}$$

考虑到(5.4.5)式，得

$$-\frac{\mathrm{d}E}{\mathrm{d}\Psi} = \frac{P}{\dot{\Psi}} = \frac{Pd^2}{[G(m_1+m_2)a(1-e^2)]^{1/2}} \tag{5.4.11}$$

从开普勒第三定律知，双星公转周期

$$T_b^2 = \frac{4\pi^2 a^3}{G(m_1+m_2)} \tag{5.4.12}$$

于是，可算得双星在一个公转周期内的平均辐射功率为

$$<P> = <-\frac{\mathrm{d}E}{\mathrm{d}t}> = -\int\frac{\mathrm{d}E}{T_b} = \frac{(1-e^2)^{3/2}}{2\pi}\int_0^{2\pi}\frac{P}{(1+e\cos\Psi)^2}\mathrm{d}\Psi \tag{5.4.13}$$

把(5.4.9)式代入，得

$$<P> = \frac{32}{5}\frac{G^4}{c^5}\frac{m_1^2 m_2^2(m_1+m_2)}{a^5(1-e^2)^{7/2}}\left(1+\frac{73}{24}e^2+\frac{37}{96}e^4\right) \tag{5.4.14}$$

2. 引力辐射引起的公转周期变化

双星系统的总能量为

$$E = -\frac{Gm_1 m_2}{2a} \tag{5.4.15}$$

所以

$$\frac{\mathrm{d}a}{\mathrm{d}t} = \frac{2a^2}{Gm_1 m_2}\left(\frac{\mathrm{d}E}{\mathrm{d}t}\right) \tag{5.4.16}$$

由开普勒第三定律(5.4.12)式可得

$$\frac{\mathrm{d}T_b}{\mathrm{d}t} = \frac{3}{2}\frac{T_b}{a}\frac{\mathrm{d}a}{\mathrm{d}t} \tag{5.4.17}$$

或

$$\frac{\mathrm{d}T_b}{\mathrm{d}t} = \frac{3aT_b}{Gm_1 m_2}\left(\frac{\mathrm{d}E}{\mathrm{d}t}\right) \tag{5.4.18}$$

(5.4.16)式和(5.4.18)式表明，由于引力辐射，双星的距离减小，公转周期缩短。如果双星的 T_b、$\dfrac{\mathrm{d}T_b}{\mathrm{d}t}$、$a$、$m_1$、$m_2$ 和 e 值可由天文观测定出，则由(5.4.18)式算出的公转周期变化率可与观测值比较，从而对上述引力波理论进行检验。

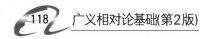

把(5.4.14)式代入(5.4.18)式得

$$\dot{T}_b = -\frac{96}{5}\frac{G^3}{c^5}\frac{T_b m_1 m_2}{a_1^4 (m_1 + m_2)}f(e) \tag{5.4.19}$$

式中

$$f(e) = \frac{1 + \frac{73}{24}e^2 + \frac{37}{96}e^4}{(1-e^2)^{7/2}} \tag{5.4.20}$$

其中用了

$$a = a_1 + a_2 = \left(1 + \frac{m_1}{m_2}\right)a_1 \tag{5.4.21}$$

m_1 为主星质量，m_2 为伴星质量。

把观测数据代入，得到 $f(e) = 11.86$，最后算出周期变化的理论值为

$$(\dot{T}_b)_{\text{理}} = -4.1 \times 10^{-12}\ \text{s/s} \tag{5.4.22}$$

而观测值为

$$(\dot{T}_b)_{\text{观}} = (-3.2 \pm 0.6) \times 10^{-12}\ \text{s/s} \tag{5.4.23}$$

相对误差为 28%，于是我们得到了与观测基本一致的结果。1981 年，胡宁、章德海、丁浩刚用不同的方法在朗道表述和适当的坐标条件的基础上也算出了与观测基本一致的结果。1984 年郑玉昆用多种不同的能量表述作计算，也得到相同的结果，表明上述计算方法与采用何种能量表述无关。这说明各种能量表述虽然都有缺点，但也都有合理的内涵，在计算引力辐射时都可以使用。[1]

后来泰勒等人又继续做了大量观测工作，提高了观测精度。1989 年泰勒与韦斯伯格公布的观测值为

$$(\dot{T}_b)_{\text{观}} = (-2.40 \pm 0.09) \times 10^{-12}\ \text{s/s} \tag{5.4.24}$$

理论计算值为

$$(\dot{T}_b)_{\text{理}} = -2.38 \times 10^{-12}\ \text{s/s} \tag{5.4.25}$$

观测与理论计算结果高度一致。上述结果，可以认为是引力波存在的间接验证。

1993 年，诺贝尔奖评委会宣布，由于休斯(R. A. Hulse)和泰勒(J. H. Taylor)对脉冲双星的研究开创了研究引力的新途径，而授予他们诺贝尔物理学奖。为慎重起见，获奖原因未明确说明他们的观测证实了引力波的存在。

3. 讨论

在脉冲双星引力辐射的研究中，有以下几点值得注意。

(1) 上述计算在引力源处忽略了非线性效应。

(2) 能量表述存在问题。

(3) PSR1913+16 离我们很远，观测不易精确。观测值，特别是双星质量的观测值，对 $\dot{T}_b$ 影响很大。

(4) 双星间是否存在其他阻尼效应。

5.5　引力四极共振

电磁波可以产生偶极共振,因此测量电磁波要利用偶极共振仪器。同样的道理,引力场的最低级辐射为四极辐射,无疑探测引力波应采用四极共振仪器。首先我们来讨论平面引力波产生的四极共振,按测地线偏离方程[1,3]

$$\frac{D^2(\delta x^\mu)}{d\tau^2} = -R^\mu_{\rho\nu\lambda}\frac{dx^\rho}{d\tau}\frac{dx^\lambda}{d\tau}\delta x^\nu \tag{5.5.1}$$

对于瞬时静止自由质点系有$\frac{dx^i}{d\tau}=0(i=1,2,3)$,故上式化为

$$a^\mu \equiv \frac{D^2(\delta x^\mu)}{d\tau^2} = -c^2 R^\mu_{0\nu0}\delta x^\nu \quad \text{或} \quad a_\mu = -c^2 R_{\mu0\nu0}\delta x^\nu \tag{5.5.2}$$

其中,a_μ为质点间的相对加速度(即潮汐加速度)。这说明,空间出现引力场(不是惯性力场)时,自由质点间将出现相对加速度,即产生加速场。注意,惯性场没有此效应。

在弱场线性近似下,有

$$R_{\mu\rho\nu\lambda} \approx -\frac{1}{2}(h_{\mu\nu,\rho\lambda} + h_{\rho\lambda,\mu\nu} - h_{\mu\lambda,\rho\nu} - h_{\rho\nu,\mu\lambda}) \tag{5.5.3}$$

因此有

$$R_{\mu0\nu0} \approx -\frac{1}{2}(h_{\mu\nu,00} + h_{00,\mu\nu} - h_{\mu0,0\nu} - h_{0\nu,\mu0}) \tag{5.5.4}$$

对于沿x^3方向传播的平面引力波,只有$h_{11}=-h_{22}$,$h_{12}=h_{21}$不为0,因此(5.5.4)式可化为

$$R_{1010} = -\frac{1}{2}h_{11,00}, \quad R_{2020} = -\frac{1}{2}h_{22,00} = -R_{1010}, \quad R_{1020} = R_{2010} = -\frac{1}{2}h_{12,00} \tag{5.5.5}$$

把(5.5.5)式代入(5.5.2)式,可得质点间的相对加速度为

$$a_1 = -c^2(R_{1010}\delta x^1 + R_{1020}\delta x^2), \quad a_2 = -c^2(R_{1020}\delta x^1 - R_{1010}\delta x^2) \tag{5.5.6}$$

可以简写为

$$a_1 = \alpha\,\delta x^1 + \beta\,\delta x^2, \quad a_2 = \beta\,\delta x^1 - \alpha\,\delta x^2 \tag{5.5.7}$$

式中

$$\alpha = \frac{c^2}{2}\ddot{h}_{11}, \quad \beta = \frac{c^2}{2}\ddot{h}_{12} \tag{5.5.8}$$

现在来讨论平面引力波对波面内同一圆周上的自由质点的作用。设观测者位于圆心,圆周上质点的坐标为$(\delta x^1, \delta x^2)$,则(5.5.7)式可写为矩阵形式

$$\begin{pmatrix} a_1 \\ a_2 \end{pmatrix} = \begin{pmatrix} \alpha & \beta \\ \beta & -\alpha \end{pmatrix} \begin{pmatrix} \delta x^1 \\ \delta x^2 \end{pmatrix} \tag{5.5.9}$$

表5.5.1和表5.5.2分别给出了

$$\alpha > 0, \quad \beta = 0 \tag{5.5.10}$$

$$\alpha = 0, \quad \beta > 0 \tag{5.5.11}$$

两种情况的相对加速度,也即潮汐加速度。根据表5.5.1和表5.5.2绘出的四极共振图(图5.5.1、图5.5.2),可以更加直观地看到,潮汐加速度的方向呈现了一种剪切(shear)效应。

表 5.5.1　$\alpha>0,\beta=0\left(\alpha=\dfrac{c^2}{2}\ddot{h}_{11}\right)$ 情况下的相对加速度

	A	B	C	D	E	F	G	H
$\begin{pmatrix}\delta x^1\\\delta x^2\end{pmatrix}$	$\begin{pmatrix}1\\0\end{pmatrix}$	$\begin{pmatrix}1/\sqrt2\\-1/\sqrt2\end{pmatrix}$	$\begin{pmatrix}0\\-1\end{pmatrix}$	$\begin{pmatrix}-1/\sqrt2\\-1/\sqrt2\end{pmatrix}$	$\begin{pmatrix}-1\\0\end{pmatrix}$	$\begin{pmatrix}-1/\sqrt2\\1/\sqrt2\end{pmatrix}$	$\begin{pmatrix}0\\1\end{pmatrix}$	$\begin{pmatrix}1/\sqrt2\\1/\sqrt2\end{pmatrix}$
$\begin{pmatrix}a^1\\a^2\end{pmatrix}=\begin{pmatrix}\alpha&0\\0&-\alpha\end{pmatrix}\begin{pmatrix}\delta x^1\\\delta x^2\end{pmatrix}$	$\begin{pmatrix}\alpha\\0\end{pmatrix}$	$\begin{pmatrix}\alpha/\sqrt2\\\alpha/\sqrt2\end{pmatrix}$	$\begin{pmatrix}0\\\alpha\end{pmatrix}$	$\begin{pmatrix}-\alpha/\sqrt2\\\alpha/\sqrt2\end{pmatrix}$	$\begin{pmatrix}-\alpha\\0\end{pmatrix}$	$\begin{pmatrix}-\alpha/\sqrt2\\-\alpha/\sqrt2\end{pmatrix}$	$\begin{pmatrix}0\\-\alpha\end{pmatrix}$	$\begin{pmatrix}\alpha/\sqrt2\\-\alpha/\sqrt2\end{pmatrix}$
a	→	↗	↑	↖	←	↙	↓	↘

表 5.5.2　$\alpha=0,\quad\beta>0\left(\beta=\dfrac{c^2}{2}\ddot{h}_{12}\right)$ 情况下的相对加速度

	A	B	C	D	E	F	G	H
$\begin{pmatrix}\delta x^1\\\delta x^2\end{pmatrix}$	$\begin{pmatrix}1\\0\end{pmatrix}$	$\begin{pmatrix}1/\sqrt2\\-1/\sqrt2\end{pmatrix}$	$\begin{pmatrix}0\\-1\end{pmatrix}$	$\begin{pmatrix}-1/\sqrt2\\-1/\sqrt2\end{pmatrix}$	$\begin{pmatrix}-1\\0\end{pmatrix}$	$\begin{pmatrix}-1/\sqrt2\\1/\sqrt2\end{pmatrix}$	$\begin{pmatrix}0\\1\end{pmatrix}$	$\begin{pmatrix}1/\sqrt2\\1/\sqrt2\end{pmatrix}$
$\begin{pmatrix}a^1\\a^2\end{pmatrix}=\begin{pmatrix}0&\beta\\\beta&0\end{pmatrix}\begin{pmatrix}\delta x^1\\\delta x^2\end{pmatrix}$	$\begin{pmatrix}0\\\beta\end{pmatrix}$	$\begin{pmatrix}-\beta/\sqrt2\\\beta/\sqrt2\end{pmatrix}$	$\begin{pmatrix}-\beta\\0\end{pmatrix}$	$\begin{pmatrix}-\beta/\sqrt2\\-\beta/\sqrt2\end{pmatrix}$	$\begin{pmatrix}0\\-\beta\end{pmatrix}$	$\begin{pmatrix}\beta/\sqrt2\\-\beta/\sqrt2\end{pmatrix}$	$\begin{pmatrix}\beta\\0\end{pmatrix}$	$\begin{pmatrix}\beta/\sqrt2\\\beta/\sqrt2\end{pmatrix}$
a	↑	↖	←	↙	↓	↘	→	↗

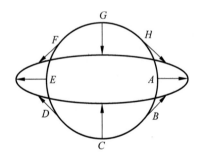

图 5.5.1　$\alpha>0,\beta=0\left(\alpha=\dfrac{c^2}{2}\ddot{h}_{11}\right)$ 情况下的
相对加速度

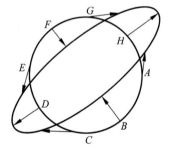

图 5.5.2　$\alpha=0,\beta>0\left(\beta=\dfrac{c^2}{2}\ddot{h}_{12}\right)$ 情况下的
相对加速度

讨论:

(1) 对于铝质圆柱体,若引力波垂直于轴向射入,柱体内部将产生剪切应力。

(2) 可考虑用光学干涉仪代替圆柱棒。

(3) 对地球来说,月球潮汐(图 5.5.3)力有纵向分量,纵向拉伸,横向挤压,涨落潮差 2m; 而引力波无纵向分量,只有横向剪切分量,拉伸与挤压反复交替、振荡,涨落差为 10^{-14} m,效应示意如图 5.5.4 所示。

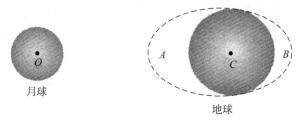

图 5.5.3 月球潮汐效应示意图

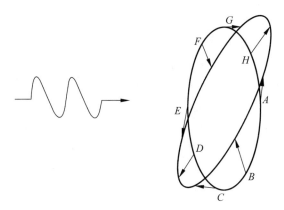

图 5.5.4 引力波效应示意图

（4）引力波对任何物体造成的变形都是该物体大小的 10^{-21} 倍，例如，引力波造成的地球的变形＝地球直径 $\times 10^{-21}=10^{-14}\,\mathrm{m}$。

5.6 引力波的探测

爱因斯坦和爱丁顿最早从理论上预言了引力波的存在，实验上探测引力波的先驱工作是从韦伯于 1959 年首次提出探测方案开始的，1969 年他声称自己设计的位于不同地点的两套装置同时探测到了来自于银河系中心的引力波，但后人一直没能成功重复他的实验。1974 年底，泰勒和休斯研究了射电脉冲双星 PSR1913＋16，这是一个致密双星系统。通过多年的监视观测和分析，求得其轨道公转周期变小的变化率与广义相对论计算的引力波辐射造成的辐射阻尼的预言符合得非常好，从而间接地证明了引力波的存在，为此他们获得了 1993 年度的诺贝尔物理学奖（见本章 5.4 节）。但是，对引力波的直接观测很长时间没有成功。

2016 年 2 月 11 日，美国的 LIGO（激光干涉引力波天文台）团队终于报道了直接探测到引力波的喜讯。他们于 2015 年 9 月 14 日首次直接接收到了来自宇宙深处的引力波，编号为 GW150914。从 1916 年爱因斯坦理论上预言引力波的存在，经过 100 年人类终于第一次直接探测到了引力波。LIGO 宣称，GW150914 是 13.4 亿年前两个黑洞并合产生的时空波动的涟漪，如图 5.6.1 所示。图中最上面一行是两个黑洞逐渐靠近、并合和铃宕（释放余波并逐渐稳定）的示意图。第二行是 LIGO 收到的相应于上面几个阶段的引力波频率与振幅变化图。引力波信号的频率从 35Hz 上升到 250Hz,这时振幅达到极大值,然后逐渐减小,持续时间约 0.2s。最下面是与上述几个阶段对应的两个黑洞相互靠近时的距离和速度变化图。

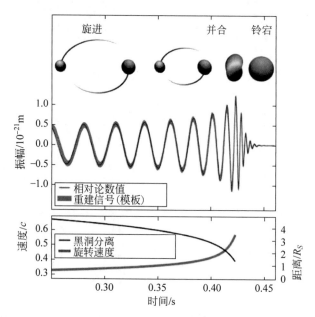

图 5.6.1 两个黑洞并合产生的引力波信号示意图

由于引力波的相干性和极强的穿透性,引力波的检测和波形的研究对于现代天文学和物理学有着极其重大的意义。人们预期对引力波的探测至少将对下述各方面有所贡献:

(1) 引力波可以穿过超新星爆炸时产生的不透光的壳层,通过对超新星爆炸时产生的引力波波形的分析,人类将首次了解到超新星爆炸过程中内核的变化情况;

(2) 通过引力波的研究人类将可能直接确定黑洞的存在,可以测量黑洞和中子星的质量、结构、产生率及其在宇宙中的分布,进一步认识 γ 爆与致密双星互绕结合的关系;

(3) 可以确定在极高密度下($\rho \geqslant 5 \times 10^{14} \mathrm{g \cdot cm^{-3}}$)物质的物态方程;

(4) 可以研究早期宇宙(复合时期以前)的状态。

总之,引力波作为不同于电磁波的一个全新窗口将对人类认识自然界和宇宙空间产生巨大的影响。

1. 引力波和电磁波

引力波和电磁波有什么不同? 在对自然界的研究中又各有什么特殊的应用? 目前看来,引力波和电磁波的差别主要有以下几点:

(1) 电磁波是电磁振荡,以光速传播,而引力波是时空的振荡,传播速度也是光速 c。

(2) 天体中的电磁波通常是由单个电子、原子、分子发射后叠加而成,一般说来是不相干的波。电磁波频率较高($10^7 \sim 10^{24}$ Hz),其波长小于源的尺寸,所以电磁波可以给出源的图像。引力波是由大质量天体的整体运动所产生,因而是一个相干的信号。引力波具有两个独立的线性化波形 h_+ 和 $h_\times$,如图 5.6.2 所示。令引力波沿着 z 方向传播,若 h_+ 极化的引力波的空间尺度沿 x 方向及 y 方向振荡,则 $h_\times$ 极化的引力波的极化轴在与 x 轴和 y 轴成 45°的方向上。当引力波投射到探测器上时,极化波场产生的潮汐力使得干涉仪臂长改变量 ΔL 满足

$$\frac{\Delta L(t)}{L} = F_+ h_+(t) + F_\times h_\times(t) \tag{5.6.1}$$

系数 F_+ 和 $F_\times$ 取决于源的方向和探测器的取向。引力波的相干性,使引力波携带着有关源的大量信息,从引力波波形的分析将获得有关源的丰富知识。由于引力波由大质量天体整体运动产生,且真正的有观测意义的引力波是来自致密天体(如中子星)和黑洞,所以引力波的频率很低($10^{-18} \sim 10^4$ Hz),其波长大于或者接近于信号源的尺寸,因而引力波通常不能给出源的图像。

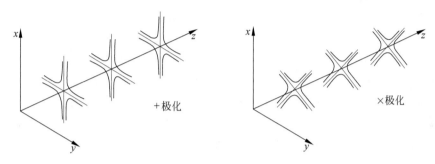

图 5.6.2　沿 z 方向传播的引力波的两个极化方向

（3）电磁波与物质有较强的相互作用,所以电磁波穿过物质时容易被物质吸收和散射。若存在较厚的外壳层,电磁波就无法穿透,这就是人们至今不甚了解超新星爆炸过程中内核变化的原因。此外,由于汤姆孙散射效应,电磁波穿过等离子区域时其穿透深度十分有限,所以至今人类能观测到的最古老的信号是宇宙微波背景辐射,这是大爆炸发生几十万年之后的宇宙复合期的残余温度。因为在此前宇宙处于等离子状态,宇宙对于电磁波不透明,所以人类无法直接得到复合期以前宇宙的信息。引力波则不同,它有极其强的穿透本领,其穿透物质几乎没有损耗。有人计算过,引力波即使穿过 60 亿个地球直径那么厚的物质,其信号才衰减一半。因此,由来自超新星爆炸的引力波信号我们可以了解到超新星爆炸时其内核的情况。由致密双星系统互绕、旋转直至结合过程中产生的引力波波形的分析可以得到黑洞、中子星的信息。复合时期以前的早期宇宙状态,也可以通过对引力波的研究而获知。苏联物理学家泽尔多维奇曾指出,在宇宙大爆炸时有大量的引力波产生,这些引力波作为宇宙背景保存下来,现在应该仍然可以观察到。

射电天文学的发展揭示了我们所处的宇宙并不平静,某些天体在剧烈变化着,人们发现了脉冲星、类星体和活动星系核等。引力波作为不同于电磁波的一个全新窗口,对人类了解和认识自然界和宇宙空间将有更加不可估量的影响。

2. 引力波的频带和引力波源

国际上根据引力波源的性质和测量方式将引力波的频带分成四个波段。

（1）高频波段（$1 \sim 10^4$ Hz）

双致密天体互绕、结合是高频引力波源中最强的一种,这种双致密天体可以是黑洞、中

子星或二者的组合。这种引力波源释放的巨大能量可以高达 10^{55} erg,因而即使在远离地球几十亿光年外的宇宙深处发出的这类引力波,就目前技术水平而言,也可以探测到。这种引力波在银河系中产生的概率非常小,大约十万年才有一次,但是计及几十亿光年的范围,每年约有几十次。由于双致密天体互绕、旋转而结合的过程相当快(仅仅十几分钟的时间),因而这个巨大的引力能量是在极短的时间内释放的,所以引力波信号是很强的、随机的、很短的信号。

(2) 低频波段($10^{-4} \sim 1$Hz)

这是沿着地球轨道或行星间轨道飞行的探测器的探测范围。1Hz 的上限是由高频引力波探测器的下限决定的,事实上由于目前的防震技术下限在 1Hz 左右,所以在地球上无法检测 1Hz 以下的信号。10^{-4}Hz 的下限,是因为太阳辐射压力、太阳风、宇宙射线等外界作用的波动对空间站产生影响,造成低频段测量的困难而出现的。

(3) 甚低频波段($10^{-9} \sim 10^{-7}$Hz)

泰勒等曾建议利用毫秒脉冲星的定时来探测甚低频的引力波,即当引力波通过地球时,会扰动地球上钟的速率,因而使得测得的脉冲星周期产生波动。如果在同一时间测得的一些不同的脉冲星同时均有周期波动,则可以认为是引力波到达地球的缘故。10^{-7}Hz 对应周期为几个月,这是去除偶然的扰动、建立高精度的定时所必需的时间。10^{-9}Hz 对应的周期约为 20 年,这是稳定毫秒脉冲星发现至今的时间,此频段对应的波源唯一可能是早期宇宙产生的扰动背景(宇宙弦、相变以及大爆炸等产生的背景)。

(4) 极低频波段($10^{-18} \sim 10^{-15}$Hz)

$f \sim 10^{-18}$Hz 对应的引力波波长约是哈勃距离。现在有一种观点认为,宇宙微波背景辐射的非各向同性是由于引力波使宇宙视界内的整个空间在一个方向挤压而在另外一个方向延伸,从而使得宇宙微波背景辐射产生一个四极矩的非各向同性造成的。极低频段的引力波也可以认为是早期宇宙的随机背景。

近年来报道的直接探测到的引力波信号都属于高频波段。目前,其他几个波段的引力波的探测工作,均有科研团队在研究和探索。

3. 引力波的直接探测

作为张量横波的引力波,在与传播方向垂直的空间方向(即横截面)上,存在偏振导致的振幅尺度的压缩与拉伸(剪切效应)。由于引力波具有两个独立的线性化波形 h_+ 和 $h_\times$,垂直引力波传播方向上 h_+ 和 $h_\times$ 波形的引力波偏振表现出的剪切效应分别如图 5.6.3(a)、(b)所示。依据这个基本原理,迄今已经开始和正在计划中的引力波直接探测实验主要有以下几个。

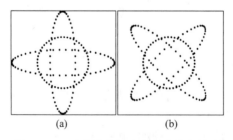

(a)   (b)

图 5.6.3　引力波偏振表现出的剪切效应

(1) 质量谐振天线

这一引力波直接探测方案最早是由美国马里兰大学的韦伯(J. Weber)于1959年提出的,他的共振天线是长1.5m、直径65cm、质量约1.4t的铝制圆柱体,如图5.6.4所示,用于高频波段的测量。当引力波的频率与棒的简正频率一致时,可通过传感器将信号输出。为了消除地震或车辆运动等对信号的干扰,他把两个相同的探测器,分别放置在相距1000km的两个实验室中。

图5.6.4　韦伯与他的引力波探测装置

韦伯辛苦耕耘多年,不断改进自己的仪器设备,但一直收不到引力波信号。唯一的一次惊喜发生在1969年。不知什么原因,两台探测装置同时收到了频率为1660Hz的疑似引力波信号。韦伯认为,自己收到了来自银河系中心的引力波。遗憾的是,其他团队一直没有能够重复出他的实验结果,学术界最终否定了这是引力波信号的可能性,至今也没有弄清这一乌龙信号是怎么产生的。

虽然韦伯教授的引力波探测结果始终未能得到科学界的承认,但是他仍然顽强地奋斗到最后,在一个夜晚悲壮地倒在了自己实验室门外的雪地上。后人一致认为,韦伯是受人尊敬的、直接探测引力波的先驱。

(2) 激光干涉引力波天文台(LIGO,VIRGO)

由于棒状天线的缺陷,20世纪70年代中期开始试验制作激光干涉引力波天线(即巨大的迈克耳孙干涉仪),其直接探测h_+波形引力波的原理如图5.6.5所示。这种天线由相互垂直的两个激光腔构成,每个空腔为一个长臂,激光分成两路分别在两个腔体内振荡。由于这一效应极其微弱,所以他们把干涉仪的臂做得非常长,而且每个长臂的两端各有一个隔振的、约10kg的镜面,这样把每一条臂都设计成Fabry-Peror(法布里—珀罗)谐振腔,让光在其中反复震荡(达300多次),以进一步增大光程。整个系统是这样调整的,当没有引力波时,激光的频率恰好是腔的共振频率,相位的调整使得两个腔体的输出信号相互抵消,其合成后在光电二极管上没有输出。当引力波信号通过这个天线时,一般来说两个激光腔的长度会有不同的变化,长度变化后的腔体偏离了原来的共振频率,使得输出的信号产生一个相位差,这样两个腔体的输出信号就不再抵消,合成后在光电二极管上就有输出,且输出的电信号随着引力波的震动而变化。这种天线的灵敏度随着Fabry-Peror腔体的长度(臂长)的增加而增大,但是制作越长的Fabry-Peror腔体在技术上越困难,目前的技术水平可以做到几千米,灵敏度可以达到10^{-22},专门用来测量高频引力波。

近年来直接接收到引力波信号的装置,主要是LIGO的迈克耳孙干涉仪。激光干涉引

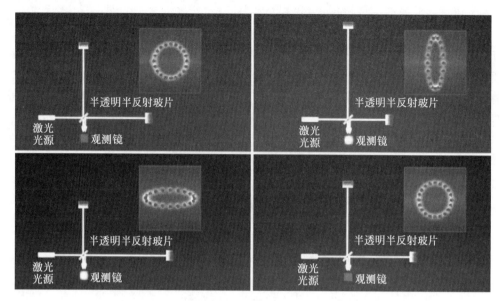

图 5.6.5 引力波偏振导致干涉仪臂长变化示意图

力波天线的雏形名为马克-Ⅰ和马克-Ⅱ,分别于 1992 年和 1993 年在美国加州理工学院完成,其中马克-Ⅱ的臂长为 40m。后来,美国加州理工学院和麻省理工学院为首的近 80 位物理学家和工程师组成的一个研究组,在其他研究机构的配合下,建造了可以实际应用的激光干涉引力波天线,其臂长为 4km,称为 LIGO 计划,如图 5.6.6 所示。为了避免地震和地面上运动物体(如卡车等)的干扰,他们安装了两套相同的装置。一套在美国西北部的华盛顿州,另一套在美国东南部的路易斯安那州,两地相距 3000km。

LIGO 首次直接探测到的 GW150914 引力波信号十分微弱,引起干涉仪臂长的变化只有大约 10^{-18} m,相当于质子大小的千分之一。由于他们采取了上述各项措施,才得以探测到如此微弱的臂长变化。通过对信号的仔细分析,认为仪器接收到的引力波来自于 13.4 亿年前两个黑洞的碰撞和并合,其中一个黑洞具有 36 个太阳的质量,另一个具有 29 个太阳的质量。在黑洞面积定理的约束之下,它们合并成一个大约 62 个太阳质量的黑洞。合并时有相当于 3 个太阳质量的能量转化为了引力能,形成巨大的时空波涛,以引力波的形式飞向四面八方,到达我们这里的时候已经弱化为微弱的时空涟漪。注意,这个黑洞碰撞模型考虑了面积定理,形成的大黑洞的面积大于两个碰撞黑洞的面积之和。

需要强调的是,GW150914 只接收到了引力波信号,并没有同时收到任何同源的电磁波信号。引力波是引力场的波动,完全不同于电磁波。可见光、紫外线、X 射线、γ 射线、红外线、微波和无线电波全部是电磁波,只是频率不同而已。引力波则是另类,与电磁振荡无关。科学家们给出了形象的比喻,把收到电磁波说成"看见",收到引力波则说成"听见"。以往我们探索宇宙都是在"看",而从来没有"听"过。GW150914 这次则是"听见"了,但又没有"看见"。

科学家并不是直接看到了 GW150914 来自两个黑洞的碰撞,而是从 LIGO 实测信号与上万个理论模型预言的波形比对而得到的结论。从现有的理论和天文观测来看,通常的天体运动和演化产生的引力场波动极其微弱,是观测不到的。就我们现有的科学知识分析,能够产生可以观测到的引力波的源头,只可能是宇宙极早期的大爆炸,或此后巨大质量天体的碰撞。科学家们模拟计算了各种模型,例如各种大小的巨大天体的碰撞,什么样的碰撞可能产生什么样的信号,已经计算了上万个模型产生的信号。

收到 GW150914 信号后,研究人员经过反复比对发现,所收到的信号与两个分别为 36 和 29 个太阳质量的黑洞碰撞合并,形成一个约 62 个太阳质量的黑洞的模型相合。而且,根据收到的信号的强度,他们认为这次并合时间发生在 13.4 亿年之前。此外,由于位于路易斯安那州利文斯顿的干涉仪首先收到信号,7ms 后,位于华盛顿州汉福德的干涉仪才收到信号,他们推测这次事件的引力波源,从地球上看应该位于南半球的上空。

LIGO 首次接收到 GW150914 引力波信号之后,又在 2015 年 12 月 26 日、2017 年 1 月 4 日、8 月 14 日多次接收到引力波信号,分别命名为 GW151226、GW170104、GW170814。值得一提的是,GW170814 信号,位于意大利的 Virgo 探测装置也接收到了。但是这几次均未收到相应的电磁波信号,也就是说,都是"听见"而没有"看见",观测到的引力波都是黑洞碰撞并合产生的。本书作者之一赵峥教授早年曾经用模拟方法研究过两个黑洞的碰撞,结论是不会产生猛烈的霍金辐射。我们的这一理论探讨,与两个黑洞碰撞并不产生激烈的电磁辐射的观测结果是一致的。

然而,2017 年 8 月 17 日 LIGO 观测到的引力波信号(GW170817)却格外让科学家兴奋。收到这次引力波信号 1.7s 后,在天空的同一方位看到了伽马暴,10h 52min 后观测到可见光,11h 36min 后接收到红外线,此后又陆续收到紫外线、X 射线和射电波。也就是说,这次天体合并事件不仅"听到了",而且"看到了"。我们不但接收到了引力波,而且接收到了相应的电磁波信号。科学家们认为,这是两个中子星相撞造成的。在撞击前这两颗中子星被相互的引力撕碎,然后并合。

这次中子星相撞事件,是一次千新星事件,发出的光比新星亮一千倍,新星比普通恒星亮一万倍。当然千新星比超新星还是要弱得多,只有超新星亮度的千分之一。千新星又称为李-帕金斯基型新星,是李立新和他的老师帕金斯基首先预言的。李立新是北京大学的本科生,毕业后跟随刘辽先生攻读硕士研究生,毕业后出国深造,先后在美国和德国学习和研究,学成后回到北京大学工作。这次千新星事件,既"听到",又"看到",是对直接探测到引力波的更为有力的证明。

2017 年,诺贝尔奖评委会把当年的诺贝尔物理学奖授予了韦斯、巴瑞什和索恩,以表彰他们直接探测到引力波的重要贡献。

与 LIGO 同时,按照法国和意大利的 VIRGO 计划,科研人员在意大利的比萨(Pisa)附近建造了一个臂长为 3km 的激光干涉引力波天线。此外,德国和英国合作在德国的汉诺威(Hannover)附近建造了一台臂长 600m 的激光干涉引力波天线(GEO)。日本东京大学的 TAMA 计划,建造了一个臂长 300m 的激光干涉引力波天线。澳大利亚 Perth 大学的 AIGO400 计划,在 Perth 北部建造了一个臂长 400m 的天线。

(3) 激光干涉空间天线(LISA)

欧洲空间局(ESA)正在积极筹划他们的 LISA 计划,这是激光干涉空间天线的缩写。他们准备发射一组三个以地球轨道绕太阳公转的探测器,并组成一个等边三角形。其边长为 $5 \times 10^9 m$(即 500 万 km),每个探测器上对应两条边有两套激光器和精密的、自由漂移的、2kg 质量的"检验物质",每条边用 YAG(钇铝石榴石)激光联系,这个等边三角形就构成了

图 5.6.6　探测引力波的迈克耳孙干涉装置(LIGO)

一个空间天线,如图 5.6.7 所示。由于臂长增加了 100 万倍,所以灵敏度也就提高了许多倍。

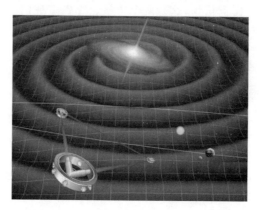

图 5.6.7　空间引力波探测装置示意图

几十年前,当引力波探测工作处于初期筹建阶段的时候,我国的一些科研工作者就以个人身份参加过美国、日本等国的探测筹建工作。那时我国的科技水平和财力,都不可能支撑自己主导开展这样的研究。现在情况大不相同了,中国的科研人员,已经提出了自己的探测引力波的方案,例如中科院主导的"太极计划"、中山大学主导的"天琴计划"都已经启动。这些计划主要是想建设激光干涉的空间天线,利用空间站上的装置来构建臂长更大的激光干涉仪。此外,中科院高能所还在青藏高原上的阿里天文台(图 5.6.8)建设起用以探测原初引力波(即宇宙极早期产生的引力波)的装置。

当前,我国仍有不少青年科学工作者参加了美国、日本以及欧洲的探测引力波的团队,

图 5.6.8 阿里天文台

几乎近年来报道的探测引力波的团队中都有中国人的身影。可以预期,在不久的将来,中国人一定会在引力波的研究中做出重大贡献。

习题

1. 真空中的平面电磁波应满足波动方程 $\Box A_\mu = 0$ 和洛伦兹条件 $A^\mu{}_{,\mu} = 0$,而符合此二式的平面电磁波为 $A_\mu = e_\mu \mathrm{e}^{ik_\nu x^\nu}$。在弱场线性近似下,采用谐和条件 $h^\nu_{\mu,\nu} = \frac{1}{2} h^\nu_{\nu,\mu}$,真空爱因斯坦场方程就可化为 $\Box h_{\mu\nu} = 0$。试类比电磁场的情况,写出平面引力波的标准形式。

2. 为什么说引力波以光速传播? 说引力子是静质量为零、自旋为 2 的玻色子有什么根据?

3. 引力波为什么比电磁波弱得多?

4. 潮汐力和引力波作用在物体上产生的应力有何不同?

黑洞物理入门

黑洞是广义相对论预言的天体。

通常的恒星(主序星)靠热核反应产生的热来维持生存。粒子热运动产生的"排斥"效应与万有引力平衡,形成稳定的恒星状态。当主序星的氢基本上聚合成氦之后,随着热运动的减弱,"热排斥"将难以抗衡万有引力造成的收缩效应。恒星在自身物质的巨大重力下发生塌缩,剩余质量小于钱德拉塞卡极限($1.4M_\odot$,$M_\odot$为太阳质量)的恒星,会形成白矮星。这是一种靠电子的简并压力(泡利斥力)来与万有引力抗衡而形成的稳定天体,其主要成分是碳和氧。剩余质量超过 $1.4M_\odot$ 的星体,将进一步坍缩。质量小于奥本海默极限(约 $3M_\odot$)的星体,会形成中子星,这是一种靠中子间的泡利斥力与万有引力相抗衡的星体。剩余质量超过奥本海默极限的星体,中子间的泡利斥力顶不住万有引力,星体将继续坍缩形成黑洞。

目前,白矮星和中子星均已发现,大多数天体物理学家和相对论专家都相信宇宙中存在黑洞,而且数量不少。许多天体被看作黑洞的候选者,不少专家认为,类星体和星系的核心部分可能存在黑洞。

本章介绍黑洞的几何结构与物理性质,黑洞表面附近的量子效应,黑洞热力学与霍金辐射。

6.1 史瓦西黑洞

1. 历史上的黑洞

最早预言黑洞的人是英国剑桥大学的学监米歇尔(J. Michell)和法国科学家拉普拉斯(P. S. Laplace)。1796 年,拉普拉斯写道:"天空中存在着黑暗的天体,像恒星那样大,或许也像恒星那样多。一个具有与地球同样的密度而直径为太阳 250 倍的明亮星球,它发射的光将被它自身的引力拉住而不能被我们接收。正是由于这个道理,宇宙中最明亮的天体很可能却是看不见的。"

当时的学术界,光的微粒说占上风。人们认为恒星发射光子,就像大炮射出炮弹一样。从万有引力定律和牛顿第二定律可以知道,把一个物体从星球表面抛射到宇宙空间,需要有足够大的抛射速度。一般说来,质量越大、密度越大的星球,物体从它表面逃离所需的速度就越大。当星球的密度大到一定程度,以至于逃离速度大于光速时,光子就不再能从星球表面逃离;它们会被星球的万有引力拉回去,远方的观测者也就不可能看见这颗星了。

从牛顿力学的能量理论很容易算出这类"暗星"的形成条件。设光子质量为 m,光速为 c,星球的质量和半径分别为 M 和 r。按照牛顿理论,从星球表面射出的光子的动能为

$$E_k = \frac{1}{2}mc^2$$

而势能为

$$E_p = -\frac{GMm}{r}$$

当它的动能与势能之和小于零时,即

$$\frac{1}{2}mc^2 \leqslant \frac{GMm}{r}$$

时,光子将不可能逃离星球。从上式可以算出"暗星"形成的条件

$$r \leqslant \frac{2GM}{c^2} \tag{6.1.1}$$

这就是说,当一个星球的质量和半径之间满足上述关系时,这个星球发射的光将被万有引力拉回去,这颗星将成为一颗看不见的"暗星"。(6.1.1)式就是拉普拉斯等人给出的"暗星"条件。

拉普拉斯在他的名著《天体力学》的第一版(1796 年)和第二版(1799 年)中均谈到了这类"暗星",但在 1808 年出版的第三版中取消了有关叙述。这是因为 1801 年,托马斯·杨(Thomas Young)完成了光的干涉实验,光的波动说战胜了微粒说。拉普拉斯觉得在微粒说基础上得出的"暗星"结论变得十分可疑。此后,"暗星"问题不再被学术界重视,逐渐被人们淡忘了。

1939 年美国物理学家奥本海默(J. R. Oppenheimer)和史耐德(H. Snyder)在研究中子星的质量上限时,从爱因斯坦的广义相对论,再次预言了"暗星"的存在。广义相对论认为,万有引力不是真正的力,而是时空弯曲的表现。奥本海默等人认为,当某个时空区弯曲得非常厉害的时候,光线将不能从那个区域逃离到远方。在远方观测者看来,这个区域将是一颗看不见的"暗星"。

有趣的是,奥本海默从广义相对论得出的"暗星"条件,与当年拉普拉斯等人从牛顿理论给出的暗星条件完全相同。从今天的眼光看,上面的推导犯了两个错误,第一是把光子的能量 mc^2 写成了 $\frac{1}{2}mc^2$,第二是把广义相对论的时空弯曲当作了万有引力。这两个错误的作用相互抵消,最终得到了正确的结论。

奥本海默预言的"暗星",就是今天所说的"黑洞"。黑洞这个名字,是美国物理学家惠勒(J. A. Wheeler)在 1967 年建议的。

奥本海默对"暗星"的预言,一开始就遭到爱因斯坦、惠勒等人的反对。他们认为,一定有某种物理机制,会阻止恒星坍缩成"暗星",因此"暗星"理论长时期没有受到物理界的重视。爱因斯坦至死也没有承认"暗星"存在的可能,惠勒等人则在长期的反对和钻研之后,改变了自己的观点,认识到奥本海默预言的"暗星"是可能存在的,并最终为"暗星"起了黑洞这个名字。

2. 史瓦西时空的奇点和奇面

史瓦西解

$$ds^2 = -\left(1 - \frac{2GM}{c^2 r}\right)c^2 dt^2 + \left(1 - \frac{2GM}{c^2 r}\right)^{-1} dr^2 + r^2 d\theta^2 + r^2 \sin^2\theta d\varphi^2 \qquad (6.1.2)$$

得出后,人们注意到上述史瓦西度规在两个地方奇异。第一是在 $r=0$ 处有一个奇点,度规分量

$$g_{00} = -\left(1 - \frac{2GM}{c^2 r}\right)$$

在那里发散。第二是在 $r = \dfrac{2GM}{c^2}$ 处有一个奇面,在那里度规分量

$$g_{11} = -\left(1 - \frac{2GM}{c^2 r}\right)^{-1}$$

发散。经过一个时期的争论,终于弄清楚奇面

$$r = \frac{2GM}{c^2} \qquad (6.1.3)$$

属于坐标奇异性。在那里,时空的曲率并不发散,时空本身没有毛病。度规的奇异性是由于坐标系选择不当而引起的。如果坐标系选择得当,可以使那里的度规不再发散。而奇异性

$$r = 0 \qquad (6.1.4)$$

则是时空的内禀奇异性,时空曲率在那里发散。此奇点不可能通过坐标变换来消除,也就是说,不可能找到一个坐标系,使得时空曲率和度规在 $r=0$ 处不出现发散。可以证明,由时空曲率张量组成的标量

$$R_{\mu\nu\delta\tau}R^{\mu\nu\delta\tau} = \frac{48M^2}{r^6} \qquad (6.1.5)$$

在 $r=0$ 处发散。标量在坐标变换下不变,所以不管选择什么坐标系,(6.1.5)式所示的曲率张量构成的标量的发散均不可能消除。因此,$r=0$ 处的奇异性,是时空本身有毛病而造成的。

$r = \dfrac{2GM}{c^2}$ 处的奇面虽然不表示时空本身有毛病,而且此面的奇异性可以通过坐标变换

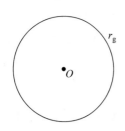

来消除,但它依然具有重要的物理意义。实际上,它是黑洞的表面。比较(6.1.1)式和(6.1.3)式,不难看出,(6.1.3)式给出的就是拉普拉斯的"暗星"条件,只不过现在我们不是从牛顿力学,而是从爱因斯坦的广义相对论重新得到了它。我们称

$$r_g = \frac{2GM}{c^2} \qquad (6.1.6)$$

图 6.1.1 史瓦西黑洞　为引力半径或史瓦西半径,图 6.1.1 表示史瓦西黑洞。现在,我们就来对 $r = r_g$ 处的奇面作深入的探讨。

3. 无限红移面

理论和观测表明,所有的星体都会产生引力红移效应。现在我们来探讨史瓦西时空中球对称星体奇面附近的引力红移。从 4.4 节可知,引力场中时间变慢的公式为

$$\Delta t = \Delta \tau / \sqrt{1 - 2GM/c^2 r} \tag{6.1.7}$$

而引力红移公式可表为

$$\nu = \nu_0 \sqrt{1 - 2GM/c^2 r} \tag{6.1.8}$$

从上二式可知,在 $r \to r_g = 2GM/c^2$ 时,有

$$\Delta t \to \infty \tag{6.1.9}$$

$$\nu \to 0 \tag{6.1.10}$$

(6.1.7)式和(6.1.9)式说明,在无穷远观测者看来,位置离曲面 $r = r_g$ 越近的钟走得越慢。当钟放置的位置无限趋近 r_g 时,无穷远观测者会认为这样的钟趋于完全停止,时间无限变慢。(6.1.8)式和(6.1.10)式说明,在无穷远观测者看来,离曲面 $r = r_g$ 越近的光源发出的光,频率变得越低,波长 $\lambda = c/\nu$ 变得越长,也就是说,光谱线向红端移动得越厉害。当光源趋近此曲面时,它发出的光的谱线将发生"无限红移",频率变到零,波长变到无穷大。所以,奇面 $r_g = 2GM/c^2$ 被称为无限红移面。

4. 零超曲面与事件视界

史瓦西时空是号差为 $+2$(或 -2)的黎曼时空,在这种与闵可夫斯基时空类似、具有不定度规的时空中,有可能存在一种特殊的超曲面(注意超曲面是指四维时空中的三维曲面),其法矢量类光,也就是说,法矢量的长度为零(法矢量本身不为零)。这种超曲面称为零超曲面(或类光超曲面,或简称零曲面),其法矢量躺在它的切平面上,身兼二职,既是它的法矢量,又是它的一个切矢量。

设

$$f(x^\mu) = f(x^0, x^1, x^2, x^3) = 0, \quad \mu = 0, 1, 2, 3 \tag{6.1.11}$$

为四维时空中的一张三维超曲面,其法矢量定义为

$$n_\mu = \frac{\partial f}{\partial x^\mu} \tag{6.1.12}$$

法矢量的长度定义为

$$n_\mu n^\mu = g^{\mu\nu} n_\mu n_\nu = g^{\mu\nu} \frac{\partial f}{\partial x^\mu} \frac{\partial f}{\partial x^\nu} \tag{6.1.13}$$

如果满足 $n_\mu n^\mu = 0$ 或

$$g^{\mu\nu} \frac{\partial f}{\partial x^\mu} \frac{\partial f}{\partial x^\nu} = 0 \tag{6.1.14}$$

则此超曲面是一个零曲面,其法矢量的长度为零。零曲面是普遍存在的,例如,光波和引力波的波前就是零曲面。不过,我们这里感兴趣的是一类特殊的零曲面,它保有该时空的对称特性,称为事件视界,简称视界。

现在来考查一下史瓦西时空中是否有事件视界,即是否存在保有时空对称特性的零曲面。

史瓦西时空是静态、球对称的,视界作为保有时空对称性的一种特征曲面,也应该是静态、球对称的。所以,如果史瓦西时空存在事件视界,其表达式 f 应该与 t、θ、φ 均无关,只能是 r 的函数。这就是说,(6.1.14)式可约化成

$$g^{11} \left(\frac{\partial f}{\partial r} \right)^2 = 0 \tag{6.1.15}$$

式中，$\dfrac{\partial f}{\partial r}$不能为零。因为 f 已经不是 t、θ、φ 的函数，已有 $\dfrac{\partial f}{\partial t}=\dfrac{\partial f}{\partial \theta}=\dfrac{\partial f}{\partial \varphi}=0$，如果 $\dfrac{\partial f}{\partial r}$ 再等于

零，将使法矢量恒为零，$n_\mu=\dfrac{\partial f}{\partial x^\mu}=0$，$\mu=0,1,2,3$，这种法矢量称为零(zero)矢量，我们不感

兴趣。我们感兴趣的是类光矢量，即 $n_\mu\neq 0$，但 $n_\mu n^\mu=0$ 的矢量。也就是说，我们感兴趣的

零矢量，是本身不为零、但其长度为零的矢量，实际上这是一种类光矢量(null 矢量)。决定

零曲面的正是这种类光矢量，而不是 zero 矢量。因此，(6.1.15)式的解只能是

$$g^{11}=1-\frac{2GM}{c^2 r}=0 \tag{6.1.16}$$

即

$$r=r_g=\frac{2GM}{c^2} \tag{6.1.17}$$

我们看到，史瓦西时空有事件视界，它恰是引力半径 r_g 处的奇面，与无限红移面重合。

人们把事件视界定义为黑洞的边界。$r<r_g=\dfrac{2GM}{c^2}$ 的时空区，称为黑洞的内部；$r>$

$r_g=\dfrac{2GM}{c^2}$ 的时空区，称为黑洞的外部。

5. 单向膜区与表观视界

平直时空中任何一点 p 都可以有一个光锥，p 点的矢量 l^μ，凡落在光锥内的，必有 $l^\mu l_\mu<$

0，称为类时矢量；落在光锥外的，$l^\mu l_\mu>0$，称为类空矢量；恰巧落在光锥面上的，$l^\mu l_\mu=0$，称

为类光矢量。对于弯曲时空中的任一点 p，都可以构造一个局部平直的切空间，在这个切空

间中，同样可作光锥。过 p 点的矢量 l^μ 同样可按上述方式分为类时、类空、类光三种。

现在我们来考查史瓦西时空中等 r 曲面(它是四维时空中的三维超曲面，在 t 取定值的

r、θ、φ 三维空间中是二维球面)的法矢量 n_μ，看它们如何分类。前面已谈到，此法矢量的长

度可表示为

$$n^\mu n_\mu=g^{11}\left(\frac{\partial f}{\partial r}\right)^2=\left(1-\frac{2GM}{c^2 r}\right)\left(\frac{\partial f}{\partial r}\right)^2 \tag{6.1.18}$$

我们不考虑 $\dfrac{\partial f}{\partial r}=0$ 的情况，此情况 n_μ 是 zero 矢量。我们已经讨论过等 r 面恰为无限红移

面 $r=r_g$ 的情况，这时

$$n^\mu n_\mu=0, \quad r=\frac{2GM}{c^2} \tag{6.1.19}$$

法矢量类光，落在光锥面上。等 r 面是零曲面，而且是事件视界。当 $r\neq r_g$ 时，不难看出

$$n^\mu n_\mu>0, \quad r>\frac{2GM}{c^2} \tag{6.1.20}$$

$$n^\mu n_\mu<0, \quad r<\frac{2GM}{c^2} \tag{6.1.21}$$

在黑洞外部，$r>\dfrac{2GM}{c^2}$，法矢量 n_μ 类空，落在光锥外；在黑洞内部，$r<\dfrac{2GM}{c^2}$，法矢量 n_μ 类

时，落在光锥内。图 6.1.2 画出了视界内、外的光锥图，等 r 面的法矢量 n_μ 沿 r 轴方向。在

黑洞外部,它在光锥外;在黑洞内部,它在光锥内。在黑洞表面(视界上),法矢量 n_μ 恰在视界面上,它同时是视界面(三维零超曲面)的法矢和切矢。

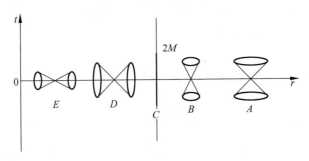

图 6.1.2 视界内、外的光锥图

黑洞外部的光锥,越靠近黑洞表面,光锥越扁。在黑洞表面上,光锥退化为一根线。到黑洞内部,光锥横过来了,随着靠近奇点 $r=0$,光锥由"胖"变"瘦"。在"洞"外,光锥的未来指向是向上的,这是由 t 的正向决定的。但在"洞"内,我们无法用 t 来判断光锥的未来指向。实际上,这要由"洞"形成的初始条件来决定。因为黑洞是坍缩形成的,物质落向星体的中心,这一初始条件决定黑洞内部的未来光锥指向 $r=0$ 的方向,以后,我们把未来光锥指向 $r=0$ 的"洞"称为黑洞,未来光锥背向 $r=0$ 的"洞"称为白洞。广义相对论是时间反演不变的理论,"黑洞"和"白洞"都是它的解,一个可看作另一个的时间反演。从爱因斯坦场方程得到的史瓦西解,只告诉我们这个时空中存在"洞",没有告诉我们究竟是白洞还是黑洞。不考虑初始条件,就不能断定史瓦西解是白洞解还是黑洞解。

对于黑洞解,洞内光锥均指向 $r=0$ 处,可见任何物质(包括光)都不能停在洞内的某一个 r 值处,它们将不可抗拒地落向 $r=0$ 处的内禀奇点。所以,洞内 $r=$ 常数的超曲面是单向膜。黑洞的内部是单向膜区,单向膜区的起点被定义为表观视界。对于稳态黑洞,表观视界与事件视界重合。在讨论稳态黑洞时,我们就把它们统一简称为视界。当然白洞内部也是单向膜区,只不过单向性与黑洞相反,是从内部指向外部,所以任何物质都不可能在白洞内部停留,一定会喷向洞外。白洞的边界也是零曲面和单向膜区的起点,同样称为视界。黑洞的视界称为未来视界,白洞的视界称为过去视界。

我们看到史瓦西黑洞和史瓦西白洞的表面都是称为视界的零超曲面,又同样都是无限红移面。实际上,黑洞和白洞的边界都是由视界定义的。

6. 时空坐标互换

从史瓦西度规(6.1.2)式不难看出,在黑洞外部

$$g_{00}<0, \quad g_{11}>0, \quad g_{22}>0, \quad g_{33}>0 \tag{6.1.22}$$

但在黑洞内部,由于 $r<\dfrac{2GM}{c^2}$,我们有

$$g_{00}>0, \quad g_{11}<0, \quad g_{22}>0, \quad g_{33}>0 \tag{6.1.23}$$

这时必须把 r 看作时间坐标,把 t 看作空间坐标,现在我们就清楚为什么在黑洞内部光锥要转 $90°$ 了。洞内的等 r 面成了等时面,当然会成为单向膜,时间的进程是任何物质结构都无法抗拒的。因此,任何落入黑洞的物质,都将与时俱进,奔向 $r=0$ 处。值得注意的是,$r=0$

不能再理解为"球心",r 已变成时间,$r=0$ 应看作时间的"端点"(按照现代广义相对论的观点,此"端点"不属于时空)。所以,落入黑洞的物质奔向 $r=0$,不能理解为向"球心"会聚,而应理解为它们的时间走向终结。还应注意的是,由于时空坐标互换,洞内的度规分量成为时间 r 的函数,洞内的时空变成动态的了。

6.2　克鲁斯卡时空和彭罗斯图

为了讨论的方便,我们今后选用 $c=\hbar=G=1$ 的自然单位制,这时史瓦西时空的线元简写成

$$ds^2 = -\left(1-\frac{2M}{r}\right)dt^2 + \left(1-\frac{2M}{r}\right)^{-1}dr^2 + r^2(d\theta^2 + \sin^2\theta d\varphi^2) \quad (6.2.1)$$

引力半径简写为

$$r_g = 2M \quad (6.2.2)$$

1. 史瓦西坐标的缺点

史瓦西度规在视界($r=2M$)上存在坐标奇异性,此奇异性把史瓦西时空分成两个部分:洞内和洞外。这两部分各自用一个史瓦西坐标系描写,一个适用于 $r<2M$,另一个适用于 $r>2M$,但哪一个都不适用于 $r=2M$ 的视界。因此,这两个坐标系是不连通的。

从(4.6.10)式和(4.6.12)式可知,由洞外一点 r_0 向黑洞自由下落的粒子,t 与 r 有下述关系:

$$dt = \frac{-E}{\sqrt{E^2 - \left(1-\frac{2M}{r}\right)}}\frac{r\,dr}{r-2M} \quad (6.2.3)$$

式中 E 为常数,是此粒子在无穷远处时的能量。积分上式可得

$$t = -\int_{r_0}^{2M}\frac{E\,dr}{\sqrt{E^2 - \left(1-\frac{2M}{r}\right)}} - \int_{r_0}^{2M}\frac{2ME}{\sqrt{E^2 - \left(1-\frac{2M}{r}\right)}}\frac{dr}{r-2M} \quad (6.2.4)$$

不难看出,上面第一个积分为有限值,第二个积分趋于无穷

$$t \sim \lim_{r\to 2M}\left[-2M\ln(r-2M)\right] \to \infty \quad (6.2.5)$$

坐标时间 t 是静止于无穷远的观测者的固有时间,所以,在无穷远观测者看来,任何粒子都不能在有限时间内落到黑洞表面,更不用说进入黑洞内部了。

对于从洞外一点沿径向落向黑洞的光子,我们可以令(6.2.1)式的 $ds^2=0$,得到

$$dt = -\left(1-\frac{2M}{r}\right)^{-1}dr \quad (6.2.6)$$

积分上式,也得

$$t \sim \lim_{r\to 2M}\left[-2M\ln(r-2M)\right] \to \infty \quad (6.2.7)$$

可见,对无穷远观测者来说,连光也到达不了黑洞。

然而,研究表明,当用粒子的固有时间 τ 来计量时,粒子落向黑洞的坐标速度 $\dfrac{dr}{d\tau}$ 即使在黑洞表面处也不为零,可见粒子应该能落进黑洞。得到(6.2.5)式和(6.2.7)式的结果,是由于我们选择的坐标系无法伸展到黑洞表面的缘故。

自由落体从穿越视界到落入中心奇点只经历有限的固有时间,但在无穷远观测者看来,趋近黑洞的状态将持续无限长的时间,物体永远不能抵达视界,更不能越过视界。

2. 自由下落观测者

现在我们用自由下落质点的固有时间 τ 来考察它的下落运动。对于恒星级的黑洞,宇宙飞船就可以看作一个质点。设质点(飞船)最初静止在 $r=r_0$ 处,然后自由下落,此质点(飞船)可用诺维可夫(I. D. Novikow)坐标系来描述。史瓦西时空的线元在诺维可夫坐标下变成

$$ds^2 = -d\tau^2 + \left(\frac{R^2+1}{R^2}\right)\left(\frac{\partial r}{\partial R}\right)^2 dR^2 + r^2 d\theta^2 + r^2 \sin^2\theta d\varphi^2 \tag{6.2.8}$$

诺维可夫系的坐标时间 τ 恰为自由下落质点(飞船)的固有时间。诺维可夫坐标 (τ, R) 与史瓦西坐标 (t, r) 之间的关系,用参数坐标 (η, r_0) 来联系

$$\begin{cases} \tau = \dfrac{r_0}{2}\left(\dfrac{r_0}{2M}\right)^{1/2}(\eta + \sin\eta) \\ R = \left(\dfrac{r_0}{2M} - 1\right)^{1/2} \end{cases} \tag{6.2.9}$$

$$\begin{cases} t = 2M\ln\left|\dfrac{\left(\dfrac{r_0}{2M}-1\right)^{1/2} + \tan\dfrac{\eta}{2}}{\left(\dfrac{r_0}{2M}-1\right)^{1/2} - \tan\dfrac{\eta}{2}}\right| + 2M\left(\dfrac{r_0}{2M}-1\right)^{1/2}\left[\eta + \dfrac{r_0}{4M}(\eta + \sin\eta)\right] \\ r = \dfrac{r_0}{2}(1 + \cos\eta) \end{cases} \tag{6.2.10}$$

$\eta = 0$ 时,$r = r_0$,$\tau = 0$,此即质点(飞船)的静止初态。当飞船到达黑洞表面时,$r = 2M$,有

$$\cos\eta = \frac{4M}{r_0} - 1 \tag{6.2.11}$$

不难看出这时 τ 是有限值。当 $r = 0$,即落到奇点时,有 $\eta = \pi$,于是

$$\tau = \frac{\pi r_0}{2}\left(\frac{r_0}{2M}\right)^{1/2} \tag{6.2.12}$$

可见,对于与飞船一起自由下落的观测者(宇航员),飞船和他自己可以毫无异常感觉地穿过视界,并在(6.2.12)式所示的有限固有时间内到达奇点。当然,靠近奇点时,巨大的引力潮汐作用会使自由下落观测者(飞船中的宇航员)越来越不舒服,最后和飞船一起被撕碎并被压入奇点。

我们看到,随动观测者(宇航员)认为飞船会在有限时间内落进黑洞,而无穷远的静止观测者却认为,飞船只能无穷靠近黑洞表面,永远落不进黑洞,他看到飞船逐渐"冻结"在黑洞表面。而且由于飞船越来越靠近这个无限红移面,他看到它逐渐变红,来自它的光信号也越来越稀疏。实际上,飞船在有限的固有时间内落进了黑洞,只是把自己的"图像(背影)"留在了洞外,由于黑洞表面附近时间变慢(无穷远观测者的观点),无穷远观测者将看到,构成"图像"的有限数目的光子,在无穷长的时间内依次到达他那里,所以他会觉得,光子数越来越稀,飞船图像越来越暗,最后消失在黑洞的表面处。总之,无穷远观测者看到飞船逐渐"冻结"在黑洞表面,并逐渐变红变暗,从他的视野里消失。

两个观测者看到的现象都是真实的。现象之所以不同,是由于他们采用了不同的参考

系。显然,史瓦西坐标系不适宜描述穿越视界的运动,因为它不能同时覆盖黑洞内外和视界面本身。

3. 乌龟坐标与爱丁顿坐标

定义

$$r_* = r + 2M \ln \left| \frac{r - 2M}{2M} \right| \tag{6.2.13}$$

为乌龟(tortoise)坐标。此坐标的特点是,把视界推到 $r_* \to -\infty$ 处。从(6.2.13)式不难看出,$r \to 2M$ 时,$r_* \to -\infty$;$r \to +\infty$ 时,$r_* \to +\infty$。注意,这里已采用了自然单位制,否则式中 $2M$ 应写为 $2GM/c^2$。

利用乌龟坐标,可以定义爱丁顿-芬克斯坦(Eddington-Finkelstein)坐标 v 和 u,简称爱丁顿坐标

$$v = t + r_*, \quad u = t - r_* \tag{6.2.14}$$

v 称为超前爱丁顿坐标(入射爱丁顿坐标),u 称为滞后爱丁顿坐标(出射爱丁顿坐标)。用超前和滞后爱丁顿坐标表述的史瓦西时空线元分别为

$$ds^2 = -\left(1 - \frac{2M}{r}\right) dv^2 + 2dv dr + r^2 d\theta^2 + r^2 \sin^2\theta d\varphi^2 \tag{6.2.15}$$

$$ds^2 = -\left(1 - \frac{2M}{r}\right) du^2 - 2du dr + r^2 d\theta^2 + r^2 \sin^2\theta d\varphi^2 \tag{6.2.16}$$

式中爱丁顿坐标 v、u 起时间作用。这种坐标有一个显著的优点,度规 $g_{\mu\nu}$ 和 $g^{\mu\nu}$ 在 $r = r_g = 2M$ 处均不再发散,因此,这类坐标可以同时覆盖视界内外及视界面本身,也就是说,奇面 $r = 2M$ 不再"奇异"了。式中,g_{00} 在 $r = 2M$ 处为零,但不发散,度规分量为零是正常的,不属于奇异性。$r = 0$ 处的内禀奇异性依然存在。在 $r = 0$ 处不仅 g_{00} 发散,时空曲率也发散。这是当然的,内禀奇点是时空本身的毛病,与坐标系的选择无关,爱丁顿坐标不可能把内禀奇异性消除。

爱丁顿坐标的另一个优点是能够描写出、入射黑洞的光波和质点。超前和滞后爱丁顿坐标下的时空图如图 6.2.1 和图 6.2.2 所示。图中世界线为光线,而且画出了光锥。可以看出,超前爱丁顿坐标能够很好地、连续地描述入射波,但不能很好描述出射波。滞后爱丁顿坐标则刚好相反,能够很好地描写出射波,但不能很好描写入射波。

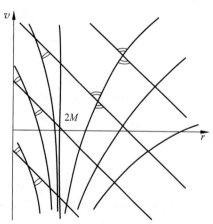

图 6.2.1 超前爱丁顿坐标下的光锥图

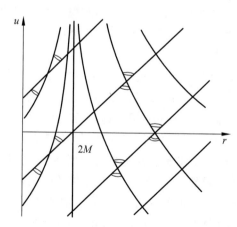

图 6.2.2 滞后爱丁顿坐标下的光锥图

4. 克鲁斯卡坐标

下面介绍一个能够覆盖整个史瓦西时空的坐标系——克鲁斯卡(Kruskal)坐标系。坐标变换

$$\begin{cases} T = 4M\left(\dfrac{r}{2M}-1\right)^{\frac{1}{2}} \mathrm{e}^{\frac{r}{4M}} \mathrm{sh}\dfrac{t}{4M}, \\[2mm] R = 4M\left(\dfrac{r}{2M}-1\right)^{\frac{1}{2}} \mathrm{e}^{\frac{r}{4M}} \mathrm{ch}\dfrac{t}{4M}, \end{cases} \quad r>2M, \text{I 区} \qquad (6.2.17)$$

$$\begin{cases} T = -4M\left(\dfrac{r}{2M}-1\right)^{\frac{1}{2}} \mathrm{e}^{\frac{r}{4M}} \mathrm{sh}\dfrac{t}{4M}, \\[2mm] R = -4M\left(\dfrac{r}{2M}-1\right)^{\frac{1}{2}} \mathrm{e}^{\frac{r}{4M}} \mathrm{ch}\dfrac{t}{4M}, \end{cases} \quad r>2M, \text{II 区} \qquad (6.2.18)$$

$$\begin{cases} T = 4M\left(1-\dfrac{r}{2M}\right)^{\frac{1}{2}} \mathrm{e}^{\frac{r}{4M}} \mathrm{ch}\dfrac{t}{4M}, \\[2mm] R = 4M\left(1-\dfrac{r}{2M}\right)^{\frac{1}{2}} \mathrm{e}^{\frac{r}{4M}} \mathrm{sh}\dfrac{t}{4M}, \end{cases} \quad r<2M, F \text{ 区} \qquad (6.2.19)$$

$$\begin{cases} T = -4M\left(1-\dfrac{r}{2M}\right)^{\frac{1}{2}} \mathrm{e}^{\frac{r}{4M}} \mathrm{ch}\dfrac{t}{4M}, \\[2mm] R = -4M\left(1-\dfrac{r}{2M}\right)^{\frac{1}{2}} \mathrm{e}^{\frac{r}{4M}} \mathrm{sh}\dfrac{t}{4M}, \end{cases} \quad r<2M, P \text{ 区} \qquad (6.2.20)$$

把史瓦西时空中的线元变成

$$\mathrm{d}s^2 = \frac{2M}{r}\mathrm{e}^{-r/2M}(-\mathrm{d}T^2 + \mathrm{d}R^2) + r^2(\mathrm{d}\theta^2 + \sin^2\theta\,\mathrm{d}\varphi^2) \qquad (6.2.21)$$

此即克鲁斯卡坐标系下的线元表达式,(R,T) 即克鲁斯卡坐标。从(6.2.21)式的号差可以判定,T 是时间坐标,R 是空间坐标。其中 r 与 R、T 的关系由下式决定:

$$16M^2\left(\frac{r}{2M}-1\right)\mathrm{e}^{\frac{r}{2M}} = R^2 - T^2 \qquad (6.2.22)$$

容易看出,克鲁斯卡时空不再是与时间坐标 T 无关的了。然而,它的度规分量在引力半径 r_g 处不再奇异,坐标奇异性被消除了。当然 $r=0$ 的奇点依然存在,内禀奇点不可能通过坐标变换而消除。

克鲁斯卡坐标系可以统一描述整个史瓦西时空,它覆盖了黑洞内、外及视界。而且,从克鲁斯卡时空图(图 6.2.3)可知,它扩大了史瓦西时空。两条对角线是视界。I 区即通常的黑洞外部宇宙,F 区为黑洞区,P 区为白洞区,II 区是另一个洞外宇宙,它和我们的宇宙没有因果连通,没有任何信息交流。奇点 $r=0$ 分别出现在白洞区和黑洞区,以双曲线形式呈现。I 区和 II 区中"$r=$ 常数"的双曲线,就是史

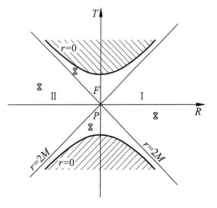

图 6.2.3 克鲁斯卡时空图

瓦西时空中静止粒子的世界线。F 区和 P 区中"$r=$常数"的双曲线为等时线。应当注意,此图中的任何一点,都代表一个二维球面。光锥如图 6.2.3 所示,总是呈 45°角张开。显然,白洞 P 中的粒子和信号可进入宇宙Ⅰ和宇宙Ⅱ,但宇宙Ⅰ、Ⅱ中的粒子和信号都不能退回白洞区。Ⅰ或Ⅱ中的粒子或信号都可以进入黑洞区 F,但Ⅰ、Ⅱ之间不能交流。黑洞区的粒子和信号也不能倒回宇宙Ⅰ或Ⅱ,只能向前到达奇点。应该指出史瓦西解是场方程的真空解,除去 $r=0$ 外,都是真空区,洞内的单向膜区也不例外,视界处当然也是真空。

在数学上,克鲁斯卡坐标比史瓦西坐标优越,它能覆盖整个史瓦西流形,而且能对流形上的一切过程(黑洞过程、白洞过程等)作最完备的描述,即除去通往内禀奇点的测地线之外,其他所有的测地线都可以无限延伸,通向无穷远。所以说,克鲁斯卡度规具有最大解析区和最高完备性。

5. 彭罗斯图

(1) 类时未来无穷远 I^+:r 有限,$t\to+\infty$;

(2) 类时过去无穷远 I^-:r 有限,$t\to-\infty$;

(3) 类空无穷远 I^0:t 有限,$r\to\infty$;

(4) 类光未来无穷远 J^+:$(t-r)$ 有限,$(t+r)\to+\infty$;

(5) 类光过去无穷远 J^-:$(t+r)$ 有限,$(t-r)\to-\infty$。

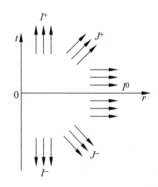

图 6.2.4　闵可夫斯基时空图

可以证明,在共形变换下,闵可夫斯基时空图 6.2.4 可变成彭罗斯图 6.2.5。同样,克鲁斯卡时空图 6.2.3 可变成彭罗斯图 6.2.6。应该注意,共形变换实际上是一种尺度变换,它把"无穷远"压到了有限的距离之内。例如,闵可夫斯基时空,它的时间无穷远(类时无穷远)和空间无穷远(类空无穷远),都是既画不出又摸不着的。但利用尺度压缩的共形变换作成彭罗斯图之后就是既画得出又摸得着的了。I^0 点就是空间无穷远,I^+ 点和 I^- 点就是时间无穷远,读者不妨用手摸摸这几个无穷远。应该说明,从我们的上、下、前、后、左、右均可以走向空间无穷远,我们把所有这些空间无穷远"认同"为一个点,就是图中的 I^0 点。J^+ 和 J^- 两个不含端点(即不含点 I^+、I^- 和点 I^0)的开线段,是类光无穷远。

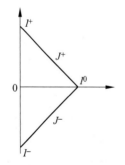

图 6.2.5　闵氏时空彭罗斯图

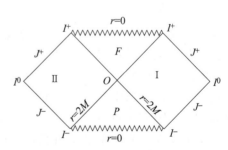

图 6.2.6　克鲁斯卡时空彭罗斯图

我们的闵可夫斯基时空,对应不含上述无穷远点(即不含 I^0、$I^\pm$、$J^\pm$)的开区域。开区域的边界(I^0、$I^\pm$、$J^\pm$)实际上并不对应闵可夫斯基时空中的点。也就是说,闵可夫斯基时空不含无穷远点。上述共形变换的尺度压缩,越趋向无穷远,压缩越厉害。在 I^0、$I^\pm$ 及 $J^\pm$ 处,尺度产生无限压缩。

还应该注意共形变换的另一特点,它是一个保角变换。虽然时空的尺度发生了压缩,但角度保持不变。原时空中呈 45°角的光锥,在彭罗斯图中仍保持 45°角。

图 6.2.6 是克鲁斯卡时空的彭罗斯图。此图中任何一点代表一个 r 取定值的二维球面。Ⅰ、Ⅱ 是两个相互不通信息的宇宙。每个宇宙均有自己的类时无穷远 $I^\pm$、类光无穷远 $J^\pm$ 和类空无穷远 I^0,$r=2M$ 是视界。F 是黑洞区,P 是白洞区。$r=0$ 是内禀奇点。奇点和边界(I^0、$I^\pm$、$J^\pm$)均不属于克鲁斯卡时空。此时空也是一个开区域,光锥仍保持 45°角。

对于 Ⅰ 和 Ⅱ 这两个相互不通信息的宇宙,O 点是一个"喉",或者叫作"虫洞",又叫作爱因斯坦-罗森桥。这两个宇宙可以通过此虫洞相通。但是,通过这个虫洞的世界线都是类空的,也就是说,都是超光速物体的世界线。这就是说,只有超光速运动的质点或飞船才能通过此虫洞,从一个宇宙进入另一个宇宙,而超光速运动是相对论理论所禁止的,所以这是一种不可穿越的虫洞。

6.3 克尔-纽曼黑洞

1. 克尔-纽曼度规

不随时间变化的带电球状物体周围的真空引力场(即时空弯曲状况),可以从爱因斯坦场方程解出,称为 Reissner-Nordstrom 解(简称 R-N 解或带电史瓦西解)。在自然单位制下,其线元为

$$ds^2 = -\left(1 - \frac{2M}{r} + \frac{Q^2}{r^2}\right)dt^2 + \left(1 - \frac{2M}{r} + \frac{Q^2}{r^2}\right)^{-1}dr^2 + r^2 d\theta^2 + r^2\sin^2\theta d\varphi^2 \quad (6.3.1)$$

M、Q 分别为场源的质量和电荷。这是一个电磁真空解,在带电球状体的外面,除电磁场外不存在任何其他物质。它所描述的弯曲时空是静态、球对称的,也就是说,时空的弯曲情况呈现球对称,且不随时间变化。

1963 年,克尔(R. P. Kerr)采用椭球坐标得出了场方程的一个稳态轴对称解。描述的时空是稳态轴对称的。在自然单位制下,它的线元是

$$ds^2 = -\left(1 - \frac{2Mr}{\rho^2}\right)dt^2 + \frac{\rho^2}{\Delta}dr^2 + \rho^2 d\theta^2 +$$
$$\left[(r^2 + a^2)\sin^2\theta + \frac{2Mra^2\sin^4\theta}{\rho^2}\right]d\varphi^2 - \frac{4Mra\sin^2\theta}{\rho^2}dt d\varphi \quad (6.3.2)$$

其中

$$\rho^2 = r^2 + a^2\cos^2\theta, \quad \Delta = r^2 - 2Mr + a^2 \quad (6.3.3)$$

不难看出度规不含 t 和 φ,$\frac{\partial g_{\mu\nu}}{\partial t} = \frac{\partial g_{\mu\nu}}{\partial \varphi} = 0$,所以这是一个稳态轴对称的时空。然而,它不是静态的,因为存在时轴交叉项($g_{03} \neq 0$)。这里,我们已令 $x^0 = t$,$x^1 = r$,$x^2 = \theta$,$x^3 = \varphi$。

此解一共有两个参量,质量 M 和角动量 J,在上面的式子中,角动量 J 是以单位质量角动量 a 的形式出现的,$a = J/M$。

后来,纽曼(E. T. Newman)等人在椭球坐标下把克尔解推广到带电情况,得到克尔-纽曼(Kerr-Newman)解,它描述一个转动带电星体的外部引力场,即描述该星体外部时空的弯曲情况。在自然单位制下,其线元为

$$ds^2 = -\left(1 - \frac{2Mr - Q^2}{\rho^2}\right)dt^2 + \frac{\rho^2}{\Delta}dr^2 + \rho^2 d\theta^2 +$$

$$\left[(r^2 + a^2)\sin^2\theta + \frac{(2Mr - Q^2)a^2\sin^4\theta}{\rho^2}\right]d\varphi^2 - \frac{2(2Mr - Q^2)a\sin^2\theta}{\rho^2}dt\,d\varphi \quad (6.3.4)$$

式中,$\rho^2 = r^2 + a^2\cos^2\theta$,$\Delta = r^2 - 2Mr + a^2 + Q^2$,与克尔解类似,这是一个稳态、轴对称的时空,度规中不含 t 和 φ,但时轴不正交($g_{03} \neq 0$)。它由三个参数决定,星体的总质量 M、总角动量 J 和总电荷 Q,角动量 J 也是以单位质量角动量 a 来显示的,$a = J/M$。

注意,上述解都是真空解,即星体外部都是真空区。带电情况下,星体外部是电磁真空,即不存在电磁场以外的任何物质。

克尔-纽曼时空在 $M \neq 0, J \neq 0$ 但 $Q = 0$ 时回到克尔时空;在 $M \neq 0, Q \neq 0$ 但 $J = 0$ 时回到 R-N 时空;在 $M \neq 0, J = 0, Q = 0$ 时回到史瓦西时空。研究表明,克尔-纽曼时空是最一般的稳态轴对称时空。

这个时空在位置

$$\rho^2 = r^2 + a^2\cos^2\theta = 0 \quad (6.3.5)$$

和

$$\Delta = r^2 - 2Mr + a^2 + Q^2 = 0 \quad (6.3.6)$$

处,即

$$\begin{cases} r = 0 \\ \theta = \pi/2 \end{cases} \quad (6.3.7)$$

和

$$r_{\pm} = M \pm \sqrt{M^2 - a^2 - Q^2} \quad (6.3.8)$$

处度规存在奇异性。注意,我们采用了自然单位制,所以本节的公式才显得比较简洁。恢复到普通单位时,(6.3.8)式写成

$$r_{\pm} = \frac{GM}{c^2} \pm \sqrt{\left(\frac{GM}{c^2}\right)^2 - \left(\frac{J}{Mc}\right)^2 - \frac{GQ^2}{c^4}} \quad (6.3.8\text{A})$$

注意,恢复到普通单位时,a 应改写为 $a = J/(Mc)$。

2. 无限红移面与视界

从稳态时空的红移公式

$$\nu = \nu_0\sqrt{-g_{00}} \quad (6.3.9)$$

可知,只要

$$g_{00} = 0 \quad (6.3.10)$$

就会产生无限红移。因此,(6.3.10)式可看作在稳态时空中决定无限红移面的普遍公式。

由(6.3.10)式可得出此时空存在的无限红移面

$$r_{\pm}^s = M \pm \sqrt{M^2 - a^2\cos^2\theta - Q^2} \tag{6.3.11}$$

我们看到,与史瓦西情况不同,克尔-纽曼时空有两个无限红移面。

现在我们来研究克尔-纽曼时空的视界。6.1节给出了求视界的普遍(6.1.14)式,即

$$g^{\mu\nu}\frac{\partial f}{\partial x^\mu}\frac{\partial f}{\partial x^\nu} = 0 \tag{6.3.12}$$

考虑到克尔-纽曼时空的对称性,我们认为该时空中的视界面也应是稳态且轴对称的,所以设(6.3.12)式中的 f 只是 r 与 θ 的函数。于是(6.3.12)式可化成

$$g^{11}\left(\frac{\partial f}{\partial r}\right)^2 + g^{22}\left(\frac{\partial f}{\partial \theta}\right)^2 = 0 \tag{6.3.13}$$

从(6.3.2)式不难得到度规的行列式

$$g = -\rho^4\sin^2\theta \tag{6.3.14}$$

和度规的逆变分量

$$\begin{cases} g^{00} = -\dfrac{1}{\rho^2}\left[\dfrac{(r^2+a^2)^2}{\Delta} - a^2\sin^2\theta\right], \quad g^{11} = \dfrac{\Delta}{\rho^2} \\[3mm] g^{22} = \dfrac{1}{\rho^2}, \quad g^{33} = \dfrac{1}{\rho^2}\left[\dfrac{1}{\sin^2\theta} - \dfrac{a^2}{\Delta}\right] \\[3mm] g^{03} = \dfrac{-(2Mr - Q^2)a}{\rho^2 \cdot \Delta} \end{cases} \tag{6.3.15}$$

代入(6.3.13)式可得

$$(r^2 + a^2 + Q^2 - 2Mr)\left(\frac{\partial f}{\partial r}\right)^2 + \left(\frac{\partial f}{\partial \theta}\right)^2 = 0 \tag{6.3.16}$$

分离变量

$$f(r,\theta) = R(r)H(\theta) \tag{6.3.17}$$

得

$$(r^2 + a^2 + Q^2 - 2Mr)\left(\frac{1}{R}\frac{\partial R}{\partial r}\right)^2 = -\left(\frac{1}{H}\frac{\partial H}{\partial \theta}\right)^2 = -\lambda^2 \tag{6.3.18}$$

其中 λ^2 为正常数。所以

$$\frac{\partial H}{\partial \theta} = \pm\lambda H \tag{6.3.19}$$

其解为

$$H = A\mathrm{e}^{\pm\lambda\theta} \tag{6.3.20}$$

因为此时空对于赤道面应是对称的,黑洞视界面对于角度 θ 和 $(\pi - \theta)$ 也应对称。如果 λ 为非零的实数,$H(\theta)$ 将不等于 $H(\pi - \theta)$,这与 θ 是一个角度不相容,因此必须有

$$\lambda = 0 \tag{6.3.21}$$

于是(6.3.18)式化成

$$(r^2 + a^2 + Q^2 - 2Mr)\left(\frac{1}{R}\frac{\partial R}{\partial r}\right)^2 = 0 \tag{6.3.22}$$

所以有

$$r^2 + a^2 + Q^2 - 2Mr = 0 \tag{6.3.23}$$

解为

$$r_{\pm} = M \pm \sqrt{M^2 - a^2 - Q^2} \qquad (6.3.24)$$

这就是克尔-纽曼时空的视界。注意,由于克尔-纽曼解使用的是椭球坐标,(6.3.24)式所示的视界面不是球面,而是椭球面。(6.3.24)式就是(6.3.8)式所示的奇异面。当然,这里的奇异性属于坐标奇异性,仅度规出现发散,时空曲率正常。我们看到,克尔-纽曼时空的视界和无限红移面各有两个,而且视界和无限红移面不重合。黑洞的边界是用视界而不是用无限红移面来定义的,我们称外视界 r_+ 包围的部分为克尔-纽曼黑洞。当星体坍缩到小于 r_+ 的区域时,克尔-纽曼黑洞就形成了。

3. 单向膜区与能层

图 6.3.1 是克尔-纽曼黑洞的剖面图,两个视界之间的区域是单向膜区。外视界 r_+ 与外无限红移面 r_+^s 之间的空间称为外能层,它实际上在黑洞之外。内视界 r_- 和内无限红移面 r_-^s 之间的区域称内能层。图中能层区用阴影部分显示出来,下面简述各区的时空特征。

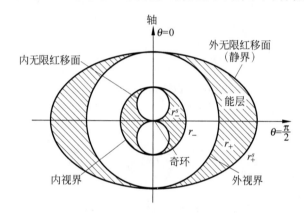

图 6.3.1 克尔-纽曼黑洞的剖面图

(1) 外无限红移面之外($r > r_+^s$)

$g_{00} < 0$, $g_{11} > 0$, t 表示时间, r 表示空间;

(2) 外能层区($r_+^s > r > r_+$)

$g_{00} > 0$, $g_{11} > 0$, 时空概念看不清;

(3) 单向膜区($r_+ > r > r_-$)

$g_{00} > 0$, $g_{11} < 0$, t 表示空间, r 表示时间, 时空坐标互换;

(4) 内能层区($r_- > r > r_-^s$)

$g_{00} > 0$, $g_{11} > 0$, 时空概念看不清;

(5) 内能层以内($r_-^s > r$)

$g_{00} < 0$, $g_{11} > 0$, t 表示时间, r 表示空间。

我们看到,内无限红移面包围着一块与洞外宇宙时空属性相同的区域, t 表示时间, r 表示空间。在单向膜区,时空坐标互换, t 表示空间, r 表示时间。但在两个能层区, g_{00} 与 g_{11} 同号,时空概念看不清楚。

如果我们采用拖动系,即考虑到任何物理的坐标系都不可避免地会被转动的球体所拖

动,假设拖动角速度为

$$\dot{\varphi} = \frac{\mathrm{d}\varphi}{\mathrm{d}t} = -\frac{g_{03}}{g_{33}} \tag{6.3.25}$$

则线元(6.3.4)将化成

$$\mathrm{d}s^2 = \left(g_{00} - \frac{g_{03}^2}{g_{33}}\right)\mathrm{d}t^2 + g_{11}\mathrm{d}r^2 + g_{22}\mathrm{d}\theta^2 + g_{33}\left(\mathrm{d}\varphi + \frac{g_{03}}{g_{33}}\mathrm{d}t\right)^2$$

$$= \hat{g}_{00}\mathrm{d}t^2 + g_{11}\mathrm{d}r^2 + g_{22}\mathrm{d}\theta^2 \tag{6.3.26}$$

式中

$$\hat{g}_{00} = g_{00} - \frac{g_{03}^2}{g_{33}} = \frac{-\rho^2\Delta}{(r^2+a^2)^2 - \Delta a^2\sin^2\theta}$$

$$= \frac{-\rho^2(r-r_+)(r-r_-)}{(r^2+a^2)\rho^2 + (2Mr-Q^2)a^2\sin^2\theta} \tag{6.3.27}$$

在能层中 $\hat{g}_{00} < 0, g_{11} > 0$,此时 t 仍为时间,r 仍为空间,能层中时空的概念可以看清楚了。可以证明,能层内的观测者和粒子一定会被引力场拖动。这是因为能层内静止的观测者和粒子将是超光速的,所以能层内不可能存在静止的物体,这也是无限红移面又被称为静界的原因。静界就是存在静止观测者和粒子的界限,静界以外可以存在静止观测者和静止粒子,但静界以内不行。

综上所述,对于克尔-纽曼黑洞,时空坐标互换的单向膜区,仅存在于内、外视界之间。在外视界以外,内视界以内,t 都表示时间,r 都表示空间。

4. 内禀奇异性

出现在视界处的奇异性,是坐标奇异性,曲率不发散,粒子可自由地穿过它进入黑洞。然而,(6.3.7)式所示的奇异性却是内禀的,内禀奇异性不能通过坐标变换来消除,曲率张量所形成的标量在那里发散。有趣的是,史瓦西黑洞和 R-N 黑洞的内禀奇异区是"点";克尔黑洞和克尔-纽曼黑洞的内禀奇异区不是"点",而是"环"。现代相对论理论把内禀奇异区排除在时空之外,认为奇异区不属于时空,所以这两类黑洞的拓扑结构不同。下面采用克尔在1963年建议的"直角坐标"来研究克尔黑洞的内禀奇异区,在"直角坐标"

$$\begin{cases} \tilde{t} = \int\left(\mathrm{d}t + \frac{r^2+a^2}{\Delta}\mathrm{d}r\right) - r \\ x = (r\cos\varphi - a\sin\varphi)\sin\theta \\ y = (r\sin\varphi + a\cos\varphi)\sin\theta \\ z = r\cos\theta \end{cases} \tag{6.3.28}$$

下,克尔度规变成

$$\mathrm{d}s^2 = -\mathrm{d}\tilde{t}^2 + \mathrm{d}x^2 + \mathrm{d}y^2 + \mathrm{d}z^2 +$$

$$\frac{2Mr^3}{r^4+a^2z^2}\left\{\frac{r(x\mathrm{d}x+y\mathrm{d}y) - a(x\mathrm{d}y - y\mathrm{d}x)}{r^2+a^2} + \frac{z\mathrm{d}z}{r} + \mathrm{d}\tilde{t}\right\}^2 \tag{6.3.29}$$

当 $M=0$ 时,此线元回到闵氏时空直角坐标系下的线元

$$\mathrm{d}s^2 = -\mathrm{d}\tilde{t}^2 + \mathrm{d}x^2 + \mathrm{d}y^2 + \mathrm{d}z^2 \tag{6.3.30}$$

所以,称这组坐标为"直角坐标"。在上式中,视界处的奇性已不再出现,只剩下 $r=0$ 处的奇

异性。从(6.3.28)式不难看出,$r=0$ 在此直角坐标系内的表达式为

$$\begin{cases} x^2 + y^2 = a^2 \sin^2\theta, \\ z = 0, \end{cases} \quad 0 \leqslant \theta \leqslant \frac{\pi}{2} \tag{6.3.31}$$

这是一个半径为 a 的圆盘。由(6.3.7)式可知,内禀奇点在 $r=0$ 且 $\theta = \frac{\pi}{2}$ 处,所以只有圆盘的边沿才是真正的内禀奇异区,即

$$\begin{cases} x^2 + y^2 = a^2 \\ z = 0 \end{cases} \tag{6.3.32}$$

这是半径为 a 的圆环,即奇环。

值得注意的是,圆环附近的时空不是单向膜区,内、外能层也不是单向膜区。黑洞外的质点(例如飞船),穿过外无限红移面进入外能层后,仍可以逃出去。因此,那里还不是真正的黑洞区,真正的黑洞区是外视界 r_+ 包围的区域。质点进入外视界后,就到达单向膜区,将不可避免地向内视界运动,穿过内视界进入内能层后,它将被引力场拖动。它可在内能层及内无限红移面以里的区域运动,不一定会落到奇环上,因为那里不是单向膜区。事实上,接近奇环(以及 R-N 黑洞的奇点)是十分困难的,它们表现出极强的"斥力",只有加速度趋于无穷大的质点或者光线才能抵达它们。因此,进入这类黑洞的飞船,不必担心撞上奇点或奇环。这样看来,内视界以里的区域,还有可能建立某些物质结构。而且,粒子还可能进入其他引力宇宙,或者穿过奇环进入另一个斥力宇宙。然而,下面我们会谈到,一般认为内视界以里的时空区是不稳定的,可能完全不像我们刚才讲的那种样子。

5. 彭罗斯图

图 6.3.2 给出了克尔-纽曼时空的彭罗斯图,图中没有画出无限红移面,r_+ 为外视界,r_- 为内视界。Ⅰ区是洞外宇宙,Ⅱ区是单向膜区,Ⅲ区是内视界以里的区域。

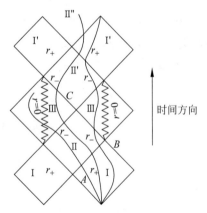

图 6.3.2 克尔-纽曼时空的彭罗斯图

在前面讨论的史瓦西情况下,奇点 $r=0$ 附近,$g_{00} > 0$,$g_{11} < 0$,t 是空间坐标,r 是时间坐标。$r=$ 常数的面是等时面,$r=0$ 的"面"(即奇点)在彭罗斯图上应该与时间方向垂直,这种奇异性称为"类空奇异性",它将阻断所有进入黑洞的质点或光子的"前程"。这些粒子都将不可避免地撞在此类空奇点上。所有进入史瓦西黑洞的类时、类光世界线都将在 $r=0$ 的奇点处终止。

但是,克尔-纽曼黑洞与史瓦西黑洞不同,在 $r=0$ 附近,$\hat{g}_{00} < 0$,$g_{11} > 0$,t 仍是时间坐标,r 是空间坐标,等 r 面与时间方向平行,$r=0$ 作为一个特殊的等 r "面"当然也不例外。与时间走向平行的奇点(或奇环)称为"类时奇点(或奇环)",所以克尔-纽曼黑洞的奇异性(包括克尔黑洞、克尔-纽曼黑洞的奇环和 R-N 黑洞的奇点)是类时的。类时奇点(或奇环)现在是竖直的,它不阻挡进入黑洞的光和质点的世界线,除非它们有意往奇点上撞。进入克尔-纽曼黑洞的粒子,在穿过单向

膜区Ⅱ,进入Ⅲ区后,还可从另一个区域Ⅱ′(白洞的单向膜区)中穿过,进入另一个宇宙Ⅰ′。在Ⅰ区看来,这个洞是黑洞,Ⅱ是黑洞的单向膜区,Ⅲ是黑洞的内部区。而在Ⅰ′区看来,Ⅱ′区是白洞的单向膜区,Ⅲ是白洞内部区。上述彭罗斯图往上、下方可无限延伸,从一个宇宙进入克尔-纽曼黑洞的飞船,有可能从另一个宇宙的白洞中冒出来。这就是说,两个宇宙之间存在一个虫洞(隧道),黑洞是虫洞的入口,白洞是出口。也有可能Ⅰ和Ⅰ′是同一个宇宙,虫洞的两个开口(白洞和黑洞)均在同一个宇宙中。

世界线 A 所示的观测者进入黑洞后,穿过奇环进入$-\infty<r<0$的反引力宇宙,此宇宙没有视界,也没有无限红移面。但对于R-N黑洞,$r=0$处是奇点,不是奇环,不存在反引力宇宙,此路不通,世界线在$r=0$处终结。世界线 B 所示的观测者进入黑洞后,又从白洞出来,到达另一个引力宇宙,直到无穷远。世界线 C 所示的观测者,从黑洞进去白洞出来,到达另一个宇宙后,又进入那个宇宙的一个黑洞。

不过,真实的黑洞可能不是这样。下面的宇宙监督假设告诉我们,黑洞内部的通道是被阻断的,飞船不可能从黑洞进去再从一个白洞出来,因此黑洞内部不存在可穿越的时空隧道。

6. 极端黑洞、裸奇异与宇宙监督假设

当满足条件

$$a^2 + Q^2 \rightarrow M^2 \tag{6.3.33}$$

时,克尔-纽曼黑洞达到极端状态

$$a^2 + Q^2 = M^2, \quad r_+ = r_- = M \tag{6.3.34}$$

此时内、外视界重合,单向膜区成为一张无限薄的膜。如果再增加一点电荷或角动量,内外视界和单向膜区将消失,奇环(R-N情况是奇点)将裸露出来,出现裸奇异。裸露的奇环(或奇点)将向周围放出不确定的信息,破坏时空的因果性。

为了避免这一现象的出现,彭罗斯提出宇宙监督假设:"存在一位宇宙监督,它禁止裸奇异的出现。"

彭罗斯最初考虑,只要把奇点或奇环包在黑洞内,信息跑不出黑洞,它们就破坏不了时空的因果性。视界就像衣服一样,披在奇点和奇环的身上。

然而,奇点和奇环即使被包在黑洞中,在某些情况下,进入黑洞的人仍有可能看到它。例如R-N黑洞和克尔黑洞、克尔-纽曼黑洞等情况,进入黑洞穿过内视界后的宇航员,就会看见内部的奇点和奇环,会受它们的奇异性的影响,因果关系仍将被破坏。于是,彭罗斯改进他的宇宙监督假设,说"类时奇异性是不稳定的"(图6.3.3)。他认为,在微扰下类时的奇点(或奇环)会"倒"在内视界r_-上,成为类光或类空奇异性,截断进入黑洞的飞船的通道。这样,飞船就无法进入$r<r_-$的时空区,当然不可能接收到来自奇点或奇环的信息,这就保证了因果性不出问题。

彭罗斯后来又进一步把宇宙监督假设改为"时空一定是整体双曲的"。所谓"整体双曲",就是一定存在柯西面。这就是说,一定可以在时空中找到一张三维超曲面,过时空中任何一点的因果曲线都必定通过它。

但是,"宇宙监督"是什么呢?这条假设就像当年不了解大气压强时提出的"自然害怕真空"一样,在物理上没有解决任何问题。如果这条假设真的正确,我们必须弄清楚这位"宇宙

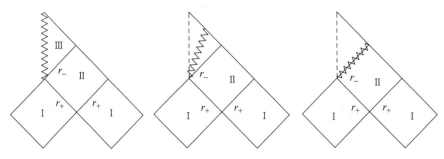

图 6.3.3 不稳定的类时奇异性

监督"究竟是谁,它必定是一条物理定律,也许是我们还不知道的一条定律,但更可能是我们已经知道的一条定律,只不过我们还没有看出它与时空奇异性的联系。

6.4 黑洞的非热效应

1. 拖曳效应

现在我们来考查克尔-纽曼时空中质点静止的情况。一个静止的质点,r、θ、φ 三个坐标都应是固定的,即 $\mathrm{d}r = \mathrm{d}\theta = \mathrm{d}\varphi = 0$。这时,克尔-纽曼时空的线元(6.3.4)约化成

$$\mathrm{d}s^2 = -\left(1 - \frac{2Mr - Q^2}{\rho^2}\right)\mathrm{d}t^2 = -\frac{(r - r_+^s)(r - r_-^s)}{\rho^2}\mathrm{d}t^2 \qquad (6.4.1)$$

式中,$\rho^2 = r^2 + a^2\cos^2\theta$,$r_\pm^s$ 为(6.3.11)式所示的无限红移面。

无限红移面之外,$r > r_+^s$,或 $r < r_-^s$,有 $\mathrm{d}s^2 < 0$,间隔是类时的,它表示静止质点描出的世界线是一条亚光速的类时线,这在物理上是允许的。也就是说,质点可以在外无限红移面 r_+^s 之外的广大时空区静止,也可在内无限红移面 r_-^s 之内的时空区静止。

在无限红移面上,$r = r_+^s$ 或 $r = r_-^s$,有 $\mathrm{d}s^2 = 0$,间隔类光。它表示静止质点描出的世界线是类光的,静止质点要以光速运动。这与相对论相违背,显然是荒谬的。可见,质点不能在无限红移面上静止。

在 $r_+ < r < r_+^s$ 或 $r_-^s < r < r_-$ 的能层区,$\mathrm{d}s^2 > 0$,间隔类空。这表示静止质点描出的世界线是超光速的类空线。在能层中静止的质点,实际上是在作超光速运动,这也是相对论所禁止的,可见质点不可能在能层中静止。无限红移面是质点在时空中可静止的边界,所以,又称无限红移面为静界。所有在能层中和无限红移面上的质点都将被迫运动。实际上,它们是被转动黑洞的引力场所拖动,不难证明,被拖动的质点必须以角速度

$$\Omega = \frac{\mathrm{d}\varphi}{\mathrm{d}t} \qquad (6.4.2)$$

转动。Ω 的取值范围为

$$\frac{-g_{03} - \sqrt{-\hat{g}_{00}g_{33}}}{g_{33}} \leqslant \Omega \leqslant \frac{-g_{03} + \sqrt{-\hat{g}_{00}g_{33}}}{g_{33}} \qquad (6.4.3)$$

等号对应类光线(描述光子运动),不等号对应类时线(质点运动),式中 $\hat{g}_{00}$ 如(6.3.27)式所

示。我们看到,能层中的质点不能静止,必须转动。这种转动是被转动黑洞的引力场所拖动的,可看作马赫原理的表现。马赫早就预期,转动物体会对周围的物质产生拖曳作用。

在视界上,$\hat{g}_{00}=0$,拖曳速度只能取一个确定值

$$\Omega = \lim_{r \to r_{\pm}} \left(\frac{-g_{03}}{g_{33}} \right) = \frac{a}{r_{\pm}^2 + a^2} \tag{6.4.4}$$

"+"号对应外视界,"−"号对应内视界。这就是说,位于视界上的粒子,必须以确定的角速度转动,而且,此粒子 $ds^2=0$,世界线类光,速度必须是光速。我们把视界上粒子(光子)的这个确定的角速度定义为黑洞视界的转动角速度。从(6.4.4)式可知,内、外视界的转动角速度是不同的。一般把外视界的转动角速度 Ω_+ 当作黑洞的转动角速度。

2. 黑洞的表面积、表面引力和静电势

黑洞的真正边界是外视界 r_+,无限红移面和能层不过是黑洞的附属物。因此,人们定义外视界的面积为黑洞的表面积。它为任一固定时刻 t,$r=r_+$ 处的曲面的面积。下面我们将同时算出内、外视界的面积,即 $r=r_{\pm}$ 处的面积。在 $dt=0$,$dr=0$ 的条件下,克尔-纽曼时空线元化成

$$d\sigma^2 = g_{22} d\theta^2 + g_{33} d\varphi^2 \tag{6.4.5}$$

度规行列式为

$$g = \begin{vmatrix} g_{22} & 0 \\ 0 & g_{33} \end{vmatrix} = g_{22} g_{33} = (r_{\pm}^2 + a^2)^2 \sin^2\theta \tag{6.4.6}$$

可算出内、外视界的面积为

$$A_{\pm} = \int \sqrt{g} \, d\theta d\varphi = 4\pi(r_{\pm}^2 + a^2) \tag{6.4.7}$$

式中,A_+ 为外视界面积,也即我们通常所说的黑洞表面积;A_- 为内视界面积。R-N 黑洞内、外视界面积为

$$A_{\pm} = 4\pi r_{\pm}^2 \tag{6.4.8}$$

史瓦西黑洞内视界消失,外视界面积为

$$A_+ = 16\pi M^2 \tag{6.4.9}$$

下面定义一个非常重要的物理量:黑洞表面引力 κ。它是一个静止在外视界表面的物体(随视界面一起转动)所受的引力场强。然而,物体如果真的放在视界表面,它将以光速运动。因此,任何一个静质量不为零的物体都不可能真地放在视界面上。于是,让这个物体静止在视界上方非常靠近视界面 r_+ 的地方,即图 6.4.1 中的 r 处,由于黑洞转动,这个物体要相对于黑洞表面(视界面)静止,就是要与黑洞表面以同样的角速度 Ω_+ 转动。表面引力 κ 就定义为此物体所受到的固有加速度 b 与红移因子 $\sqrt{-\hat{g}_{00}}$ 的乘积,在此物体趋近于黑洞表面时的极限

$$\kappa = \lim_{r \to r_+} b \sqrt{-\hat{g}_{00}} \tag{6.4.10}$$

注意,红移因子用的是 $\sqrt{-\hat{g}_{00}}$,而不是 $\sqrt{-g_{00}}$,后者是克尔-纽曼时空中无穷远静止观测者所用的红移因子。由

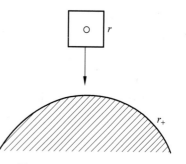

图 6.4.1 视界的表面引力

于我们考虑的物体与黑洞一起转动,也就是被黑洞拖曳,所以这里采用拖曳坐标系中的红移因子 $\sqrt{-\hat{g}_{00}}$,$\hat{g}_{00}$ 如(6.3.27)式所示。

利用测地线方程可以把公式(6.4.10)化为

$$\kappa = \lim_{r \to r_+} \left(-\frac{1}{2} \sqrt{\frac{g^{11}}{-\hat{g}_{00}}} \hat{g}_{00,1} \right) \qquad (6.4.11)$$

把克尔-纽曼度规代入,得

$$\kappa = \frac{r_+ - r_-}{2(r_+^2 + a^2)} \qquad (6.4.12)$$

此即黑洞外视界的表面引力,通常记为 κ_+。不难用类似方法算出内视界的表面引力 κ_-,它们可统一表示为

$$\kappa_\pm = \frac{r_+ - r_-}{2(r_\pm^2 + a^2)} \qquad (6.4.13)$$

克尔黑洞的表面引力表达式形式上与(6.4.13)式所示的克尔-纽曼情况一样,电荷上的差别隐含在 r_+ 与 r_- 的表达式中。

史瓦西黑洞内视界消失,外视界表面引力为

$$\kappa_+ = \frac{1}{4M} \qquad (6.4.14)$$

对于带电的克尔-纽曼黑洞,还可以算出它视界面两极处的静电势(即 $\theta = 0$ 和 $\theta = \pi$ 处)

$$V_\pm = \frac{Qr_\pm}{r_\pm^2 + a^2} \qquad (6.4.15)$$

它也就是拖曳系中黑洞表面任一点处的静电势。

3. 彭罗斯过程

在能层内除去通常的正能轨道外,还存在负能轨道。研究表明,这些负能轨道都是角动量为负的轨道,即与黑洞转动方向相反的轨道。一个在无穷远处能量为 E 的物体,在不受外力(万有引力不算外力)的情况下飞向黑洞,将沿测地线运动。已经证明,对于不随时间变化的稳态时空,E 沿测地线守恒。它飞入能层后如果碎成两块,其中一块 E_1 沿负能轨道落入黑洞内部,另一块能量为 E_2 的碎片逃出能层沿测地线飞往无穷远,它将在飞行过程中保持 E_2 不变。由于能量守恒

$$E_1 + E_2 = E \qquad (6.4.16)$$

E_1 为负,将导致

$$E_2 > E \qquad (6.4.17)$$

这就是说,无穷远观测者得到的此物体的出射能量大于入射能量,他用这种方法从黑洞的能层中提取了能量,这一效应被称为彭罗斯过程。落入黑洞的负能物体 E_1 带有负的角动量,将使黑洞的能量和角动量减小,转速变慢,能层缩小。因此,彭罗斯过程提取的是黑洞的转动能量。反复施加这一过程,会使克尔黑洞退化为不转动的史瓦西黑洞,克尔-纽曼黑洞退化为不转动的 R-N 黑洞。不少人据此提出了一些利用转动黑洞作为能源的模型,这类能源至少有一个优点——不带来环境污染。

E 与 E_2 对无穷远观测者而言,就是他测量的真实能量——固有能量,但是不在无穷远

而在时空弯曲的地方,例如黑洞附近及能层内部,E_1、E_2 与 E 都不是那里的随动观测者(随着物体一起动,即相对运动物体静止的观测者)测得的真实能量,都不是物体在那里的固有能。E_1 是负的,但此碎块的固有能仍是正的,至今还没有发现固有能为负的物体。我们可以这样看,E_1、E_2 与 E 都只对无穷远观测者是真实能量,对黑洞附近的观测者,它们都只是一种表观能量,没有测量意义。

但是,彭罗斯过程是真实的,无穷远观测者确实可以用此方法从转动黑洞提取能量。

4. 黑洞的超辐射

米斯纳(C. W. Misner)从彭罗斯过程得到启发,预言黑洞存在类似于受激辐射的超辐射。他认为,彭罗斯过程并未对入射物体的大小作任何限制。设想入射物体很小,小到微观粒子,彭罗斯过程应该同样存在。这时量子效应已起作用,入射的量子可看作入射波,彭罗斯过程的量子对应该是一种类似于激光的超辐射,出射波的强度大于入射波的强度。他认为,这种超辐射对于没有能层的带电 R-N 黑洞也存在,超辐射的频率限制在区间

$$\mu < \omega \leqslant \omega_0 = m\Omega_+ + eV_+ \tag{6.4.18}$$

式中 ω、μ、m、e 分别为粒子的能量、静质量、磁量子数和电荷,Ω_+ 和 V_+ 分别为黑洞的转动角速度及外视界两极处的静电势。

米斯纳超辐射提取的是黑洞的转动能量和电磁能量,这一过程的反复进行,将使黑洞能量、角动量和电荷减少,最终退化为史瓦西黑洞。

爱因斯坦在研究原子对光的发射和吸收时,提出辐射有两种,一种是自发辐射,另一种是受激辐射,两种辐射的系数有一定关系。存在与受激辐射类似的超辐射,就应该同时存在自发辐射。按此思路,人们很快得出了黑洞存在自发辐射的结论。

5. 黑洞的自发辐射

狄拉克为了克服相对论量子力学中的负能困难,曾经提出真空不空的思想。他认为所谓真空,不过是量子的最低能态。由于存在负能态,最低能态就不仅不能有正能粒子,而且负能态必须被负能粒子填满。如果有空着的负能空穴存在,状态的能量就没有达到最低,把此空穴填上的状态,能量会更低。

狄拉克认为,由于负能态已被填满,根据泡利不相容原理,正能的电子(或其他费米子)就不可能跃过禁区成为负能粒子,这就克服了相对论量子力学中的负能困难。

现在,我们来考查黑洞表面附近的狄拉克真空能级,看它与平直时空情况有何不同。在平直时空情况,狄拉克能级来自相对论能量动量关系

$$\omega^2 = p^2c^2 + \mu^2c^4 \tag{6.4.19}$$

式中 ω、μ、p 分别为粒子的能量、质量和动量。写成四维动量形式为

$$\eta^{\mu\nu}p_\mu p_\nu = -\mu^2c^2, \quad \mu,\nu = 0,1,2,3 \tag{6.4.20}$$

其中,$\eta^{\mu\nu}$ 为闵可夫斯基度规。注意到粒子能量 $\omega = -p_0$,即可得到(6.4.19)式。

推广到弯曲时空,$\eta^{\mu\nu}$ 应该用弯曲时空的度规来代替,(6.4.20)式应改为

$$g^{\mu\nu}p_\mu p_\nu = -\mu^2c^2, \quad \mu,\nu = 0,1,2,3 \tag{6.4.21}$$

如果存在电磁场 A_μ 且粒子带电荷 e,则应考虑到粒子电磁动量 eA_μ 的影响,上式应写成

$$g^{\mu\nu}(p_\mu - eA_\mu)(p_\nu - eA_\nu) = -\mu^2c^2, \quad \mu,\nu = 0,1,2,3 \tag{6.4.22}$$

现在,我们具体来研究克尔-纽曼时空中带电粒子的能级。把克尔-纽曼度规代入上式可以证明,粒子的能量 ω 必须满足下述不等式:

$$\left[\omega(r^2+a^2)-ma-eQr\right]^2-\Delta(\mu^2r^2+K)\geqslant 0 \qquad (6.4.23)$$

式中

$$\Delta=r^2+a^2+Q^2-2Mr=(r-r_+)(r-r_-) \qquad (6.4.24)$$

m 为粒子的磁量子数,它本质上就是粒子沿 φ 方向的角动量 $m=p_\varphi$,K 是一个常数,(6.4.23)式取等号可解得

$$\omega_\pm=(r^2+a^2)^{-1}\left[ma+eQr\pm\sqrt{\Delta(\mu^2r^2+K)}\right] \qquad (6.4.25)$$

这就是说,粒子只能存在于 $\omega\geqslant\omega_+$ 的正能态,或 $\omega\leqslant\omega_-$ 的负能态,而 $\omega_-<\omega<\omega_+$ 之间是不能有粒子存在的能量禁区。

在无穷远处,$r\to\infty$,有

$$\omega_\pm=\pm\mu \qquad (6.4.26)$$

恰为平直时空的狄拉克能级(图6.4.2)。这是因为克尔-纽曼时空是渐近平直的,在无穷远处,克尔-纽曼度规规化为闵可夫斯基度规,弯曲时空趋于了平直时空。

在黑洞表面处,$r\to r_+$,$\Delta\to 0$,ω_+ 与 ω_- 重合于

$$\omega_0=m\Omega_++eV_+ \qquad (6.4.27)$$

式中

$$\Omega_+=\frac{a}{r_+^2+a^2}, \quad V_+=\frac{Qr_+}{r_+^2+a^2} \qquad (6.4.28)$$

分别为黑洞的转动角速度与黑洞两极处的静电势。这就是说,在黑洞表面处,狄拉克真空的禁区宽度缩小到零。

当 ω_0 大于粒子静质量 μ 时,在黑洞表面附近会发生如图6.4.3所示的正负能级交错。一部分负能粒子的能量会大于 μ,并大于附近的正能态。由于真空情况下负能态是充满粒子的,而正能态是空着的,这时,能量 ω 处于

$$\mu<\omega\leqslant\omega_0=m\Omega_++eV_+ \qquad (6.4.29)$$

的负能粒子,将可能通过隧道效应穿过禁区而成为正能粒子,并飞向远方。这部分出射粒子将带走黑洞的能量、角动量和电荷,这一效应称为斯塔诺宾斯基-安鲁效应,它实际上是对应于受激辐射(米斯纳超辐射)的自发辐射。

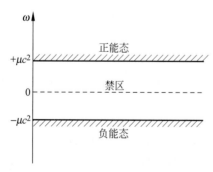

图6.4.2 平直时空中的狄拉克真空能级

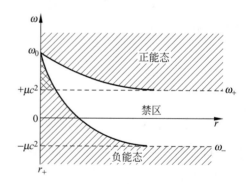

图6.4.3 克尔-纽曼黑洞附近的真空能级

黑洞的自发辐射与超辐射均属于非热辐射,与温度没有关系。自发辐射和超辐射将使克尔-纽曼黑洞的角动量和电荷减少,最终退化为不转动、不带电的史瓦西黑洞。在这个意义上,可以把史瓦西黑洞看作黑洞的基态,而把各种转动、带电的黑洞看作黑洞的激发态。

彭罗斯过程和非热辐射过程遵守面积定理(见6.5节),不断抛射电荷和角动量,使得黑洞面积不断增大,直到退化为史瓦西黑洞时,面积达到最大。

我们看到,黑洞有活跃的量子效应,这是以前所没有料到的,但是,这只限于转动或带电的黑洞(克尔黑洞、R-N黑洞、克尔-纽曼黑洞)。处于基态的史瓦西黑洞没有上述效应,似乎仍然是一颗只进不出的僵死的星,它仍被视为恒星演化的最终归宿。

6.5　黑洞的热性质

黑洞量子热效应的发现,完全出乎人们的意料。它表明黑洞不是一颗僵死的星,而是有着丰富的内涵的。黑洞不是一个只进不出的洞,它能向外热辐射粒子。黑洞不是恒星演化的最终归宿,而是恒星演化的一个阶段。

茫茫宇宙中的黑洞,不是黑夜中的黑点,而是周围发生着激烈效应的星体。虽然我们目前还不能完全描述这些效应,但是它们肯定存在,而且其中一些会非常强烈。黑洞热效应的发现,开辟了天体物理学研究的一个新领域。

同时,黑洞热效应的深远意义,远远超出了天体物理学的范围。它揭示了引力效应与热效应的深刻联系,预示着物理学一个新时代的到来。

1. 无毛定理

从克尔-纽曼度规(6.3.4)可以看出,这个时空的度规仅由 M、J、Q 三个参量决定。也就是说,这个时空如何弯曲,只取决于黑洞的总质量、总角动量和总电荷,与物质的成分及结构都没有关系。

从克尔-纽曼黑洞的外部,我们只能探测到它的总质量、总角动量和总电荷,探测不到其他任何信息。我们也不可能知道这个黑洞过去的历程,不可能知道它是由什么样的星体、在什么时候、以何种方式形成的。黑洞是一颗忘了本的星,它不记得自己的历史和祖宗。从这个角度讲,黑洞是最简单的星。

惠勒等人把黑洞的上述性质总结为无毛定理:形成黑洞的星体,失去了除总质量 M、总角动量 J 和总电荷 Q 外的全部信息。黑洞的全部性质只由 M、J、Q 这三个参量决定。

"毛"就是信息;无毛,就是没有信息。其实黑洞还剩三根毛——质量、角动量和电荷,"无毛定理"实际上是"三毛定理"。

落进黑洞的物体,会失去它的质量、角动量和电荷之外的全部信息,信息相当于负熵,因此黑洞形成的过程以及物体落入黑洞的过程,都是熵增加的过程。

另一方面,按照黑洞的定义,黑洞是一颗这样的星:什么物质都可以掉进去,但任何物质都跑不出来,辐射当然也不例外。射到黑洞上的任何辐射都将被它吸收,而不会被反射。在物理学上,只吸收辐射而不反射任何辐射的物体被称为黑体。黑体是最简单的客体,它的性质只由一个参量决定,那就是温度。黑体虽然不反射辐射,但却能发射辐射。这是一种最简单的辐射,其能谱只取决于温度,称为热辐射或黑体辐射。普朗克曾经在研究黑体辐射的过程中开创了量子理论。

黑洞与黑体类似,而且落进黑洞的物体会失去几乎全部信息,导致熵增加。由此看来,莫非黑洞具有热性质? 黑洞具有温度和熵?

2. 面积定理

1971年,霍金在宇宙监督假设和强能量条件成立的前提下,证明了面积定理:黑洞的表面积在顺时针方向永不减少,即

$$dA \geqslant 0 \tag{6.5.1}$$

其中,强能量条件为

$$\rho + 3p > 0 \tag{6.5.2}$$

ρ 是物质密度,p 是应力压强,此条件的意思是,时空中应力不能太负,通常的物质都满足强能量条件。

按照面积定理,两个黑洞可以合并为一个,合并后的面积大于合并前的面积。但是一个黑洞不能分裂为两个,分裂后的总面积小于分裂前的面积,违背面积定理。

面积定理使惠勒的研究生贝肯斯坦(J. Bekenstein)联想到热力学第二定律,黑洞的表面积似乎有点像热力学中的熵。在物理学中,除去熵(及其派生的一些量)之外,人们还想不出有什么物理量具有时间的单向性。在热力学中,熵 S 在绝热过程中(或在孤立系统中)不会减少,即

$$dS \geqslant 0 \tag{6.5.3}$$

这被称为热力学第二定律,它是唯一显示时间箭头的物理定律。

3. 贝肯斯坦-斯马尔公式

经过进一步的思考及与惠勒教授的讨论,贝肯斯坦发现了黑洞各参量之间的一个重要关系式。几乎与此同时,斯马尔(L. Smarr)也独立地发现了这一公式,这就是著名的贝肯斯坦-斯马尔公式。

克尔-纽曼黑洞外视界的表面积 A_+(即前面的 A),表面引力 κ_+,转动角速度 Ω_+ 和外视界两极处的静电势 V_+ 分别为

$$A_+ = 4\pi(r_+^2 + a^2), \quad \kappa_+ = \frac{r_+ - r_-}{2(r_+^2 + a^2)}, \quad \Omega_+ = \frac{a}{r_+^2 + a^2}, \quad V_+ = \frac{Qr_+}{r_+^2 + a^2} \tag{6.5.4}$$

式中 $r_\pm = M \pm \sqrt{M^2 - a^2 - Q^2}$ 为内、外视界半径。贝肯斯坦和斯马尔发现下述公式成立:

$$M = \frac{\kappa_+}{4\pi}A_+ + 2\Omega_+ J + V_+ Q \tag{6.5.5}$$

这个公式称为贝肯斯坦-斯马尔积分公式。把它微分可得

$$dM = \frac{\kappa_+}{8\pi}dA_+ + \Omega_+ dJ + V_+ dQ \tag{6.5.6}$$

此式称为贝肯斯坦-斯马尔微分公式。这个公式与转动物体的热力学第一定律的表达式极为相似

$$dU = TdS + \Omega dJ + VdQ \tag{6.5.7}$$

式中,U、T、S、Ω、J、Q、V 分别为系统的内能、温度、熵、转动角速度、角动量、电荷和表面两

极处的静电势。等式左边为系统内能的增加,右边第一项为系统在过程中吸收的热量,第二、第三项则为外界对系统所做的功。

(6.5.6)式与(6.5.7)式极为相似。(6.5.6)式的左边为黑洞质量的增加,按照质能关系式 $E=Mc^2$,也即能量的增加。右边第二、第三项可以看作外界对黑洞所做的功,而右边第一项似乎可以看作吸收的热量。如果这个对比是正确的,黑洞应该有与其面积 A 成正比的熵,即

$$S \propto A_+ \tag{6.5.8}$$

和与其表面引力 κ 成正比的温度,即

$$T \propto \kappa_+ \tag{6.5.9}$$

它们应满足关系

$$T\mathrm{d}S = \frac{\kappa_+}{8\pi}\mathrm{d}A_+ \tag{6.5.10}$$

贝肯斯坦等人通过构成黑洞的物质的微观态的分析,认为黑洞确实存在与其面积成正比的熵,(6.5.8)式应具体表达为

$$S = \frac{k_\mathrm{B}}{4}A_+ \tag{6.5.11}$$

在普通单位制下为

$$S = \frac{k_\mathrm{B}}{4}A_+ \left(\frac{c^3}{G\hbar}\right) \tag{6.5.11A}$$

式中,k_B 为玻耳兹曼常数。这样一来,κ_+ 代表温度就成为必然的了,从(6.5.10)式与(6.5.11)式可知,它与温度的具体关系只能是

$$T = \frac{\kappa_+}{2\pi k_\mathrm{B}} \tag{6.5.12}$$

恢复到普通单位为

$$T = \frac{\hbar\kappa_+}{2\pi k_\mathrm{B} c} \tag{6.5.12A}$$

(6.5.11)式给出了面积定理的物理意义,贝肯斯坦等人认为面积定理不过是熵增加原理在黑洞物理中的具体表现。我们看到,贝肯斯坦-斯马尔公式可以类比于热力学第一定律;面积定理可以类比于热力学第二定律。因此,(6.5.6)式与(6.5.1)式分别被称为黑洞力学第一定律和第二定律。

4. 极端黑洞的热性质

从(6.5.4)式可知,极端黑洞的表面引力为零,即

$$\kappa_+ = 0 \tag{6.5.13}$$

这是因为极端黑洞满足 $M^2 = a^2 + Q^2$,这导致 $r_+ = r_-$。如果前面的类比正确,κ_+ 确实反映了黑洞的温度,那么,极端黑洞应视为绝对零度的黑洞。

热力学第三定律告诉我们,不能通过有限次操作把一个热力学系统的温度降到绝对零度,这是一条独立于热力学第一定律和第二定律之外的公理。

类比到黑洞情况,我们可以指望存在黑洞力学第三定律:

"不能通过有限次操作把一个非极端黑洞转变为极端黑洞";或者说,"不能通过有限次

操作,把黑洞的表面引力 κ_+ 降到零"。

与普通热力学第三定律的情况类似,我们也不能指望从黑洞力学第一定律和第二定律证出第三定律,它也应该是一条独立的公理,它应该是普通热力学第三定律在黑洞情况下的具体体现。

如果上述讨论正确,宇宙监督假设可以看作黑洞力学第三定律的推论。假若黑洞力学第三定律不正确,则可以通过有限次操作使黑洞成为 $\kappa_+ = 0$ 的极端黑洞(这时还剩下 $r_+ = r_-$ 处一层单向膜),那么再作一次同样的操作,就可以使 $a^2 + Q^2 > M^2$,导致单向膜区消失,奇点(或奇环)裸露,破坏宇宙监督假设。反之,如果黑洞力学第三定律成立,通过有限次操作还形不成 $r_+ = r_-$ 的极端黑洞,还保有 $r_+ > r_-$,那么单向膜区不会在有限次操作中消失,当然奇点(或奇环)不会裸露,宇宙监督假设就必然成立。

上面的讨论告诉我们,宇宙监督很可能就是热力学第三定律。

5. 稳态黑洞的表面引力

热力学还有一个第零定律,它通常表述为热平衡具有传递性,"如果物体 A 与物体 B 达到热平衡,物体 B 与物体 C 达到热平衡,则 A 与 C 必定达到热平衡。"

这条定律的一个必然结果是热平衡系统各点有相同的温度。

如果黑洞力学与热力学的类比正确,应该指望在黑洞情况存在一条类似的第零定律。目前已经证明,一个渐近平直的稳态黑洞,其表面引力 κ_+ 是一个常数。人们把"稳态黑洞表面各点的 κ_+ 是一个常数",称为黑洞力学第零定律。

上述结论在物理上很容易理解。"渐近平直"的引力系统,就是弯曲时空中的孤立系统。在热力学中,一个不随时间变化的孤立系统一定是热平衡系统,各点有相同的温度。一个渐近平直的稳态黑洞,就是一个孤立的、不随时间变化的引力系统,当然应该处在热平衡态,有相同的温度。所以,如果 κ_+ 果真可以对应看成温度,那么渐近平直的稳态黑洞的 κ_+ 当然应该是常数。

6. 黑洞力学的四条定律

综上所述,在黑洞力学性质的研究中,可以得到四条定律:

(1) 第零定律:稳态黑洞表面引力 κ_+ 是一个常数。

(2) 第一定律:$dM = \dfrac{\kappa_+}{8\pi} dA_+ + \Omega_+ dJ + V_+ dQ$。

(3) 第二定律:黑洞面积在顺时针方向永不减少,$dA_+ \geqslant 0$。

(4) 第三定律:不能通过有限次操作把黑洞表面引力降低到零。

上述定律非常类似于热力学的四条定律,黑洞表面引力相当于温度,表面积相当于熵。但是,贝肯斯坦等人的上述看法遭到了霍金等人的坚决反对。霍金认为贝肯斯坦曲解了他的面积定理。如果黑洞真有温度和熵,真是一个热力学系统,那么它应该有热辐射。然而,大家都公认黑洞是一个只进不出的客体,不会有任何东西从中跑出来,似乎不会有热辐射。所以,在1973年之前,霍金等人一再强调,黑洞的温度不应视作真正的温度,黑洞表面积也不能视作真正的熵。因此,人们把上述四条定律叫作黑洞力学四定律,而不称作黑洞热力学四定律。

7. 霍金辐射的发现

1973 年,霍金做出了重大发现。他在反对贝肯斯坦观点的同时,又反过来想:"万一贝肯斯坦是对的呢?"经过反复思考,他终于证明了黑洞有热辐射,不仅克尔-纽曼黑洞有,史瓦西黑洞也有。这表明黑洞的温度是真温度,黑洞力学的四条定律本质上就是普通热力学四定律。

霍金辐射不同于 6.4 节中讨论的自发辐射和超辐射,那些是非热辐射,与温度无关。霍金辐射是黑体辐射,是标准的热辐射。非热辐射遵从面积定理,在辐射过程中,由于不断抛弃电荷和角动量,黑洞面积继续增大。霍金辐射不遵从面积定理,辐射过程中黑洞面积会缩小,黑洞的质量会减小,有关问题我们将一步步讨论。

霍金辐射的发现,表明史瓦西黑洞不再是一颗僵死的星了。任何黑洞都不是僵死的星,不是恒星演化的最终结局,而只是恒星演化的一个阶段。恒星形成黑洞后,还会继续演化,演变成其他的物质形态。

黑洞的内部存在单向膜区,视界就是单向膜区的起点,物质只能通过单向膜区落入黑洞里面,怎么能从黑洞里面跑出来,成为热辐射呢?

延伸狄拉克真空的思想,可以得出真空涨落的概念。填满的负能粒子海中,不断发生负能粒子跃过禁区跳向正能态的虚过程。在这一过程中产生虚的正能粒子和虚的负能空穴,负能空穴就是正能反粒子,在真空中不断产生虚的正、反粒子对。但这一过程十分短暂,产生的正反粒子对又很快湮灭,恢复为真空态。量子力学的测不准关系告诉我们,任何可以测量的实过程,都必须满足下述测不准关系:

$$\Delta t\,\Delta E \geqslant \frac{\hbar}{2}, \quad \Delta x\,\Delta p \geqslant \frac{\hbar}{2} \tag{6.5.14}$$

反之,满足

$$\Delta t\,\Delta E < \frac{\hbar}{2}, \quad \Delta x\,\Delta p < \frac{\hbar}{2} \tag{6.5.15}$$

的虚过程则是不可能测量的,可以不遵守能量守恒定律和动量守恒定律。虚粒子对的能量如果是 ΔE,它们存在的时间就不超过

$$\Delta t < \frac{\hbar}{2\Delta E} \tag{6.5.16}$$

所以,虚粒子对产生湮灭的过程是极为短暂的。如果有人试图去测量虚粒子的存在,短暂的时间将导致极大的能量涨落,这一涨落自动掩盖了虚粒子的存在。

真空中不停地、大量地发生着真空涨落。真空不是一无所有,而是一种非常热闹的状态。对于真空涨落的虚粒子,还可以有另一种等价的解释:产生的一对虚粒子一个是正能,另一个是负能,加起来总能量为零,遵守能量守恒定律。但是由于它们遵守(6.5.15)式所示的测不准关系,存在时间极短,我们仍然不可能测量它们。从来没有人见过固有能量为负的负能粒子,如果有人企图测量虚粒子对中的负能粒子,他永远不可能成功。虚粒子只存在 Δt 这样一个短暂时间,在 Δt 的时间间隔内测量,将产生数量级为

$$\Delta E \sim \frac{\hbar}{2\Delta t} \tag{6.5.17}$$

的能量涨落,这一涨落自动掩盖了负能粒子的存在。

现在,我们用真空涨落来解释黑洞的热辐射。我们考虑最简单的史瓦西黑洞,考虑黑洞外部紧靠视界处的真空涨落。产生的虚粒子对有几种前途,如图 6.5.1 所示。第一种是自行湮灭,第二种是两个都落进黑洞。这两种情况都与黑洞热辐射的产生无关。第三种情况是虚粒子对中的一个落入黑洞,另一个飞向远方。正是这种情况导致了黑洞热辐射的产生。

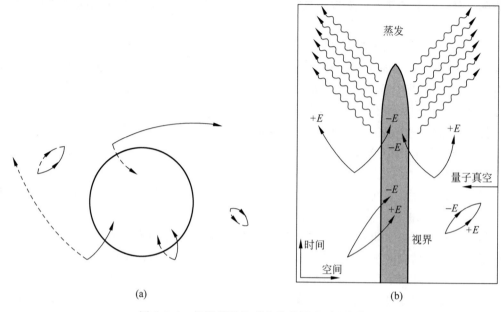

图 6.5.1　黑洞附近的真空涨落导致霍金辐射
(a) 空间图；(b) 时空图

黑洞内部的单向膜区有一个特点：允许负能实粒子存在。这是与黑洞外部、我们通常的真空不同的。在通常的真空中,不允许有负能实粒子存在。负能虚粒子虽然能在普通真空中存在,但那是短暂的、不可测量的。实粒子是可以长时间存在、可以测量的东西。由于黑洞内部的单向膜区允许负能实粒子存在,黑洞外部的普通真空区不允许它们存在,这就导致了一种不对称的、可观测的效应产生,那就是称为霍金辐射的黑洞热辐射。

虚粒子对中一个留在外面,一个掉进黑洞,这是虚粒子对实化的过程,两个粒子将不再湮灭,而是要作为实粒子长期存在下去。由于黑洞外部不允许负能实粒子存在,虚粒子对中的正能粒子掉进黑洞,负能的那个留在外面实化是不可能的。但是,负能的掉进去,正能的一个留在外面实化是可能的。

假设虚粒子对中带正能的是粒子(例如电子),带负能的是反粒子(例如正电子)。负能反粒子落入黑洞后,将顺着时间进展穿过单向膜区到达奇点,使那里的质量减少。而正能粒子留在视界外飞向远方。对于无穷远处的观测者来讲,一个正能粒子飞到了它那里,而黑洞减少了一个粒子的质量及其相应的电荷。他认为,黑洞向他辐射了一个粒子。

这种过程也可以等价地理解为：一个正能粒子(电子)逆着时间顺序从奇点穿过单向膜区到达黑洞表面,在那里被视界散射,然后再顺时飞向远方。

这就是黑洞热辐射粒子的物理机制。霍金用弯曲时空量子场论的方法,严格证明了这种辐射的存在,辐射的能谱是黑体辐射谱,温度为

$$T = \frac{\kappa_+}{2\pi k_{\mathrm{B}}} \qquad\qquad (6.5.18)$$

与贝肯斯坦-斯马尔公式一致。

6.6 霍金辐射的证明

法国天文学家达摩尔(T. Damour)和意大利物理学家鲁菲尼(R. Ruffini)提出了一个证明霍金辐射的方法。

1. 史瓦西时空中的 Klein-Gordon 方程

在弯曲时空中,描述自旋为零的标量粒子运动的相对论性量子力学方程为克莱因-高登方程

$$\frac{1}{\sqrt{-g}} \frac{\partial}{\partial x^\mu}\left(\sqrt{-g}\, g^{\mu\nu} \frac{\partial \Phi}{\partial x^\nu}\right) - \mu^2 \Phi = 0 \qquad\qquad (6.6.1)$$

式中 g 为度规行列式,μ 为粒子质量。注意到史瓦西时空的球对称性,可把上式中的波函数分离变量,即

$$\Phi = \frac{1}{(4\pi\omega)^{1/2}} \frac{1}{r} R_\omega(r,t) \mathrm{Y}_{lm}(\theta,\varphi) \qquad\qquad (6.6.2)$$

式中 ω、l、m 分别为粒子的能量、角量子数和磁量子数,Y_{lm} 是球谐函数。把史瓦西度规(6.2.1)式及(6.6.2)式代入(6.6.1)式,可得粒子运动的径向方程

$$\left[-\left(1-\frac{2M}{r}\right)^{-1} r^2 \frac{\partial^2}{\partial t^2} + \frac{\partial}{\partial r}(r^2 - 2Mr)\frac{\partial}{\partial r} - \mu^2 r^2\right]\frac{R_\omega}{r} = -l(l+1)\frac{R_\omega}{r} \qquad (6.6.3)$$

与横向方程

$$\left(\frac{1}{\sin\theta}\frac{\partial}{\partial\theta}\sin\theta\frac{\partial}{\partial\theta} + \frac{1}{\sin^2\theta}\frac{\partial^2}{\partial\varphi^2}\right)\mathrm{Y}_{lm} = l(l+1)\mathrm{Y}_{lm} \qquad\qquad (6.6.4)$$

横向方程描述时空中粒子围绕黑洞的运动,与氢原子中的波函数有某种相似,我们对这方面不感兴趣。我们感兴趣的是径向方程,这是因为黑洞热辐射的粒子作的是径向运动。

2. 乌龟变换

引入乌龟坐标

$$r_* = r + 2M\ln\left|\frac{r-2M}{2M}\right| \qquad\qquad (6.6.5)$$

方程(6.6.3)可化成

$$\left[-\frac{\partial^2}{\partial t^2} + \frac{\partial^2}{\partial r_*^2} - \left(1-\frac{2M}{r}\right)\left(\frac{2M}{r^3} - \frac{l(l+1)}{r^2} + \mu^2\right)\right]R_\omega(r,t) = 0 \qquad (6.6.6)$$

在 $r \to \infty$ 时,上式化成静质量不为零的粒子的普通波动方程

$$\left(-\frac{\partial^2}{\partial t^2} + \frac{\partial^2}{\partial r_*^2} - \mu^2\right)R_\omega(r,t) = 0 \qquad\qquad (6.6.7)$$

在视界表面附近,$r \to 2M$,(6.6.6)式也化成波动方程

$$\left(-\frac{\partial^2}{\partial t^2}+\frac{\partial^2}{\partial r_*^2}\right)R_\omega(r,t)=0 \tag{6.6.8}$$

与(6.6.7)式不同的是,(6.6.8)式中少了质量项 μ^2。实际上,任何粒子在视界附近的运动,在无穷远观测者看来,都与静质量为零的粒子相仿,这是视界的一个特点。

而(6.6.6)式中

$$V=\left(1-\frac{2M}{r}\right)\left(\frac{2M}{r^3}-\frac{l(l+1)}{r^2}+\mu^2\right) \tag{6.6.9}$$

相当于黑洞外部的一个势垒(图 6.6.1),这个势垒对入射黑洞的粒子流和黑洞出射的粒子流都会有反射和透射,这将导致黑洞有反射系数和透射系数。因此,在无穷远看来,黑洞不是完全的黑体,而是一个既吸收又反射的"灰体"。不过,此势垒只是黑洞的附属物,与黑洞的基本属性关系不大,黑洞实质上还是一个黑体。

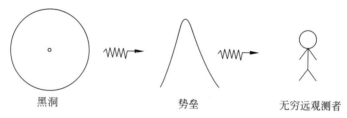

黑洞　　　　　　　　势垒　　　　　　　无穷远观测者

图 6.6.1　黑洞外部的势垒

波动方程(6.6.8)有入射波解

$$R_\omega^{in}=e^{-i\omega(t+r_*)} \tag{6.6.10}$$

和出射波解

$$R_\omega^{out}=e^{-i\omega(t-r_*)} \tag{6.6.11}$$

采用超前爱丁顿坐标 $v=t+r_*$,它们可重写成

$$R_\omega^{in}=e^{-i\omega v} \tag{6.6.12}$$

$$R_\omega^{out}=e^{2i\omega r_*}e^{-i\omega v} \tag{6.6.13}$$

6.2 节中已经介绍过爱丁顿坐标,用这种坐标表示的度规在视界上没有奇异性。在采用入射爱丁顿坐标时,入射波(6.6.12)式本身也在视界上没有毛病。这就是说,此入射波可以从视界外部自动伸展到视界内部,没有任何问题。(6.6.12)式可统一描述入射波在视界内外的情况。不过,用入射爱丁顿坐标描述出射波则不理想,把乌龟坐标(6.6.5)式代入(6.6.13)式得

$$R_\omega^{out}=e^{2i\omega r}e^{-i\omega v}\left(\frac{r-2M}{2M}\right)^{i4M\omega} \tag{6.6.14}$$

这是出射波在视界外部的情况。在视界面上,$r=2M$,此波出现奇异,因此这个出射波不能自然延伸到黑洞内部。

3. 解析延拓

达摩尔和鲁菲尼建议在复平面上作解析延拓,如图 6.6.2 所示,以视界 $r=2M$ 为圆心,以 $|r-2M|$ 为半径,沿下半复平面的圆周转动$(-\pi)$角,把出射波(6.6.13)式延拓到视界内

$$(r-2M)\rightarrow|r-2M|e^{-i\pi}=(2M-r)e^{-i\pi} \tag{6.6.15}$$

于是得到视界内部那一段的出射波

$$R_\omega^{\text{out}} = e^{2i\omega r} \, e^{-i\omega v} \left(\frac{2M-r}{2M}\right)^{i4M\omega} e^{4\pi M\omega}$$

$$= e^{-i\omega v} \, e^{4\pi M\omega} e^{i2\omega\{r+2M\ln[(2M-r)/2M]\}}$$

$$= e^{4\pi M\omega} e^{2i\omega r_*} \, e^{-i\omega v}, \quad r < 2M \qquad (6.6.16)$$

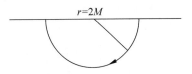

图 6.6.2 出射波由视界外向视界内的解析延拓

视界外的出射波则仍如(6.6.13)式所示:

$$R_\omega^{\text{out}} = e^{2i\omega r_*} \, e^{-i\omega v}, \quad r > 2M \qquad (6.6.17)$$

由于视界内部是单向膜区,(6.6.16)式描写的是一个入射负能反粒子,它等价于一个逆时前进的出射正能粒子,(6.6.17)式描写的则是顺时前进的正能粒子。

注意,按(6.6.5)式,乌龟坐标在视界内定义为

$$r_* = r + 2M\ln\left(\frac{2M-r}{2M}\right) \qquad (6.6.18)$$

利用阶梯函数

$$Y(x) = \begin{cases} 1, & x \geqslant 0 \\ 0, & x < 0 \end{cases} \qquad (6.6.19)$$

可把(6.6.16)式与(6.6.17)式所示的出射波统一表述为

$$\Phi_\omega = N_\omega \left[Y(r-2M) R_\omega^{\text{out}}(r-2M) + e^{4\pi M\omega} Y(2M-r) R_\omega^{\text{out}}(2M-r) \right] \qquad (6.6.20)$$

式中

$$R_\omega^{\text{out}}(2M-r) = e^{2i\omega r_*} \, e^{-i\omega v}, \quad r < 2M \qquad (6.6.21)$$

注意,它与(6.6.16)式中的 R_ω^{out} 有区别,它们之间的关系是

$$R_\omega^{\text{out}} = e^{4\pi M\omega} R_\omega^{\text{out}}(2M-r) \qquad (6.6.22)$$

(6.6.20)式中 N_ω 为归一化常数,N_ω^2 为视界外附近出射正能粒子流的强度,$\frac{N_\omega^2}{2\pi}$ 为流密度。

4. 黑体辐射

注意正能玻色子与费米子波函数的内积均为

$$(R_{\omega_1}^{\text{out}}(r-2M), R_{\omega_2}^{\text{out}}(r-2M)) = \delta_{\omega_1\omega_2} \qquad (6.6.23)$$

负能费米子波函数的内积为

$$(R_{\omega_1}^{\text{out}}(2M-r), R_{\omega_2}^{\text{out}}(2M-r)) = \delta_{\omega_1\omega_2} \qquad (6.6.24)$$

但负能玻色子波函数的内积为

$$(R_{\omega_1}^{\text{out}}(2M-r), R_{\omega_2}^{\text{out}}(2M-r)) = -\delta_{\omega_1\omega_2} \qquad (6.6.25)$$

所以,由(6.6.20)式可得

$$(\Phi_{\omega_1}, \Phi_{\omega_2}) = N_{\omega_1} N_{\omega_2} \{ Y(r-2M)(R_{\omega_1}^{\text{out}}(r-2M), R_{\omega_2}^{\text{out}}(r-2M)) +$$

$$Y(2M-r) e^{4\pi M(\omega_1+\omega_2)} (R_{\omega_1}^{\text{out}}(2M-r), R_{\omega_2}^{\text{out}}(2M-r)) +$$

$$Y(r-2M)Y(2M-r) e^{4\pi M\omega_2} (R_{\omega_1}^{\text{out}}(r-2M), R_{\omega_2}^{\text{out}}(2M-r)) +$$

$$Y(r-2M)Y(2M-r) e^{4\pi M\omega_1} (R_{\omega_1}^{\text{out}}(2M-r), R_{\omega_2}^{\text{out}}(r-2M)) \} \qquad (6.6.26)$$

上式中,三、四两项均只在 $r=2M$ 一点处不为零,但内积是积分,所以贡献为零。第一项在

视界外积分,粒子都处于正能态;第二项在视界内积分,粒子处在负能态,所以对玻色子,此项积分有负号,故

$$(\varPhi_{\omega_1}, \varPhi_{\omega_2}) = N_{\omega_1} N_{\omega_2} (\delta_{\omega_1 \omega_2} \pm e^{4\pi M(\omega_1 + \omega_2)} \delta_{\omega_1 \omega_2}) \tag{6.6.27}$$

式中"+"号对应费米子,"−"号对应玻色子。对于费米子,(6.6.27)式右端为正,所以左端应归一化到+1;对于玻色子,(6.6.27)式右端为负,所以左端应归一化到−1。因此,有

$$\pm 1 = (\varPhi_\omega, \varPhi_\omega) = N_\omega^2 (1 \pm e^{8\pi M\omega}) \tag{6.6.28}$$

即

$$N_\omega^2 = 1/(e^{8\pi M\omega} \pm 1) \tag{6.6.29}$$

式中"+"号对应费米子,"−"号对应玻色子。上式又可写成

$$N_\omega^2 = 1/(e^{\omega/k_B T} \pm 1) \tag{6.6.30}$$

$$T = \frac{\kappa}{2\pi k_B}, \quad \kappa = \frac{1}{4M} \tag{6.6.31}$$

其中,k_B 为玻耳兹曼常数,κ 为黑洞表面重力,T 为黑洞温度。我们看到,黑洞有粒子射出,其能谱为(6.6.30)式所示的黑体谱,这表明黑洞确实存在如(6.6.31)式所示的温度。

如果考虑(6.6.9)式所示的势垒的影响,则发射到无穷远的能量为 ω 的粒子的平均数为

$$N_\omega = \frac{\varGamma_\omega}{e^{8\pi M\omega} \pm 1} = \frac{\varGamma_\omega}{e^{\omega/k_B T} \pm 1} \tag{6.6.32}$$

式中 $\varGamma_\omega$ 为势垒贯穿系数。

至此,我们证明了史瓦西黑洞热辐射费米子和玻色子,这种辐射称为霍金辐射,它呈现严格的黑体谱,温度如(6.6.31)式所示。它表明,黑洞的温度是真实的温度,实际上,这是一种量子效应。

5. 对霍金辐射的讨论

相对论量子力学描写的是纯态,怎么会导出(6.6.30)式所示的混合态呢?关键在于用了阶梯函数,它使波函数(6.6.20)式在作内积时交叉项(干涉项)的贡献为零,导致(6.6.26)式的右端出现混合态的性质,并最终得出(6.6.30)式所示的热谱。求上述内积时,是对跨越视界内、外的波包做积分,积分只在视界附近进行。另外,由于我们讨论的是 Klein-Gordon 方程,上述证明只对 Klein-Gordon 粒子成立。但是,所有粒子都必须满足 Klein-Gordon 条件,而且一旦存在热平衡,各种自旋粒子的能谱都应表现为同样温度的黑体谱,所以我们在(6.6.20)式到(6.6.31)式的讨论中,对讨论范围做了扩充,包括了各种自旋的粒子。

不过,通常谈论的黑体辐射指的仅是电磁辐射、光量子。实际上,它应该包含各种粒子成分,玻色子与费米子,粒子与反粒子。热辐射是最简单、最基本的辐射,它一般仅由温度一个参数决定,与辐射源的物质结构无关。只要温度足够高,热辐射不会偏爱某种成分的粒子。不过,在通常的温度下,静质量不为零的粒子的阈值能量

$$\mu c^2 \gg k_B T \tag{6.6.33}$$

因此热辐射中不会包含这些粒子。在一般的温度下,热辐射中肯定应该包含光子、中微子、引力子等静质量为零的粒子,但引力子与中微子的探测都非易事,所以我们日常谈论的热辐射只涉及光子。当辐射源温度极高时

$$k_B T \gg \mu c^2 \tag{6.6.34}$$

热辐射中将有静质量为 μ 的粒子出现,它们将呈现(6.6.32)式所示的热分布。

容易证明,热辐射造成的黑洞质量减少,可由下式算出

$$\frac{\mathrm{d}M}{\mathrm{d}t} = -\frac{1}{2\pi} \sum_{l,m,p} \int_0^\infty \frac{\Gamma_\omega}{\mathrm{e}^{\omega/k_B T} \pm 1} \omega \, \mathrm{d}\omega \tag{6.6.35}$$

式中 l、m、p 分别为辐射粒子的角量子数、磁量子数、自旋量子数。

带电和转动的黑洞,同样存在热辐射。对于最一般的稳态黑洞(克尔-纽曼黑洞),可用本节的方法证明它们存在热辐射。

注意,证明黑洞辐射不同自旋的粒子,需要求解相应粒子的动力学方程。克尔-纽曼黑洞热辐射自旋 1/2 的狄拉克粒子的证明,首先是由刘辽教授和许殿彦教授等人完成的,有关计算比较复杂,感兴趣的读者可参看有关文献。

6. 黑洞的热平衡

先回顾一下一般系统的热平衡条件。在一个由理想气体组成的系统中,内能 U、温度 T、熵 S 与功的关系通常写作

$$\mathrm{d}U = T\mathrm{d}S - p\mathrm{d}V \tag{6.6.36}$$

式中 p 为压强,V 为体积,其定容热容量为

$$C_V = \left(\frac{\partial U}{\partial T}\right)_V \tag{6.6.37}$$

温度与熵的关系可表为

$$\frac{1}{T} = \left(\frac{\partial S}{\partial U}\right)_V \tag{6.6.38}$$

对于一般的热力学系统,上述关系可表为

$$\mathrm{d}U = T\mathrm{d}S - X\mathrm{d}x \tag{6.6.39}$$

$$C_x = \left(\frac{\partial U}{\partial T}\right)_x \tag{6.6.40}$$

$$\frac{1}{T} = \left(\frac{\partial S}{\partial U}\right)_x \tag{6.6.41}$$

式中 X 为广义力(例如压强),x 为广义位移(例如体积)。

现在来对热平衡作个一般性的讨论。设由两个子系统组成的绝热系统,它们的外参量不变,总能量守恒,即

$$U = U_1 + U_2$$

它们的总熵也可写成两部分之和,分别是 (U_1, x_1) 与 (U_2, x_2) 的函数,即

$$S = S_1(U_1, x_1) + S_2(U - U_1, x_2)$$

由于能量守恒,总熵对内能的依赖可归结为对 U_1 的依赖。

两个系统达到热平衡的条件为总熵达到极大值,即

$$\left(\frac{\partial S}{\partial U_1}\right)_{U, x_1, x_2} = 0 \tag{6.6.42}$$

$$\left(\frac{\partial^2 S}{\partial U_1^2}\right)_{U, x_1, x_2} < 0 \tag{6.6.43}$$

第一个条件是平衡条件,它保证总熵取极值,但还不能断定是极大值还是极小值。如果是极大值,平衡是稳定的。如果是极小值,平衡不稳定。(6.6.43)式是极值为极大值的条件,因而是热平衡的稳定性条件。

利用(6.6.41)式可从(6.6.42)式得到

$$T_1 = T_2 \qquad (6.6.44)$$

热平衡的条件是两个系统温度相等,这与我们的常识是一致的。

把(6.6.40)式代入(6.6.43)式中,可得

$$\frac{1}{C_1} + \frac{1}{C_2} > 0 \qquad (6.6.45)$$

稳定性条件是两个系统的热容量必须满足上式。通常我们见到的热力学系统,其热容量都是正的,(6.6.45)式自然满足,我们日常见到的热平衡都是稳定热平衡。

所谓稳定平衡,就是在微扰下会自动返回平衡态的平衡。例如,一个铁球和周围的热辐射处在热平衡时,它们的温度相等。假如出现一次涨落,铁球温度高于周围辐射的温度,铁球放出的热辐射将多于它吸收的热辐射,总的效应是铁球放热。由于铁球热容量是正的,放热后温度会降低,它将与外界的热辐射重新达到热平衡。假如在平衡态时出现的涨落使铁球温度降低,这时铁球吸收的热辐射将多于发出的热辐射,总的结果是铁球吸热。由于它的热容量为正,吸热的效果是温度升高,铁球也会重新与外界达到热平衡。所以,铁球与外界辐射的热平衡,是稳定平衡。

现在我们来考查史瓦西黑洞的热容量。史瓦西黑洞的熵是

$$S = \frac{k_B}{4} A, \quad A = 4\pi r_+^2 = 16\pi M^2 \qquad (6.6.46)$$

恢复到普通单位为

$$S = \frac{k_B}{4} A \left(\frac{c^3}{G\hbar} \right), \quad A = \frac{16\pi G^2 M^2}{c^4} \qquad (6.6.46A)$$

内能是 M,由此可算出黑洞温度

$$\frac{1}{T} = \frac{\partial S}{\partial M} = 8\pi M k_B \qquad (6.6.47)$$

即

$$T = \frac{1}{8\pi M k_B} \qquad (6.6.48)$$

普通单位制下为

$$T = \frac{\hbar c^3}{8\pi G M k_B} \qquad (6.6.48A)$$

与霍金辐射给出的温度(6.6.31)式完全一致。黑洞热容量为

$$C = \frac{\partial M}{\partial T} = \frac{-1}{8\pi k_B T^2} = -8\pi k_B M^2 < 0 \qquad (6.6.49)$$

我们看到,黑洞的热容量是负的。从(6.6.45)式可知,两个史瓦西黑洞如果达到热平衡,它们的平衡肯定是不稳定的。

现在来讨论一个史瓦西黑洞被同温热辐射包围的情况。假定黑洞与热辐射一起装在一个绝热的盒子中,因而体积有限,辐射的热容量也有限。

黑体辐射的内能 U_1,熵 S_1 和热容量 C_1 分别为

$$U_1 = \frac{3}{4}aT_1^4, \quad S_1 = aT_1^3, \quad C_1 = 3aT_1^3 \tag{6.6.50}$$

黑洞内能 U_2,熵 S_2 和热容量 C_2 分别为

$$U_2 = M = \frac{1}{8\pi k_B T_2}, \quad S_2 = 4\pi k_B M^2 = \frac{1}{16\pi k_B T_2^2}, \quad C_2 = -\frac{M}{T_2} = \frac{-1}{8\pi k_B T_2^2} \tag{6.6.51}$$

黑洞与外界达到热平衡的条件为

$$T_1 = T_2 \tag{6.6.52}$$

把 C_1 与 C_2 代入(6.6.45)式可得

$$U_2 > 4U_1 \tag{6.6.53}$$

此即稳定性条件。它说明,史瓦西黑洞与热辐射能达成热平衡,但这种平衡一般是不稳定的。仅当史瓦西黑洞周围热辐射的能量不超过黑洞本身能量 1/4 的时候,热平衡才可以是稳定的,这只有当史瓦西黑洞与辐射一起放在一个有限的、绝热的容器中的时候才有可能。通常宇宙中的史瓦西黑洞,周围体积无限,在热平衡情况下洞外热辐射的能量无限大,肯定不能与黑洞形成稳定的热平衡。

如果黑洞最初与外界热辐射处在热平衡状态,量子涨落一定会使二者的温度出现偏差,假设涨落使得黑洞温度略低于辐射温度,这时黑洞吸收的辐射将多于发出的辐射,黑洞的内能将增加。因为黑洞的热容量为负,热量增加温度反而降低,黑洞的温度将变得更低。这又导致黑洞进一步吸热降温,热平衡被彻底破坏。史瓦西黑洞的温度反比于质量,大黑洞的温度是很低的。太阳质量的黑洞(半径 3km),温度只有 10^{-6}K,远低于宇宙背景辐射的2.7K,这种黑洞将不断吸收外界的一切辐射和物质,不断长大。

假设量子涨落使黑洞温度略高于原来的平衡温度,黑洞将放热,但是,放热的效果不是降温而是升温,温差将进一步扩大,黑洞与外界热辐射的平衡被打破。黑洞不断放热增温,辐射的趋势将进一步增强,这很像液滴的蒸发,所以经常把黑洞的热辐射称为黑洞蒸发。蒸发使黑洞质量不断减小,温度不断升高,从公式(6.6.48)很容易看清这一点,T 与 M 成反比,M 减小,T 升高,小黑洞具有极高的温度。10^{15}g 的小黑洞,温度为 10^{12}K,寿命为 10^{10}y。质量 3000t 的微黑洞,温度高达 10^{18}K,寿命只有 10^{-1}s,小黑洞将迅速升温最后爆炸消失。如果宇宙间存在这类小黑洞,它们的霍金效应是肯定能观测到的。

我们宇宙目前的温度是 2.7K,具有这一温度的黑洞大约为 10^{26}g(相当于月亮的质量),这种黑洞半径只有 0.1mm。质量小于 10^{26}g 的黑洞,温度高于 2.7K,将不断辐射升温,最后爆炸消失。质量大于 10^{26}g 的黑洞,将不断吸热降温,在宇宙中保留下来,并不断长大。质量恰为 10^{26}g 的黑洞,与宇宙背景辐射达到热平衡,但正如前面所说,这种平衡不稳定,它或者会升温而变小,或者会降温而变大。

有一种观点认为,在宇宙诞生的初期,巨大的能量涨落会产生许多原初小黑洞,其质量可以小于 10^{26}g,也可能大于 10^{26}g。其中质量小于 10^{15}g 的黑洞,温度极高,寿命超不过 10^{10}y,远小于今天的宇宙年龄,肯定早已蒸发消失。质量介于 10^{15}g 和 10^{26}g 之间的原初黑洞,现在正在蒸发,我们应能看到它们中的一些正在发生最后的爆炸,有人怀疑天文观测中的 γ 爆与此有关。

习题

1. 已知球对称星体的半径 $r_0 > \dfrac{2GM}{c^2}$,求出对无穷远观测者成立的引力红移公式,并指出在什么情况下红移会变成无穷大。

2. 证明史瓦西度规可写成

$$\mathrm{d}s^2 = \left(1 - \frac{2M}{r}\right)(-\mathrm{d}t^2 + \mathrm{d}r_*^2) + r^2(\mathrm{d}\theta^2 + \sin^2\theta\mathrm{d}\varphi^2)$$

其中 r_* 为乌龟坐标。用坐标变换(6.2.17)式证明史瓦西度规在克鲁斯卡坐标系 $\{T, R, \theta, \varphi\}$ 中的线元表达式为

$$\mathrm{d}s^2 = \frac{2M}{r}\mathrm{e}^{-r/2M}(-\mathrm{d}T^2 + \mathrm{d}R^2) + r^2(\mathrm{d}\theta^2 + \sin^2\theta\mathrm{d}\varphi^2)$$

3. 证明能层中的质点不能静止,必须以(6.4.3)式所示的角速度转动。

4. 证明两个黑洞合并成一个大黑洞后,表面积增加。

5. 利用公式(6.4.10)和测地线方程证明克尔-纽曼黑洞的表面引力可用(6.4.12)式表出。

6. 简述事件视界的概念。

7. 从贝肯斯坦公式的积分形式

$$M = \frac{\kappa_+}{4\pi}A_+ + 2\Omega_+ J + V_+ Q$$

推出黑洞热力学第一定律

$$\mathrm{d}M = \frac{\kappa_+}{8\pi}\mathrm{d}A_+ + \Omega_+ \mathrm{d}J + V_+ \mathrm{d}Q$$

8. 对于克尔-纽曼黑洞,作如下计算:

(1) 求出其无限红移面;

(2) 求出其事件视界;

(3) 指出奇性出现的位置;

(4) 指出能层的范围,以及在克尔-纽曼黑洞分别退化为 R-N、克尔及史瓦西黑洞时的能层范围;

(5) 什么情况下奇环与内能层接触?

(6) 讨论极端黑洞出现时的情况。

9. 动态球对称的 Vaidya 时空线元为

$$\mathrm{d}s^2 = -\left[1 - \frac{2M(v)}{r}\right]\mathrm{d}v^2 + 2\mathrm{d}v\mathrm{d}r + r^2\mathrm{d}\theta^2 + r^2\sin^2\theta\mathrm{d}\varphi^2$$

式中 v 为超前爱丁顿坐标,相应于时间。求度规行列式 g,不为零的逆变分量,以及 Γ_{00}^1,并从零曲面方程定出事件视界的位置。

10. 求出 Rindler 时空

$$\mathrm{d}s^2 = -x^2\mathrm{d}t^2 + \mathrm{d}x^2 + \mathrm{d}y^2 + \mathrm{d}z^2$$

中的静止质点的固有加速度。

第 7 章

宇宙学简介

爱因斯坦在创立广义相对论后,希望把这一理论应用于其他科学领域的研究。1920 年前后正值量子力学蓬勃发展的时期,一些人试图把广义相对论用于量子力学研究。但是,考虑到量子力学研究的内容主要与电子和原子核间的电磁相互作用有关,两个电子之间的电磁力是万有引力的 10^{37} 倍,万有引力的影响微乎其微,所以爱因斯坦认为广义相对论对量子力学不会有什么影响。由于宇宙是电中性的,星体间的电磁作用可以忽略,万有引力作用是主要的,所以他认为应该把自己的广义相对论应用于宇宙学的研究。

什么是宇宙?古人说,"四方上下曰宇,往古来今曰宙。"宇就是空间,宙就是时间,宇宙就是时间、空间和物质的总称。爱因斯坦说:"在我看来,不利用广义相对论,人们不可能从理论上得到任何宇宙学上的可信的结果。"

本章介绍相对论宇宙学的历史和现状,包括基于宇宙学原理的运动学宇宙论,基于爱因斯坦场方程的动力学宇宙论,膨胀宇宙模型,大爆炸模型和暴涨模型。介绍极早期宇宙的状态及宇宙的热历史;简单介绍暗物质、暗能量。最后还介绍了基于量子宇宙学的时空隧道和时间机器理论。

7.1 相对论宇宙学的进展

1. 宇宙学原理

当我们把视线从地球附近延伸向远方的时候,看到的物质分布似乎都是成团结构的,卫星围绕着行星转,行星围绕着恒星转,众多的恒星形成星团和星系,围绕着它们的质心转。我们的银河系大约由 1000 亿~2000 亿颗恒星组成,形成直径达到 10 万光年的旋转的盘状结构。随着更高倍数望远镜的出现,我们发现银河系还与几十个其他的星系(称为河外星系)组成星系群。而且这种现象十分普遍,星系都聚集成星系团(含成百上千个星系)或星系群(含不到 100 个星系),团(或群)中的星系都围绕该团(或群)的质心转动。星系团或群的直径大约在一千万光年(10^7 光年)。当望远镜伸向更远的空间时,人们发现在 10^8 光年以上,物质分布不再是成团的,众多的星系团(或群)均匀各向同性地分布在宇宙空间。目前望远镜观测的距离已达 100 亿光年(10^{10} 光年)以上。在这样辽阔的空间里,物质分布大体上

是均匀各向同性的。

由于光的传播速度有限(不是无穷大),望远镜看到的天体都是它们过去的样子。例如光从太阳到达地球需要 8min,所以我们看到的太阳是它 8min 前的样子;天狼星距离地球 9 光年,所以我们看到的是它 9 年前的样子。我们看到的最远的星系距离我们上百亿光年,实际我们看到的是它们 100 多亿年前的样子。因此可以说望远镜不仅在看远方,而且在看历史。

望远镜的观测表明,无论远近,星系团都是均匀各向同性分布的。由于越远的星系团,它们的图像越古老,这表明星系团不仅现在均匀各向同性地分布着,过去也是如此。

爱因斯坦根据上述观测事实,总结出一条原理:在宇观尺度上(10^8 光年以上),宇宙中的物质始终均匀各向同性地分布着。这条原理被称为宇宙学原理。

2. 爱因斯坦的"有限无边静态宇宙"模型

爱因斯坦提出宇宙学原理的时候,他头脑中的宇宙模型是不随时间变化的。他认为宇宙均匀各向同性,现在和过去大体上一样,虽然星系和星体在不断变化,可能在不断地产生和解体,但从大的尺度(宇观尺度)和大的框架上去看,物质的平均密度没有变化,星系的密度也大体没有变化。这就是说,他想像中的宇宙,从大的尺度上考虑是静态的,即是不随时间变化的。

爱因斯坦希望从他的广义相对论场方程(即所谓爱因斯坦场方程),求解出这个静态宇宙模型。爱因斯坦方程是由 10 个二阶非线性偏微分方程组成的方程组,用以确定 10 个决定时空几何性质的未知函数(即度规张量的 10 个独立分量)。但方程组内含 4 个恒等式,因此独立方程是 6 个。再加入 4 个与坐标系选择有关的微分方程作为"坐标条件",这样,独立的方程仍是 10 个。10 个方程,10 个未知函数,正好匹配。但解微分方程还必须有"初始条件"和"边界条件",即必须知道所求解的系统的初始情况和边界处的情况。对于静态宇宙模型,初始条件好办,由于宇宙不随时间变化,过去和现在一样,初始条件就取现在的宇宙状态。

比较麻烦的是边界条件。宇宙的边界是什么样?这个问题很难回答。

爱因斯坦的思维方式与众不同,他想像了一个"有限而无边"的宇宙。既然没有边,当然就不需要边界条件了。但是,有限怎么可能无边呢?爱因斯坦建议人们想像一个半径为 r 的球面(例如一个篮球或足球的球面),面积有限,为 $4\pi r^2$。一个二维的扁片生物在上面爬,永远也碰不到边。这个球面就是一个有限无边的二维空间。爱因斯坦要求大家充分发挥想像力,去想像一个有限无边的三维宇宙空间。这个三维宇宙可不是一个实心球,它是四维时空中的一个三维超球面。

在这个有限无边的三维宇宙中,时间可以是无头无尾无止境的,所谓有限无边指的是三个空间维度。在这样的空间中,一艘飞船向前飞去,如果人可以永远不死的话,总有一天会看到这艘飞船在不作转弯动作的情况下从后面飞回来。

3. 宇宙学常数

爱因斯坦在头脑中构建了有限无边的静态宇宙模型之后,就力图用广义相对论场方程具体求解出这一模型。他不断努力,却总也得不出希望得到的结果。后来他终于明白了:

自己的广义相对论是万有引力定律的推广,自己的场方程是牛顿万有引力定律方程的推广,万有引力只有"吸引"没有"排斥",只有"吸引"没有"排斥"的模型不可能稳定,不可能是静态的。要想得到不随时间变化的静态宇宙模型,必须在自己的场方程中引进"排斥效应"。于是,1917 年他在自己的场方程中加了一个所谓"宇宙项"$\Lambda g_{\mu\nu}$,把场方程改为

$$R_{\mu\nu} - \frac{1}{2} g_{\mu\nu} R + \Lambda g_{\mu\nu} = \kappa T_{\mu\nu} \tag{7.1.1}$$

式中,常数 Λ 称为宇宙学常数。爱因斯坦引进这种形式的宇宙项不是毫无根据的。他在创立广义相对论时,就曾试探地把场方程的左端写成此项的样子(左端仅有此项,无上式中的 R 和 $R_{\mu\nu}$ 项)。只不过这种形式的场方程有理论困难,显示与万有引力不同的排斥作用,而且得不出水星近日点进动等已知的天文学效应,爱因斯坦不得不放弃了它,最终选取了方程(3.3.8)的形式。现在,为了解决宇宙学问题,他又把这样的项重新加进了场方程,使方程的左端增加到三项。

宇宙项的引入,确实引进了排斥效应,使爱因斯坦最终求出了有限无边的静态宇宙模型。

4. 膨胀宇宙模型和脉动宇宙模型

正当爱因斯坦为自己的静态宇宙模型感到自豪的时候,一个杂志的编辑部寄给他一篇文章请他审稿(1922 年)。这篇文章是苏联的一位数学物理学家弗里德曼写的。他采用爱因斯坦最早提出的没有宇宙项的场方程,求出了一个严格解,这是一个动态的脉动或膨胀的宇宙模型。爱因斯坦认为此文有误,不能发表,于是该杂志拒绝刊登弗里德曼的文章。弗里德曼不得不把他的文章改投给了一家德国数学杂志,由于这个杂志不太有名,弗里德曼的文章虽然刊登了出来,但没有引起学术界的注意。

几年后(1927 年),一位比利时神父勒梅特(G. Lemaitre)用带宇宙项的场方程也得到了类似的膨胀或脉动(即一胀一缩)的宇宙模型。勒梅特的论文发表不久,美国天文学家哈勃(1929 年)便通过天文观测得到了哈勃定律。该定律表明宇宙确实在膨胀,于是弗里德曼和勒梅特的工作得到了学术界的认可,爱因斯坦最终承认膨胀宇宙模型是对的,表示愿意放弃自己的静态模型,并且宣布自己在场方程中加入宇宙项是错误的,场方程不应含有宇宙项,自己先前于 1915 年提出的不含宇宙项的场方程才是唯一正确的广义相对论基本方程。

爱因斯坦希望大家忘记宇宙项,认为它不属于自己的场方程,可是广大的相对论和宇宙学研究者不同意,许多人仍然使用含宇宙项的爱因斯坦场方程,有些人则两种情况(含宇宙项和不含宇宙项)的场方程都用,这种情况一直持续到今天。爱因斯坦为此感到沮丧,认为提出宇宙项是自己一生中所犯的最大错误。

事实上,不管场方程含不含宇宙项,都可以得到膨胀或脉动的宇宙模型(一般把 $\Lambda = 0$ 的称为弗里德曼模型,$\Lambda \neq 0$ 的称为勒梅特模型)。爱因斯坦的静态宇宙模型只是一种特殊情况。

5. 哈勃定律

天文学家早就发现,绝大多数遥远星系发射的光的光谱线都向红端移动,但也有极少数星系的光谱线发生蓝移。他们认为光谱线移动是多普勒效应的表现。

天文学家认为,遥远星系光谱线的红移表明这些星系在远离我们,而那些极少数光谱线蓝移的星系则在趋近我们。以后的研究表明,这些蓝移的星系实际上都属于我们的本星系群。它们和我们的银河系围绕着共同的质心在旋转,其中一些向着我们运动,产生蓝移。这不是宇宙学效应,只是我们星系群内部的局部运动效应(多普勒效应)。

那些不属于我们所在的星系群,而位于其他星系团(或星系群)的星系都产生红移,这表明红移是一种普遍的全宇宙的现象,人们称其为宇宙学红移。它表明所有的星系团或星系群都在远离我们。

1929 年,美国天文学家哈勃通过天文观测总结出一条规律:星系的宇宙学红移与星系离我们的距离成正比

$$z = \frac{1}{c}HD \qquad (7.1.2)$$

式中,z 为红移量,c 为光速,D 为河外星系离我们的距离,比例常数 H 称为哈勃常数。由此容易推出,河外星系的退行速度 v 与它们离我们的距离 D 成正比

$$v = HD \qquad (7.1.3)$$

(7.1.2)式和(7.1.3)式即为常见的哈勃定律表达式。

图 7.1.1 是哈勃最早给出的得出哈勃定律的图。我们看到图中的观测点相当分散。但是哈勃抛开细节抓住了这些观测结果的实质,勇敢地在图中画出了一条反映正比规律的直线。当然,也有人猜测,哈勃当时可能听说了理论物理学家提出的膨胀宇宙模型。这一模型对他抓住观测结果的实质有启发作用。红移与距离的正比关系,反映了星系逃离速度与距离成正比关系,这一正比关系与宇宙膨胀理论相一致。

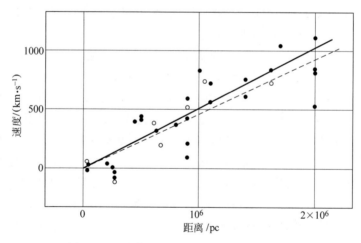

图 7.1.1 哈勃最早给出的红移与距离关系图

6. 火球模型

最早提出宇宙爆炸、演化思想的人是勒梅特神父。他认为宇宙最初处于有序性极高因而熵极小的状态。那是一个"宇宙蛋"。这个"宇宙蛋"爆炸并不断膨胀,混乱度不断增大,熵也就不断增加,演化成我们今天的宇宙。他用热力学而不是广义相对论描述了这一演化。勒梅特神父认为自己的工作解决了"上帝创造宇宙"和"宇宙膨胀模型"之间的矛盾。他认为

上帝原初创造的不是我们今天的膨胀宇宙,而是那个"宇宙蛋",然后让"蛋"爆炸,演化成了今天的宇宙。

系统地提出大爆炸模型并用广义相对论和核物理进行严格论证的是俄国物理学家伽莫夫。伽莫夫研究核物理和量子力学。他提出宇宙演化的火球模型,认为我们的宇宙最初是一个原始核火球,在爆炸中膨胀开来,逐渐降温,核子与电子形成原子、分子。最初的元素以氢为主,在原始的高温中合成了一部分氦。以氢和氦为主体的气体物质在万有引力作用下,逐渐凝聚成团,形成原始的恒星。组成恒星的气态物质不断收缩,它们的万有引力势能转化为热能,使恒星温度越来越高,大一些的恒星中心温度可升高到上千万度,从而再次点燃了氢聚合成氦的热核反应,形成了发光的恒星,我们的太阳就是一颗这样的发光的恒星。

伽莫夫(G. Gamov)指导他的学生阿尔法(R. A. Alpher)研究这一模型,由于他们二人名字的读音很像 α 和 γ,恰好他们研究所有一位名叫贝特(H. A. Bethe)的核物理学家,名字读音很像 β。爱开玩笑的伽莫夫就把贝特拉进来,于 1948 年,以 α、β、γ 的名义,联合发表了关于火球模型的论文,实际上贝特对此模型没有什么贡献。这一火球模型,被反对者讥讽为"大爆炸模型"。后来,火球模型逐渐被实验观测证实,"大爆炸模型"这一"命名"也被学术界沿用下来。

伽莫夫等人提出大爆炸模型的意义超出了这一模型自身,它首创了宇宙演化的观念。此后,这一模型被不断改进发展,但该模型的基本框架和宇宙演化、进化的思想是勒梅特和伽莫夫等人首先提出的。

7. 观测结果对大爆炸宇宙模型的支持

有三个观测结果支持大爆炸宇宙模型:

(1) 哈勃定律;

(2) 宇宙中的氦丰度;

(3) 微波背景辐射。

大爆炸模型提出的时候,学术界已熟知哈勃定律。这一定律所描述的宇宙学红移的规律,反映了宇宙膨胀这一事实,与大爆炸模型的理论高度一致。

大爆炸模型认为在宇宙早期的高温状态下,会有部分氢元素聚合成氦以及少量其他轻元素。伽莫夫经过具体计算,认为如果自己提出的模型正确,现在宇宙中的元素应大约有 25% 是氦。这就是他预言的氦丰度。观测结果支持了他的这一预言。

伽莫夫认为,高温核火球在膨胀过程中虽然不断降温,但在有限的时间内温度不会降到绝对零度。他认为当前的宇宙中还应存在大爆炸的余热,伽莫夫估算这一余热的温度约为 5K,可能以黑体辐射的形式存在。

1964 年,美国科学家彭齐亚斯(R. A. Penzias)和威尔逊(R. W. Wilson)为了更好地接收来自宇宙空间的无线电波信号,在改进自己的仪器装置时,无意中发现信号中有无法消除的微波噪声,在反复检查之后,他们终于认识到这一噪声不是由于仪器自身造成的,而是来自宇宙空间的。这一噪声呈现黑体谱,处于微波波段,温度大约为 2.7K。相对论专家迪克等人正在寻找大爆炸的余热,听说彭齐亚斯和威尔逊的发现之后,他们立刻指出,这一充斥宇宙的微波背景辐射正是大爆炸的余热。这一发现,有力地支持了大爆炸模型。

现代宇宙学认为,宇宙膨胀过程中的降温,实际上是宇宙学红移的结果。宇宙早期的高温黑体辐射,在空间膨胀中发生红移,所有波长的波均发生红移,表现为黑体辐射温度的降低,最终成为我们今天观测到的"大爆炸余热"——微波背景辐射。伽莫夫的预言均被证实了,大爆炸模型得到了大多数天文学家的公认。微波背景发现以后,宇宙早期热历史的研究进入了高潮。粒子物理学家和广义相对论的最新成果都被应用于其中,出现了粒子物理和天体物理携手并进的局面。

7.2 运动学宇宙论

宇宙学原理告诉我们:在宇观尺度下,三维空间在任何时刻都是均匀各向同性的。提出这一原理的主要依据有以下几点:

(1) 天文观测发现,在宇观尺度(大于 10^8 光年)下,星系和星系团的分布是均匀各向同性的。考虑到光速的有限性,今天观测到的遥远星系的图像都是它们在若干年前的情况,上述"均匀各向同性"的性质应不随时间变化。

(2) "宇宙无中心"是哥白尼日心说的自然推广,如果宇宙真的无中心,那么宇宙各处呈现的图像应该是相同的。

后来的研究表明,只要假设空间处处各向同性,它就一定是均匀的;只要假定空间处处均匀,且在某一点处各向同性,它就一定处处各向同性。

下面我们就来介绍符合宇宙学原理的最普遍的时空度规。

1. 超球面

我们先介绍一下超球面的概念。

众所周知,三维平直空间的线元为

$$d\sigma^2 = dx^i dx^i \tag{7.2.1}$$

内中镶嵌的球面可以表示为

$$x^i x^i = \frac{1}{K} = R^2 \tag{7.2.2}$$

式中,K 为球面的曲率,R 为曲率半径,球面是一个曲率为 K 的二维常曲率空间。当 $K>0$ 时,它就是通常的球面;当 $K=0$ 时,它就是通常的平面;当 $K<0$ 时,它就是一个伪球面。

球面上的几何是黎氏的,三角形三内角之和大于 π。平面上的几何是欧氏的,三角形三内角之和等于 π。伪球面上的几何是罗氏的,三角形三内角之和小于 π。

现在,考虑四维平直欧氏空间

$$d\sigma^2 = dx^\mu dx^\mu = dx^i dx^i + dx^4 dx^4, \quad \mu = 1,2,3,4 \tag{7.2.3}$$

其中,镶嵌的三维超球面

$$x^\mu x^\mu = x^i x^i + x^4 x^4 = \frac{1}{K} \tag{7.2.4}$$

应为曲率为 K 的三维常曲率空间。对(7.2.4)式微分可得

$$dx^4 = -\frac{x^i dx^i}{x^4} \tag{7.2.5}$$

$$(\mathrm{d}x^4)^2 = \frac{(x^i \mathrm{d}x^i)^2}{\frac{1}{K} - x^i x^i} = \frac{K(x^i \mathrm{d}x^i)^2}{1 - K x^i x^i} \tag{7.2.6}$$

所以

$$\mathrm{d}\sigma^2 = \mathrm{d}x^i \mathrm{d}x^i + \frac{K(x^i \mathrm{d}x^i)^2}{1 - K x^i x^i} \tag{7.2.7}$$

作坐标变换

$$x^1 = r \sin\theta \cos\varphi, \quad x^2 = r \sin\theta \sin\varphi, \quad x^3 = r \cos\theta$$

(7.2.7)式可化成

$$\mathrm{d}\sigma^2 = \frac{\mathrm{d}r^2}{1 - K r^2} + r^2 (\mathrm{d}\theta^2 + \sin^2\theta \mathrm{d}\varphi^2) \tag{7.2.8}$$

此即球坐标下三维超球面上的线元。当 $K > 0$ 时,它就是通常的超球面;当 $K = 0$ 时,它就是通常的超平面;当 $K < 0$ 时,它就是一个伪超球面。

2. 罗伯逊-沃克度规

四维时空中度规的普遍形式为

$$\mathrm{d}s^2 = g_{00}(x,t)\mathrm{d}t^2 + 2g_{0i}(x,t)\mathrm{d}x^i \mathrm{d}t + g_{ij}(x,t)\mathrm{d}x^i \mathrm{d}x^j \tag{7.2.9}$$

宇宙学原理告诉我们,空间各处的演化图像应该是相同的,因此存在一个统一的宇宙时,它用"宇宙演化"本身来标志。"宇宙时"可用各星系的局部随动坐标系上的固有时间来表示。当采用这种时间时,有

$$g_{00} = -1, \quad g_{0i} = 0 \tag{7.2.10}$$

宇宙学原理还告诉我们,三维空间的曲率应该处处相同。虽然曲率有可能随时间变化,但这种变化必须保证 K 在任何时候都只可能是时间的函数,不是空间的函数。因此宇宙四维时空度规的普遍形式为

$$\mathrm{d}s^2 = -\mathrm{d}t^2 + a^2(t)\left[\frac{\mathrm{d}r^2}{1 - K r^2} + r^2 (\mathrm{d}\theta^2 + \sin^2\theta \mathrm{d}\varphi^2)\right] \tag{7.2.11}$$

上式所表示的度规就是作为运动学宇宙论核心的罗伯逊(H. P. Robertson)-沃克(A. G. Walker)度规,K 可以取正、负或零,这里采用的空间坐标是随动坐标,即质元随宇宙膨胀时它的空间坐标是不变的,空间两点间的距离与 $a(t)$ 成正比,因此 $a(t)$ 被称为宇宙尺度因子。为了讨论方便,可以调整坐标 r,使大于零的 K 值化成 $K = +1$,小于零的 K 值化成 $K = -1$。

当 t 为常数时,经过如下变换

$$r' = a(t) \cdot r, \quad K' = \frac{K}{a^2(t)}$$

则纯空间线元(7.2.8)式可化成

$$\mathrm{d}\sigma^2 = a^2(t)\left[\frac{\mathrm{d}r^2}{1 - K r^2} + r^2 (\mathrm{d}\theta^2 + \sin^2\theta \mathrm{d}\varphi^2)\right]$$

$$= \frac{\mathrm{d}r'^2}{1 - K' r'^2} + r'^2 (\mathrm{d}\theta^2 + \sin^2\theta \mathrm{d}\varphi^2) \tag{7.2.12}$$

可见,当 $a(t) =$ 常数时,空间是静态的,即曲率 K' 不随时间变化。当 $a(t) \neq$ 常数时,空间是

动态的,曲率 K' 随时间变化;当 $a(t)$ 是 t 的增函数时,t 增加,K' 减小,宇宙是膨胀的;当 $a(t)$ 是 t 的减函数时,t 增加,K' 增加,宇宙是收缩的。

需要强调的是:

(1) 罗伯逊-沃克度规只建立在宇宙学原理的基础之上,与引力理论无关,此度规完全是运动学的结论,而与时空采用何种动力学理论无关。

(2) 宇宙学原理决定不了尺度因子 $a(t)$ 和空间曲率 K,这两个量只能由观测事实和时空动力学性质决定,即取决于采用何种引力理论、物态方程和观测事实。

通过如下的坐标变换

$$r = f(\chi) \equiv \begin{cases} \sin\chi, & 0 \leqslant \chi \leqslant \pi \ (K = +1) \\ \chi, & 0 \leqslant \chi < \infty \ (K = 0) \\ \sinh\chi, & 0 \leqslant \chi < \infty \ (K = -1) \end{cases} \tag{7.2.13}$$

罗伯逊-沃克度规可以表示成另外一种常见的形式

$$ds^2 = -dt^2 + a^2(t) \left[d\chi^2 + f^2(\chi)(d\theta^2 + \sin^2\theta d\varphi^2) \right] \tag{7.2.14}$$

3. 宇宙空间的有限与无限

罗伯逊-沃克时空中的径向坐标距离为

$$\Delta r = \int_0^r dr \tag{7.2.15}$$

对应的固有距离为

$$d = a(t) \int_0^r \frac{dr}{\sqrt{1 - Kr^2}} \tag{7.2.16}$$

当 $K > 0$ 时,有

$$d = a(t) \frac{1}{\sqrt{K}} \arcsin(\sqrt{K} r) \tag{7.2.17}$$

显然,不能超过最大值 $r_{max} = \dfrac{1}{\sqrt{K}}$,否则上式没有意义;可见,$K > 0$ 的罗伯逊-沃克时空有最大径向长度。可以计算得到此宇宙的空间体积

$$V = \int_0^{r_{max}} dr \int_0^{2\pi} d\varphi \int_0^{\pi} d\theta \cdot \sqrt{\gamma} = \pi^2 r_{max}^3 a^3(t) = \pi^2 K^{-\frac{3}{2}} a^3(t) \tag{7.2.18}$$

其中 $\gamma = \dfrac{a^6(t) \cdot r^4 \sin^2\theta}{1 - Kr^2}$ 为纯空间度规行列式,$K > 0$ 的宇宙是有限的。

当 $K = 0$ 时,有

$$d = a(t) \cdot r \tag{7.2.19}$$

当 $K < 0$ 时,有

$$d = \frac{a(t)}{\sqrt{-K}} \ln\left(\sqrt{-K} r + \sqrt{1 - Kr^2}\right) \tag{7.2.20}$$

(7.2.19)式和(7.2.20)式表明,这两种时空的径向固有距离没有上限,即体积是无限的。总之,$K > 0$ 的罗伯逊-沃克时空是有限无边的;而 $K = 0$,$K < 0$ 的罗伯逊-沃克时空是无限无边的。

4. 宇宙学红移

下面我们对宇宙学红移问题做一些讨论,并说明其本质上不是多普勒红移。

设星系在 t_e 时刻发出的光信号在 t_0 时刻被地球接收到,而在 $t_e+\Delta t_e$ 时刻星系再发出一个光信号,地球上观测者在 $t_0+\Delta t_0$ 时刻接收到。我们对 Δt_0 和 Δt_e 之间的关系感兴趣,因为如果 Δt_e 是原子钟的周期,那么 Δt_0 就是接收点的对应值。不失一般性,只考虑光线的径向传播,并取地球的径向坐标为 0、星系位于 r_e 处,则光线沿径向向内的类光测地线运动。根据罗伯逊-沃克度规(7.2.11)式有

$$-\mathrm{d}t^2 + a^2(t)\frac{\mathrm{d}r^2}{1-Kr^2} = 0 \tag{7.2.21}$$

对于第一个光信号,有

$$\int_{t_e}^{t_0}\frac{\mathrm{d}t}{a(t)} = -\int_{r_e}^{0}\frac{\mathrm{d}r}{\sqrt{1-Kr^2}} \tag{7.2.22}$$

此处的负号是因为光子沿着 r 减少的方向前进。对于第二个光信号,对应地有

$$\int_{t_e+\Delta t_e}^{t_0+\Delta t_0}\frac{\mathrm{d}t}{a(t)} = -\int_{r_e}^{0}\frac{\mathrm{d}r}{\sqrt{1-Kr^2}} \tag{7.2.23}$$

由(7.2.22)式和(7.2.23)式,得

$$\int_{t_e}^{t_0}\frac{\mathrm{d}t}{a(t)} = \int_{t_e+\Delta t_e}^{t_0+\Delta t_0}\frac{\mathrm{d}t}{a(t)} \tag{7.2.24}$$

把上式右侧的积分 $\int_{t_e+\Delta t_e}^{t_0+\Delta t_0}$ 改写成 $\int_{t_e+\Delta t_e}^{t_e}+\int_{t_e}^{t_0}+\int_{t_0}^{t_0+\Delta t_0}$,则其中第二项可与(7.2.24)式左侧相消,进而得

$$\int_{t_e+\Delta t_e}^{t_e}\frac{\mathrm{d}t}{a(t)} + \int_{t_0}^{t_0+\Delta t_0}\frac{\mathrm{d}t}{a(t)} = 0 \tag{7.2.25}$$

当 Δt_0 与 Δt_e 很小时,利用中值定理有

$$\frac{\Delta t_0}{a(t_0)} - \frac{\Delta t_e}{a(t_e)} = 0 \tag{7.2.26}$$

其中,Δt_e 和 Δt_0 分别为发射和接收信号的周期(τ_e 和 τ_0),则由相应的频率公式 $\nu=\frac{1}{\tau}$ 和波长公式 $\lambda=c\tau$,容易得到

$$\frac{\nu_e}{\nu_0} = \frac{\lambda_0}{\lambda_e} = \frac{\tau_0}{\tau_e} = \frac{a(t_0)}{a(t_e)} \tag{7.2.27}$$

定义频移为

$$z = \frac{\lambda_0-\lambda_e}{\lambda_e} = \frac{a(t_0)}{a(t_e)} - 1 \tag{7.2.28}$$

对于静态宇宙,$a(t_0)=a(t_e)$,$z=0$,无频移。在一个膨胀宇宙中,$a(t_0)>a(t_e)$,$z>0$,所以光波长有红移。对于收缩宇宙,$a(t_0)<a(t_e)$,$z<0$,所以光波长有蓝移。实际观测到的来自遥远星系的光有红移,表明我们的宇宙在膨胀。

从宇宙的运动学观点来看,二点在随动坐标系中是静止的,红移是空间本身膨胀引起的,不是光源或观测者在空间中运动造成的,所以宇宙学红移本质上不是多普勒红移。

7.3 动力学宇宙论

在宇宙学原理和爱因斯坦场方程的基础之上,可以建立宇宙演化的动力学标准模型——弗里德曼宇宙。

1. 基本方程

符合宇宙学原理的物质分布一定是均匀各向同性的,而均匀各向同性介质的能量动量张量一定是完全流体的能动张量,即

$$T^{\mu\nu} = (\rho + p)u^{\mu}u^{\nu} + pg^{\mu\nu} \tag{7.3.1}$$

注意,这里已选择 $c=1$ 的单位制。式中取 $u^{\mu}=(1,0,0,0)$,表示介质质元只随宇宙膨胀而变化,ρ 和 p 分别是介质的密度和压强,它们是空间均匀的,只随时间 t 变化。

把(7.3.1)式和罗伯逊-沃克度规(7.2.11)式代入爱因斯坦场方程

$$R_{\mu\nu} = 8\pi G\left(T_{\mu\nu} - \frac{1}{2}g_{\mu\nu}T\right) \tag{7.3.2}$$

得到纯时间分量方程

$$3\ddot{a} = -4\pi G(\rho + 3p)a \tag{7.3.3}$$

和纯空间分量方程

$$a\ddot{a} + 2\dot{a}^2 + 2K = 4\pi G(\rho - p)a^2 \tag{7.3.4}$$

其他分量方程都是恒等式。由(7.3.3)式和(7.3.4)式中消去 $\ddot{a}$,得到 a 的一阶微分方程

$$\dot{a}^2 + K = \frac{8\pi G}{3}\rho a^2 \tag{7.3.5}$$

另外,由能量动量守恒 $T^{\mu\nu}_{;\nu}=0$,还可导出一个微分方程

$$\frac{\mathrm{d}\rho}{\mathrm{d}t} = -3\frac{\dot{a}}{a}(\rho + p) \tag{7.3.6}$$

这些方程中只有两个是独立的,但是却涉及三个未知函数 ρ,p 和 a,因而并不完备。若能再找到一个与介质的物态性质有关的方程

$$p = p(\rho) \tag{7.3.7}$$

我们就有了一组完备的动力学方程,由它原则上可解出宇宙的膨胀进程 $a(t)$,以及膨胀中密度 ρ 和压强 p 的变化。另外,通常的标准宇宙模型还假定宇宙膨胀是总熵不变的准静态可逆过程(似稳膨胀),满足

$$\frac{\mathrm{d}}{\mathrm{d}t}(sa^3) = 0 \tag{7.3.8}$$

其中,s 为熵密度。

不难看出,(7.3.6)式可等价地写成

$$\frac{\mathrm{d}}{\mathrm{d}a}(\rho a^3) = -3pa^2 \tag{7.3.9}$$

2. 现在的宇宙

如果不考虑暗能量的存在,现在的宇宙物质应满足强能量条件

$$\rho + 3p > 0 \tag{7.3.10}$$

由(7.3.3)式可知

$$\frac{\ddot{a}}{a} < 0, \quad 即 \ddot{a} < 0 \tag{7.3.11}$$

另一方面,从哈勃定律 $v = HD$ 可得

$$H = \frac{v}{D} = \frac{\dot{a}}{a} > 0, \quad 即 \dot{a} > 0 \tag{7.3.12}$$

上面的讨论告诉我们,现在的宇宙应满足 $a(t) > 0, \dot{a}(t) > 0, \ddot{a}(t) < 0$,即当前的宇宙应处于减速膨胀的阶段。人们在很长一段时间内对"现在的宇宙"状况持上述看法。然而,近年来的观测表明,现在的宇宙似乎是加速膨胀的。大约 60 亿年前,宇宙从减速膨胀转变为加速膨胀。大多数人认为,这是由于存在暗能量造成的。具有排斥效应的暗能量压强为负。暗能量的大量存在,使得在宇宙学意义上强能量条件(7.3.10)被破坏。

3. 过去的宇宙

如果 $a(t) > 0, \dot{a}(t) > 0, \ddot{a}(t) < 0$ 在过去任何时刻都成立,那么一定可以追溯到某一时刻 t_0,有 $a(t_0) = 0$。此时,由罗伯逊-沃克度规算出的曲率标量发散,即

$$\lim_{t \to t_0} R = \lim_{t \to t_0} 6a^{-1}[\ddot{a} + a^{-1}(\dot{a}^2 + K)] = \infty \tag{7.3.13}$$

因此,时刻 t_0 是一个内禀奇点。定义这一时刻为宇宙的初始时刻,即 $t_0 = 0$。由此可见,弗里德曼宇宙一定存在一个内禀、类空的过去奇点,即所谓的宇宙学奇点。

同时,纯空间曲率和物质密度在奇点处发散

$$K' = \frac{K}{a^2(t)} \to \pm \infty, \quad 当 t \to 0, 且 K \neq 0 时 \tag{7.3.14}$$

$$\rho = \frac{3(\dot{a}^2 + K)}{8\pi Ga^2} \to \infty, \quad 当 t \to 0 时 \tag{7.3.15}$$

当 $K > 0$ 时,奇点处宇宙体积趋于零,当 $K = 0$ 或 $K < 0$ 时,奇点处宇宙体积就是无穷大。

研究表明,宇宙学奇点有以下特点:

(1) 时空曲率发散;

(2) 除 $K = 0$ 情况外,纯空间曲率发散;

(3) 物质密度发散;

(4) 温度发散;

(5) 三维空间体积初始时为零($K > 0$)或无穷大($K = 0, K < 0$)。

如果假定 $\ddot{a} \sim 0$,则有 $\dot{a} = \frac{a}{t} = \mathrm{const}$。由此可粗略估出宇宙年龄

$$t_1 = \frac{a_1}{a/t} = \frac{a_1}{\dot{a}} = \frac{a_1}{\dot{a}_1} = \frac{1}{H_1} \tag{7.3.16}$$

最后一步用了(7.3.12)式。其中 a_1、H_1 分别为今天的宇宙尺度因子和哈勃常数。上式表明宇宙年龄约等于哈勃常数的倒数,具体来说约有 100 亿年。不过,研究表明哈勃常数随时间变化,上述估算比较粗略,但方法比较简单。

4. 未来的宇宙

如果不考虑暗能量,未来的宇宙应该是物质为主的时期。宇宙物质可看作松散介质,即

$$p = 0, \quad T^{\mu\nu} = \rho u^\mu u^\nu \tag{7.3.17}$$

由(7.3.9)式可解出

$$\rho_{\text{matter}} a^3 = \text{const} \tag{7.3.18}$$

再由(7.3.18)式和(7.3.5)式可得

$$\dot{a}^2 = \frac{8\pi\zeta G}{3a} - K \tag{7.3.19}$$

其中 ζ 为一个常量,即

$$\mathrm{d}a = \sqrt{\frac{8\pi\zeta G}{3a} - K}\, \mathrm{d}t \tag{7.3.20}$$

下面分三种情况讨论。

对于空间曲率 $K < 0$ 的宇宙,考虑充分大的 a,有

$$\mathrm{d}a \approx \sqrt{-K}\, \mathrm{d}t \quad \Rightarrow \quad a(t) \propto t \tag{7.3.21}$$

对于 $K = 0$ 的宇宙,有

$$\sqrt{a}\, \mathrm{d}a = \sqrt{\frac{8\pi\zeta G}{3}}\, \mathrm{d}t \quad \Rightarrow \quad a(t) \propto t^{2/3} \tag{7.3.22}$$

对于 $K > 0$ 的宇宙,由(7.3.20)式有

$$\dot{a} = \sqrt{\frac{8\pi\zeta G}{3a} - K} \tag{7.3.23}$$

当满足如下条件

$$\frac{8\pi\zeta G}{3a} = K \tag{7.3.24}$$

此时,$\dot{a} = 0$,a 达最大值;此后,$\dot{a} < 0$,宇宙将收缩,并且在某个时刻 t' 达到 $a(t') = 0$,从而回到"原来的"内禀奇点。事实上,这是另一个内禀类空奇点——未来奇点。许多人认为未来奇点的熵远高于过去奇点。也就是说,$K > 0$ 宇宙的脉动过程是一个熵不断增加的不可逆过程。

可见,$K > 0$ 的有限宇宙膨胀到一定程度就会收缩,而 $K < 0$ 和 $K = 0$ 的无限宇宙,则将永远膨胀下去,如图 7.3.1 所示。

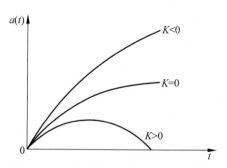

图 7.3.1 空间曲率 K 不同的宇宙的未来

如果真的存在大量暗能量,宇宙演化的前景可能会不同于这里的描述。然而,暗能量问题目前尚未搞清楚,是一个悬而未决的问题。有关的情况最好留给未来的学者去探讨。

5. 空间曲率的判定

从(7.3.5)式可得

$$\rho = \frac{3}{8\pi G}\left[\frac{K}{a^2} + \left(\frac{\dot a}{a}\right)^2\right] = \frac{3K}{8\pi G a^2} + \frac{3}{8\pi G}H^2 \qquad (7.3.25)$$

其中 H 为哈勃常数。定义临界密度为

$$\rho_c = \frac{3}{8\pi G}H^2 = 5\times 10^{-30}\,\mathrm{g/cm^3} \simeq 3 \text{ 个核子}/\mathrm{m^3} \qquad (7.3.26)$$

显然有

$$\begin{cases} \rho > \rho_c & \Leftrightarrow \quad K > 0 \\ \rho = \rho_c & \Leftrightarrow \quad K = 0 \\ \rho < \rho_c & \Leftrightarrow \quad K < 0 \end{cases} \qquad (7.3.27)$$

可见,观测现在宇宙物质的平均密度,可以断定我们所处的空间的曲率及宇宙今后的演化趋向。

另一方面,由(7.3.4)式和(7.3.25)式可得

$$p = -\frac{1}{8\pi G}\left[\frac{K}{a^2} + H^2(1-2q_0)\right] \qquad (7.3.28)$$

其中

$$q_0 = -\frac{\ddot a a}{\dot a^2} \qquad (7.3.29)$$

为减速因子。对于松散介质,$p=0$,所以有

$$K = a^2 H^2(2q_0 - 1) \qquad (7.3.30)$$

因此

$$\begin{cases} q_0 > \frac{1}{2} \Leftrightarrow K > 0 \\ q_0 = \frac{1}{2} \Leftrightarrow K = 0 \\ q_0 < \frac{1}{2} \Leftrightarrow K < 0 \end{cases} \qquad (7.3.31)$$

可见,测定宇宙膨胀的减速因子,也可以判定空间的曲率及今后宇宙的演化。

表 7.3.1 列出了有关的情况。

表 7.3.1 宇宙演化的三种可能情况

宇宙中物质密度	红移的减速因子	三维空间曲率	宇宙类型	膨胀特点
$\rho > \rho_c$	$q_0 > 1/2$	正	有限无边	脉动
$\rho = \rho_c$	$q_0 = 1/2$	零	无限无边	永远膨胀
$\rho < \rho_c$	$q_0 < 1/2$	负	无限无边	永远膨胀

我们有了两个判据,可以决定宇宙究竟属于哪一种了。遗憾的是,最初的研究给出相反的结果。观测表明,$\rho < \rho_c$,似乎宇宙的空间曲率为负,是无限无边的宇宙,将永远膨胀下去!不幸的是,减速因子观测给出了 $q_0 > 1/2$ 的结果,这又表明宇宙的空间曲率为正,宇宙是有

限无边的,脉动的,膨胀到一定程度会收缩回来。哪一种结论正确呢? 有些人倾向于认为减速因子的观测更可靠,推测宇宙中可能有某些产生万有引力的暗物质被忽略了,如果找到这些暗物质,就会发现 ρ 实际上是大于 ρ_c 的。另一些人则持相反的看法。还有一些人认为,两种观测方式虽然结论相反,但得到的空间曲率都与零相差不大,可能宇宙的纯空间曲率就是零。

近年来的观测结果使问题更加复杂化,观测发现减速因子随时间变化,大约 60 亿年前,宇宙从减速膨胀变成了加速膨胀。为了解释这一现象,人们引入了"暗能量"假设,认为宇宙中不仅存在大量暗物质,还存在大量产生排斥效应的暗能量,宇宙演化过程是普通物质、暗物质和暗能量共同作用的结果。有关探讨仍在进行中。看来要得到正确的认识,还需要进一步的实验观测和理论推敲。我们今天,仍然肯定不了宇宙究竟有限还是无限。只能肯定宇宙无边,而且现在正在膨胀! 此外,还知道膨胀大约开始于 140 亿年以前,这就是说,我们的宇宙大约起源于 140 亿年之前。

7.4 极早期宇宙

按照经典广义相对论的弗里德曼模型,膨胀宇宙起源于一个"过去类空奇点"。人们希望对宇宙起源时期进行研究。然而,宇宙极早期的时空曲率极大,量子效应十分显著,经典广义相对论显然不再适用。宇宙极早期的描述,应该采用量子引力理论。但是,引力场的量子化遇到严重困难,目前广泛采用的是半经典引力理论。我们现在给出半经典引力理论适用的范围,并对宇宙初始的普朗克时期作一简单讨论。然后介绍一下普朗克时期之后宇宙演化的热历史。

1. 引力场量子化的困难

粗略地说,引力场量子化的一般途径是把度规 $g_{\mu\nu}$ 看作算符,然后利用度规及其共轭的动量算符 $\hat{\pi}^{\tau\lambda}$ 的对易关系

$$[\hat{g}_{\mu\nu}(x), \hat{\pi}^{\tau\lambda}(x')] = \mathrm{i}\delta_{\mu\nu}^{\tau\lambda}\delta(x, x') \tag{7.4.1}$$

来决定它们。众所周知,通常量子力学和量子场论中的对易关系是同时关系,因此(7.4.1)式也必须定义在时空的类空间隔上。然而,要想知道两点 x' 和 x 的间隔是否类空,又必须首先知道该处度规张量的真空期待值

$$g_{\mu\nu} = <|\hat{g}_{\mu\nu}|> \tag{7.4.2}$$

算符 $\hat{g}_{\mu\nu}$ 应该由对易关系式(7.4.1)确定,而(7.4.1)式的建立又必须事先知道 $\hat{g}_{\mu\nu}$ 的预期值,理论陷入了逻辑循环。

另一方面,引力场量子化后不能重整化,成为"发散"的理论。虽然超引力、超弦、圈量子引力等理论的出现,为克服"发散"困难开辟了一些新途径,但至今还没有提出一个成功的方案。

目前我们可以使用的理论是"弯曲时空量子场论"。这是一个从经典引力到量子引力的过渡理论。在这一理论中,物质场(例如电磁场、电子场等)是量子化的,但引力场没有量子化,仍看作连续的弯曲时空。这时广义相对论的爱因斯坦场方程(7.1.1)应修改为

$$R_{\mu\nu} - \frac{1}{2}g_{\mu\nu}R + \Lambda g_{\mu\nu} = \kappa <\hat{T}_{\mu\nu}> \tag{7.4.3}$$

方程左边与经典方程(7.1.1)完全一样,只是右边的物质源 $T_{\mu\nu}$ 被 $<\hat{T}_{\mu\nu}>$ 所代替。后者表示量子化后的物质场的能动张量算符的真空平均值,这是一种量子平均。

弯曲时空量子场论是一个比较可靠的理论,是广义相对论与量子场论的结合。当然,这一结合是不自然的,方程左边表达的引力场没有量子化,右边表达的物质场却量子化了。这一理论有点像玻尔的量子理论,或者像二次量子化之前的量子力学;物质量子化了,但电磁场却没有,电磁场仍看作连续的场,不看成光子。这样的理论当然不能令人满意,但量子力学的发展史告诉我们,这样的半经典半量子理论依然成功地解决了大量原子物理和核物理问题。所以,在引力场量子化的工作完成之前,使用这一较为可靠的半经典半量子的弯曲时空量子场论,还是有可能解决不少问题的。目前对黑洞和早期宇宙的研究,主要使用这一理论。

2. 普朗克尺度

从(7.4.3)式可知,物质场的量子涨落,会引起度规场的相应涨落。我们希望能够确定度规场涨落不可忽略的范围,此范围之外,就是半经典引力论成立的时空区域。

一般说来,在引力场任一点,各个方向上的黎曼曲率不相等。设 B 为该点的平均黎曼曲率,它与该处曲率半径的关系为

$$r = \frac{1}{\sqrt{B}} \tag{7.4.4}$$

在此点引入局部惯性系,我们认为惯性系适用的范围即曲率半径 r 以内的邻域 U。曲率越大,曲率半径越小,惯性系适用的邻域 U 也就越小。在局部惯性系中,如果不考虑量子效应,我们可以明确地定义时间、长度、能量和动量。然而,当局部惯性系过小时,量子效应将不可忽略。测量此系中粒子的能量、动量,将受测不准关系的限制

$$\Delta x \cdot \Delta p \geqslant \hbar, \quad \Delta t \cdot \Delta E \geqslant \hbar \tag{7.4.5}$$

当采用 $c = \hbar = G = 1$ 的自然单位制时,(7.4.5)式可写成

$$r \cdot \omega \geqslant 1 \tag{7.4.6}$$

r 为曲率半径,ω 为物质波的频率。当 r 表示空间尺度时,ω 代表动量,当 r 表示时间尺度时,ω 代表能量。(7.4.5)式和(7.4.6)式表示对测量的限制,描述的是实过程。

我们所感兴趣的量子涨落是虚过程,它应满足

$$r \cdot \omega \leqslant 1 \tag{7.4.7}$$

不难看出,最大量子涨落是

$$\omega \sim \frac{1}{r} = B^{1/2} \tag{7.4.8}$$

利用动量空间的态密度

$$4\pi p^2 \mathrm{d}p \sim \omega^2 \mathrm{d}\omega \tag{7.4.9}$$

可得物质场局部动量密度(或能量密度)的测不准量

$$\int_0^{B^{1/2}} \omega \cdot \omega^2 \mathrm{d}\omega \sim B^2 \tag{7.4.10}$$

动量密度和能量密度的涨落,会引起度规场的同级涨落 B^2,要使此涨落可忽略,即

$$B^2 \ll 1 \tag{7.4.11}$$

必须有

$$B < 1 \tag{7.4.12}$$

或

$$r = B^{-1/2} > 1 \tag{7.4.13}$$

当 r 表示空间时,(7.4.13)式意味着

$$L > L_p = \left(\frac{G\hbar}{c^3}\right)^{1/2} \approx 1.6 \times 10^{-33}\,\mathrm{cm} \tag{7.4.14}$$

当 r 表示时间时,(7.4.13)式意味着

$$t > t_p = \left(\frac{G\hbar}{c^5}\right)^{1/2} \approx 5.4 \times 10^{-43}\,\mathrm{s} \tag{7.4.15}$$

(7.4.13)式中的 1,用的是自然单位制。它所表示的一个单位的空间长度就是普朗克长度 L_p,一个单位的时间长度,就是普朗克时间 t_p。(7.4.14)式和(7.4.15)式最右端给出的是,普朗克长度和普朗克时间在普通单位制下的数值。普朗克尺度以内,就是度规场涨落不可忽略的范围。也就是说,经典广义相对论和半经典引力理论(包括弯曲时空量子场论)适用的范围,是曲率半径大于普朗克尺度的时空区。

所谓普朗克长度,就是 $c = \hbar = G = 1$ 的自然单位制下的单位长度,普朗克时间就是自然单位制下的单位时间。相应地,可以定义普朗克质量。在通常的单位制下,它是

$$m_p = \left(\frac{c\hbar}{G}\right)^{1/2} = 10^{-5}\,\mathrm{g} \tag{7.4.16}$$

此外,还可以定义普朗克温度,在通常单位制下,它是

$$T_p = \left(\frac{c^5\hbar}{Gk_B^2}\right)^{1/2} \sim 10^{32}\,\mathrm{K} \tag{7.4.17}$$

在普朗克尺度以内,时间的先后不可分辨,空间的上下、左右、前后也不可分辨,时间概念和空间概念都失去了意义。因果律以及所有已知的物理规律也都失效。我们称这时的物质,处在普朗克状态。宇宙演化的这一时期,称为普朗克时期。到目前为止,还没有找到描述普朗克状态的方法。因此,我们对物质奇点的描述,被限制在普朗克尺度之外,对宇宙演化的描述,也只能从普朗克时期之后(即普朗克时间之后)开始。

3. 时空拓扑

爱因斯坦场方程决定时空的重要局域性质——曲率,但与时空的整体性质——拓扑结构无关。场方程的同一个解可以具有不同的拓扑结构,而同一拓扑结构的时空也可以对应场方程的不同解。所以,场方程与时空的拓扑结构无关。

在宇宙演化的普朗克时期,物质处在普朗克状态,经典和半经典的场方程不能适用,但我们仍可研究时空的拓扑结构。

近来的一些研究表明,普朗克时期的时空可能是多连通的。如果时空多连通,时间和空间的先后顺序就可能没有意义。普朗克时期的结束,标志着时间和空间的诞生。这时,宇宙继续膨胀,能量尺度下降,宇宙中的物理过程不再能影响时空的拓扑结构。因此,普朗克时期结束时的时空拓扑,可能会有遗迹留到今天。

对时空拓扑的研究才刚刚开始,它使我们有可能了解普朗克时期宇宙的某些性质。

4. 宇宙的热历史

现在我们来简要叙述普朗克时间之后宇宙的热历史,从那时起宇宙结束了普朗克时期,脱离了普朗克状态,开始有了时间和空间的概念。

伽莫夫认为,宇宙的演化起源于一次大爆炸;爆炸使得宇宙膨胀,造成今天河外星系的红移,并在宇宙空间留下了作为爆炸遗迹的宇宙微波背景黑体辐射。经常提出的问题是,爆炸发生在什么时间? 何处是大爆炸的中心? 爆炸发生在 $t = 0$,然而此时宇宙处于普朗克状态,还不存在时间和空间的概念。直到普朗克时期结束($t_p \sim 10^{-43}$ s),我们才可以谈论时间和空间。爆炸没有中心,它发生在宇宙空间的每一点。对于 $K > 0$ 的闭合宇宙,初始的空间体积极小,只有普朗克尺度;对于 $K = 0$ 和 $K < 0$ 的开放宇宙,初始的空间体积就是无穷大。

不管宇宙的初始体积有限还是无限,在普朗克时间它们都处在高时空曲率、高物质密度和高温、高压状态。这时,温度为普朗克温度 $T_p = 10^{32}$ K,物质的成分是夸克、轻子和规范粒子。这些实物粒子处在能量极高的极端相对论情况,静止质量可以忽略,因而可以看作静质量为零的辐射。此时,强、弱与电磁相互作用不可区分,只显示一种大统一的相互作用。宇宙膨胀到 10^{-36} s 时,温度降低到 10^{28} K,大统一开始破缺,强作用与弱作用开始显示出差别。继续膨胀到 10^{-11} s 时,温度降低到 10^{15} K,重子数出现不对称,而且弱电统一开始破缺,弱作用与电磁作用显示出差别。从这时起,宇宙就呈现出了我们今天所看到的三种不同的相互作用(强、弱、电磁)。当宇宙时间到 100 s 时,温度降低到 10^9 K,夸克开始结合成中子和质子,并有氢的同位素及氦、锂等轻原子核形成,此时形成的氦核一直保留到今天,伽莫夫等人估计氦核应占物质总量的 25% 左右,这恰恰就是今天测得的氦丰度。从这时起直到 10^{13} s,原子核、电子和光子之间通过电磁相互作用处于热平衡状态。10^{13} s 以前的时期,称为辐射为主的时期;从 10^{13} s 开始(此时宇宙的温度为 10^3 K),原子核与电子结合成原子,并与光子退耦。从这时起,光辐射形成与实物粒子无关的宇宙背景场,并随着宇宙的膨胀继续降温,形成今天的 2.7 K 微波背景辐射。从 10^{13} s 开始,宇宙进入物质为主的时期;从 $10^{15} \sim 10^{17}$ s,恒星和星系开始形成。

7.5 暴涨模型

标准宇宙模型在取得辉煌成就并得到若干天文观测事实支持的同时,也存在一些矛盾和疑难,这些疑难只涉及大爆炸后远小于 1 s 的极早期宇宙。

1. 标准宇宙模型的视界疑难

由于光速是最大的信号传播速度,它是一个有限值,因此对于宇宙中的观测者,一般会存在观测不到的事物(粒子或事件)。人们把可观测事物与不可观测事物之间的界面称作视界。视界分粒子视界与事件视界两种。下面用光速极值原理来讨论这两种视界。

设有信号由视界点 (r_1, t_1) 沿径向传播到观测者 $(r = 0, t)$。由线元表达式和光速极值原理

$$-c^2 \mathrm{d}t^2 + \frac{a^2 \mathrm{d}r^2}{1-Kr^2} \leqslant 0 \tag{7.5.1}$$

可得

$$\frac{1}{c}\int_0^{r_1} \frac{\mathrm{d}r}{\sqrt{1-Kr^2}} \leqslant \int_{t_1}^t \frac{\mathrm{d}t'}{a(t')} \tag{7.5.2}$$

此式即 $r=0$ 处的观测者在 t 时刻接收到来自事件 (r_1, t_1) 的信号的条件。信号传播速度 $v \leqslant c$，对光信号取等号，对亚光速信号取不等号。

（1）粒子视界

若 $t_1=0$ 为宇宙大爆炸的初始时刻，显然，位于 $r=0$ 的观测者在 t_0 时刻收到的来自大爆炸初始时刻的信息有一个空间范围。该观测者能收到的信息最远产生地 $r_H(t_0)$ 被称为他在 t_0 时刻的粒子视界，由下式决定

$$\frac{1}{c}\int_0^{r_H} \frac{\mathrm{d}r}{\sqrt{1-Kr^2}} = \int_{t_1}^{t_0} \frac{\mathrm{d}t'}{a(t')} \tag{7.5.3}$$

粒子视界到观测者的固有距离为

$$d_H(t_0) = a(t_0)\int_0^{r_H(t_0)} \frac{\mathrm{d}r}{\sqrt{1-Kr^2}} = a(t_0)\int_0^{t_0} \frac{c\,\mathrm{d}t'}{a(t')} \tag{7.5.4}$$

在标准宇宙模型中，早期宇宙的尺度因子 $a(t)$ 约正比于 $t^{1/2}$，晚期宇宙的 $a(t)$ 约正比于 $t^{2/3}$，所以积分（7.5.3）式与（7.5.4）式的右端为有限值，一定存在粒子视界，不难算出 $d_H(t_0) \approx t_0$。显然，粒子视界 $r_H(t_0)$ 及其固有距离 $d_H(t_0)$ 都是随观测者的观测时间 t_0 变化的。观测者在 t_0 时刻收不到来自 $r_1 > r_H(t_0)$ 处的信息，但在 $t > t_0$ 的某一时刻，他可以收到来自 $r_1 > r_H(t_0)$ 处的信息。

（2）事件视界

再考虑（7.5.2）式。若令 $t \to \infty$ 时，右边积分为有限值，则左边的积分也必须有限。这就是说，对位于 $r=0$ 的观测者，他有一个最大可观测半径 r_{HE}，由下式决定

$$\frac{1}{c}\int_0^{r_{HE}} \frac{\mathrm{d}r}{\sqrt{1-Kr^2}} = \int_0^\infty \frac{\mathrm{d}t'}{a(t')} \tag{7.5.5}$$

r_{HE} 被称为事件视界。为了简单，这里把 t_1 选作宇宙的初始时刻，即令 $t_1=0$。上式表明，位于 $r=0$ 的观测者永远也接收不到来自 $r_1 > r_{HE}$ 的区域的信息。

事件视界到观测者的固有距离可由下式算出

$$d_{HE}(t) = a(t)\int_0^{r_{HE}} \frac{\mathrm{d}r}{\sqrt{1-Kr^2}} = a(t)\int_0^\infty \frac{c\,\mathrm{d}t'}{a(t')} \tag{7.5.6}$$

对于标准宇宙模型，（7.5.5）式与（7.5.6）式右端积分发散，所以不存在事件视界，但在下面将讨论的"暴涨宇宙模型"中，$a(t) \sim \mathrm{e}^{Ht}$，因而有位于 $d_{HE}(t) = 1/H$ 的事件视界存在。不难看出，如果存在事件视界，它的位置 r_{HE} 一般不随观测者的时间变化，但它到观测者的固有距离却由于宇宙膨胀，会随时间变化。

（3）视界疑难

早期宇宙的视界疑难来自粒子视界的存在。

根据粒子视界的概念，一方面我们任何时刻观测到的区域都只能是整个宇宙的一部分；另一方面任何时刻宇宙中都存在因果联系区域的最大限度。事实表明，我们今天观测到的

宇宙是均匀的,可是根据标准宇宙模型逆推,在极早期宇宙的许多区域之间又不可能有因果联系,那么今天的均匀性是怎么形成的呢? 这就是所谓的视界疑难,也称均匀性疑难或因果性疑难。

从今天的观测宇宙往极早期追溯,观测宇宙中的物质所占的尺度是与 $t^{2/3}$ 或 $t^{1/2}$ 成正比地缩小的,而因果区的大小却与 t 成正比地缩小,可见后者缩小得更快,这势必导致早期宇宙的均匀性疑难。另外,早期宇宙中粒子视界尺度很小,对星系的形成理论也带来了原则性的困难。按照现在的星系形成理论,当今宇宙中物质的结团来源于早期的微小密度起伏;可是,在宇宙的早期,星系质量的物质所占区域的大小比当时的视界距离还大很多量级,它们之间没有因果联系,因此任何物理机制都不能产生这种尺度的密度起伏。可见,星系的起源也变成了一个原则上不能由物理学回答的问题,这和视界疑难问题本质上反映了标准宇宙模型的同一个矛盾和困难。

2. 标准宇宙模型的平直性疑难

根据标准宇宙模型,宇宙在任何时刻都可定义临界密度 $\rho_c = \dfrac{3}{8\pi G}\left(\dfrac{\dot{a}}{a}\right)^2$ 和宇宙学密度 $\Omega = \rho/\rho_c$,此时方程(7.3.5)式可化成

$$1 - 1/\Omega = 3K/8\pi G\rho a^2 \tag{7.5.7}$$

在辐射为主的早期,由于 $\rho a^4 = \text{const}$ 导致等式右边正比于 a^2;而在实物为主的阶段,由于 $\rho a^3 = \text{const}$,它应正比于 a。无论如何,宇宙演化从极早期到现在,随着宇宙尺度因子的增大,只要 $K \neq 0$,(7.5.7)式中左侧关于宇宙学密度表达式的绝对值就应不断增大。宇宙演化从普朗克时期 $t = 10^{-43}\text{s}$ 到现在,$a(t)$ 已增大了几十个量级,因而(7.5.7)式的值也增大了至少几十个数量级。观测表明,今天 Ω 对 1 的偏离至多仅为 1 的量级,那么(7.5.7)式当今的值也应为 1 的量级。按照宇宙演化的规律逆推,在普朗克时期的宇宙学密度为

$$\Omega_p = 1 \pm 10^{-N} \tag{7.5.8}$$

其中 N 为一个至少为几十的正数,而"$\pm$"号分别对应 $K > 0$ 和 $K < 0$ 两种情况。上式的结果表明,若 $K \neq 0$,则普朗克时期结束时的宇宙物质密度和临界密度必定在很多位有效数字上相同,而恰巧又不完全相等。否则,我们的宇宙就不可能经过漫长的演化而具有今天的准平坦性,即 Ω 仍偏离 1 不远。根据标准宇宙模型,我们现实宇宙的初始条件竟然会如此特殊,人们称对初始条件的这个要求为平直性疑难,也称微调疑难。

背景辐射和核合成的分析已表明,现有的宇宙模型前推到宇宙年龄为 1s 以后,结果是正确的。而视界和平坦性疑难的分析则暗示了,在未经实测检验的极早期,必存在对宇宙演化有重要影响的物理因素还没有被认识。视界疑难与平直性疑难都可归结为"初始条件问题",如果硬性规定宇宙的"初始条件",两个疑难都可以"解决",但这样的解决很不自然,无法让人接受。20 世纪 70 年代中期,粒子物理学家开始介入宇宙论的研究。80 年代初,古斯(A. H. Guth)在粒子物理大统一模型的启发下,指出了极早期宇宙中应该曾有过短暂的真空为主的阶段。真空为主与辐射或实物为主不同,前者将使宇宙作加速膨胀 $a(t) = e^{Ht}$,而这短暂的加速膨胀将能使视界疑难和平坦性疑难得到十分自然的解决,这就是极早期宇宙的暴涨理论。

3. 宇宙早期的暴涨模型

根据大统一理论,在宇宙诞生的早期由于温度和能量极高,电、弱、强相互作用是统一

的。然而随着宇宙演化,其温度降低至临界温度 T_c 以下,宇宙内部对称性将自发破缺,强作用与弱、电作用才表现出不同。大统一理论利用希格斯(Higgs)标量场 φ 的自作用有效势能密度来解释对称性自发破缺的出现,以及宇宙普朗克时期结束后暴涨模型的能量来源

$$V(\varphi) = -m\varphi^2 + \lambda\varphi^4 \tag{7.5.9}$$

在场论中,人们把能量最低的态叫作真空,这种自作用的特点是具有偶函数的对称性,可是它的真空态不在 $\varphi=0$,而在 $\varphi=\varphi_0$ 或 $-\varphi_0$(如图 7.5.1)。可见,不管实际真空态在 φ_0 或 $-\varphi_0$,场的状态就一定会失去 φ 的反号对称性,这就造成了低能情况下的对称性自发破缺。然而,若场的能量足够高,场的状态将恢复失去的对称。

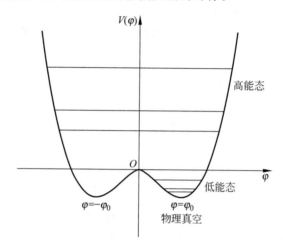

图 7.5.1 希格斯自作用势能密度示意图

粒子物理所要描述和处理的是少量粒子的动力学系统,而宇宙学处理的是非零温度下的统计系统。当系统的温度为 T,希格斯场的真空由它的自由能密度 $F(\varphi)$ 取极小来标志,对于类似宇宙这样的统计系统,其自由能 $F(\varphi)$ 随 T 的变化如图 7.5.2 所示。从图中可以看出,当 $T>T_c$(临界温度),$\varphi=0$ 为真空态,这是一个保持原有对称性的真空;当温度降至 T_c,对称破缺的真空态出现了,但它与对称真空的能量是简并的;温度再降低,$\varphi=0$ 态仍是 F 的极小,但它不再是最小的极小,因此 $\varphi=0$ 态成了亚稳定的假真空态,它会自发地通过隧穿效应向 $\varphi=\varphi_0$ 或 $\varphi=-\varphi_0$ 的对称破缺真空态跃迁,这种跃迁就是 φ 场的真空相变。对于极早期宇宙,当宇宙温度远高于临界温度 T_c 时,气体的能量密度远大于真空能密度,因此真空能的影响可以忽略,原来的标准模型完全适用。当温度接近 T_c 时,由于势垒的阻隔,真空相变并不能在 $T=T_c$ 后立即发生,宇宙温度继续因膨胀而降至 T_c 以下,而真空却仍滞留于 $\varphi=0$ 态,即宇宙处于相变前的过冷态。在过冷态下,气体的热动能密度(约为 T^4)已变得小于真空能密度,即宇宙出现了真空为主的状态,这是原来的标准模型所没有考虑过的情形。

由于真空能密度是常数,而极早期宇宙演化中 K 在动力学方程(7.3.5)中可以忽略,不难求解得

$$a(t) = e^{Ht} \tag{7.5.10}$$

其中,$H=(8\pi G\rho_{vac}/3)^{1/2} \approx (8\pi G T_c^4/3)^{1/2} \approx 10^{34}\,\mathrm{s}^{-1}$ 即为当时的哈勃参量值。这结果表明,在相变完成前,宇宙会发生非常剧烈的指数形式的加速膨胀,即暴涨;最终总会在温度远低于 T_c 的某个时刻,真空完成了从对称相向对称破缺相的过渡,系统从假真空态跃迁到对称

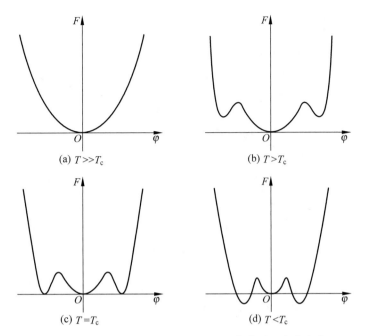

图 7.5.2　宇宙系统自由能密度 $F(\varphi)$ 曲线随温度的变化

破缺的真真空态,同时伴随着巨大的潜热放出,使宇宙的温度回升至接近 T_c。相变结束后,由于破缺真空态的能密度已很低,宇宙又恢复了按标准模型的正常膨胀。

实际上,暴涨持续的时间与 Higgs 自作用有效势能密度 $V(\varphi)$ 的细节有关,理论并不能作确切的预言。但从宇宙学的角度看,古斯首先指出,若暴涨持续的时间为 10^{-32} s,则视界和平坦性疑难就可自然地得到解决。因此,人们普遍承认在宇宙演化的普朗克时期 10^{-43} s 结束后,在大约 $10^{-34} \sim 10^{-32}$ s 时间内为宇宙的暴涨演化阶段。

在宇宙的暴涨阶段中,根据(7.5.10)式可见,尺度因子 $a(t)$ 将有几十个数量级的增长,它比漫长的正常膨胀阶段所增大的总倍数还要大。而在真空为主阶段的极短时间内,由(7.5.6)式可知宇宙视界几乎可以看作一个常数,可见观测宇宙的大小在暴涨之前应该是远小于当时的视界尺度的,因此与宇宙均匀性和星系起源相关的视界疑难就不复存在了,见图 7.5.3。

在标准宇宙模型中,由于 $\rho a^4 = \text{const}$(辐射为主)或 $\rho a^3 = \text{const}$(物质为主),导致 $1 - 1/\Omega$ 的绝对值随宇宙的膨胀而增大,进而引发了平直性疑难。在考虑了宇宙以真空为主的暴涨模型阶段后,因真空能密度是常数,Ω 对 1 的偏离(7.5.7)式左边是与 a^2 成反比地降低的,说明暴涨阶段产生的作用刚好与标准模型描述的正常膨胀阶段相反。由此可以理解,一个要求不是十分苛刻的 $1 - 1/\Omega$ 的初始取值,在经历了真空能为主的暴涨阶段之后恰恰能够很容易满足 $\Omega = 1 \pm 10^{-N}$,进而使平坦性疑难得到缓解。

暴涨理论给出了今天的宇宙空间几何非常接近平直的结果,即逼近 $\Omega_0 = 1$。至此,宇宙空间是否封闭的问题虽然还没有完全确定的答案,但暴涨模型告诉我们当今宇宙很可能非常接近临界状态($K = 0$),我们无法准确地确定它是处于临界状态还是在临界状态的哪一侧。由于宇宙核合成的研究已推断出 $\Omega_N \ll 1$,因此暴涨理论的这个预言强烈地暗示了宇宙

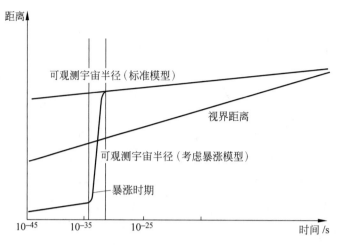

图 7.5.3　暴涨对宇宙尺度的影响及视界疑难的解决

的主要组分是非重子物质。多年的研究已经使人们相信,我们的宇宙中除了占比极小的重子物质之外,还存在大量的暗物质和暗能量。

7.6　关于宇宙学的评注

1. 暗物质问题

暗物质的猜测最初来自对银河系中恒星运动的研究。从牛顿的力学定律可以知道,质量为 m、距银河系中心为 R 的恒星,在万有引力作用下的转动速度 v 可由 $\dfrac{GMm}{R^2} = \dfrac{mv^2}{R}$ 式推出,式中 M 为银河系中心的质量,G 为万有引力常数。不难从上式推出

$$v = \sqrt{\frac{GM}{R}} \tag{7.6.1}$$

即离银心越远的恒星转速应该越小,如图 7.6.1 所示。但从 20 世纪 20 年代开始就发现,似乎银河系中恒星的转动速度并不随 R 的增大而减小,好像变化不大。于是人们推测银河系中可能存在像"晕"一样成团分布的暗物质。这些暗物质与通常的物质一样产生万有引力,只是不能通过光学或电磁的手段观测到它们。

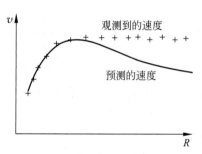

图 7.6.1　银河系自转速度曲线

银河系中的暗物质呈晕状分布,对上式中的 M 有贡献。现在 M 表示银河系中半径为 R 的球体内部所有物质(包括暗物质和通常的可见星体、尘埃、气体等)的总质量,离银心远的恒星 R 与 M 都增大,所以运动速度 v 变化不大。这就解释了为何银河系中恒星的转动速度 v 不随 R 的增大而迅速减小。

以后发现上述情况不仅存在于我们的银河系,宇宙中所有的星系、星系团均有类似情况,似乎宇宙中普遍存在着"暗物质"。

其他一些天文观测也支持"暗物质"的存在。例如从遥远星系传过来的光线,如果在途中遇到大质量的天体(例如黑洞,星系团等),这些天体产生的万有引力会使光线弯曲,使发出光线的星系的图像变为多个,或呈现环状(爱因斯坦环),这一现象称为"引力透镜"。但观测到的、造成光线弯曲而形成"透镜"的天体的质量往往过小,似乎不足以形成"透镜"。于是人们推测在"透镜"形成之处可能有大量暗物质存在。这些暗物质的万有引力也对"引力透镜"的形成有贡献。以后人们又在宇宙学的研究中,为了解释宇宙演化的某些阶段为何膨胀减速较快时,再次求助于"暗物质"模型。

目前大多数人认为,宇宙中有大量暗物质存在,暗物质远多于可视物质。除去黑洞、尘埃、不发光的气体、中微子等可以预见到的不易观测的普通物质之外,还有不为我们了解的暗物质。暗物质的结构和性质尚不明了,可以肯定的是,它们与普通物质一样产生万有引力,造成时空弯曲;但它们不参与电磁相互作用,对光是透明的。

2. 暗能量疑难

近年来的天文观测使我们对宇宙膨胀的认识产生了新的重大变化。这种变化是对 Ia 型超新星的观测引起的。这类超新星是由于白矮星不断吸积外部物质,使自身的质量超过钱德拉塞卡极限而造成的爆发。这种爆发不会形成黑洞或中子星,而是全部炸飞。这类超新星的大小、爆发机制和产物都类似,因此爆发强度也应该类似。于是人们建议把 Ia 型超新星爆发的亮度作为"标准烛光",以判断它们所在星系离我们的远近。令人惊讶的是,它们的视亮度往往比用标准模型测算距离估出的视亮度要弱很多。也就是说,它们离我们的实际距离比用宇宙膨胀的标准模型算出的距离要远。天文界把这一现象归因于宇宙的加速膨胀。他们的研究表明,我们的宇宙大约 60 亿年前从减速膨胀变成了加速膨胀。宇宙膨胀怎么可能从减速变为加速呢?加速的动力来自何方呢?这些惊人的问题引起了全世界科学工作者的极大兴趣。大多数人认为,这表明宇宙中可能存在大量未知的暗能量。

和暗物质类似,未知的暗能量(或称动力学暗能量,或简称暗能量)也不参与电磁作用,对光也是透明的,有点像"以太"。但它与暗物质不同,它的压强是负的,因而不显示"万有引力",而显示"万有斥力"。换句话说它造成时空弯曲的效应是一种排斥效应,会促使宇宙的膨胀加速。

目前认为,宇宙中暗能量的密度均匀且不随宇宙膨胀而变化,基本保持恒定,这一点也与暗物质不同。暗物质与普通物质相似,成团分布,它们各自的总量在宇宙膨胀过程中保持不变,它们的密度随宇宙膨胀而减小,所以当宇宙膨胀到一定程度的时候,暗能量产生的排斥效应就会压倒普通物质和暗物质产生的引力效应,宇宙就会从减速膨胀转变为加速膨胀。

总之,宇宙膨胀经历的暴涨、减速、加速等过程,正是暗物质、暗能量与普通物质共同参与的结果。下面我们给出科学家现阶段对宇宙中各种物质成分的研究结果。

我们看到,发光恒星的质量只占全宇宙质量的 0.5% 左右,那些由普通重子形成的气体、尘埃甚至黑洞,总质量也不过占全宇宙的 4%。如果中微子有质量,也只占宇宙总质量的约 0.3%。而研究表明,宇宙中还应该存在占宇宙总质量 29% 左右的、透明的、产生引力效应的未知的暗物质。

产生"排斥效应"的暗能量,大家估计约占宇宙总质量的 65%。不过有些人认为,"暗能量"其实不是什么物质的新形态,而是宇宙学常数产生的观测效应。如果真是如此,那么宇宙项的引入将不但不是爱因斯坦自认为的最大错误,而恰恰是他的又一伟大功绩。

此外还有一些人认为,不存在动力学暗能量,爱因斯坦引入的宇宙学常数也起不了如此大的作用。他们认为宇宙加速膨胀造成的理论困难,表明爱因斯坦的广义相对论在宇观尺度下失效,广义相对论仅在太阳系或银河系这样的宏观尺度下(10^7 光年以下)比较精确,在 10^8 光年以上的宇观尺度下需要修改。

上述探索已经经历了一段时间,有关的论文发了 1 万篇以上,但困难基本上没有解决。暗物质和暗能量问题,成为当前物理学和天文学遇到的最大困难之一,有人认为这一困难很可能会导致物理学产生新变革。

3. 如何理解宇宙的"大爆炸"

"大爆炸"这一名称虽然很能激起人们的兴趣,但也带来不少误解。例如,一些人以为宇宙的创生就像一包炸药爆炸,以为宇宙创生前时间和空间就已经存在,这包炸药原本存在于空间的一个小区域内,那里就是爆炸的中心。爆炸区内压强大,爆炸区外压强小,压强差促使爆炸的生成物在空间中扩散开来,成为膨胀的宇宙。这一理解是错误的。

正确的理解是:宇宙创生前没有时间也没有空间。时空是和物质一起诞生的。宇宙膨胀是整个三维空间的膨胀,爆炸和膨胀并非发生在空间的某个局部区域,而是发生在空间的每一点。爆炸和膨胀没有中心,或者说空间的每一点都是爆炸和膨胀的中心(处于空间任何一点的观测者都会看到周围的星系在远离自己)。空间各点的压强都一样,不存在压强差。宇宙膨胀不是压强差导致的物质在空间中的扩散,而是纯粹的三维空间的膨胀。空间与物质同时在爆炸中创生,空间膨胀初期,各物质团(例如各星系)的间距随之膨胀。但相邻星系间的引力阻止它们远离,从而形成一个个星系团(群)。星系团内部各星系,既受到空间膨胀的作用而有相互远离的倾向,又受到万有引力的吸引作用而有相互趋近的倾向,最终达到一个平衡状态。这时星系团保持一定大小,本身不再膨胀。但空间仍在膨胀,导致各星系团远离,展现出宇宙学红移。

应该再次强调,处于膨胀宇宙中任何一个地点的观测者,都会看到周围的星系团在远离自己。可以用一个膨胀气球来作比喻。气球的表面好比一个二维空间的宇宙,上面的墨水点表示许多星系。当气球膨胀时,任何一个墨水点上的生物都会看到其他的墨水点(星系)在远离自己。

4. 宇宙学红移不是多普勒效应

近年来的研究表明,哈勃定律所描述的宇宙学红移本质上并非多普勒红移。多普勒效应反映的是,在一个不随时间变化的空间中,光源相对于观测者运动所造成的光波波长变化。而宇宙学红移是由于空间本身膨胀所造成的光波波长增长。

在多普勒效应中,从不同角度看,光源发出的光各向异性(波长变化不一样)。例如 A 是光源,B、C 是两个观测者,光源 A 向 B 运动。

B   A   C

观测者 C 看到红移,B 则看到蓝移。

与多普勒效应不同,空间膨胀效应造成的光波波长变化是各向同性的,无论观测者 B 还是 C,都看到光源 A 在远离自己,所以都看到光波波长发生红移。

多普勒效应中,光在脱离光源时波长就已发生了变化,在传播途中不再进一步变化。而宇宙学红移情况,光波脱离光源时波长尚未发生变化,只是在传播过程中,空间膨胀把光波波长拉伸才逐渐产生了变化。所以宇宙学红移本质上不是多普勒红移,而是广义相对论导致的引力红移。空间膨胀同时导致了"宇宙学红移"和"光源与观测者远离"这两个效应,从而给出了与多普勒效应相似的结果,给出了哈勃定律。

5. 河外星系的退行速度可以"超光速"

宇宙学红移表明河外星系在远离我们。这种远离是三维空间膨胀造成的,由于膨胀是空间均匀的,即空间各点的膨胀率相同,离我们越远的星系,退行速度就越大。这一点很好理解。打个比方,假如空间长度的相对膨胀率为每秒 0.1,那么距观测者 1 万 km 的天体在 1s 内将退行 1 千 km 的距离,也就是说此天体 1s 后将距我们 1.1 万 km,所以它的退行速度为 $10^3 \mathrm{km/s}$。距观测者 100 万 km 的天体,1s 内将退行 10 万 km,成为距我们 110 万 km 的天体,其退行速度为 $10^5 \mathrm{km/s}$。所以越远的天体退行速度越大。

研究表明,河外星系的退行速度可以达到甚至超过光速。有一个距离称为"哈勃距离"

$$d = c/H$$

式中,c 为真空中的光速,H 为哈勃常数。处在哈勃距离 d 的河外星系,退行速度正好是光速。比"哈勃距离"离我们更远的星系,退行速度超过光速。

不过,这一"超光速"现象并不违反狭义相对论。狭义相对论禁止任何物体或信号在空间中的运动速度超过光速。但我们这里提到的"超光速"并不是物体或信号在空间中的运动速度,而是空间本身膨胀造成的现象。空间膨胀造成的"超光速",不能传递信号,不能改变因果关系,所以并不与狭义相对论相抵触。

顺便说明,虽然处于"哈勃距离"之外的星系远离我们的速度超过光速,但它们发出的光我们仍可以收到。这是因为"哈勃距离"并不是一个恒定的值,它取决于哈勃常数的大小。研究表明,哈勃常数随时间略有变化。哈勃常数随时间减小,使得"哈勃距离"随时间增大,当"哈勃距离"把原来处在它之外的星系发射的光子(该光子相对于我们的退行速度也大于光速,原本达不到我们这里)包括进来之后,这个光子相对于我们的退行速度就小于光速了,因而我们也就可以看见它了。

6. 宇宙年龄和可观测距离

研究表明,宇宙年龄大约为 140 亿年,较精确的说法是 137 亿年,误差 ±30 亿年。

既然宇宙年龄约 140 亿年,宇宙可观测距离似乎应该是 140 亿光年。但这个答案不对,这是因为没有考虑空间膨胀造成的影响。

140 亿年前最初诞生的天体发出的光,在向我们传播的过程中,空间距离在不断膨胀。

如果空间没有膨胀,这些光在 140 亿年的旅行时间里,应该走 140 亿光年的距离。但是空间在膨胀,将使产生这些光的原始天体,在光旅行的 140 亿年中,进一步远离我们。研究表明,当我们接收到这些光的时候,产生这些光的天体已经距离我们差不多 460 亿光年了。这就是说,虽然宇宙的年龄是 140 亿年,宇宙的可观测距离却差不多是 140 亿光年的 3 倍——460 亿光年。

7.7 时空隧道

本节将简单介绍相对论和量子宇宙学预言的虫洞与时间机器。由于篇幅所限,我们只介绍洛伦兹虫洞,对欧几里得虫洞仅简单提及。

1. 虫洞概述

相对论和量子论告诉我们,原始的宇宙诞生于虚无缥缈之中。在最初的 10^{-43} s 之内,宇宙处于一片混乱的"混沌"状态,分不清上和下、左和右、先和后,或者说分不清时间和空间。宇宙就像一锅沸腾的稀粥,充满了时空泡沫。

在膨胀过程中,时空泡沫逐渐演化成大量的"宇宙泡",宇宙泡之间往往有隧道相连,而且隧道可能不止一条。也有的隧道并不通向另外的宇宙泡,而只连通本泡的两个部分,有点像泡的"手柄"。连接不同或相同宇宙泡的这些时空隧道,被科学家称为"虫洞"(图 7.7.1)。

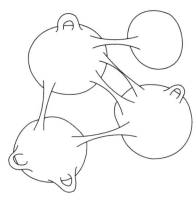

图 7.7.1 宇宙泡和虫洞

这些宇宙泡迅速膨胀,泡内大量的真空能转化为物质能。每个宇宙泡形成一个宇宙,其中之一形成了我们的宇宙。

我们现今观察到的膨胀宇宙,只是大量宇宙泡形成的大量宇宙中的一个。我们有可能了解其他的宇宙吗?有可能到别的宇宙去旅行吗?研究表明不排除这样的可能。这是因为连接各宇宙的时空隧道(虫洞),不会由于宇宙膨胀而全部断掉和消失,有可能保留到今天。因此我们有可能通过虫洞前往其他的宇宙,也有可能通过虫洞接收来自其他宇宙的消息、接待来自其他宇宙的客人。

研究表明,有的虫洞可以通过,有的不能通过。可通过的虫洞有两类,一类是可长期通过的洛伦兹虫洞,另一类是可瞬时通过的欧几里得虫洞。

洛伦兹虫洞可以想像为日常生活中所说的隧道。飞船可以通过它飞往其他宇宙,也可以再飞回来。洛伦兹虫洞的两个开口也可能处在同一个宇宙中。这样的宇宙,从 A 点运动到 B 点的飞船有两条路可走。一条是穿过虫洞到达 B 点,另一条是不穿过虫洞到达 B 点。如果有一对双生子,各驾驶一艘飞船,其中一个穿过虫洞到达 B 点,另一个不穿过虫洞到达 B 点,他们二人经历的时间一般来说不会相同。他们再次相会时,年龄也会有差别。现今的一些研究表明,可通过的洛伦兹虫洞经过适当制备后,可以变成"时间机器"或"时光隧道",宇航员通过它后,有可能回到自己的过去,见到最初出发的自己,甚至有可能通过"时间机器"前往"未来"。

现在谈谈欧几里得虫洞。这是一种可瞬间通过的虫洞。经过这种虫洞前往其他宇宙的人不需要时间,他会在眨眼间从我们面前消失,他感觉自己眨眼间已处在另一个宇宙之中。其他宇宙的来客也是如此,会突然出现在我们眼前。真是"来无影,去无踪"。如果一个欧几里得虫洞并不通往其他宇宙,而是与本宇宙相通,例如连通北京和纽约,那么一个经历此虫洞的人会在瞬间从北京消失,突然出现在纽约的大街之上。还有可能突然消失,瞬间到达"古代"或"未来"。

不过,事情似乎不会这样神奇。目前的研究倾向于认为,如果存在欧几里得虫洞,大概也只允许微观粒子穿越,人或其他宏观物体不大可能穿过。

这方面的研究工作才刚刚起步,我们现在还没有发现一个虫洞的入口或出口。我们更没有找到制造时间机器的可行方法。或许有一天,科学会告诉我们,根本不存在这样的机器或隧道,不存在通往过去和未来的虫洞。

2. 爱因斯坦-罗森桥——不可通过的洛伦兹虫洞

早在1935年,爱因斯坦和罗森(N. Rosen)就曾研究了史瓦西时空镶嵌图的拓扑性质,提出了爱因斯坦-罗森桥作为两个宇宙的通道。1955年惠勒(J. A. Wheeler)把爱因斯坦-罗森桥称作虫洞(wormhole),这是第一个洛伦兹虫洞,是一种不可通过的虫洞。

史瓦西度规为

$$ds^2 = -\left(1-\frac{2M}{r}\right)dt^2 + \left(1-\frac{2M}{r}\right)^{-1}dr^2 + r^2(d\theta^2 + \sin^2\theta d\varphi^2) \tag{7.7.1}$$

考虑 $t=$ const 时三维空间的几何。由于空间几何的球对称性,我们只需研究赤道面 $\theta=\pi/2$ 上的几何,这时

$$ds^2 = \left(1-\frac{2M}{r}\right)^{-1}dr^2 + r^2 d\varphi^2 \tag{7.7.2}$$

现在把它镶嵌在一个平直的三维欧氏空间 (r,z,φ) 内,应有

$$d\sigma^2 = dr^2 + dz^2 + r^2 d\varphi^2 = dr^2\left[1+\left(\frac{dz}{dr}\right)^2\right] + r^2 d\varphi^2 \tag{7.7.3}$$

比较(7.7.2)式与(7.7.3)式得

$$\frac{dz}{dr} = \pm\sqrt{\frac{r_g}{r-r_g}} \tag{7.7.4}$$

故

$$z = \pm\int_{r_g}^r \sqrt{\frac{r_g}{r-r_g}}dr = \pm\sqrt{4r_g(r-r_g)} \tag{7.7.5}$$

或

$$z^2 = 4r_g(r-r_g) \tag{7.7.6}$$

这正是一个回旋抛物面(见图7.7.2),它与史瓦西解在某一固定时刻的 $\theta=\pi/2$ 面上的几何相同,叫作史瓦西时空的镶嵌图。

在6.2节中我们看到,采用克鲁斯卡坐标后,史瓦西时空的度规为

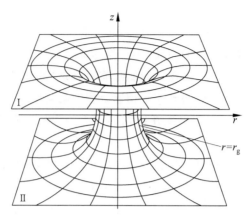

图 7.7.2　爱因斯坦-罗森桥

$$ds^2 = \frac{2M}{r}e^{-r/2M}(-dT^2 + dR^2) + r^2(d\theta^2 + \sin^2\theta d\varphi^2) \qquad (7.7.7)$$

式中

$$R^2 - T^2 = 16M^2\left(\frac{r}{2M} - 1\right)e^{r/2M}, \quad r > 2M = r_g \qquad (7.7.8)$$

如图 6.2.3 所示,克鲁斯卡流形分为 4 个子流形 Ⅰ,Ⅱ,F,P,当时间 $T = 0$ 时,$R^2 = 16M^2\left(\frac{r}{2M} - 1\right)e^{r/2M}$ 或

$$R = \pm 4M\left(\frac{r}{2M} - 1\right)^{1/2}e^{r/4M} \qquad (7.7.9)$$

在 $r \geqslant r_g = 2M$ 情况下,$R > 0$ 和 $R < 0$ 分别对应 Ⅰ 与 Ⅱ 两个宇宙。在镶嵌图中,它们正好位于 $r = r_g$ 的两边,半径为 $r = r_g$ 的喉把两个渐近平直的宇宙连通起来。这就是所谓的史瓦西虫洞,又称爱因斯坦-罗森桥。然而由于史瓦西虫洞的喉处存在事件视界 $r = r_g$,人们就不可能从一个宇宙通过虫洞进入到另一个宇宙中去,只有超光速信号或超光速的物体才有可能穿越这种虫洞,而超光速运动是相对论禁止的。因而这种洛伦兹虫洞属于不可通过的洛伦兹虫洞(not traversable Lorentzian wormhole)。

3. 可通过洛伦兹虫洞

1898 年,英国作家威尔斯(H. G. Wells)曾写了一本科幻小说《时间机器》(*The time machine*),描绘了回到过去的旅行。1988 年,莫里斯(M. Morris),索恩(K. S. Thorne)和 Yurtsever 基于爱因斯坦引力理论提出了一种可通过的静态球对称洛伦兹虫洞,引起了学术界的热烈讨论。

事情源于行星天文学家萨根(C. Sagan)写的一本科幻小说《接触》(*Contact*)。该小说中的女主人公落入地球附近的一个黑洞,那个黑洞内部连着穿越超空间的时空隧道(图 7.7.3),一小时后,女主人公到达通道的另一出口,该出口位于距离我们 26 光年的织女星旁。于是,女主人公用 1h 就完成了我们宇宙中光都需要 26 年才能完成的星际旅行。其后展开了一系列生动的戏剧情节。然而萨根不懂相对论,他不知道自己小说的内容是否与物理学相抵触。于是他把有关内容告知了他的好友,著名的相对论专家索恩。索恩认为黑洞内部不稳定,即使存在时空隧道,稍有扰动也会立即封闭,宇宙飞船不可能通过,因而黑洞不能用作星际航行的时空通道。

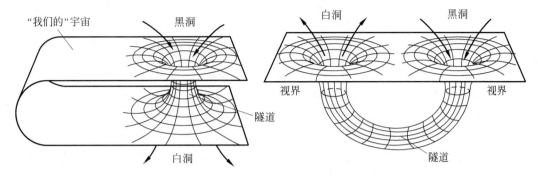

图 7.7.3 黑洞作为时空隧道的猜想

然而,小说的剧情深深打动了索恩,他下决心认真研究一下是否真的有可能存在可穿越的时空隧道。索恩和他的学生莫里斯等人的研究表明,在一定的条件下有可能存在"可穿越的时空隧道",这种隧道就是可穿越的洛伦兹虫洞(图 7.7.4)。他们的研究论文发表在 1988 年的《美国物理学杂志》($Am.\,J.\,Phys.$)上。这是一本给中学教师看的教学杂志,通常不发表科研论文。毫无疑问,索恩与莫里斯的这篇在全世界造成巨大反响的论文,令该杂志陡然生辉。

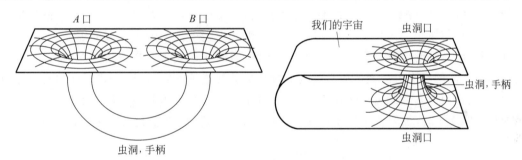

图 7.7.4 洛伦兹虫洞作为时空隧道

索恩等人的研究表明,所谓可通过(traversable)虫洞应满足下述约束条件:

(1) 虫洞内不存在事件视界。

(2) 潮汐引力应足够小,或说小于人体承受的引力加速度的量级。

(3) 通过虫洞的固有时间足够短。

(4) 在经典微扰下,虫洞是稳定的。

他们研究了一般的静态球对称虫洞。伯克霍夫定理指出,静态球对称真空只能是史瓦西的,或说静态球对称真空中的虫洞只能是史瓦西虫洞,因此要有别于史瓦西虫洞,可通过的静态球对称虫洞必须是非真空的。

研究表明,在爱因斯坦场方程成立,且虫洞喉部无事件视界的前提下,虫洞喉部必存在违背弱能量条件的物质,即 $\rho<0$ 或 $\rho c^2+\tau<0$ 的物质(τ 为纵向压力或张力),或者存在违背平均弱能量条件的物质(即平均能量密度为负的物质)。

可以一般地证明:在洛伦兹虫洞(LWH)的喉部附近,一定会出现违反弱能量条件(WEC)或平均弱能量条件(AWEC)的异常物质(exotic matter)。

　　研究表明,弱能量条件等价于

$$\rho \geqslant 0 \tag{7.7.10}$$

且

$$\rho c^2 + \tau \geqslant 0 \tag{7.7.11}$$

即满足弱能量条件的物质,固有能量密度必须为正,且压强不能太负。违背上述两点的任何一点,都是违背弱能量条件。然而,通常情况下,压强是正的,所以通常所说的违背 WEC 的物质都是指固有能量密度为负($\rho < 0$)的物质。

　　虫洞中的违背平均弱能量条件的异常物质,对于静止观测者,固有能量密度仍是正的,但他将受到巨大的张力(负压强)。对于近光速穿越虫洞的观测者,其测得的异常物质的平均能量密度为负。而且,穿越虫洞喉部的光线将在异常物质造成的张力下发散,而不是像引力透镜那样聚焦,如图 7.7.5 所示。

　　这种负能量的异常物质在自然界十分罕见。在黑洞表面附近可能有负能物质,在视界附近构成入射负能流,但黑洞到目前尚未发现。究竟是否存在黑洞还不能最后肯定。唯一能够测到的负能物质出现在卡西米尔(H. B. G. Casimir)效应中。1948 年,卡西米尔提出在真空中放置两片金属板,如图 7.7.6 所示,由于金属板的存在破坏了真空的拓扑结构,板间会出现吸引力,两板之间的区域将具有负能量。该效应起因于量子场的真空涨落。板间出现的真空涨落电磁场,由于金属板的导电性,只能以驻波形式出现,也就是说板间的虚光子只能以某些限定的波长出现,而板外的辽阔空间,与金属板不存在时一样,真空涨落的模式不受限制,任何波长的虚光子均可存在,这使得板外虚光子的密度大于板间虚光子的密度。因此,板间涨落场的能量密度会低于板外的密度,因而两板受到真空涨落场向内的压力,表现为两板之间的吸引力。我们通常把真空能量定义为能量的零点,两金属板外的真空能量恰为零,而板间的真空能量低于零点,表现为负能量。卡西米尔效应早已在实验室观测到,当两板相距 1m 时,板间的负能密度仅为 $10^{-44}\,\text{kg/m}^3$,即在 10 亿亿 m^3 空间中有相当于一个基本粒子质量的负能量。

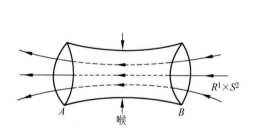

图 7.7.5　可通过的永久洛伦兹虫洞

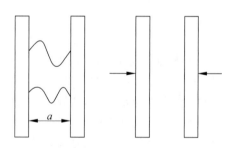

图 7.7.6　卡西米尔效应

　　研究表明,撑开一个半径为 1cm 的虫洞,需要相当于一个地球质量的异常物质;撑开一个半径为 1km 的虫洞,需要一个太阳质量的异常物质;撑开一个半径为 1 光年的虫洞,则需要大于银河系发光物质总质量 100 倍的异常物质。由此看来,寻求异常物质,制造可作为星际航行通道的虫洞,希望实在渺茫。

　　另外,通过虫洞的宇航员和飞船,会受到异常物质产生的巨大张力,有可能达到足以把原子扯碎的程度。研究表明,张力与虫洞半径的平方成反比,即

$$F \propto \frac{1}{r^2} \tag{7.7.12}$$

设物质能承受的最大张力(原子能承受的不被破坏的最大张力)为 F_{max},虫洞半径 r 以光年为单位给出,那么穿越虫洞的物质所受的张力为

$$F = \frac{F_{max}}{r^2} \tag{7.7.13}$$

从上式可以看出,当虫洞半径小于 1 光年时,F 比 F_{max}(原子不被破坏的最大张力)还大,这样的虫洞肯定不能作为星际航行的通道。所以,作为星际航行通道的虫洞,其半径至少要大于 1 光年,前面已经谈过,这将需要银河系发光物质质量 100 倍的异常物质。

看来,是否存在可通过洛伦兹虫洞,在很大程度上取决于物理学是否容许异常物质的存在,而且是大量的异常物质的存在。目前这是一个尚未解决的问题。

7.8 时间机器

1. 由洛伦兹虫洞制备时间机器

欧几里得虫洞用来制造时间机器是不合适的,因为欧几里得虫洞是欧几里得几何的一个瞬态过程,其时间是虚的,而在虚时间中运动的含义目前尚不清楚。莫里斯、索恩和 Yurtsever 在一篇文章中提出一个洛伦兹虫洞(又称永久虫洞、三维虫洞)通过适当的制备可以用来制造时间机器;产生一个含有闭合类时曲线的时空。一个三维虫洞如图 7.8.1 所示,虫洞有两个连接于我们大宇宙的开口 A 和 B,大宇宙称为外空间,我们假设它是平直的闵可夫斯基时空的一个类空超曲面。虫洞内称为内空间,一般它是弯曲的。A、B 两个口在外空间的距离为 L,在内空间的距离为 l,假设 $l \ll L$。从 A 走到 B,从内空间走所用时间比从外空间走所用时间要少得多。现在我们来证明:让 A、B 两口在外空间作适当的相对运动,就可以制备成一个时间机器。

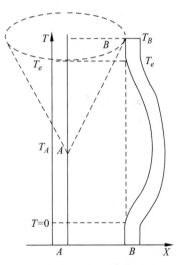

图 7.8.1 由虫洞制备时间机器

在外空间选取惯性坐标系 (T, X, Y, Z),当 $T < 0$ 时,A、B 两口都静止;$T = 0$ 时,B 开始运动,高速离开 A 口之后再返回原来位置。当 $T \geqslant T_e$ 时,B 口重新与 A 口保持相对静止。我们假设在运动过程中虫洞内部的几何没有发生明显变化。当 B 口重新静止时。由于狭义相对论的"钟慢效应",B 口的固有时比 A 口固有时要"年轻"。用 T 表示外空间时钟读数,τ 表示内空间时钟读数。在 $T = 0$ 时,把外空间、内空间所有钟都调到 $T = \tau = 0$,那么当 B 口经过运动又重新停下来之后,B 洞口的钟和外空间的钟的读数 τ_B、T_B 满足

$$\tau_B = T_B - \delta, \quad \delta = T_e [1 - (1 - \bar{v}^2/c^2)^{1/2}] \tag{7.8.1}$$

这里 $\bar{v}$ 是 B 口运动平均速度。我们有 $\tau_B < T_B$,假设某观测者在 $T = T_B$ 从 B 口进入虫洞,

走过虫洞再由 A 口走出,那么当观测者走到 A 口时,内空间的钟读数为 $\tau_A = \tau_B + \Delta\tau$, $\Delta\tau$ 为观测者在内空间所花费的时间,因为 l 很小,$\Delta\tau$ 也很小。由于 A 口一直静止,A 口内外钟始终同步,这样当观测者由 A 口出来时外边钟的读数为

$$T_A = \tau_A = \tau_B + \Delta\tau = T_B - \delta + \Delta\tau, \quad 或 \quad T_B - T_A = \delta - \Delta\tau \tag{7.8.2}$$

可见只要

$$\Delta\tau < \delta = T_e[1 - (1 - \bar{v}^2/c^2)^{1/2}] \tag{7.8.3}$$

或 $\bar{v}$, T_e 足够大,就有

$$T_A < T_B \tag{7.8.4}$$

从外空间看,观测者是在 T_B 时刻进入虫洞,而在 $T_A(T_A < T_B)$ 时刻走出虫洞的。即出洞时刻早于入洞时刻,观测者走向了时间的过去,因果关系颠倒了。若观测者由 T_A 时刻进入 A 口,T_B 时刻由 B 口出来,只要 $\bar{v}$, T_e 足够大,观测者就可从现在走向未来。只要虫洞 B 口运动速度 $\bar{v}$ 足够大,制备时间 T_e 足够长,不等式(7.8.4)总是可以满足的。而且只要

$$(T_B - T_A) \geqslant L/c \tag{7.8.5}$$

那么外空间直线 AB 为非类空,这样我们就有了一条闭合的类时曲线,构造了一个时间机器。我们看到,对一个永久三维洛伦兹虫洞进行适当的制备,就可以产生闭合类时曲线,造成时间机器。这个时空具有这样的特点:它可以分成两部分,一部分是因果性比较好,不含有闭合类时或类光曲线的时空区,比如虫洞制备之前的时空就是这样;另一部分含有闭合类时曲线的时空区。研究表明,这两个区域通过一个紧致生成的柯西视界连起来,这个柯西视界包含闭合类光曲线。

2. 对时间机器的质疑

制造能够返回"过去"的时间机器,实在是令人难以置信的事情。许多学者对此提出了质疑。人们注意到,一个适于做时间机器的时空必须具备这样的特点:必须有闭合类时线,只有这样才能走回自己的过去;必须存在一个因果性好的,不含闭合类时或类光曲线的区域,以供我们生存。在洛伦兹几何中这两个区域之间必定有一个柯西(Cauchy)视界把它们分开。

有人计算了一些含有闭合类时曲线的时空的真空极化能动张量。结果发现,如果时空中有一个紧致生成(compact generated)的柯西视界(霍金指出这对制造时间机器是必须的,而且这样的视界一定包含闭合类光曲线),那么真空极化能动张量在柯西视界上总是发散的,而且这个发散和坐标的选择无关。霍金据此提出时序保护猜想:物理规律不允许出现闭合类时曲线。真空极化能动张量在紧致生成的柯西视界上发散,这导致的反作用会破坏柯西视界,从而闭合类时曲线也将被破坏掉,因此这样的时空是不稳定的。

诺维可夫(I. D. Novikov)则提出自洽性原理:出现在真实宇宙中的物理规律的解,只能是那些整体自洽的解。他们二人的区别在于,霍金从根本上否定闭合类时线的存在,而诺维可夫不完全否定闭合类时线存在的可能性,但要求存在的闭合类时线一定不能改变过去,一定不能造成因果性的不自洽。

目前的状况是,一批相对论专家,如索恩等人,认为物理规律不排除逆时旅行和制造时间机器的可能性。大多数相对论专家,如霍金、诺维可夫等则认为物理规律肯定会阻止逆时旅行,肯定不允许制造"能回到并影响过去"的时间机器。他们提出"时序保护猜想"和"自

洽性原理"之类的"原理",然而这些"原理"似乎并不在已知的物理学原理之列,难道自然科学需要假定"新的原理"吗? 一般来说,基本原理不应该太多。热力学第一定律不允许第一类永动机(破坏能量守恒的永动机)存在,热力学第二定律不允许第二类永动机(从单一热源吸热做功的永动机)存在,热力学第三定律不允许通过有限次操作使系统温度降低到绝对零度……"时序保护猜想"和"自洽性原理",它们是独立的新原理还是某个已知原理的推论? 目前尚无定论。甚至连它们是否正确、是否必要也有疑义。刘辽、李立新、许建梅等人已对霍金的时序保护猜想提出过异议。A. Caslini 等人则推测,自洽性原理很可能是最小作用量原理的推论。

　　总之,对于是否存在时空隧道与时间机器,目前物理界尚无定论。不过,破坏因果关系的想法,恐怕是很难被学术界接受的。

习题

　　1. 简述宇宙学原理和哈勃定律。

　　2. 利用满足宇宙学原理的 Robertson-Walker 度规证明 $K>0$ 的宇宙是有限的,算出此宇宙的最大径向长度,并给出体积公式。

　　3. 在宇宙学中,从能动张量守恒 $T^{\mu\nu}_{;\nu}=0$,可导出方程(7.3.6)

$$\frac{\mathrm{d}\rho}{\mathrm{d}t}=-3\frac{\dot{a}}{a}(\rho+p)$$

试从此方程出发推出

$$\frac{\mathrm{d}}{\mathrm{d}a}(\rho a^3)=-3pa^2$$

并说明实物为主的宇宙($p\ll\rho$)满足 $\rho_{\text{matter}}a^3=\text{const}$,辐射为主的宇宙($p=\rho/3$)满足 $\rho_{\text{radiation}}a^4=\text{const}$。

　　4. 从弗里德曼方程(7.3.5)

$$\dot{a}^2+K=\frac{8\pi G}{3}\rho a^2$$

出发,考虑到 Hubble 定律 $\dot{a}=H(t)a$,对于今天的宇宙有

$$H_0^2a_0^2=\frac{8\pi G}{3}\rho_0a_0^2-K$$

证明

$$\left(\frac{\dot{a}}{a_0}\right)^2=H_0^2\left(1-\Omega_0+\Omega_0\frac{a_0}{a}\right)\quad\Rightarrow\quad t=H_0^{-1}\int_0^{a/a_0}\left(1-\Omega_0+\frac{\Omega_0}{x}\right)^{-1/2}\mathrm{d}x$$

进而讨论 $\Omega_0=1$ 的情况下宇宙的寿命。这里,$\Omega=\rho/\rho_c=\frac{8\pi G\rho}{3H^2}$,$\rho_{\text{matter}}a^3=\text{const}$。

　　5. 如何理解宇宙的"大爆炸"? 哈勃红移是多普勒红移吗?

　　6. 简述宇宙创生、暴涨和早期的热历史。

第 8 章

时空理论若干问题探讨

8.1 惯性的起源

惯性力既不像牛顿认为的那样起源于绝对空间(相对于绝对空间的加速),也不像马赫断言的那样起源于遥远星系(相对于遥远星系的加速)。惯性力很可能起源于加速引起的局域"真空形变"。

1. 匀加速参考系

伦德勒(W. Rindler)曾经研究过平直的闵可夫斯基时空中的一个坐标变换

$$
\begin{cases}
T = \dfrac{1}{a} e^{a\xi} \text{sh} a\eta, \\
X = \dfrac{1}{a} e^{a\xi} \text{ch} a\eta,
\end{cases} \quad R\ \text{区}
\tag{8.1.1}
$$

$$
\begin{cases}
T = -\dfrac{1}{a} e^{a\xi} \text{sh} a\eta, \\
X = -\dfrac{1}{a} e^{a\xi} \text{ch} a\eta,
\end{cases} \quad L\ \text{区}
\tag{8.1.2}
$$

$$
\begin{cases}
T = \dfrac{1}{a} e^{a\xi} \text{ch} a\eta, \\
X = \dfrac{1}{a} e^{a\xi} \text{sh} a\eta,
\end{cases} \quad F\ \text{区}
\tag{8.1.3}
$$

$$
\begin{cases}
T = -\dfrac{1}{a} e^{a\xi} \text{ch} a\eta, \\
X = -\dfrac{1}{a} e^{a\xi} \text{sh} a\eta,
\end{cases} \quad P\ \text{区}
\tag{8.1.4}
$$

它把闵氏时空线元

$$
ds^2 = -dT^2 + dX^2 + dY^2 + dZ^2
\tag{8.1.5}
$$

变成了

$$
ds^2 = \pm e^{2a\xi}(-d\eta^2 + d\xi^2) + dY^2 + dZ^2
\tag{8.1.6}
$$

式中,a 为一个常数,(8.1.6)式称为伦德勒时空中的线元。

在伦德勒坐标下,闵氏时空被分成 R、L、F 和 P 四个区域,伦德勒坐标分别覆盖这四个区。(8.1.6)式中"+"号对应 R、L 区,"−"号对应 F、P 区。在 R、L 区中,η 是时间,ξ 是空间坐标,在 F、P 区则正好相反。伦德勒指出,用 (T,X,Y,Z) 表示的闵氏坐标系,对应惯性系。而 (η,ξ,Y,Z) 所示的伦德勒坐标系,对应匀加速直线运动的参考系,加速方向沿 X 方向。静止在加速系中的观测者,实际测量的加速度(固有加速度)为

$$b = a\,\mathrm{e}^{-a\xi} \tag{8.1.7}$$

当观测者恰好静止在伦德勒坐标系的原点处时,$\xi=0$,$b=a$,他的固有加速度正好是 a,我们称 a 为这个伦德勒系的坐标加速度。从(8.1.7)式可知,无论观测者静止在伦德勒系的什么地方($\xi=$ 常数),他的固有加速度 b 都是常数,他都是在作匀加速直线运动。这些静止观测者($\xi=$ 常数,Y、Z 也是常数)统称为伦德勒观测者,他们在闵氏时空中的世界线是双曲线,如图 8.1.1 所示。η 是伦德勒时间,不难看出图 8.1.1 与史瓦西时空的图非常相似。伦德勒时空存在"视界",即图中两条斜线;伦德勒时空也有 R、L 两个互不通信息的部分,以及"黑洞区"F 和"白洞区"P。

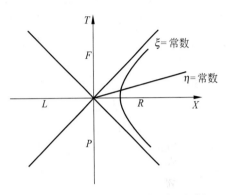

图 8.1.1　伦德勒坐标覆盖的闵氏时空

2. 安鲁效应

在霍金提出黑洞有热辐射的前夕,安鲁(W. G. Unruh)发现,匀加速直线运动的伦德勒观测者处在热浴中。这就是说,原本一无所有的闵氏时空,所有相对作匀速直线运动的惯性观测者均认为是真空,但是在其中作匀加速直线运动的观测者会发现自己周围充满了热辐射,其温度为

$$T = \frac{a}{2\pi k_{\mathrm{B}}} \tag{8.1.8}$$

辐射谱为黑体谱

$$N_\omega = \frac{1}{\mathrm{e}^{\frac{\omega}{k_{\mathrm{B}}T}} \pm 1} \tag{8.1.9}$$

+、−号分别对应费米子与玻色子。这个温度取决于伦德勒系的坐标加速度 a,我们称它为坐标温度。当然,与黑洞情况类似,(8.1.8)式所示的坐标温度不是伦德勒观测者实际测量的温度,实测的温度(固有温度)为

$$T_{\mathrm{P}} = \frac{b}{2\pi k_{\mathrm{B}}} \tag{8.1.10}$$

其中,b 如(8.1.7)式所示,是伦德勒观测者的固有加速度。这就是说,静止在伦德勒系中不同地点(ξ 不同)的观测者,虽然都感觉自己处于热浴中,但感受到的温度 T_{P} 不同,温度与每个观测者的固有加速度 b 成正比。但是,他们的坐标温度 T 都相同,各点坐标温度相同正是广义相对论中热平衡的充要条件,热平衡时各点固有温度可以不同。稳态时空中固有温

度 T_P 与坐标温度 T 的关系由下式决定

$$T_P = T / \sqrt{-g_{00}} \tag{8.1.11}$$

安鲁的结论是惊人的。然而,由于大部分物理工作者不熟悉广义相对论,也由于这一效应过于微弱,目前在实验中还观测不到,这一杰出的工作至今还不为世人所注意,只有少数人知道有这个已被预言但尚未观测到的效应存在。

安鲁等人认为,伦德勒观测者感受到的热效应是一种量子效应,它是由于不同"时间坐标"对应不同的"真空"而造成的。按照狄拉克的思想,真空不空,有零点能存在。通常的物理学都是在平直的闵氏时空的惯性系中讨论的,所以物理学中所说的真空,通常都是指惯性系中的真空,此真空由闵氏时间 T 来定义,可称为闵氏真空。闵氏真空的虚粒子涨落形成零点能,如图 8.1.2 所示。当我们在作匀加速直线运动的伦德勒系中观测时,我们用的时间是伦德勒时间 η,而不再是闵氏时间 T。用伦德勒时间 η 也可定义一个真空,可称为伦德勒真空。需要强调的是,伦德勒真空不是闵氏真空,它的能量零点比闵氏真空的能量零点低,如图 8.1.3 所示,因此,闵氏真空的零点能在伦德勒观测者看来就是高于真空零点的能量,是真实可测的能量。这种能量以最简单的形态出现,那就是具有黑体谱的热辐射状态。因此,伦德勒观测者觉得自己浸泡在热浴之中。

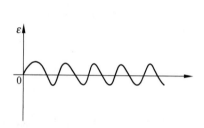

图 8.1.2 闵氏时空零点能

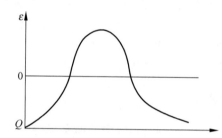

图 8.1.3 伦德勒时空,真空能量的零点下降到 Q 点,闵氏真空的零点能以热能形式出现

我们看到,"真空"不是绝对的,依赖于参考系的选择,温度也不是绝对的,也依赖于参考系的选择。我们还看到,真空态与热平衡态有共同的本质,选择不同的能量零点,二者之间可相互转化。

3. 史瓦西时空与伦德勒时空的相似性

霍金提出黑洞具有温度、存在热效应之后,安鲁意识到自己先前证明的加速观测者的热效应,与霍金效应具有相同的本质。

如果把史瓦西坐标 r 用乌龟坐标 r_* 代替,即

$$r_* = r + \frac{1}{2\kappa} \ln \frac{|r - r_H|}{r_H} \tag{8.1.12}$$

式中

$$\kappa = \frac{1}{4M}, \quad r_H = 2M \tag{8.1.13}$$

则克鲁斯卡变换(6.2.17)式~(6.2.20)式可重新表示为

$$\begin{cases} T = \dfrac{1}{\kappa} e^{\kappa r_*} \sinh \kappa t, \\[3mm] X = \dfrac{1}{\kappa} e^{\kappa r_*} \cosh \kappa t, \end{cases} \qquad \text{I 区},\, r > 2M \qquad (8.1.14)$$

$$\begin{cases} T = -\dfrac{1}{\kappa} e^{\kappa r_*} \sinh \kappa t, \\[3mm] X = -\dfrac{1}{\kappa} e^{\kappa r_*} \cosh \kappa t, \end{cases} \qquad \text{II 区},\, r > 2M \qquad (8.1.15)$$

$$\begin{cases} T = \dfrac{1}{\kappa} e^{\kappa r_*} \cosh \kappa t, \\[3mm] X = \dfrac{1}{\kappa} e^{\kappa r_*} \sinh \kappa t, \end{cases} \qquad F \text{ 区},\, r < 2M \qquad (8.1.16)$$

$$\begin{cases} T = -\dfrac{1}{\kappa} e^{\kappa r_*} \cosh \kappa t, \\[3mm] X = -\dfrac{1}{\kappa} e^{\kappa r_*} \sinh \kappa t, \end{cases} \qquad P \text{ 区},\, r < 2M \qquad (8.1.17)$$

这与伦德勒变换(8.1.1)式～(8.1.4)式非常相似,这里的视界表面引力 κ 相当于伦德勒情况的 a,下面会证明 a 其实就是伦德勒视界的表面引力。

克鲁斯卡时空相当于闵氏时空,克鲁斯卡时空的 I、II 区相当于闵氏时空的 R、L 区,它们的 F 区(黑洞区)和 P 区(白洞区)也相互对应。我们通常所说的史瓦西时空(I 区),相当于伦德勒时空(R 区),如图 8.1.4 和图 8.1.5 所示。史瓦西时空在 $r = 2M$ 处存在视界,那里乌龟坐标 $r_* \to -\infty$。伦德勒时空也存在视界,在 $\xi \to -\infty$ 处。史瓦西时空中静止观测者($r =$ 常数)的世界线是一条双曲线,也与伦德勒观测者相似。

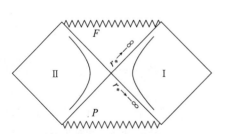

图 8.1.4　史瓦西时空彭罗斯图

I、II 区中的双曲线为史瓦西时
空中静止观测者($r_* =$ 常数,
也即 $r =$ 常数)的世界线

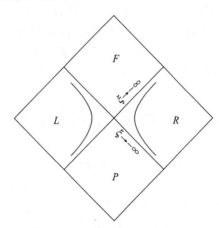

图 8.1.5　伦德勒时空的彭罗斯图
（即闵氏时空的彭罗斯图）

R、L 区中的双曲线为匀加速系中
静止观测者(伦德勒观测者,
$\xi =$ 常数)的世界线

克鲁斯卡时空与闵氏时空的本质区别在于前者有内禀奇点,后者没有。

不难看出,伦德勒时空的 ξ,并不相当于史瓦西时空的 r,而是相当于那里的乌龟坐标 r_*。实际上,ξ 正是伦德勒时空的乌龟坐标,视界在 $\xi \rightarrow -\infty$ 处。利用公式(6.4.11)容易算得视界的表面引力为

$$\kappa = a \tag{8.1.18}$$

用 6.6 节中介绍的达摩尔-鲁菲尼方法,我们可以证明有温度为 $T = a/2\pi k_B$ 的热辐射从视界处射出。

4. 惯性的起源

安鲁效应表明,闵可夫斯基时空的真空态,是伦德勒时空中的热态。热辐射的出现,源于真空能级的变化。伦德勒时空中的能量零点比闵可夫斯基时空中的能量零点低,使得闵氏时空中真空涨落的零点能在伦德勒时空中以实的正能量的形式出现,呈现为热辐射能。

安鲁效应的温度 T,正比于伦德勒观测者的加速度 a,而 a 正是该加速系的惯性场强。所以,惯性力可以看作惯性的经典效应、力学效应。而安鲁效应可以看作惯性的量子效应、热效应。

类似地,由于克鲁斯卡时空中的真空态,相当于史瓦西时空中的热态,霍金辐射也源于真空能级的变化。霍金温度 T 正比于视界的表面引力 κ,而 κ 正是史瓦西时空的引力场强。因此,万有引力可以看作引力场的经典效应、力学效应。而霍金效应可以看作引力场的量子效应、热效应。

既然霍金-安鲁效应起源于真空能级的变化,惯性力与万有引力也应起源于真空能级的变化。惯性力与万有引力有着相同的本质和起源。

可见,惯性力既不像牛顿认为的那样起源于绝对空间(相对于绝对空间的加速),也不像马赫断言的那样起源于遥远星系(相对于遥远星系的加速)。惯性力很可能起源于加速引起的局域"真空形变",惯性力就是真空"形变"造成的反作用力。因此,惯性作用不是超距作用;惯性力与普通力一样,具有反作用力。

按照这一思路,两个物体间的万有引力不是直接相互作用的,而是通过"形变"的真空间接相互作用的。引力场就是形变的真空场。

8.2 时间尺度变换的补偿效应

霍金-安鲁效应可以看作时间尺度变换或能量尺度变换的补偿效应,惯性效应即这一补偿效应的表现。温度以补偿场纯规范势的形式出现,反映真空能量零点的改变。

时间的均匀性或平移不变性,导致能量守恒。当这种均匀性从"整体"过渡到"局域"时,会产生相应的补偿效应。本节讨论的时间尺度压缩和时间尺度变换,就是时间均匀性局域化的一种特殊表现。这种与共形等度规映射相联系的时间尺度变换,会导致补偿效应的出现。霍金-安鲁温度表现为补偿场的纯规范势。本节还将指出,时间的尺度压缩对应着能量尺度的伸张,时间尺度变换对应着能量尺度变换。霍金-安鲁效应实质上是能量尺度变换的补偿效应。在坐标变换下,能量尺度的变换伴随着真空能量零点的下移,使原来的真空涨落零点能实化,以霍金-安鲁热效应的形式出现。下面我们以闵可夫斯基时空为例来进行

讨论。

1. 时间尺度变换

四维闵可夫斯基时空

$$ds^2 = -dt^2 + dx^2 + dy^2 + dz^2 \tag{8.2.1}$$

在伦德勒变换下

$$t = \frac{1}{a}e^{a\xi}\sinh a\eta, \quad x = \frac{1}{a}e^{a\xi}\cosh a\eta \tag{8.2.2}$$

可改写为

$$ds^2 = e^{2a\xi}(-d\eta^2 + d\xi^2) + dy^2 + dz^2 \tag{8.2.3}$$

其中二维子时空线元分别为

$$d\hat{s}^2 = \Omega_1^2 d\tilde{s}_1^2, \quad d\hat{s}^2 = \Omega_2^2 d\tilde{s}_2^2 \tag{8.2.4}$$

这里

$$\Omega_1^2 = 1, \quad \Omega_2^2 = e^{2a\xi}, \quad d\tilde{s}_1^2 = -dt^2 + dx^2, \quad d\tilde{s}_2^2 = -d\eta^2 + d\xi^2 \tag{8.2.5}$$

Ω_1 和 Ω_2 分别是坐标长度 $d\tilde{s}_1$ 与 $d\tilde{s}_2$ 的尺度因子,表征坐标长度的尺度伸缩。显然,尺度因子不仅在不同坐标系下不同(分别表现为 Ω_1 和 Ω_2),而且一般还是时空点的函数。

设 B_μ 为二维子时空中的无穷小矢量,其固有长度为 $L = (B_\mu B^\mu)^{1/2}$,坐标长度分别为 $l = d\tilde{s}_1$ 和 $l' = d\tilde{s}_2$。由于固有长度在平移下不变,从(8.2.4)式可得

$$\delta\ln\Omega_1 = -\delta\ln l, \quad \delta\ln\Omega_2 = -\delta\ln l' \tag{8.2.6}$$

当取 $x^\mu = (t, x), x'^\mu = (\eta, \xi)$ 时,有

$$\Gamma_{\alpha\mu}^\alpha = \frac{\partial}{\partial x^\mu}\ln\sqrt{-g} = 2\frac{\partial\ln\Omega_1}{\partial x^\mu} \tag{8.2.7}$$

$$\Gamma'^\alpha_{\alpha\mu} = \frac{\partial}{\partial x'^\mu}\ln\sqrt{-g'} = 2\frac{\partial\ln\Omega_2}{\partial x'^\mu} \tag{8.2.8}$$

定义

$$A_\mu = \frac{1}{2}\Gamma_{\alpha\mu}^\alpha, \quad A'_\mu = \frac{1}{2}\Gamma'^\alpha_{\alpha\mu} \tag{8.2.9}$$

从(8.2.7)式与(8.2.8)式可得

$$A_\mu dx^\mu = \delta\ln\Omega_1, \quad A'_\mu dx'^\mu = \delta\ln\Omega_2 \tag{8.2.10}$$

把(8.2.6)式代入得

$$\delta\ln l = -A_\mu dx^\mu, \quad \delta\ln l' = -A'_\mu dx'^\mu \tag{8.2.11}$$

可见,坐标长度在平移下发生了变化,A_μ 就是变化率。这可归因于坐标长度的尺度基准在平移下发生了变化。依据 Weyl 的思想,可以认为尺度基准的变化产生了一个补偿场,A_μ 就是补偿场的势,从(8.2.9)式可知,A_μ 就是仿射联络的缩并,在坐标变换下应按下式变换

$$A'_\mu = A_\nu\frac{\partial x^\nu}{\partial x'^\mu} + \frac{1}{2}\frac{\partial}{\partial x^\alpha}\left(\frac{\partial x^\alpha}{\partial x'^\mu}\right) \tag{8.2.12}$$

可见,A_μ 不是矢量。由于补偿场强为零

$$F_{\mu\nu} \equiv A_{\nu,\mu} - A_{\mu,\nu} = \frac{1}{2}\Gamma_{\lambda\nu,\mu}^\lambda - \frac{1}{2}\Gamma_{\lambda\mu,\nu}^\lambda = 0 \tag{8.2.13}$$

尺度基准虽然随时空点变化,但与平移路径无关。注意,这里的讨论是在二维子时空中进行的,$F_{\mu\nu}$、A_μ、B_μ 均为二维子时空中的量。由于我们采用自然单位制,从(8.2.4)式可知,时间坐标 dt、$d\eta$ 的尺度,分别与空间坐标 dx、$d\xi$ 的尺度相同。因此,上面讨论的坐标尺度,实质上就是时间尺度。二维子时空与四维时空的坐标时间相同,所以尺度变换(8.2.12)式,不仅可以看作二维子时空中的时间尺度变换,也可看作四维时空中的时间尺度变换。

从(8.2.4)式知 $L^2 = \Omega_1^2 l^2 = \Omega_2^2 l'^2$,即

$$l' = \Omega^{-1} l \tag{8.2.14}$$

$$\Omega = \Omega_2 / \Omega_1 \tag{8.2.15}$$

把(8.2.14)式代入(8.2.11)式可得

$$A'_\mu = A_\nu \frac{\partial x^\nu}{\partial x'^\mu} + \frac{\partial \ln \Omega}{\partial x'^\mu} \tag{8.2.16}$$

容易验证,(8.2.12)式的最后一项就是(8.2.16)式的最后一项。把(8.2.5)式与(8.2.15)式代入(8.2.16)式最后一项,可得

$$\frac{\partial \ln \Omega}{\partial \xi} = a , \quad \frac{\partial \ln \Omega}{\partial \eta} = 0 \tag{8.2.17}$$

a 是伦德勒观测者的坐标加速度,也是伦德勒视界上的表面引力,它决定伦德勒时空的温度

$$T = \frac{a}{2\pi k_B} \tag{8.2.18}$$

k_B 是玻耳兹曼常数。可见,伦德勒时空的霍金-安鲁效应作为时间尺度变换的补偿效应出现,温度表现为补偿场的纯规范势。

2. 能量尺度变换

如果测不准关系

$$\Delta t \Delta \omega \sim \hbar \tag{8.2.19}$$

在任何坐标系下,在任何时空点均成立,则时间尺度变换必然伴随着能量尺度变换。时间尺度压缩必然伴随着能量尺度的伸张。所以,霍金-安鲁效应也可以看作能量尺度变换导致的补偿效应。为了弄清楚这一点,我们考察伦德勒时空中的狄拉克能级。

在伦德勒系下,哈密顿-雅可比方程为

$$g^{\mu\nu} \frac{\partial S}{\partial x^\mu} \frac{\partial S}{\partial x^\nu} + \mu^2 = 0 \tag{8.2.20}$$

式中,$S = \int L d\tau$ 为哈密顿主函数,μ 为粒子静质量,L 为拉格朗日函数。分离变量

$$S = -\omega\eta + X(\xi) + Y(y) + Z(z) \tag{8.2.21}$$

则(8.2.20)式化成

$$g^{00}\omega^2 + g^{11}(X')^2 + g^{22}(Y')^2 + g^{33}(Z')^2 + \mu^2 = 0 \tag{8.2.22}$$

式中,$X' = dX/d\xi$,$Y' = dY/dy$,$Z' = dZ/dz$。不难看出

$$g^{00}\omega^2 + \mu^2 = -[g^{11}(X')^2 + g^{22}(Y')^2 + g^{33}(Z')^2] \leqslant 0 \tag{8.2.23}$$

所以有

$$\omega^2 \geqslant -g_{00}\mu^2 \tag{8.2.24}$$

即

$$\omega \geqslant \omega_0^+ = \sqrt{-g_{00}}\,\mu, \quad \omega \leqslant \omega_0^- = -\sqrt{-g_{00}}\,\mu \tag{8.2.25}$$

ω_0^+ 和 ω_0^- 之间为禁区,这就是伦德勒时空中的狄拉克能级。

禁区半宽度为

$$\Delta\omega' = \frac{1}{2}(\omega_0^+ - \omega_0^-) = \sqrt{-g_{00}}\,\mu \tag{8.2.26}$$

利用(8.2.3)式与(8.2.5)式,得

$$\Delta\omega' = \Omega_2 \mu = e^{a\xi}\mu \tag{8.2.27}$$

众所周知,闵可夫斯基时空中狄拉克能级的禁区半宽度为

$$\Delta\omega = \Omega_1 \mu = \mu \tag{8.2.28}$$

禁区宽度的相对变化率为

$$\delta\ln\Delta\omega' = \delta\ln\Omega_2, \quad \delta\ln\Delta\omega = \delta\ln\Omega_1 \tag{8.2.29}$$

可把禁区宽度的变化归因于能量尺度的变化,即把禁区宽度变小归因于能量尺度的伸张。

把(8.2.6)式与(8.2.11)式代入(8.2.29)式,得

$$\delta\ln\Delta\omega' = A'_\mu dx'^\mu, \quad \delta\ln\Delta\omega = A_\mu dx^\mu \tag{8.2.30}$$

从(8.2.27)式与(8.2.28)式可知

$$\Delta\omega' = \frac{\Omega_2}{\Omega_1}\Delta\omega = \Omega\Delta\omega \tag{8.2.31}$$

由此不难得出

$$A'_\mu = A_\nu \frac{\partial x^\nu}{\partial x'^\mu} + \frac{\partial\ln\Omega}{\partial x'^\mu} \tag{8.2.32}$$

它就是(8.2.16)式。可见,时间尺度的相对变化率 A_μ 也就是能量尺度的相对变化率,只不过时间尺度的压缩对应于能量尺度的伸张,此差别体现在(8.2.11)式与(8.2.30)式的右端差一个负号。正如(8.2.17)式与(8.2.18)式所示,(8.2.32)式的纯规范势是霍金-安鲁温度。

由此可见,霍金-安鲁效应可以看作能量尺度变换的补偿效应。能量尺度不仅是时空点的函数,而且在坐标变换下也要变化。其变化率是二维子时空仿射联络的缩并,不是矢量。

3. 惯性起源于真空变化

霍金-安鲁效应是时间平移不变性局域化后的产物,是时间尺度变换的补偿效应。时间尺度变换必然导致能量尺度变换,因此,霍金-安鲁效应又可等价地看作能量尺度变换的补偿效应。值得注意的是,这种补偿效应与共形等度规映射相关联,即

$$-d\eta^2 + d\xi^2 = e^{-2a\xi}(-dt^2 + dx^2) \tag{8.2.33}$$

从(8.2.4)式容易看出这一点。

另一方面,在用格林函数研究霍金-安鲁效应时,发现闵可夫斯基时空中的零温度格林函数,在变换到伦德勒时空后,表现为温度格林函数。这表明伦德勒时空中的霍金-安鲁热能,实质上是闵可夫斯基时空中的真空涨落能。霍金-安鲁效应实际上是真空能量零点发生移动的结果;加速的伦德勒系中的真空能量零点,比闵可夫斯基时空中惯性系的真空能量零点要低 $k_B T$ 量级,T 即(8.2.18)式所示的霍金-安鲁温度。从(8.2.17)式可知,(8.2.32)式的第二项(决定霍金温度的 a),即纯规范势,表征真空能量零点的移动。也就是说,(8.2.32)式不

仅反映不同坐标系中能量尺度变化率的关系,而且反映两个坐标系中真空能量零点的变化。

所有支持狭义相对论的实验,只不过证明了真空是洛伦兹不变的,或庞加莱不变的。现在我们看到,当上述对称性局域化之后,真空将发生变化。在(8.2.33)式所示的共形等度规映射下,真空的变化比较简单,只是能量零点简单地向下移动,使部分真空零点能实化为热能。

从(8.2.9)式、(8.2.16)式、(8.2.17)式和(8.2.18)式可以看出霍金-安鲁温度与仿射联络有关,它应是惯性效应的一部分。通常的惯性力,是惯性的经典效应、力学效应,霍金-安鲁效应则是惯性的量子效应、热效应。

本节的探讨支持了8.1节的结论:霍金-安鲁效应起源于真空能级的升降。一个自然的推论是:惯性力起源于真空的变化。惯性效应实质上是一个起源于加速引起的真空"形变"的局域效应,惯性力就是真空"形变"造成的反作用力。按照这种看法,惯性作用不是超距作用;惯性力与普通力一样,具有反作用力。

4. 与 Weyl 规范场理论的比较

本节的探讨把上述结论又推进了一步,指出真空能级的变化归根结底来自时间尺度的压缩或能量尺度的伸张。把惯性效应看作时间尺度变换的补偿效应,与 Weyl 的规范理论挂上了钩。

应该注意,我们讨论的尺度变换,是在二维子时空中进行的。

应该特别强调,l 和 l' 为坐标长度,定义为

$$l \equiv (\eta_{\mu\nu}B^{\mu}B^{\nu})^{1/2} \tag{8.2.34}$$

$$l' \equiv (\eta_{\mu\nu}B'^{\mu}B'^{\nu})^{1/2} \tag{8.2.35}$$

它们不同于 Weyl 规范理论中讨论的固有长度

$$L \equiv (g_{\mu\nu}B^{\mu}B^{\nu})^{1/2} = \Omega_1 l \tag{8.2.36}$$

$$L' \equiv (g'_{\mu\nu}B'^{\mu}B'^{\nu})^{1/2} = \Omega_2 l' \tag{8.2.37}$$

式中,$\eta_{\mu\nu}$ 为洛伦兹度规。(8.2.11)式所示的效应起源于坐标尺度标准在平移下的变化。固有尺度的标准在平移下是不变的,即联络仍然是克氏符,本文的讨论没有越出爱因斯坦广义相对论的框架,这与 Weyl 的原始工作是不同的。在 Weyl 的原始工作中,固有尺度在平移下改变,因而越出了广义相对论的框架,形成了严重的理论困难。此外,本文中的 L 与 L' 是由坐标变换相联系的,并不像 Weyl 理论中那样由共形变换相联系,所以(8.2.36)式与(8.2.37)式中所示的这两个固有长度是相等的。

Weyl 对固有长度引进尺度因子的努力失败了,但把 Weyl 尺度因子修改为相因子后理论却取得了长足的发展,发展为主宰当今粒子物理学的规范场论。现在我们又从另一角度尝试发展 Weyl 的工作。不为固定长度引进尺度因子,而为坐标长度引进尺度因子,成功地赋予了 Weyl 理论以新的物理意义。

8.3　黑洞的定义

稳态时空只要存在事件视界且其表面引力大于零,就一定有霍金-安鲁热效应。霍金-安鲁效应不是动力学效应,与爱因斯坦场方程无关。黑洞的表面(事件视界)可以定义为保

有时空内禀对称性且能产生霍金辐射的类光超曲面。

从前面的讨论可知,具有霍金-安鲁热效应的时空都存在事件视界,而且其表面引力 κ 大于零。本节将论证以下命题:一个稳态时空,只要有事件视界,而且其表面引力 κ 大于零,就一定存在温度正比于 κ 的霍金-安鲁效应。注意,此处(本节 1、2 两部分)讨论的事件视界是指保有时空内禀对称性的零超曲面。

这个命题表明,霍金-安鲁效应是弯曲时空的一种普遍性质,与时空度规的细节无关。在证明过程中,根本用不着爱因斯坦方程。可见,霍金-安鲁效应不是一种动力学效应,不依赖于广义相对论的基本方程——爱因斯坦方程。它实际上是一种"边界"效应,取决于坐标系的选择,取决于作为时空"边界"的视界的存在。

目前,在相对论中有一个关于黑洞的严格的整体的几何定义,然而该定义在物理和天文领域很难适用。本节探讨了构建黑洞的物理定义(或局域定义)的可能性。

1. 稳态时空中事件视界的确定

在 6.1 节中我们已经指出,事件视界是零曲面,而且是保持时空内禀对称性的零曲面。从这两点出发,可以给出确定稳态时空中事件视界的普遍方法。

稳态时空最一般的度规形式可约化成

$$ds^2 = g_{00}dt^2 + g_{11}dx^2 + g_{22}dy^2 + g_{33}dz^2 + 2g_{03}dt\,dz \tag{8.3.1}$$

度规的其他分量为零。这里,为了书写方便,用 (t, x, y, z) 分别代表 (x^0, x^1, x^2, x^3),它们并不一定是直角坐标。采用拖曳系

$$\frac{dz}{dt} = -\frac{g_{03}}{g_{33}} \tag{8.3.2}$$

(8.3.1)式可写成

$$ds^2 = \hat{g}_{00}dt^2 + g_{11}dx^2 + g_{22}dy^2 \tag{8.3.3}$$

式中

$$\hat{g}_{00} = g_{00} - \frac{g_{03}^2}{g_{33}} \tag{8.3.4}$$

零曲面方程(6.1.14)式可写为

$$g^{00}\left(\frac{\partial f}{\partial t}\right)^2 + g^{11}\left(\frac{\partial f}{\partial x}\right)^2 + g^{22}\left(\frac{\partial f}{\partial y}\right)^2 + g^{33}\left(\frac{\partial f}{\partial z}\right)^2 + 2g^{03}\left(\frac{\partial f}{\partial t}\right)\left(\frac{\partial f}{\partial z}\right) = 0 \tag{8.3.5}$$

我们认为稳态时空是从动态时空逐渐演化慢慢稳定下来的。其中的视界,也是逐渐形成,最后才稳定下来的。在最后稳定下来之前,曲面 f 随 t 变化,$\frac{\partial f}{\partial t} \neq 0$。度规的奇异性还没有出现,所以(8.3.5)式可写成

$$\left(\frac{\partial f}{\partial t}\right)^2 + (g^{00})^{-1}\left[g^{11}\left(\frac{\partial f}{\partial x}\right)^2 + g^{22}\left(\frac{\partial f}{\partial y}\right)^2 + g^{33}\left(\frac{\partial f}{\partial z}\right)^2 + 2g^{03}\left(\frac{\partial f}{\partial t}\right)\left(\frac{\partial f}{\partial z}\right)\right] = 0$$

$$\tag{8.3.6}$$

当时空逐渐稳定下来时

$$\frac{\partial f}{\partial t} \to 0 \tag{8.3.7}$$

而且可证明

$$(g^{00})^{-1} = \hat{g}_{00} \tag{8.3.8}$$

所以(8.3.6)式可约化成

$$\hat{g}_{00} = 0 \tag{8.3.9}$$

$$g^{11}\left(\frac{\partial f}{\partial x}\right)^2 + g^{22}\left(\frac{\partial f}{\partial y}\right)^2 + g^{33}\left(\frac{\partial f}{\partial z}\right)^2 = 0 \tag{8.3.10}$$

容易验证,在史瓦西时空、克尔-纽曼时空等大多数情况,(8.3.9)式与(8.3.10)式是等价的。但对伦德勒时空,(8.3.10)式无解,(8.3.9)式正确地给出了伦德勒视界。

可以证明,(8.3.9)式给出的零曲面一定具有时空的内禀对称性,一定是事件视界。因此,稳态时空中决定事件视界的条件是(8.3.9)式,它不同于决定无限红移面的条件(6.3.10)式

$$g_{00} = 0 \tag{8.3.11}$$

不过,对于静态时空(时轴正交的稳态时空,例如此处 $g_{03}=0$ 的情况),这两个条件相同,无限红移面与视界重合。

2. 表面引力、乌龟坐标与热辐射

视界的表面引力可以这样定义:在视界外,相对视界静止放置一个质点,它所受到的固有加速度 b 和红移因子 $\sqrt{-\hat{g}_{00}}$ 的乘积,在此质点趋近视界表面时的极限,称为该视界的表面引力

$$\kappa = \lim_{\hat{g}_{00} \to 0} (b\sqrt{-\hat{g}_{00}}) \tag{8.3.12}$$

利用测地线方程可把(8.3.12)式改写为

$$\kappa = \lim_{\hat{g}_{00} \to 0} \left(-\frac{1}{2}\sqrt{\frac{g^{11}}{-\hat{g}_{00}}}\,\hat{g}_{00,1}\right) \tag{8.3.13}$$

已经证明,对于稳态渐近平直时空中的连通视界面,如果它们不与另一视界面相交,则其上的表面引力 κ 一定是常数。所谓"渐近平直"是说,时空在无穷远处是平直的,度规 $g_{\mu\nu}$ 回到闵氏时空的度规 $\eta_{\mu\nu}$。

(8.3.9)式的解 $x=x_H$ 是视界,知道了 x_H 和 κ,就可定义此时空的乌龟坐标

$$x_* = x + \frac{1}{2\kappa}\ln\frac{x-x_H}{x_H} \tag{8.3.14}$$

可以证明,相对论量子力学的各种动力学方程,例如克莱因-高登方程(描写自旋为零的玻色子)和狄拉克方程(描写自旋为 1/2 的费米子),在乌龟坐标下,均可在视界附近化成波动方程的标准形式

$$\frac{\partial^2 \Phi}{\partial x_*^2} - \left(\frac{\partial}{\partial t} + i\omega_0\right)^2 \Phi = 0 \tag{8.3.15}$$

式中

$$\omega_0 = (m - eA_3)\Omega_H + eV \tag{8.3.16}$$

其中,m 是粒子与 z 坐标共轭的广义动量,当 z 是转角 φ 时,m 是角动量 φ 的分量,e 是粒子电荷。

$$\Omega_{\rm H} = \lim_{x \to x_{\rm H}} \left(\frac{-g_{03}}{g_{33}} \right) \qquad (8.3.17)$$

为视界的拖曳速度。A_3 及 $V = -A_0$ 为电磁四矢的 z 分量和静电势(注意,本节的证明没有要求电磁场源一定位于视界包围的区域,电磁势可以起源于视界外部的时空区)。对于克尔-纽曼黑洞,(8.3.16)式可化成

$$\omega_0 = (m - eA_3)\Omega_+ + eV = m\Omega_+ + eV_0 \qquad (8.3.18)$$

式中,V_0 为两极处静电势。V 为视界上任意一点的静电势,二者不同。

$$V = \frac{Qr_+}{r_+^2 + a^2\cos^2\theta}, \quad V_0 = \frac{Qr_+}{r_+^2 + a^2}, \quad A_3 = \frac{Qr_+ \, a\sin^2\theta}{r_+^2 + a^2\cos^2\theta} \qquad (8.3.19)$$

按照达摩尔-鲁菲尼的办法,可把(8.3.15)式的出射波解延拓到视界内部,并最终证明有热辐射从视界产生,其温度为

$$T = \kappa/2\pi k_{\rm B} \qquad (8.3.20)$$

辐射谱为黑体谱,如

$$N_\omega^2 = \frac{1}{e^{\frac{\omega - \omega_0}{k_{\rm B}T}} \pm 1} \qquad (8.3.21)$$

"+"号对应费米子,"-"号对应玻色子。

这样,我们就证明了稳态时空中任何一个表面引力大于零的事件视界(即保有时空内禀对称性的类光超曲面),均有热辐射产生。也就是说,一个稳态时空,只要存在事件视界,而且其表面引力大于零,就一定有热效应存在,时空一定处在有限温度(即温度大于绝对零度)的状态。

3. 黑洞的几何定义——整体定义

拉普拉斯等人把黑洞看作光无法逃离的暗星。广义相对论采用的也是这一看法,把黑洞定义为信号不能跑出去的时空区域。光信号是所有信号中传播速度最快的,光不能逃离的时空区,任何其他信号当然也不可能逃离。

彭罗斯和霍金等数学水平很高的物理学家,用整体微分几何给出了一个严格的黑洞定义,可称为黑洞的"整体定义"或"几何定义":光信号不能传播到类光无穷远的时空区,称为黑洞;黑洞的边界称为事件视界。

图 8.3.1 和图 8.3.2 的彭罗斯图中的阴影区,就是信号到达不了类光无穷远 J^+ 的时空区。

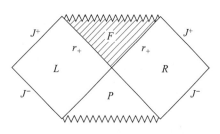

图 8.3.1 史瓦西时空的黑洞区

对于史瓦西时空(图 8.3.1),R 区和 P 区(白洞区)的光信号可以到达右方的 J^+,L 区的光信号虽然到不了右方的 J^+,但能到达左方的 J^+,所以这三个区都不是黑洞区。只有 F 区,光信号到不了任何一个 J^+,因此,F 区是黑洞区,其边界 r_+ 为事件视界。

克尔时空图(图 8.3.2)中,下方的两个 I 区(两个宇宙)的光信号分别可到达各自的 J^+,因此不是黑洞区,而 II、III 区的光信号都到达不了 J^+,所以它们是黑洞区,其边界 r_+ 为

事件视界。注意,Ⅲ区中的光信号虽然到不了 J^+,但却可以穿过Ⅱ′、Ⅰ′区到达另一个类光无穷远 J'^+。这说明,Ⅲ区虽然对于宇宙Ⅰ是黑洞区,但对于宇宙Ⅰ′却属于白洞区,这两种看法都对。可见,一个洞究竟是白洞还是黑洞,依赖于它所处的宇宙。r'_+ 是白洞区的边界,是白洞的视界,称为过去视界。黑洞的视界 r_+,则称为未来视界。

对于伦德勒观测者,我们可以讨论一下闵可夫斯基时空的彭罗斯图。

闵可夫斯基时空中,一般观测者(静止或运动)的世界线都起始于类时过去无穷远Ⅰ$^-$,终止于类时未来无穷远Ⅰ$^+$,如图 8.3.3 中世界线 A 所示。但是,伦德勒观测者不同,他作匀加速直线运动,$\xi=$ 常数,他的速度越变越快直至趋于光速。他的世界线既不起源于Ⅰ$^-$,也不终结于Ⅰ$^+$,而是起源于类光过去无穷远 J^-,终止于类光未来无穷远 J^+,这与史瓦西黑洞外静止观测者的世界线非常相似。静止史瓦西观测者,感受到引力场强不变,根据等效原理,也就是惯性场强不变,等价于一个平直时空中的匀加速观测者。

另外,F 区的信号到不了 R 区和 L 区。对于处在此二区的观测者来说,F 区相当于黑洞区,$\xi \rightarrow -\infty$ 相当于视界。但是,如图 8.3.3 所示,F 区的光信号能够到达闵氏时空的类光无穷远 J^+,所以,按照前面的定义,它不是闵氏时空的黑洞,$\xi \rightarrow -\infty$ 也不是闵氏时空的视界。不过 F 区的光信号到不了与 R 区和 L 区接触的 J^+,我们称这部分 J^+ 为 J_1^+。如果我们站在伦德勒观测者的立场,只认为 J_1^+ 是伦德勒时空(R 区和 L 区)的类光无穷远,则我们可以把 F 区定义为伦德勒时空的黑洞,$\xi \rightarrow -\infty$ 为伦德勒时空的视界。

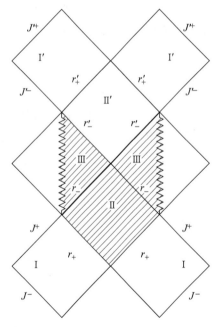

图 8.3.2　克尔时空的黑洞区

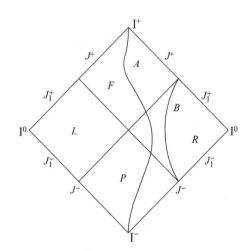

图 8.3.3　闵可夫斯基时空图

4. 黑洞的物理定义——局域定义

上述"整体定义(几何定义)",是目前认为最严格的黑洞定义;然而,此定义很难用于黑洞物理性质的研究。这个定义太数学化(太理想化)了,在天体物理学的研究中,很难应用。

不过,依据上述定义不难看出,作为黑洞边界的事件视界是一张零曲面,而且是一张具有该时空对称特性的零曲面。例如,对于稳态时空,作为视界的零曲面不应随时间变化。对于球对称时空,视界应该是球对称的。对于轴对称时空,视界应该是轴对称的。这就区分了作为视界的零曲面与其他非视界的零曲面(例如光波的波前)。因此,我们应用零曲面方程和稳态时空的对称性,可以定义稳态时空中的视界。

视界包围的区域就是黑洞,任何信号都不能从那里逃到视界之外。

前面我们已经证明,只要有视界,而且它的表面引力 $\kappa > 0$,就一定有热辐射自视界产生,其温度正比于 κ。$\kappa = 0$ 的情况对应绝对零度,是热力学第三定律所不容许达到的状态。可见,热辐射是黑洞最普遍、最根本的属性。这种属性是与黑洞的"黑"相一致的。所谓"黑",就是不反射光,就是失去信息。信息相当于负熵,丢失信息就意味着熵增加。热辐射(黑体辐射)是含信息最少的辐射,通过热辐射,我们除去知道辐射源的温度外,几乎得不到其他任何信息。

从以上分析可以看出,黑洞和视界最主要的特征有两点:

(1) 作为黑洞边界的事件视界是零曲面,是保有时空内禀对称性的零曲面。

(2) 黑洞产生量子热辐射(霍金-安鲁效应),因而具有温度。

因此我们认为,可以依据以上两点对黑洞和视界给出一个不同于上面的"整体定义"或"几何定义"的新定义:保有时空内禀对称性且产生量子热效应的零超曲面,称为局域事件视界;此边界所包围的、热辐射来源方向的时空区称为黑洞。

此定义可称为黑洞和视界的"局域定义"或"物理定义"。此定义的范围比"整体定义"更宽,它包含了所有"整体定义"的黑洞和视界,而且还包含那些使用整体定义比较困难的情况,例如伦德勒时空和一些动态时空的情况。

黑洞的几何定义在数学上比较严密,而它的物理定义更好地表达了黑洞的物理特性,使用起来更方便,更切合实际。

8.4　动力学黑洞的热辐射

动力学黑洞的霍金辐射来自事件视界而不是表观视界。

1. 动力学黑洞

8.3 节的探讨表明,不仅所有的稳态黑洞都有温度,而且一切具有事件视界的稳态时空都有热效应,霍金-安鲁效应具有普遍意义。

但是,实际的黑洞都不是稳态的,它们总会与外界交换物质。它们不停地从外界吸收辐射、尘埃甚至星体,还不断向外发射热辐射。对于转动和带电的黑洞,它们还会向外发出非热辐射。真实的黑洞,质量、电荷和角动量都在不停地变化。那种不随时间变化的稳态黑洞,只是一种理想情况,真实的黑洞都在不断地吸积和辐射。

探讨这些不断变化着的非稳黑洞的热性质,遇到了很大困难。研究稳态黑洞的热性质,我们已经有了许多方法,例如波戈留波夫变换,路径积分,格林函数,解析延拓等。但是,使用上述方法时一般都要预先假定黑洞与外界处在热平衡状态中。

非稳态黑洞目前一般称为动力学黑洞,动力学黑洞满足不了这一假定。所以,上述方法都不能直接用来研究非稳态的动力学黑洞的热性质。为此,一些复杂的近似方法被建立起来,它们不仅计算不严密,而且仅能用于研究渐近平直时空中的球对称动力学黑洞。从1990年开始,我们建议并发展了一个行之有效的新方法,可以研究各种动力学黑洞的热效应,快速简便,而且能用来研究各种形状的动力学黑洞,甚至那些表面各点温度不同的非平衡黑洞。我们认为,黑洞最本质的特征是"黑",而"黑"与"热"是有必然联系的。所以,黑洞最本质的性质是它的热辐射,是霍金-安鲁效应。

动力学黑洞处在不断变化中,它的温度在变化,而且表面各点的温度未必相同。以前关于黑洞表面引力 κ 是常数的证明,是针对稳态黑洞的,而且是针对渐近平直时空中的稳态黑洞的,对动力学黑洞无效。

动力学黑洞虽然在变化,但仍应保持 8.3 节第 4 部分所述黑洞物理定义的两点基本特征:

(1) 其表面(事件视界)是保有时空内禀对称性的零超曲面。

(2) 应有热辐射从它的表面产生。

与稳态黑洞不同的是,视界位置和形状会随时间变化,表面温度也会随时间变化,而且表面各点温度还有可能不同。

抓住以上特征,我们可以迅速判断任何一个动力学时空中是否有事件视界,它的位置在何处,以它为表面的黑洞是否产生热辐射,温度是多少,如何变化。

2. 动力学黑洞的视界

下面我们讨论一个简单的例子。维迪亚(C. P. Vaidya)证明,下述线元所表达的时空满足爱因斯坦场方程,它的度规是场方程的严格解,我们称它为维迪亚时空:

$$\mathrm{d}s^2 = -\left[1 - \frac{2M(v)}{r}\right]\mathrm{d}v^2 + 2\mathrm{d}v\mathrm{d}r + r^2\mathrm{d}\theta^2 + r^2\sin^2\theta\mathrm{d}\varphi^2 \tag{8.4.1}$$

此线元采用了自然单位制,而且是用超前爱丁顿坐标表出的。与(6.2.15)式比较可知,它很像一个"非稳的史瓦西时空",质量 M 随爱丁顿时间 v 变化。不过,史瓦西时空质量源外部是真空,而维迪亚时空质量源外部存在光辐射,不是真空。

史瓦西时空,用普通时间 t 表示的线元(6.2.1)式与用爱丁顿坐标表示的线元(6.2.15)式和(6.2.16)式是完全等价的,都是爱因斯坦场方程的同一个严格解。线元(6.2.15)式、(6.2.16)式和(6.2.1)式之间可通过(6.2.14)式相互变换。但是,不可能利用(6.2.14)式把(8.4.1)式变成

$$\mathrm{d}s^2 = -\left[1 - \frac{2M(t)}{r}\right]\mathrm{d}t^2 + \left[1 - \frac{2M(t)}{r}\right]^{-1}\mathrm{d}r^2 + r^2\mathrm{d}\theta^2 + r^2\sin^2\theta\mathrm{d}\varphi^2 \tag{8.4.2}$$

(8.4.2)式不是爱因斯坦场方程的合理解,它与(8.4.1)式不等价。

目前认为,维迪亚时空(8.4.1)式可近似看作非稳的史瓦西时空。维迪亚时空中有一个动力学的黑洞,称为维迪亚黑洞。它可以看作变化中的史瓦西黑洞。下面我们就来求此黑洞的视界和温度。

维迪亚时空度规的协变分量 $g_{\mu\nu}$、行列式 g 和逆变分量 $g^{\mu\nu}$ 分别为

$$(g_{\mu\nu}) = \begin{bmatrix} -\left(1-\dfrac{2M}{r}\right) & 1 & 0 & 0 \\ 1 & 0 & 0 & 0 \\ 0 & 0 & r^2 & 0 \\ 0 & 0 & 0 & r^2\sin^2\theta \end{bmatrix} \tag{8.4.3}$$

$$g = -r^4\sin^2\theta \tag{8.4.4}$$

$$(g^{\mu\nu}) = \begin{bmatrix} 0 & 1 & 0 & 0 \\ 1 & 1-\dfrac{2M}{r} & 0 & 0 \\ 0 & 0 & r^{-2} & 0 \\ 0 & 0 & 0 & r^{-2}\sin^{-2}\theta \end{bmatrix} \tag{8.4.5}$$

把度规 $g^{\mu\nu}$ 代入零曲面方程(6.1.14)式,注意到维迪亚时空的球对称性,视界面 f 也应是球对称的,应该与 θ、φ 无关,于是零曲面方程化成

$$2\left(\frac{\partial f}{\partial r}\right)\left(\frac{\partial f}{\partial v}\right) + \left(1-\frac{2M}{r}\right)\left(\frac{\partial f}{\partial r}\right)^2 = 0 \tag{8.4.6}$$

零曲面

$$f = f(r,v) = 0 \tag{8.4.7}$$

可写成

$$r = r(v) \tag{8.4.8}$$

我们有

$$\frac{\mathrm{d}r}{\mathrm{d}v}\frac{\partial f}{\partial r} + \frac{\partial f}{\partial v} = 0 \tag{8.4.9}$$

代入(8.4.6)式可得维迪亚视界

$$r = \frac{2M}{1-2\dot{r}} \tag{8.4.10}$$

其中

$$\dot{r} = \frac{\mathrm{d}r}{\mathrm{d}v} \tag{8.4.11}$$

它是满足维迪亚时空内禀对称性的零超曲面。下面还将证明有热辐射从它产生,因而它就是满足我们 8.3 节提出的物理定义或局域定义的事件视界,也就是维迪亚黑洞的边界。

当黑洞随时间变化缓慢时,$\dot{M}$ 和 $\dot{r}$ 都是小量,所以,从(8.4.10)式可得

$$\dot{r} \approx 2\dot{M} \tag{8.4.12}$$

这里假定了 $\ddot{M}$ 是高阶小量。把(8.4.12)式代入(8.4.10)式得

$$r \approx 2M(1+4\dot{M}) \tag{8.4.13}$$

这与目前用辐射反作用等流行方法得到的公认的维迪亚黑洞的事件视界完全一致。可见,我们的新方法是可靠的。我们的方法比流行的方法更精密,流行的方法只能得到近似结果,而我们的结果(8.4.10)式是精确解。

3. 计算动力学黑洞热辐射的方法

6.6 节与 8.3 节的讨论告诉我们,导出黑洞热辐射的关键是,在乌龟坐标 r_* 下,粒子的动力学方程(克莱因-高登方程、狄拉克方程等)都会在黑洞视界附近化成波动方程的标准形式

$$\frac{\partial^2 \Phi}{\partial r_*^2} - \frac{\partial^2 \Phi}{\partial t^2} = 0 \tag{8.4.14}$$

从这个方程可得到出射波解,把其解析延拓到视界内,就可用达摩尔-鲁菲尼建议的方法证明黑洞存在热辐射。

非稳黑洞应该保持黑洞的热性质,粒子动力学方程也应在乌龟坐标变换下,在视界附近化成波动方程的标准形式。当然,在用爱丁顿时间 v 代替普通时间 t 后,波动方程的标准形式(8.4.14)式变成

$$\frac{\partial^2 \Phi}{\partial r_*^2} + 2 \frac{\partial^2 \Phi}{\partial v \partial r_*} = 0 \tag{8.4.15}$$

在 6.6 节与 8.3 节的稳态情况,我们可以算出黑洞的视界位置 r_H 和表面引力 κ,然后构造乌龟坐标

$$r_* = r + \frac{1}{2\kappa} \ln \left| \frac{r - r_H}{r_H} \right| \tag{8.4.16}$$

再将其代入粒子的动力学方程。然而,现在 r_H 随时间变化,κ 也是未知的。研究表明,对于动力学黑洞,它的表面引力不代表温度。代表温度的参量 κ("类表面引力")很难求。可以说,研究动力学黑洞热效应的主要困难就在于求 κ。不知道 κ,也就无法构造乌龟坐标(8.4.16)式,当然也就无法把粒子的动力学方程在视界附近化成(8.4.15)式的形式。

我们提出一个巧妙的思想解决了这一困难。我们反过来思考:稳态黑洞或动力学黑洞既然有热性质,就应有热辐射,在正确的乌龟坐标下,粒子动力学方程就应在产生热辐射的视界附近化成波动方程的标准形式(8.4.15)式。于是,我们把 κ 作为一个待定的参数,r_H 作为 v 的一个待定函数,来构造乌龟坐标 r_* 和 v_* 如下

$$r_* = r + \frac{1}{2\kappa(v_0)} \ln \left| \frac{r - r_H(v)}{r_H(v_0)} \right| \tag{8.4.17}$$

$$v_* = v - v_0 \tag{8.4.18}$$

式中,v 描述粒子逃离视界或趋向视界的运动,v_0 为粒子脱离视界面的时刻。注意,上式中 r_H 与 κ 都是未知的,$r_H(v)$ 是 v 的函数,在乌龟坐标变换下要变,而 $r_H(v_0)$、$\kappa(v_0)$ 都是粒子脱离视界时刻的值,虽然也是未知数,但不是 v 或 r 的函数,在乌龟变换下它们不变,它们在乌龟变换下是常数。

微分(8.4.17)式和(8.4.18)式,得

$$\begin{cases} dr_* = \left[1 + \frac{1}{2\kappa(r - r_H)} \right] dr - \frac{\dot{r}_H}{2\kappa(r - r_H)} dv \\ dv_* = dv \end{cases} \tag{8.4.19}$$

由此可得乌龟变换下微分算符的变换

$$\begin{cases} \dfrac{\partial}{\partial r} = \left[1 + \dfrac{1}{2\kappa(r - r_{\mathrm{H}})} \right] \dfrac{\partial}{\partial r_*} \\[4mm] \dfrac{\partial}{\partial v} = \dfrac{\partial}{\partial v_*} - \dfrac{\dot{r}_{\mathrm{H}}}{2\kappa(r - r_{\mathrm{H}})} \dfrac{\partial}{\partial r_*} \end{cases} \tag{8.4.20}$$

在维迪亚时空中,克莱因-高登方程

$$(\Box - \mu^2)\Phi = 0 \tag{8.4.21}$$

在分离变量后

$$\Phi = \frac{1}{r} R(r, v) \mathrm{Y}_{lm}(\theta, \varphi) \tag{8.4.22}$$

径向方程为

$$\left(1 - \frac{2M}{r} \right) \frac{\partial^2 R}{\partial r^2} + 2 \frac{\partial^2 R}{\partial r \partial v} + \frac{2M}{r^2} \frac{\partial R}{\partial r} - \left[\frac{2M}{r^3} + \mu^2 + \frac{l(l+1)}{r^2} \right] R = 0 \tag{8.4.23}$$

在乌龟变换(8.4.20)式下变成

$$\frac{[2\kappa(r - r_{\mathrm{H}}) + 1](r - 2M) - 2r\dot{r}_{\mathrm{H}}}{2\kappa r(r - r_{\mathrm{H}})} \frac{\partial^2 R}{\partial r_*^2} + 2 \frac{\partial^2 R}{\partial r_* \partial v_*} +$$

$$\left\{ \frac{2r\dot{r}_{\mathrm{H}} - (r - 2M)}{r(r - r_{\mathrm{H}})[2\kappa(r - r_{\mathrm{H}}) + 1]} + \frac{2M}{r^2} \right\} \frac{\partial R}{\partial r_*} -$$

$$\frac{2\kappa(r - r_{\mathrm{H}})}{2\kappa(r - r_{\mathrm{H}}) + 1} \left[\frac{2M}{r^3} + \mu^2 + \frac{l(l+1)}{r^2} \right] R = 0 \tag{8.4.24}$$

在视界 r_{H} 附近,粒子脱离黑洞视界的时刻 v_0,(8.4.24)式左端第一项系数的分子为

$$\lim_{\substack{r \to r_{\mathrm{H}}(v_0) \\ v \to v_0}} \{ [2\kappa(r - r_{\mathrm{H}}) + 1](r - 2M) - 2r\dot{r}_{\mathrm{H}} \} = r_{\mathrm{H}} - 2M - 2r_{\mathrm{H}}\dot{r}_{\mathrm{H}} = 0 \tag{8.4.25}$$

最后一步用了零曲面方程(8.4.10)式。于是,我们可以用洛必达法则来求(8.4.24)式左端第一项的系数

$$A = \lim_{\substack{r \to r_{\mathrm{H}}(v_0) \\ v \to v_0}} \frac{[2\kappa(r - r_{\mathrm{H}}) + 1](r - 2M) - 2r\dot{r}_{\mathrm{H}}}{2\kappa r(r - r_{\mathrm{H}})} = \frac{2\kappa(r_{\mathrm{H}} - 2M) + 1 - 2\dot{r}_{\mathrm{H}}}{2\kappa r_{\mathrm{H}}}$$

$$\tag{8.4.26}$$

注意,κ 是一个待定的参数,我们选择

$$\kappa = (1 - 2\dot{r}_{\mathrm{H}})/4M \tag{8.4.27}$$

使 $A = 1$。容易证明,这时,在上述极限下,$\dfrac{\partial R}{\partial r_*}$ 项与 R 项的系数都趋于零。于是,在视界附近,方程(8.4.24)式化成了波动方程的标准形式

$$\frac{\partial^2 R}{\partial r_*^2} + 2 \frac{\partial^2 R}{\partial v_* \partial r_*} = 0 \tag{8.4.28}$$

容易得到此方程的入射波解

$$R^{\mathrm{in}} = \mathrm{e}^{-\mathrm{i}\omega v_*} \tag{8.4.29}$$

和出射波解

$$R^{\mathrm{out}} = \mathrm{e}^{-\mathrm{i}\omega v_* + 2\mathrm{i}\omega r_*} \tag{8.4.30}$$

我们可仿照 6.6 节和 8.3 节的办法,把出射波延拓到视界内,并最终证明维迪亚黑洞存在热辐射:

$$N_\omega^2 = \frac{1}{e^{\frac{\omega}{k_B T}} - 1} \tag{8.4.31}$$

$$T = \frac{\kappa}{2\pi k_B} \tag{8.4.32}$$

温度 T 正比于 κ,κ 如(8.4.27)式所示。此结果与流行的辐射反作用法及其他方法得到的结果一致。在 $\dot{M}$ 很小,即黑洞变化很慢时,取一级近似,(8.4.27)式和(8.4.32)式约化成

$$\kappa \approx (1 - 4\dot{M})/4M \tag{8.4.33}$$

$$T \approx \frac{1}{8\pi M k_B}(1 - 4\dot{M}) \tag{8.4.34}$$

此即用流行方法得到的结果。

对于自旋为 1/2 的狄拉克粒子,也可证明狄拉克方程在事件视界附近会化成波动方程(8.4.28)的形式。用类似的方法同样可以证明维迪亚黑洞热辐射狄拉克粒子,温度也由(8.4.32)式给出。热谱与(8.4.31)式相似,只不过分母中的"$-$"号改成了"$+$"号。

总之,维迪亚黑洞可以看作动力学的史瓦西黑洞。我们证明了它有热辐射,并且巧妙地给出了它的视界面方程

$$r_H = 2M/(1 - 2\dot{r}_H) \tag{8.4.35}$$

和温度表达式(8.4.32)

$$T = \frac{1 - 2\dot{r}_H}{8\pi M k_B} \tag{8.4.36}$$

不难看出,(8.4.35)式就是(8.4.10)式所示的具有维迪亚时空内禀对称性的零曲面,而且有温度如(8.4.36)式所示的热辐射从这个曲面射出。因此,这个曲面就是满足 8.3 节提出的物理定义(局域定义)的事件视界。维迪亚时空的表观视界为

$$r_A = 2M \tag{8.4.37}$$

显然,维迪亚黑洞的热辐射来自于事件视界,而不是表观视界。

4. 讨论

维迪亚黑洞的半径 r_H 和温度 T 都随时间变化。不过,在任何一个确定的时刻 v_0,黑洞表面各点的温度都相同。也就是说,维迪亚黑洞的温度只随时间变化,与方位角 θ、φ 无关。因此,维迪亚黑洞不仅形状是球形的,温度也是球对称的。维迪亚黑洞在演化过程中,始终保持球对称性。

容易看出,当维迪亚黑洞不再随时间变化时,它退化为史瓦西黑洞,其视界半径和温度的表达式也都退化到史瓦西情况。

用同样的方法,我们可以求出形形色色的动力学黑洞的视界面形状、温度表达式以及它们随时间的变化规律。特别值得研究的是非球对称的动力学黑洞,这类黑洞表面各点的温度不同,存在温度梯度和热流。

需要强调,我们研究过的所有动力学黑洞,其热辐射都产生自事件视界而不是表观视界。

8.5　信息疑难

如果信息是负熵,就不应指望信息守恒。

黑洞无毛定理表明,洞外的观测者会失去落入黑洞的物质的几乎全部信息,外部观测者只能知道它们的总质量、总电荷和总角动量。至于形成黑洞的物质原来是什么状态,它们的化学构成、原子结构,究竟是由正物质塌缩形成还是由反物质塌缩形成,就完全不知道了。不过,这还没有导致最大的困难,洞外的人虽然失去了构成黑洞的物质的信息,但是这些信息并未从宇宙中消失,只不过它们被"锁"在了黑洞内部,我们看不见而已。但是霍金辐射发现后,根本性的困难出现了:黑洞将通过热辐射而消失。由于纯粹的热辐射几乎带不出任何信息。如果黑洞真的辐射到最后,全部转化为热辐射,则形成黑洞的那些物质带进去的信息将从宇宙中彻底消失。这不仅会破坏轻子数守恒、重子数守恒等许多重要的物理定律,而且信息不守恒将使正在创建的量子引力理论不满足幺正性,不满足几率守恒,这将给已经取得辉煌成就的量子理论带来重大危机。因为"幺正性",或者说"几率守恒",是所有量子理论最重要的基石之一,所以信息丢失是粒子物理学家绝对难以接受的。

1. 霍金观点的转变

1997 年,霍金与另一位相对论专家索恩(Kip Thorne,研究时空隧道和时间机器的专家)曾与粒子物理学家普瑞斯基(John Preskill)打赌,霍金与索恩认为黑洞会造成信息丢失,普瑞斯基则认为不会。普瑞斯基等人认为落入黑洞的信息,一部分会被霍金辐射带出黑洞(即霍金辐射不会是纯热谱),另一部分可能会在黑洞蒸发到最后时作为"炉渣"留下来,也就是说黑洞蒸发到一定程度时会因为某种机制而突然截止,不再继续蒸发。

霍金	1997 年	
	$\Longleftrightarrow$	普瑞斯基
索恩		
黑洞中的信息		黑洞中的信息不会丢失,
丢失了		会逸出或残留

2004 年 7 月,霍金突然宣布他输了,普瑞斯基赢了,黑洞不会使信息丢失,理由是以前把黑洞描述得过于理想化了,真实的黑洞会通过热辐射泄漏或残留信息。索恩表示不同意霍金的意见,这件事不能由霍金一个人说了算。普瑞斯基则表示没有听懂霍金的报告,搞不清楚为什么自己赢了。遗憾的是,霍金当时作的只是一个定性的科普报告,其中一个公式都没有。2005 年 6 月霍金终于发表了一篇有关此问题的论文,但其中只有两个半公式。可以说至今还未见到他承诺要发表的包括计算内容的科研论文,人们仍然难以了解其中的"奥妙"。

霍金(我输了)	2004 年	
	$\Longleftrightarrow$	普瑞斯基(没有听懂我为什么赢了)
索恩(没有输)		

2. 威尔塞克与派瑞克的考虑

不过,诺贝尔奖获得者威尔塞克(F. Wilczek)与他的学生派瑞克(M. Parikh)的论文给出了支持信息守恒的一种具体计算。派瑞克等人指出,霍金虽然在论证黑洞产生热辐射的时候,声称这是一种量子隧道效应,然而他在具体计算中并未用到隧穿过程,甚至没有给出势垒的位置。他们进一步认为,以往求得的黑洞辐射之所以是严格的热辐射(具有精确的普朗克黑体谱),是因为忽略了辐射粒子对黑洞的影响。粒子的射出会使黑洞质量(能量)减少。他们在考虑能量守恒后认为,黑洞辐射时自身质量的减少将造成黑洞半径收缩,这种收缩会导致势垒的出现。同时导致得到的黑洞辐射谱不再是严格的黑体谱,因而会有信息随同辐射从黑洞中逸出。他们进一步指出,修正后的结果与量子理论的幺正性一致,当然也与量子理论所预期的"没有信息丢失"的结果精确一致。总之,他们认为能量守恒所导致的热谱修正项的出现,似乎保证了黑洞热辐射过程信息守恒。

威尔赛克与派瑞克的工作是十分精细的。我们知道,太阳质量占整个太阳系质量的99%,太阳形成的黑洞半径才 3km,辐射出一个光子,黑洞半径能缩小多少? 实在微乎其微。因此,以前所有关于黑洞辐射的计算,都忽略了粒子射出导致的黑洞半径的收缩效应。然而,威尔赛克与派瑞克指出,正是这一"忽略"导致了黑洞辐射成为纯粹的热辐射,辐射谱成为精确的黑体谱。

他们证明,只要不作上述"忽略",就能消除黑洞的信息疑难,保证信息守恒,从而保证量子理论的"幺正性"和"几率守恒"。

3. Painlevé 坐标

综上所述,派瑞克等人认为若考虑能量守恒,粒子出射时将出现自引力相互作用,这相当于穿越一个势垒。同时黑洞的视界将发生收缩,半径收缩前后的位置可以看作势垒的两个转折点。因此势垒的宽度完全由出射粒子的能量决定。为了简便,派瑞克等人讨论沿径向出射的 S 波。要做的第一件事是先选定一个合适的坐标系,写出时空线元。对于史瓦西黑洞,其时空线元的表达式为

$$ds^2 = -\left(1 - \frac{2M}{r}\right)dt_s^2 + \left(1 - \frac{2M}{r}\right)^{-1}dr^2 + r^2(d\theta^2 + \sin^2\theta d\varphi^2) \tag{8.5.1}$$

对应的坐标系$(t_s, r, \theta, \varphi)$称为史瓦西坐标系。该线元在视界 $r_H = 2M$ 处出现坐标奇性,坐标域仅分别覆盖 $r > 2M$ 和 $r < 2M$ 的区域,不覆盖 $r = 2M$ 处的事件视界。因此,该坐标系对于研究粒子的势垒贯穿是不适合的。为此,首先必须找到一个在视界处消除了坐标奇性的坐标系。有一个现成的坐标系是由 P. Painlevé 和他的合作者提出来的,在 Painlevé 坐标系下,史瓦西度规的线元形式为

$$ds^2 = -\left(1 - \frac{2M}{r}\right)dt^2 + 2\sqrt{\frac{2M}{r}}dt dr + dr^2 + r^2(d\theta^2 + \sin^2\theta d\varphi^2) \tag{8.5.2}$$

有趣的是 Painlevé 当年提出此坐标系是为了批判广义相对论,因为在这种坐标系中,视界处的奇性消除了,即广义相对论的"奇点"$(r = 2M)$可以任意穿越,他以为自己发现了广义相对论的一个内在矛盾。今天我们知道,$r = 2M$ 处的奇性并非时空的内禀奇性,只是坐标奇性,是由于史瓦西坐标的缺点造成的,只要选取合适的坐标系,这类奇性就会消失。Painlevé 的

工作与广义相对论并无矛盾。Painlevé 反对广义相对论的观点是不对的,但他给出的坐标系却是有用的。派瑞克等人就运用这一坐标系来研究黑洞的隧穿过程。(8.5.2)式可以通过如下坐标变换由(8.5.1)式获得

$$t = t_s + 2\sqrt{2Mr} + 2M\ln\frac{\sqrt{r} - \sqrt{2M}}{\sqrt{r} + \sqrt{2M}} \tag{8.5.3}$$

(8.5.2)式所描述的线元具有一些好的性质。第一,在视界处线元的坐标奇性消失(协变和逆变度规的各分量都不出现奇异)。第二,时空片是欧氏的。因而在此坐标系里量子力学的薛定谔方程成立。第三,时空是稳态的。第四,该坐标系还有一个优点是:无穷远观者不能区分静态坐标系和此稳态坐标系。或者说,该坐标系在无穷远处退化到静态坐标系。

4. 量子隧穿辐射谱

当时空几何用线元(8.5.2)式描述时,可求得径向类光测地线方程($ds^2 = d\theta = d\varphi = 0$)为

$$\dot{r} = \frac{dr}{dt} = \pm 1 - \sqrt{\frac{2M}{r}} \tag{8.5.4}$$

式中的正负号分别描述类光粒子的出射和入射类光测地线。当粒子的自引力被考虑时,必须将(8.5.2)式和(8.5.4)式中的 M 作相应的修改。对于出射粒子为 S 波(球面波)的情况,我们可以将其理解为球壳(这一点下面将会作解释)。如果壳的能量为 E,则在总能量固定不变的情况下,球壳内的几何为

$$ds^2 = -\left(1 - \frac{2(M-E)}{r}\right)dt^2 + 2\sqrt{\frac{2(M-E)}{r}}dt\,dr + dr^2 + r^2 d\Omega^2 \tag{8.5.5}$$

球壳外的几何仍如(8.5.2)式所示。影响粒子出射的几何为(8.5.5)式,因此在后面的讨论中,他们对(8.5.2)式和(8.5.4)式作了替换 $M \to M-E$。

另外,根据前面的叙述,当史瓦西时空采用 Painlevé 坐标系时,时空片是欧氏的且时空稳态,所以薛定谔方程成立,WKB 近似可以适用。按照 WKB 法,粒子隧穿时贯穿势垒的概率与经典禁止轨道的作用量的虚部有以下关系

$$\Gamma \sim \exp(-2\text{Im}I) \tag{8.5.6}$$

式中 I 为对应轨道的作用量。在上述坐标系中,当出射粒子被视为球壳(S 波)时,作用量的虚部可以写为

$$\text{Im}I = \text{Im}\int_{r_i}^{r_f} p_r \, dr \tag{8.5.7}$$

式中 p_r 为与 r 对应的正则动量。r_i 为初始半径,对应于粒子对产生时 S 波的位置。在初始视界位置 $r_{in} = 2M$ 稍靠里的地方,$r_i \approx 2M$,见图 8.5.1(a)。r_f 为粒子(S 波)穿过势垒后的位置,在黑洞最后视界 $r_{out} = 2(M-E)$ 靠外的地方,见图 8.5.1(b),所以 $r_f \approx 2(M-E)$。由于黑洞视界的收缩,r_f 实际上小于 r_i。因而我们讨论的粒子势垒贯穿,实际上是一种向里的穿越,这似乎是经典允许的。但由于黑洞视界位置的收缩,粒子还是从视界内穿到了视界外,如图 8.5.1 所示,这是经典不允许的。必须注意的是,对于这种隧穿模型而言,自引力是关键,如果不考虑自引力,在视界内产生的粒子作隧穿时只要穿过无穷小的距离就可以穿出——因而不存在势垒。但是反作用引起黑洞视界的收缩,而这种收缩产生的前后视界位

置相隔的距离正是经典禁止区域,即势垒。

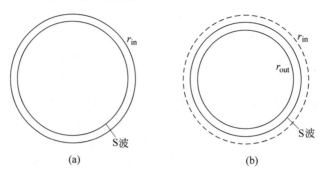

图 8.5.1　隧穿过程

可以将(8.5.7)式形式上写为

$$\mathrm{Im}\,I = \mathrm{Im}\int_{r_{\mathrm{in}}}^{r_{\mathrm{out}}}\int_{0}^{p_r} \mathrm{d}p_r'\,\mathrm{d}r \tag{8.5.8}$$

为了继续求解,我们利用哈密顿正则方程 $\dot{r}=\dfrac{\mathrm{d}H}{\mathrm{d}p_r}$,将 $\mathrm{d}p_r$ 表示成 $\mathrm{d}p_r=\dfrac{\mathrm{d}H}{\dot{r}}$。代入(8.5.8)式并改变其积分顺序得

$$\mathrm{Im}\,I = \mathrm{Im}\int_{M}^{M-E}\int_{r_{\mathrm{in}}}^{r_{\mathrm{out}}} \frac{\mathrm{d}r}{\dot{r}}\,\mathrm{d}H \tag{8.5.9}$$

将考虑到自引力以后的 $\dot{r}$ 表达式(8.5.4)代入(8.5.9)式,并注意到 $H=M-E'$,得

$$\mathrm{Im}\,I = \mathrm{Im}\int_{0}^{E}\int_{r_{\mathrm{in}}}^{r_{\mathrm{out}}} \frac{\mathrm{d}r}{1-\sqrt{\dfrac{2(M-E')}{r}}}(-\mathrm{d}E') \tag{8.5.10}$$

此积分穿越视界,在视界处被积函数分母为零,出现奇异。于是,我们按 Feynman 方法,将 E 换成 $E-\mathrm{i}\varepsilon$,并令 $u=\sqrt{r}$,有

$$\mathrm{Im}\,I = -\mathrm{Im}\int_{0}^{E}\int_{u_{\mathrm{in}}}^{u_{\mathrm{out}}} \frac{2u^2\,\mathrm{d}u}{u-\sqrt{2(M-E'+\mathrm{i}\varepsilon)}}\,\mathrm{d}E' \tag{8.5.11}$$

可以看出,上半复平面上存在一个极点 $u_A=\sqrt{2(M-E'+\mathrm{i}\varepsilon)}$,可以选择围路积分使正能解随时间衰减。注意上面的积分中,其实部对我们的结果 $\mathrm{Im}\,I$ 无贡献。因此积出结果为

$$\mathrm{Im}\,I = 4\pi\int_{0}^{E}\mathrm{d}E'(M-E') = 4\pi ME\left(1-\frac{E}{2M}\right) \tag{8.5.12}$$

粒子的出射率为

$$\Gamma \sim \exp\left[-8\pi ME\left(1-\frac{E}{2M}\right)\right] = \exp(\Delta S) \tag{8.5.13}$$

显然,这一结果与量子力学中的幺正性原理相一致。在量子力学中,一个系统从某一初态跃迁到末态的跃迁概率可以表示为

$$\Gamma(\mathrm{i}\sim\mathrm{f}) = |M_{\mathrm{fi}}|^2 \cdot (\text{相空间因子}) \tag{8.5.14}$$

右边第一项为振幅的平方,而相空间因子可以写成

$$相空间因子 = \frac{N_f}{N_i} = \frac{e^{S_f}}{e^{S_i}} = e^{\Delta S} \qquad (8.5.15)$$

式中,N_f 和 N_i 分别为系统末状态和初状态的微观态数。对于黑洞,这样的"态数"恰好由"最终"与"初始"Bekenstein-Hawking 熵给出。我们看到,量子力学恰好与我们的结论是一致的。

由(8.5.13)式可以看出,粒子出射谱只有在出射粒子能量较低的情况,即忽略了粒子能量 E 的二阶项以后才能得出纯热谱的结论。亦即在能量比较高的情况下,其出射谱偏离纯热谱。此结果满足幺正性原理,支持了信息守恒的结论。

最近,我们把派瑞克等人的工作推广到各种稳态黑洞。研究表明,派瑞克等从霍金辐射导致黑洞收缩,进而得出热谱修正项的结果具有普遍意义。对各种黑洞,不管辐射的粒子是否有静止质量,是否带电,均可推出与派瑞克论文一致的结果。即,黑洞量子隧穿辐射过程满足幺正性原理、支持信息守恒。派瑞克和威尔塞克的这一处理方法,似乎是对霍金辐射过程信息守恒的有力支持,但进一步的研究表明,上面的计算还是过于理想化,实际的情况可能正好相反,信息可能是不守恒的。

5. 讨论

下面,我们从黑洞热力学的角度来对量子隧穿辐射过程进行分析。首先以史瓦西黑洞为例来介绍我们的讨论。

由(8.5.7)式和(8.5.12)式可知,经典禁止轨道作用量的虚部可表示为

$$\mathrm{Im}\,I = \mathrm{Im}\int_{r_i}^{r_f} p_r \, \mathrm{d}r = \int_M^{M-\omega} -2\pi r'_H \mathrm{d}M'$$

$$= -\frac{1}{2}\left[4\pi(M-\omega)^2 - 4\pi M^2\right] = -\frac{1}{2}(S_f - S_i) \qquad (8.5.16)$$

其出射率为

$$\Gamma \sim e^{-2\,\mathrm{Im}\,S} = e^{\Delta S_{BH}} \qquad (8.5.17)$$

因(8.5.16)式与量子力学中根据费米黄金规则(Fermi Golden Rule)得出的结论 $\Gamma(\mathrm{i}\sim\mathrm{f}) = |M_{fi}|^2 \cdot e^{\Delta S}$ 相一致,派瑞克据此得出了量子隧穿辐射满足幺正性原理、支持信息守恒的结论。为了便于讨论,我们将(8.5.16)式进一步写为

$$\mathrm{Im}\,I = \mathrm{Im}\int_{r_i}^{r_f} p_r \, \mathrm{d}r = -\frac{1}{2}\int_M^{M-\omega}\frac{\mathrm{d}M'}{T'} = -\frac{1}{2}\int_{S_i}^{S_f}\mathrm{d}S' = -\frac{1}{2}(S_f - S_i) \qquad (8.5.18)$$

不难看出,上式推导中用了仅适用于可逆过程的热力学第一定律表达式,即

$$\frac{\mathrm{d}M'}{T'} = \mathrm{d}S' \qquad (8.5.19)$$

实际上,不论是静态球对称黑洞,或者是稳态轴对称黑洞;不管讨论的出射粒子是何种粒子(无质量粒子、有质量粒子或者带电粒子),在证明信息守恒的过程中都要用到热力学第一定律在可逆过程中的表达式。例如,Kerr-Newman 黑洞带电粒子隧穿时,其经典禁止轨道作用量的虚部为

$$\mathrm{Im}\,I = \mathrm{Im}\int_{t_i}^{t_f} (L - p_{A_t}\dot{A}_t - p_\varphi\dot{\varphi})\,\mathrm{d}t$$

$$= -\frac{1}{2}\int_{(M,Q,J)}^{(M-\omega,Q-q,J-\omega a)} \frac{4\pi\left(M'^2 + M'\sqrt{M'^2 - a^2 - Q'^2} - \frac{1}{2}Q'^2\right)}{\sqrt{M'^2 - a^2 - Q'^2}} \cdot$$

$$\left(dM' - \frac{Q'r'_H}{r'^2_H + a^2}dQ' - \Omega'_H dJ'\right)$$

$$= \pi\left[M^2 - (M-\omega)^2 + M\sqrt{M^2 - a^2 - Q^2} - \right.$$

$$\left. (M-\omega)\sqrt{(M-\omega)^2 - a^2 - (Q-q)^2} - \frac{1}{2}(Q^2 - (Q-q)^2)\right]$$

$$= -\frac{1}{2}\Delta S_{BH} \tag{8.5.20}$$

类似于(8.5.18)式,我们可以将(8.5.20)式重新写为

$$\text{Im}I = -\frac{1}{2}\int_M^{M-\omega}\frac{1}{T'}\left[dM' - \frac{Q'r'_H}{r'^2_H + a^2}dQ' - \Omega'_H dJ'\right]$$

$$= -\frac{1}{2}\int_{S_i}^{S_f}dS' = -\frac{1}{2}(S_f - S_i) \tag{8.5.21}$$

式中

$$T' = \frac{\sqrt{M'^2 - a^2 - Q'^2}}{4\pi\left(M'^2 + M'\sqrt{M'^2 - a^2 - Q'^2} - \frac{1}{2}Q'^2\right)} \tag{8.5.22}$$

为黑洞的霍金温度。不难看出,在(8.5.21)式的推导中我们用了下面的关系式

$$\frac{1}{T}(dM - V_0 dQ - \Omega_H dJ) = dS \tag{8.5.23}$$

上式为黑洞热力学第一定律的微分形式。它是能量守恒关系 $dM - V_0 dQ - \Omega_H dJ = dQ_H$ (式中 Q_H 表示热量)和热力学第二定律(在可逆过程中的表达式)$dS = \frac{dQ_H}{T}$ 的结合。应用 (8.5.19)式和(8.5.23)式虽然证明了(8.5.17)式成立,然而从热力学角度看,(8.5.19)式 与(8.5.23)式仅适用于可逆的准静态过程,如果是不可逆过程,热力学第二定律的关系为 $dS > \frac{dQ_H}{T}$,(8.5.23)式必须改写为

$$dS > \frac{1}{T}(dM - V_0 dQ - \Omega_H dJ) \tag{8.5.24}$$

这是因为对应过程有不可逆熵产生。用(8.5.24)式代替(8.5.23)式,将得不出(8.5.17)式。

因此,派瑞克与威尔塞克的结论只在辐射过程为准静态的可逆过程时才成立。但是,考虑到黑洞具有负的热容量,黑洞与外界一般不存在稳定的热平衡。不论黑洞是辐射还是吸收,原则上都与外界存在温差,其过程一定是不可逆的,一定会有不可逆熵产生,不会出现派瑞克等人预期的只存在可逆的熵流动的情况。因此,派瑞克等的工作不能证明黑洞辐射过程保证信息守恒及量子理论的幺正性。

对于黑洞造成的信息佯谬其实可以从两方面看。一方面,物理学中有能量守恒、动量守恒、电荷守恒等许多守恒定律,但没有"信息守恒定律"。相反,如果将信息定义为

$$I = S_{max} - S \tag{8.5.25}$$

式中 S 为系统总熵,对于不可逆过程,信息原则上应该不守恒。这是因为热力学第二定律的灵魂就在于"熵增加",在于指出自然过程的不可逆性。既然熵不守恒,信息当然不会

守恒。

另一方面,霍金于 2004 年 7 月的意见也应当重视,我们确实有可能把黑洞想像得太理想化了。黑洞的热辐射有可能偏离黑体谱,黑洞蒸发到最后也有可能留下部分"炉渣"。总之,按照我们的理解,真实的黑洞过程不会保证信息守恒,但也可能会有部分信息从黑洞中释放出来或残留到最后。有关研究仍在继续进行中。

8.6 奇性疑难

奇点的出现很可能是破坏热力学第三定律的结果。

热力学第三定律有可能保证时间没有开始和终结。

时间有没有开始和终结?千百年来,许多伟大的思想家对此进行过深入的探索,但是有关的探讨都局限在哲学分析和猜测上。从 20 世纪 60 年代开始,物理学开始介入这一问题的研究。其标志是彭罗斯(R. Penrose)和霍金(S. W. Hawking)提出的奇性定理(singularity theorems),该定理概括并超出了关于宇宙开端和终结的研究。奇性定理可粗略表述为:只要广义相对论成立,因果性良好,有物质存在,就至少有一个物理过程,其时间存在开始或存在结束,或既有开始又有结束。这一数学定理在物理学和哲学上的重大意义是不言而喻的。遗憾的是,到目前为止,它还没有引起哲学界的注意,科学界对它的重视也远远不够。

下面,我们将对奇性定理造成的困难作简要的介绍,并讨论其可能引发的重大科学与哲学进展。

1. 时间的开始与终结——奇点困难

广义相对论诞生不久,人们就发现爱因斯坦方程的解(即满足广义相对论的时空)普遍存在奇异性(奇点或奇环等)。奇异性有两类,一类是内禀奇异性,表现为时空曲率发散,而且这种发散与坐标系的选择无关。例如,球对称黑洞(史瓦西黑洞)的"中心"奇点,转动黑洞内部的奇环,大爆炸宇宙的初始奇点,大塌缩宇宙的大挤压终结奇点等,都属于这类奇异性。另一类是坐标奇异性,这种奇异性是由于坐标系选择不当而引起的,可以用坐标变换加以消除。只存在坐标奇异性的地方,时空曲率正常,并不出现发散。本节探讨的都是内禀奇异性。为了讨论方便,下面我们把出现内禀奇异性的地方(奇点、奇环等),统称为奇点。

奇点是物理理论无法了解的地方,它随时可能产生无法预测的信息。环形奇点的附近还会出现"闭合类时线",沿这类曲线生活运动的人,会回到自己的过去。这简直令人不可思议。更为严重的是,彭罗斯和霍金证明了"奇性定理"。这个定理可粗略表述为:只要爱因斯坦的广义相对论正确,并且因果性成立,那么任何有物质的时空,都至少存在一个奇点。

值得注意的是,彭罗斯和霍金在提出并证明"奇性定理"的过程中,对"奇点"概念进行了重新认识,提出了极其重要的新思想:奇点应该看作时间的开始或终结!这就是说,他们的奇性定理证明了一定存在时间有开始和终结的过程。

彭罗斯与霍金等人对于奇点的这一认识,来源于对宇宙和黑洞的研究。在大爆炸宇宙模型中,宇宙与时间一起诞生于时空曲率发散的初始奇点;对于其中的大塌缩结局,宇宙与时间又一起终结于时空曲率发散的大挤压奇点。

　　另一方面,广义相对论告诉我们,黑洞内部的时空坐标要发生互换,原来的时间 t 成为空间坐标,而径向坐标 r 则成为时间坐标。所以黑洞内部的等 r 面不再是球面,而成了等时面。对于黑洞,时间方向指向 $r=0$ 的奇点处。这样,等 r 面成为"单向膜",任何进入黑洞的物质只能向 r 减小的方向运动,不能停留,也不可能反向运动,而且没有任何力和任何物质结构能够抗拒这种运动。这是因为,这不是一般的运动,而是一个时间发展的过程,什么力量都不能抵挡,不能不顺着时间方向前进。也就是说,任何物质都必须"与时俱进"。黑洞内部整个是单向膜区,黑洞的边界(视界)是单向膜区的起点。进入黑洞的飞船和任何其他物质都将在有限的时间内穿越单向膜区到达奇点。值得注意的是,由于时空坐标互换, $r=0$ 现在不是黑洞的"球心",而是时间的终点。这就是说,进入黑洞的飞船和宇航员的时间将在有限的经历中结束。

　　按照广义相对论,还可能存在白洞。白洞是黑洞的时间反演。它的内部也是单向膜区,只不过时间方向从奇点 $r=0$ 处指向视界处,所以它的单向膜的单向性与黑洞相反。需要强调的是,白洞内部的 $r=0$ 处,不是时间的终点,而是时间的起点。

　　有奇点的时空,称为奇异时空,如图 8.6.1 所示。然而,如果有人把奇点从时空中挖掉,剩下的时空还能叫作奇异时空吗?彭罗斯和霍金认为即使把奇点挖掉,时空的根本性质也不会有变化,仍然是奇异时空。然而,挖掉奇点之后,时空中就不存在曲率为无穷大的点了,因此,仅仅用"曲率无穷大"来定义奇点是有缺陷的。他们注意到,虽然人们可以把奇点从时空中挖掉,但挖掉之后总会留下空洞,那么时空中任何一条经过空洞的曲线都会在那里断掉。于是,彭罗斯和霍金建议,干脆把奇点从时空中"去掉",认为它们不属于时空。粗略地说,干脆把它们看作时空中的"空洞"。但是任何一个正常点也都可以从时空中挖掉,形成空洞,时空中的曲线到达这样的空洞当然也会断掉。不过,这种空洞可以补上,而奇点处的空洞则由于曲率发散而补不上。

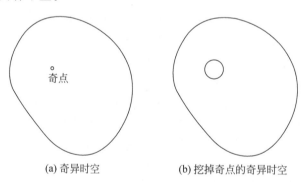

(a) 奇异时空　　　　　　(b) 挖掉奇点的奇异时空

图 8.6.1　时空的奇异性质

　　于是,彭罗斯和霍金这样去证明他们的"奇性定理":证明时空中至少存在一条具有如下性质的类光(光速)或类时(亚光速)曲线,它在有限的长度内会断掉,而且断掉的地方不能用任何手段修补,以使这条曲线可以延伸过去。

　　类空(超光速)曲线(space-like curves)不在他们的考虑范围之内,因为这样的曲线描述超光速运动,而自然界不存在超光速运动的粒子。类光曲线(null curves)描述光子运动,类时曲线(time-like curves)描述低于光速的质点的运动,例如电子运动、火箭运动以及我们人类可以进行的任何活动。总之,光速或亚光速曲线描述自然界存在的一切实际过程。相对论研究表明,时空中的亚光速曲线的长度,恰恰是沿此线运动的质点(或火箭,或任何物体和人)所经历的时间(固有时间,proper time)。所以,按照彭罗斯和霍金的观点,"奇点"就是时间过程断掉的地方。奇性定理的实质内容是:在因果性成立、广义相对论正确、有物质存在的时空中,至少有一个可实现的物理过程,它在有限的时间之前开始,或在有限的时间之后终结。也就是说,至少有一个物理过程,它的时间有开始,或有终结,或者既有开始又有终结。换句话说,至少有一个时间过程,它的一头或两头是有限的。

总之,奇性定理告诉我们,时间不都是无穷无尽的。黑洞的内部,有一个时间的"终点",即黑洞的奇点。白洞的内部,有一个时间的"起点",即白洞的奇点。膨胀宇宙的时间有一个起点(大爆炸奇点),脉动宇宙的时间,则不仅有一个起点(大爆炸奇点),还有一个终点(大挤压奇点)。

奇性定理的前提条件是无可非议的。奇性定理的证明过程,依据了现代微分几何和广义相对论的研究成果,经过了不少专家的反复推敲。

看来,奇点困难无法摆脱。奇性定理不仅确认了奇点不可避免,而且指出奇点困难反映了时间的有始有终性。

2. 奇性定理概述

下面,我们先介绍一些基本概念,然后介绍证明奇性定理的思路。

(1) 测地线与仿射参量

由于一般的世界线不易找到合适的参量来表征"长度",彭罗斯和霍金在研究奇点时把注意力集中到测地线(geodesics)上。测地线是直线在弯曲时空中的推广,它是不受外力(万有引力不算外力)的自由质点和自由光子在弯曲时空中的运动轨迹。测地线有一种很好的参量可以反映长度,那就是仿射参量(affine parameter)。类时测地线(time-like geodesics,自由质点的轨迹)的仿射参量可以看作固有时间(即沿此测地线运动的观测者亲身经历的时间)。类光测地线(null geodesics,自由光子的轨迹)的仿射参量虽然不能看作固有时间,但仍能很好地描述光线的长度(仿射距离)。

如果有一根非类空测地线(即类时或类光的测地线),在未来或过去方向上,在有限的仿射长度内断掉,不能再继续延伸,那么,这根测地线就被认为碰到了时空的"洞"。如果这个"洞"补不上(例如,曲率发散处的"洞"就补不上),那么它就是奇点。严格说来,"洞"不一定是一个点,可能是一个区域,而且此区域不属于时空,甚至可能不属于流形,个别情况还不属于拓扑空间。

注意,现代广义相对论认为,奇点本身不属于时空。奇点与无穷远点均不属于时空,区别在于伸展到无穷远点的光线或类时线长度无限(即光线的仿射参量和类时线的固有时间趋于无穷),而伸展到奇点的光线和类时线长度有限(即仿射参量或固有时间有限)。

(2) 时空的因果结构

分别满足下述条件的时空,具有不同的因果结构。它们满足的因果性一个比一个好。

① 编时条件(chronology condition):不存在闭合类时线。即,一个人或一个质点不能随着时间前进,又转回自己的过去。

② 因果条件(causality condition):不存在闭合因果线(图 8.6.2)。即,不仅没有闭合类时线,也没有闭合类光线。闭合类光线表示一条光线随着时间前进,会转回它的过去。

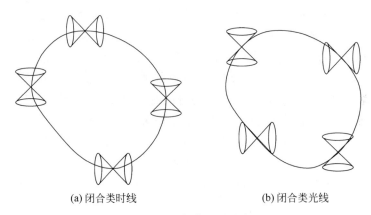

(a) 闭合类时线　　　　　　　　　(b) 闭合类光线

图 8.6.2　闭合的因果线

③ 强因果条件(strong causality condition)：不存在闭合因果线，也不存在无限逼近闭合的因果线。

④ 稳定因果条件(stable causality condition)：在微扰下也不出现闭合因果线。即，不存在闭合因果线，而且在对时空进行微扰的情况下，也不会导致原来不闭合的因果线闭合起来。

⑤ 整体双曲(globally hyperbolic)：时空存在柯西面。所谓柯西面是这样一张超曲面，时空中的任何一条因果线都必须与它相交，而且只交一次。整体双曲的时空是因果性最好的时空。整体双曲的时空一定稳定因果，稳定因果的时空一定强因果，强因果时空一定满足因果条件，因果条件一定推出编时条件。闵可夫斯基时空和史瓦西时空都是整体双曲的。Reissner-Nordstrom 时空(即带电史瓦西时空)是稳定因果的。转动轴对称的克尔时空和克尔-纽曼时空(带电 Kerr 时空)则因果性很差，连编时条件都不满足，在奇环附近存在闭合类时线，沿此类时线生存的观测者，将不断地返回自己的过去。

(3) 能量条件

① 弱能量条件(weak energy condition)

固有能量密度 ρ 一定非负，即

$$\rho = T_{00} = T_{ab}\xi^a\xi^b \geqslant 0 \quad 且 \quad \rho + p_i \geqslant 0(i=1,2,3) \qquad (8.6.1)$$

式中，T_{ab} 为能量动量张量，ξ^a 为观测者四速，p_i 为压强(应力)。固有能量密度即任何观测者实际测量的、自己周围且相对于自己静止的时空邻域的能量密度。

注意，本节所用的张量指标 a,b,c,d 是抽象指标，仅表示四维时空中张量的阶数，不表示张量分量，因而不依赖于坐标系；而用希腊字母 μ,ν,α,β 等作指标的张量，代表张量分量，依赖于坐标系。感兴趣的读者可参看文献[3]。

② 强能量条件(strong energy condition)

$$T_{ab}\xi^a\xi^b \geqslant \frac{1}{2}T\xi^a\xi_a \qquad (8.6.2)$$

即

$$\rho + \sum_{i=1}^{3} p_i \geqslant 0 \quad 且 \quad \rho + p_i \geqslant 0(i=1,2,3) \qquad (8.6.3)$$

式中，ρ 为固有能量密度，p_i 为压强(应力)。强能量条件是说应力不能太负。事实上，在绝大多数情况，应力都是正的，所以一般情况下强能量条件反而比弱能量条件弱。但是，存在

应力为负的情况,这时,强能量条件就比弱能量条件强了。

③ 主能量条件(dominant energy condition)

能流密度 $J^a = T^a_b \xi^b$ 未来指向,且类时或类光,即

$$J^a \xi_a \leqslant 0 \quad \Rightarrow \quad \rho \geqslant 0 \quad \text{(未来指向)} \tag{8.6.4}$$

$$J^a J_a \leqslant 0 \quad \Rightarrow \quad u^2 \leqslant 1 \quad \text{(类时或类光)} \tag{8.6.5}$$

式中,u 为能流的三维速度。主能量条件实质上是要求能流不能超光速,且弱能量条件必须成立。从主能量条件可以推出弱能量条件。

主能量条件等价于 $\rho \geqslant |p_i| \; (i=1,2,3)$。

(4) 共轭点与最长线

雅可比(Jacobi)场:定义在测地线 γ_0 上,描述同一测地线汇中邻近 γ_0 的测地线 γ 偏离 γ_0 的程度,且满足测地偏离方程

$$\xi^a \nabla_a (\xi^b \nabla_b \eta^c) = R_{ab}{}^c{}_d \xi^a \eta^b \xi^d \tag{8.6.6}$$

矢量场 η^a 为雅可比场。

线汇的共轭点:如果 η^a 不处处为零,但在 p,q 两点处为零,则 p,q 两点称为线汇的共轭点(图 8.6.3)。

与超曲面共轭的点:一个类时测地线汇垂直于超曲面 Σ,在超曲面上雅可比场 $\eta^a(p) \neq 0$,而沿线汇前进时,如有一点 q 满足 $\eta(q) = 0$,则 q 称为此类空超曲面的共轭点(图 8.6.4)。

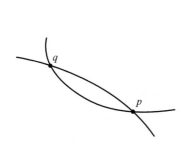

图 8.6.3　线汇的共轭点

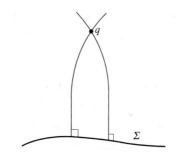

图 8.6.4　线汇与超曲面的共轭点

注意,γ 是无限邻近 γ_0 的测地线。也就是说,线汇中无限邻近的测地线,如果有两个交点,则称此二交点为共轭点。与超曲面共轭的点,也是指垂直于此超曲面的无限邻近的测地线的交点。测地线汇,按照定义,是指过每一时空点有一根且只有一根测地线的情况。在测地线的交点,当然有两根以上的测地线。从这个意义上讲,共轭点是线汇的奇点,但它还不是时空的奇点。

可以证明:

① 连接 p,s 两点的类时线中存在局部最长线 γ 的充要条件是,γ 是测地线,且 p,s 间无与 p 共轭的点。

② 从类空超曲面 Σ 出发的类时线 γ 的长度取局部最大值的充要条件是,γ 是垂直于 Σ 的测地线,且其上无共轭点。

总之,不管是类时线还是类光线,长度取最大值的一定是无共轭点的测地线。

(5) 奇性定理的导出

可以证明:

① 在强因果时空中,不一定有最长线;如果有,则一定是无共轭点的测地线。

② 在整体双曲时空中,一定有最长线,它一定是无共轭点的测地线。

另一方面,又可以证明:

如果广义相对论正确,强能量条件成立,并且时空中至少有一个存在物质的时空点,则测地线上在有限的仿射距离内必存在共轭点。

总之,因果性要求有最长线,即要求存在无共轭点的测地线。能量条件、广义相对论和物质的存在则要求测地线上一定有共轭点,而且是在有限的仿射距离内就出现共轭点。

如果时空同时满足上述因果性和能量条件,并存在物质,而且广义相对论正确,那就会导致矛盾的结论:测地线上既要有共轭点,又要无共轭点。解决此矛盾的唯一出路是,测地线不能无限延伸,在出现共轭点之前,在有限的仿射距离内就断掉。也就是说,此测地线一定会遇到奇点,时空一定存在奇异性。这样,就证明了奇性定理:如果广义相对论正确,能量非负,时空不完全是真空,因果性好,则时空一定存在奇点。

奇性定理有各种大同小异的表述,下面我们给出其中的一种。

奇性定理:如果

① 广义相对论正确;

② 强能量条件成立;

③ 编时条件成立;

④ 一般性条件成立,即任何类时或类光测地线上包含某一点,在该点有

$$R_{abcd}\xi^a\xi^d \neq 0 \quad (\text{对于类时测地线}; \xi^a \text{为切矢,四速}) \quad (8.6.7)$$

$$R_{ab}k^ak^b \neq 0 \quad (\text{对于类光测地线}; k^a \text{为切矢,四速}) \quad (8.6.8)$$

式中,R_{abcd} 和 R_{ab} 分别为曲率张量和里奇张量;

⑤ 有一点 p,所有从 p 点出发的类时或类光测地线都再次会聚。

那么时空至少有一根不完备的类时或类光测地线。上述定理的条件④与⑤,实质上是要求时空中存在物质(matter)不为零的点。

奇性定理告诉我们,如果一个时空是爱因斯坦场方程的解,因果性良好,能量密度非负,而且此时空中至少有一点不是真空,则这个时空一定存在奇异性。粗略地说,一定存在奇点。我们看到,史瓦西时空、克尔-纽曼时空、膨胀宇宙模型中都有奇点。闵可夫斯基时空和 de Sitter 时空没有奇点,这是因为它们是完全的真空,没有任何物质存在。

通常确认时空奇点有两个步骤。一是证明有非类空测地线在该处不可延伸。二是证明反映时空曲率的标量在该处发散,这种发散使得该处的时空不能被修补,以使测地线延伸过去。

3. 奇点困难与热力学第三定律

多数相对论专家相信,奇点困难是由于引力场没有量子化而造成的。奇性定理是经典广义相对论的结论。如果把引力场量子化,奇点困难可能会自动消失。遗憾的是,引力场量子化的努力还远未成功。也有一些人由于种种原因不相信引力场量子化就能自然消除奇点困难。霍金本人则试图引入虚时间来化解奇点困难。

我们在对黑洞和奇点的长期研究中,注意到了伴随奇点出现的一个重要物理特征:奇点总是伴随温度异常而出现。

霍金关于黑洞存在量子热效应的研究,大大拓展了相对论工作者的视野。作为纯粹引力产物的黑洞,居然会伴随有温度,这不能不令人猜测,万有引力与热之间有着比人们迄今所知更为深刻的本质联系。其实,稍加思索就可知道,人类已知的相互作用和物理效应中,只有万有引力和热是普适的,万有的,不可屏蔽的。

在对黑洞和霍金热效应的研究中,我们注意到,这种效应依赖于坐标系(坐标温度)和观测者(固有温度)。凡是接触奇点的坐标系,都处于绝对零度或温度发散的状态;凡是有限温度的坐标系,都伸展不到奇点处。

值得注意的是,有一大类奇点(类时奇点)是一般类时线不可能达到的,只有类光线或趋近类光的类时线才能达到。容易证明,这种类时线在趋近奇点时,加速度将趋于无穷大。依据安鲁效应,沿这种类时线运动的观测者(或物体)在达到奇点时,温度将发散。

我们还注意到,证明奇性定理所用的世界线都是测地线(类时、类光两种)。按照安鲁效应,沿类时测地线(加速度为零)运动的观测者处于绝对零度。我们最近证明了类光测地线可以看作加速度为无穷大的类时线,对应温度发散的情况。

伦德勒(W. Rindler)曾经指出,平直时空中某种特殊的类光线,可以看作固有加速度为无穷大的类时线。不过,这种特殊的类光线存在突变的拐点,相当于被镜子反射了一下,因而不是类光测地线。我们曾把伦德勒的这一结论推广到弯曲时空中可以无限延伸的类光测地线。下面我们将指出,这一结论对于存在共轭点的类光测地线也适用。这就是说,在奇性定理的证明中所使用的类光测地线(这种类光线会碰到奇点,不能无限延伸),也可看作固有加速度为无穷大的类时线。

众所周知,类光测地线不能用"固有时间"来描述,而只能用另一类仿射参量描述,因此不能直接对类光测地线定义加速度。我们证明的途径是,把类光测地线看作一族类时线汇的极限线。在类时线上可以严格定义加速度,然后让这族类时线趋近作为极限线的类光测地线,把这样得到的极限加速度定义为类光测地线的加速度。

关于存在共轭点的类光测地线,霍金等人曾证明一条定理:设 p,q 是光滑因果线 μ 上的两点,不存在连接 p,q 两点的光滑单参因果曲线族 γ_μ($\gamma_0 = \mu$;当 $\mu > 0$ 时,γ_μ 类时)的充要条件是,γ_0 是一条类光测地线,且在 p,q 之间不存在与 p 共轭的点。

从这条定理可知,当 γ_0 上存在共轭于 p 的点 r 时,一定可以从 γ_0 微扰出因果曲线族 γ_μ。除 γ_0 为类光测地线外,γ_μ($\mu > 0$)都是类时线。不难看出,γ_0 是类时线汇 γ_μ 的极限线。图 8.6.5 中 ν_0^a 为 γ_0 的切矢,Z^a 为偏离矢量。

我们定义 γ_μ 上的加速度 A,然后令 γ_μ 逼近 γ_0,发现加速度 $A \to +\infty$。这样,我们就证明了 γ_0 的加速度 A 发散。这就是说,有共轭点的类光测地线 γ_0,可以看作固有加速度为无穷大的世界线。这是一个极具启发性的结果。

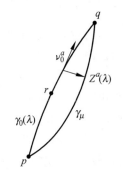

图 8.6.5　类光线 γ_0 及微扰出的类时线 γ_μ

通常认为,自由光子作惯性运动,其固有加速度当然是零。现在我们看到一个惊人的相反结论,作惯性运动的光子的固有加速度居然是无穷大。这启示我们在光、惯性与时间的背后,存在重要的未知关系。光在相对论中已经处于核心地位,但从本节的讨论来看,我们对光的认识还非常不够,需要进一步深化。

上述情况提示我们,奇点的出现或达到奇点,往往伴随温度异常的情况(绝对零度或无穷大)出现。

热力学第三定律指出不能通过有限次操作把系统的温度降低到绝对零度。实际上,温度定义在一个开区间上,它的上限(无穷大或负温度系统的-0K)与下限(绝对零度)均不能通过有限次操作达到,可以把第三定律推广到包括上限的情况。因此,我们认为,奇性定理是在违背热力学第三定律的情况下证明的,奇点的出现是违背第三定律造成的;也就是说,热力学第三定律不容许时间有开始和终结。

8.7　时间的性质

时间是什么,人不问我,我很清楚,一旦问起,我便茫然。

——圣·奥古斯丁

时间必须变成可测量的东西,不能被测量的东西不能成为科学的对象。

——庞加莱

"时间是什么?"这个看似人人皆知的问题,回答起来却非常困难。

公元 4 世纪,早期基督教思想家圣·奥古斯丁在他的《忏悔录》中写下了一句至理名言:"时间是什么? 人不问我,我很清楚,一旦问起,我便茫然。"

现代自然科学认为,时间和空间都是物质延展性的表现。时间是一维的,是一维的绵延;空间是三维的,是三维的广延。绵延与广延都属于延展。然而绵延与广延不同,它还有"流逝"的含义。绵延的这种"流逝性",在物理学上表现为自然过程的不可逆性,表现为热力学第二定律。流逝性的存在使得时间概念比空间概念更为复杂,因而也引起了哲学家和科学家的更多注意。

千百年来,不少伟大的思想家对"时间"发表了许多精彩的见解,进行了许多深奥的争论。这些见解和争论,加深了人类对"时间"的认识,给我们带来了光明,也带来了更多的疑义。

1. 古代的时间观

人类的时间概念来源于对事件先后顺序的排列,对因果关系的了解,对昼夜交替和季节变迁的认识。

当人类文明发展到一定程度的时候,上述感性认识逐渐升华为理论。

柏拉图认为真实的"实在世界"是"理念",我们感受和接触到的万物和宇宙都不过是"理念"的"影子"。理念完美而永恒,它不存在于宇宙和时空中。万物和宇宙则是不完美的,处于不断变化中。柏拉图认为造物主给"永恒"创造了一个"动态的相似物",那就是"时间"。他认为,时间是"永恒"的映像,是"永恒"的动态相似物;时间不停地流逝,模仿着"永恒"。他认为时间无始无终,循环流逝,36000 年为一个周期。

柏拉图最优秀的学生亚里士多德,把老师的理论倒了过来,认为真实存在的不是"理念",而是万物和宇宙组成的客观世界。在把老师的哲学观点倒过来的同时,亚里士多德也对"时间"发表了不同的见解。他认为"时间是运动的计数",是"运动和运动持续量的量度"。时间概念的出现,使运动的测量成为可能,使我们可以区分快、慢和静止。不过,亚里士多德也认为时间是循环的,周而复始的。

事实上,古希腊学术界一直认为时间是循环的,他们都坚持或强或弱的循环时间观,并把时间与周期运动联系起来。

孔夫子把时间比作永恒流逝的河流:"子在川上曰:逝者如斯夫,不舍昼夜。""逝者"就是时间。他强调流逝,就是强调时间的不可逆性。

基督教的诞生对人类的时间观产生了重大影响。《圣经》认为世界万物和人类都是上帝创造的。上帝不在时间中,上帝在创造世界的同时创造了时间,因而时间有一个开端,还很可能有一个结束(世界末日)。时间不是循环的,而是线性演化的。

2. 牛顿与莱布尼兹的时间观

牛顿的老师巴罗对时空有许多精辟的见解,牛顿把巴罗的思想加以发展提升,形成完整的绝对时空观。他认为存在不依赖于物质和运动的绝对时间和绝对空间。牛顿写道:"绝对的、真实的和数学的时间,按其固有的特性均匀地流逝,与一切外在事物无关,又名绵延;相对的、表观的和通常的时间,是可悉知和外在的对运动之延续之度量,它常常用来代替真实的时间,如一小时,一天,一个月,一年。"牛顿曾提出水桶实验来论证绝对空间的存在,但从来没有提出过任何实验来论证绝对时间的存在。他认为我们通常谈论、测量的时间都不是真实的绝对时间,而只是绝对时间的一种代替物,只是"运动延续的度量"。他又谈到,"可能并不存在一种运动可以用来准确地测量时间","所有的运动可能都是加速的或减速的,但绝对时间的流逝却不会有所改变"。在牛顿看来,绝对时间是一条无头无尾、始终如一的河流,没有"源头",也没有涨落和波涛(这一点与孔夫子的想法非常接近)。时间除了均匀流逝的属性之外,没有其他属性。也就是说,牛顿认为绝对时间是均匀的,有方向的,没有起点和终点的,永远存在的"河流"。如果物质消失了,时间和空间还会继续存在。

和牛顿同为微积分创建者,在发明权上与牛顿争吵不休的莱布尼兹,在对时空的看法上也与牛顿针锋相对。莱布尼兹认为根本就不存在什么绝对空间和绝对时间,时间和空间都是相对的。空间是物体和现象有序性的表现方式,时间是相继发生的现象的罗列。时间和空间都不能脱离物质客体而独立存在。物质消失了,时间和空间也就消失了。

3. 相对论与量子论的时间观

爱因斯坦的相对论,掀开了人类认识时空的新篇章。爱因斯坦认为时间是相对的,空间也是相对的,但时空作为一个整体是绝对的。能量是相对的,动量也是相对的,但能量—动量作为一个整体是绝对的。他的狭义相对论,建立起了时间与空间的联系,能量与动量的联系

在广义相对论中,爱因斯坦进一步建立起时空与物质之间的联系

他认为物质的存在会造成时空的弯曲,弯曲的时空又会反作用于其中的物质,影响物质的运动。在广义相对论中,作为"演员"的物质和作为"舞台"的时空,不再是互不相关的,而是相互影响的。不过,在相对论中,物质消失后,时空不会消失,时空依然存在,只不过由弯曲变成了平直。

晚年的爱因斯坦,曾经表达过对上述图像的不满,他写道:"时间-空间未必能看成是可以脱离物质世界的真实客体而独立存在的东西。并不是物体存在于空间中,而是这些物体具有空间广延性。这样看来,'关于一无所有的空间'的概念,就失去了意义。"

这段话表明晚年的爱因斯坦认为时空是物质伸张性和广延性的表现。他认为不存在一无所有的时空,没有物质就没有时空,时空与物质同存同灭。

爱因斯坦的哲学观点,走在了他的物理理论(狭义与广义相对论)的前面。从上述哲学观点中,不难看出莱布尼兹等人对他的影响。值得注意的是,目前建立量子引力的方案中,已有一部分学者采纳了爱因斯坦最后的哲学观点。

相对论极大地改变了人类的时空观念,量子论也在影响人类对时空的认识。宏观上看来平坦均匀的时空,在微观看来却存在量子涨落。不确定关系告诉我们,考察的时空区域越小,感到的量子涨落越激烈。这就像飞机上的人观察大海一样。当飞机飞得很高时,飞行员觉得海面平静而光滑,降低飞行高度后,飞行员注意到海面上存在微波与涟漪。当飞机贴近海面时,飞行员会看到泡沫与浪花。因此,相对论界普遍认为,在宇宙诞生的极早期,由于时空区域极小,可能存在着猛烈的时空量子涨落。在那段时期,时空的泡沫与浪花有可能形成复杂的拓扑结构,例如虫洞和多连通的宇宙。时空的这类复杂结构,有可能伴随着宇宙的膨胀和演化,一直保留到今天。

孔夫子和牛顿描述过均匀流逝的时间之河。量子论告诉我们,近距离观察时,河面并不平静,存在着泡沫和浪花。

4. 关于时间度量的探讨

庞加莱认为"时间必须变成可测量的东西,不能被测量的东西不能成为科学的对象"。

作为"绵延"的时间,有"持续性"和"流逝性"双重性质。

"流逝性"如何度量,在自然科学中尚无公认的方法。虽然普列高津等人有不少重要的探讨,虽然可以考虑用"不可逆熵"的产生率来进行度量,但离形成真正的科学定义尚有不小的距离。本书不探讨时间"流逝性"的度量。

时间"持续性"的度量从古就有。从人类文明诞生的时候起,古人就用各种周期运动来度量时间。

长期以来,人们以为只要能造出统一的、高质量的、按某种科学规律的周期运动来计量时间的钟,再把这些钟分置到世界各地,度量时间的问题就彻底解决了。然而,深入的哲学思考却使这似乎不成问题的问题成了大问题。

牛顿在阐述自己的绝对时空观时就明确提出,绝对时间是客观存在的,不可测量的。通常熟知的可测量的时间,是对运动延续的度量,只不过是绝对时间的代替物,是一种表观时间。他清醒地认识到:"可能并不存在一种运动可以用来准确地测量(表观)时间。""所有的运动可能都是加速或减速的。"

与牛顿同时代的著名哲学家洛克指出,我们无法知道周期运动的每一个周期都是相等的。我们只能假定周期运动的每一个周期都相等,才能对时间进行度量。

造成这种局面的原因在于时间与空间不同,时间具有一去不复返的性质,"过去"已经不存在了,"未来"还没有来临。我们无法把周期运动的一个周期移动到另一个周期去进行比较,因此,各种周期的相等只有靠"约定"。只有"约定"了某种周期运动的各个周期相等,我们才能度量时间。

18世纪著名的数学家欧拉提出一个新思路:用运动定律来确认周期运动的各个周期相等。他在《时间和空间的沉思》一书中写道:如果以某个给定的循环过程为单位时间,而发现牛顿第一定律成立的话,这个过程就是周期的。即每次循环都经历相同的时间,或者说各个时间周期相等。

欧拉的时代,相对论尚未诞生,大家认为空间的测量不成问题。尺子可以来回移动,反复测量。在标度好了距离的空间,使用尚需考察的钟表计量时间,如果把这样测得的时间与空间距离相配,不受外力的质点在任何时间范围内都作匀速直线运动,那么就可以认为这个钟是"好钟",它的各个周期是相等的。

欧拉的思想后来被进一步发展,认为"好钟"可以这样定义:用它标度的时间,应该保证物理规律简单!例如,牛顿三定律成立,能量动量守恒定律成立等。

然而,怎么定义"物理规律简单"?我们如何确认现在已知的物理规律表达式已经是最简单的了?这个问题很难回答。

相对论诞生之后,人们逐渐认识到不仅时间的测量有问题,空间的测量也存在问题。一根尺在不同的地方,长度是否一样,尺子在移动过程中长度会不会改变,都成了需要深思的问题。

哲学家们在探索"时间本质"上所发挥的激情,使时间测量问题更加混乱。不少哲学家认为时间与空间不同,时间应该属于精神世界。有的哲学家干脆认为时间的度量只能靠"直觉"。然而什么是"直觉",也很难说清楚,似乎只能意会,不能言传。

哲学家的聪明才智虽然给了科学工作者很多启示,但上述把时间归入"精神世界",把时间度量归入"直觉"的看法,似乎无助于自然科学工作者对时间性质的研究。

针对上述导致"混乱"的观点,庞加莱在相对论诞生前夜(1900年前后)发表了一些重要看法。庞加莱认为时间的测量分为两个问题,一个是"异地时钟"如何同步,另一个是如何决定"相继时间段"的相等。他认为这两个问题的解决不能靠"直觉",而应靠"约定"。

8.8　时间的测量

时间的测量分两个方面,一是"异地时钟的校准",二是"相继时间段的度量"。

测量时间的基础是"约定光速"。

热力学第零定律等价于钟速同步的传递性。第零定律保证存在"好钟",保证时间可以度量。

1. 异地时钟的校准

"异地时钟的同步"和"相继时间段(绵延)的测量"是时间研究中的重大问题。庞加莱认为这两个问题相互关联,而且只有通过"约定"才能加以解决。他推测通过"约定"真空中光速的各向同性有可能解决上述问题。

在1.1节和3.2节中,我们谈道:爱因斯坦在建立相对论时,正是沿着庞加莱的思路,"约定"真空中光速各向同性,而且是一个常数,从而定义了异地时钟的"同时"。我们还谈道:朗道等人进一步指出,只有在时轴正交系中才能保证通过上述"约定"在全时空定义统一的坐标时间,建立同时面。

在那里,我们建议过一个新的对钟等级:不要求把各点坐标钟的时刻校准一致,只要求把它们的钟速调整同步。我们沿用爱因斯坦-朗道采用的对真空中光传播性质(即光速各向同性而且是一个常数)的约定,给出了钟速同步具有传递性的条件。满足这一条件的时空,虽然不一定有"同时面",但在全时空可以有统一的"钟速"。在那里,我们强调的是异地时钟的钟速同步。

总之,在相对论中,通过"约定""光速",已经解决了异地时钟校准的问题。

2. 好钟与相继时间段的相等

为了定义相继时间段的相等,物理学中有所谓"好钟"的定义。该定义源于欧拉的思想:如果以某个给定的循环过程为单位时间,而发现牛顿第一定律成立的话,这个过程就是周期的。现代广义相对论中采用了欧拉的思想,认为一个"好钟"所走的时间,应该保证惯性定律成立,自由质点在局部时空区的时空轨迹应该是直线。这一思想还被进一步发展:"好钟"的计时应保证物理规律简单,例如牛顿定律成立,麦克斯韦电磁理论成立,能量守恒定律成立,等等。

因此,现代物理学中时间与空间的测量建立在两个约定的基础上。一个是约定光速均匀各向同性,而且是一个常数c,另一个是约定存在保证物理规律简单的好钟。在这两个约定的基础上,可以定义不同空间点的钟"同时"或"同步",还可以定义绵延的相等,并进一步用光速乘时间定义空间距离。

然而,什么叫物理规律简单是个很难说清楚的问题。要求在局部惯性系中惯性定律成立,则必须事先定义"标准尺",有了正确的空间距离,才能通过惯性定律验证钟的好坏,而"标准尺"的定义又依赖于时间的测量,这里面存在逻辑循环。

在上述困难面前,我们再次想到庞加莱关于时间测量的论述。他关于约定光速来测量时间的想法给我们很大的启示,爱因斯坦和朗道等人沿着这一思路完成了异地时钟的校准。不过,他们没有讨论如何确定相继时间段相等的问题。我们注意到庞加莱一再强调"很难把同时性的定性问题与时间度量的定量问题分隔开来",他认为这两个问题都应通过"约定"来解决。我们自然想到,采用对光速的约定有可能同时解决"相继时间段相等"的定义。实际上,早在我们给出"钟速同步传递性"条件时,就注意到由于可能不存在同时面,我们给出的"钟速同步条件"应该是对任何时刻、任何时空点都成立的,其中就包含了"相继时间段相等"的内容。

下面我们将具体指出,通过同一个"光速约定"我们能够定义"两个持续时间段的相等",

这一定义也在实验和观测上有可操作性。

3. 相继时间段的度量（稳态时空）

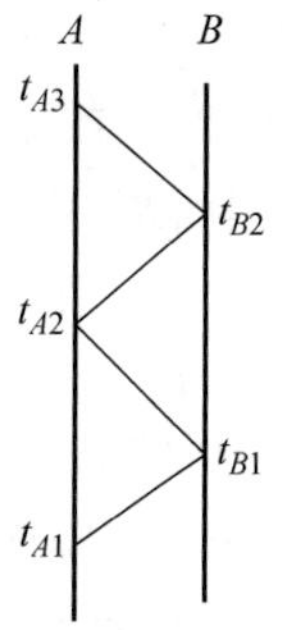

如图 8.8.1 所示,设稳态时空中有一个手持光源和镜子的观测者静止于 A 点,另有一个镜子静置于邻近的 B 点,在坐标时间 t_{A1} 时刻观测者发一个光信号给 B,在坐标时间 t_{B1} 时刻被 B 处的镜子反射,于坐标时间 t_{A2} 时刻返回到 A 点,光信号往返一次经历的坐标时间差为

$$\Delta t_1 = t_{A2} - t_{A1} \tag{8.8.1}$$

收到返回信号的同一时刻 t_{A2},A 处的镜子将返回的光信号再次反射给 B,在 t_{B2} 时刻到达 B 点,又被 B 处的镜子反射回 A,在 t_{A3} 回到 A 处……光信号的往返相当于一种周期运动,每次往返是一个周期。第一个周期经历的时间如(8.8.1)式所示,第二个周期经历的时间为

$$\Delta t_2 = t_{A3} - t_{A2} \tag{8.8.2}$$

第 n 个周期经历的时间为

$$\Delta t_n = t_{A(n+1)} - t_{An} \tag{8.8.3}$$

由于时空稳态,没有理由认为各个周期经历的时间段会不同,显然有

$$\Delta t_1 = \Delta t_2 = \cdots = \Delta t_n \tag{8.8.4}$$

即

$$t_{A2} - t_{A1} = t_{A3} - t_{A2} = \cdots = t_{A(n+1)} - t_{An} \tag{8.8.5}$$

(8.8.4)式与(8.8.5)式所示的是坐标时间的时间段相等的定义,这样我们就合理地定义了相继时间段的相等。

对上述结果我们作如下讨论:

(1) 由于 B 点距离 A 点的远近和方向都是任意选定的,因此用上述方法可以定义任意"长短"的"时间段"相等。

(2) 以上讨论的都是坐标钟的时间段,由于静止标准钟所走的固有时与坐标时存在如下关系

$$\mathrm{d}\tau = \sqrt{-g_{00}}\,\mathrm{d}t \tag{8.8.6}$$

而且时空稳态,g_{00} 与 t 无关,因此我们可以得到观测者 A 的各段固有时相等的结论:

$$\mathrm{d}\tau_1 = \mathrm{d}\tau_2 = \cdots = \mathrm{d}\tau_n \tag{8.8.7}$$

(3) 因为稳态时空满足钟速同步具有传递性的条件(3.2.13)式与(3.2.15)式,我们可以把上述"时间段"相等的定义很容易地推广到全时空,得到全时空坐标时的"时间段"相等的结论。但由于 g_{00} 是空间点的函数,从(8.8.6)式可知,这时各空间点的固有时的时间段一般不相等。

4. 相继时间段的度量（一般时空）

设 L 为弯曲时空中一族静止观测者的世界线组成的线汇,这意味着这样选择覆盖 L 的坐标系:使 L 中的每根世界线都与此坐标系的时间坐标曲线重合。我们还进一步要求选择此坐标系时轴非正交($g_{0i} \neq 0$),但满足"钟速同步传递性"条件(3.2.13)式。

图 8.8.1　稳态时空中 "时间段"的度量

我们按照爱因斯坦和朗道等人建议的方式,用光信号对钟,研究沿空间回路对钟一圈回到空间点 A 后出现的情况 (图 8.8.2)。首先,邻近点 B 的 x_B^0 时刻被定义为与 A 钟的 x_{A1}^0 时刻同时,从(3.2.6)式知,此二"同时"时刻相差

$$\Delta x^0 = -\frac{g_{0i}}{g_{00}} \mathrm{d}x^i \qquad (8.8.8)$$

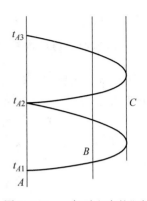

类似地,再定义与 B 钟相邻的 C 钟的同时时刻……这样沿空间回路对钟一圈回到 A 点后,与 x_{A1}^0 同时的 A 钟的同时时刻是 x_{A2}^0,二者不相等,相差

$$\Delta x_1^0 = x_{A2}^0 - x_{A1}^0 = \oint_1 \left(-\frac{g_{0i}}{g_{00}}\right) \mathrm{d}x^i = \phi_1 \qquad (8.8.9)$$

图 8.8.2　一般时空中的"时间段"的度量

用同样的方式沿同样的空间路径连续对钟 n 圈,有

$$\Delta x_2^0 = x_{A3}^0 - x_{A2}^0 = \oint_2 \left(-\frac{g_{0i}}{g_{00}}\right) \mathrm{d}x^i = \phi_2 \qquad (8.8.10)$$

$$\vdots \qquad \vdots$$

$$\Delta x_n^0 = x_{A(n+1)}^0 - x_{An}^0 = \oint_n \left(-\frac{g_{0i}}{g_{00}}\right) \mathrm{d}x^i = \phi_n \qquad (8.8.11)$$

由于此参考系中同时不具有传递性,显然

$$\phi_i \neq 0, \quad i = 1, 2, \cdots, n \qquad (8.8.12)$$

又由于此系中钟速同步具有传递性,从(3.2.13)式～(3.2.16)式可知

$$\phi_1 = \phi_2 = \cdots = \phi_n = \phi = 常数 \qquad (8.8.13)$$

我们看到,从 x_{A1}^0 到 x_{A2}^0,再从 x_{A2}^0 到 x_{A3}^0……形成了相等时间周期 ϕ。若用 t 表示,这一坐标时间的周期为

$$\Delta t = a = \phi/c \qquad (8.8.14)$$

我们可以定义这些相等的时间周期为相等的时间段,这样我们就得到了观测者 A 的相等的"时间段"。由于对钟的空间路径可以任意选择,对于不同的空间路径,(8.8.13)式所示的 ϕ (或者 a)将不同,因此上述论证实际上给出了定义任意长度的"相等时间段"的方法。当然,这是指坐标时的时间段。

由于观测者在坐标系中静止,他们的固有时与坐标时之间的关系满足

$$\mathrm{d}\tau = \sqrt{-g_{00}} \, \mathrm{d}t \qquad (8.8.15)$$

因此,我们可以利用下式定义固有时间"绵延"的"长度"

$$\Delta \tau_k = \int_{ka}^{(k+1)a} \sqrt{-g_{00}} \, \mathrm{d}t \qquad (8.8.16)$$

换句话说,我们可以用(8.8.16)式给出的固有时的"绵延" $\Delta \tau$ 来把世界线参数化。

在 3.1 节我们介绍过相对论中对纯空间距离的测量。空间距离(固有距离)实际上是依据对光速的约定,用标准钟测得的。相对论中用来测量空间距离的工具是钟而不是尺。本节的讨论告诉我们,通过对光速的约定,可以解决时间测量的问题,因此也就同时解决了空间测量的问题。

5. 时空对称性与光速的约定

对真空中光速的约定,事实上就是对时空对称性的约定。我们要求真空中光速逐点均匀,相当于要求时间和空间的均匀性,而时间和空间的均匀性又分别对应着物理学中的能量守恒和动量守恒。要求真空中光速各向同性,相当于要求空间各向同性,它对应着物理学中的角动量守恒。要求光速不变原理成立,则相当于要求时空存在布斯特(Boost)对称性,也即狭义的洛伦兹变换成立。

我们约定光速是一个常数 c,有三层含意,即约定光速均匀、各向同性,而且与光源相对于观测者的运动无关。这就相当于要求时间均匀、空间均匀、空间各向同性,而且具有布斯特对称性,也就是说要求时空满足庞加莱对称性。

有引力场的时空不具有整体的庞加莱对称性。然而,测量是局域的,我们只需要约定局部光速,约定光速在每一时空点的邻域均匀各向同性,而且是一个常数 c,这一约定对应局域庞加莱不变性。

广义相对论中的测量一定是局域的,我们对钟所用的小步雷达法建立在局域测量的基础上。约定"局域光速",相当于约定弯曲时空中存在局域庞加莱对称性,这与引力规范理论的主张是一致的。在引力规范理论中,引力场可以看作时空庞加莱对称性局域化而产生的补偿场——规范场。我们这里关于时间测量的讨论,似乎支持广义相对论是一个以庞加莱群为基础的引力规范理论。

从上述讨论可以看出下列关系:

对"真空中光速"的约定 ⟺ 对"时空对称性"的约定

约定真空中光速是常数 c ⟺ 约定时空具有庞加莱对称性

光速的均匀性 ⟺ 时间、空间平移不变性 ⟺ 能量守恒、动量守恒

光速的各向同性 ⟺ 空间转动不变性 ⟺ 角动量守恒

光速不变原理 ⟺ 时空布斯特不变性 ⟺ 狭义洛伦兹变换

对"好钟"的约定,可以看作对"时空对称性"(特别是时间对称性)的约定。均匀流逝的时间,可以保证能量守恒,因此用能量守恒定律是否成立来定义"好钟",是一个聪明的想法。各种时空对称性,可以保证物理规律简单。而对"时空对称性"的约定,相当于对光速的约定。因此,我们只需约定光速,就可定义异地时钟的同步和相继时间段的相等。"好钟"的存在,不再是一个约定,而只是对光速约定的一个推论。

6. 结论和讨论

(1)本节在庞加莱-爱因斯坦-朗道"约定"光速的基础上,解决了"相继时间段"相等的定义问题。此定义在实验和测量上是可操作的,因而有物理意义。

本节指出,通过我们给出的调整坐标钟"钟速同步"的方案,不仅可以用上述"约定"定义异地时钟"钟速"的同步,而且可以定义任一指定坐标钟"相继时间段(又称绵延)"的相等,从而不仅回答了庞加莱提出的时间测量的第一个问题(即异地时钟同步的定义),而且回答了他提出的第二个问题(即相继时间段相等的定义)。这使得我们能够在全时空定义统一的时间(即统一的坐标钟钟速)。

我们认为,约定光速和约定时空对称性是等价的。约定真空中的光速是一个常数 c(即

约定光速均匀、各向同性而且满足光速不变原理),相当于约定时空具有庞加莱对称性。对钟的小步雷达法建立在局域测量的基础上,约定局域光速为 c,相当于约定时空存在局域庞加莱对称性。现代物理学中关于"好钟"的约定是不需要的,好钟的存在可以看作约定光速的推论。

注意,(8.8.13)式来自钟速同步具有传递性的条件。我们原先提出"钟速同步传递性"的意思,就是要在全时空找到"钟速同步"的坐标钟,也就是要使时空各点的同种周期运动(即以同一物理规律和同一物理条件为基础的周期运动)的"时间周期"都相等。不过,在3.2节中我们强调的是异地时钟的钟速同步。现在我们想强调,钟速同步具有传递性的条件,不仅是时空中不同空间点处的"时间段"相等的条件,也是同一空间点时间先后顺序不同的"时间段"相等的条件。这就是说,钟速同步具有传递性的条件,也就是全时空可以定义统一的"相等坐标时间段"的条件。

(2)爱因斯坦与朗道关于"同时传递性"的研究,使我们联想到物理学中的另一条与"传递性"有关的定律——热力学第零定律。该定律说,如果系统 A 与 B 达到热平衡,B 与 C 达到热平衡,那么 A 与 C 就一定达到热平衡。这条关于"热平衡具有传递性"的定律是热力学中定义温度的基础。"同时传递性"与"热平衡传递性"之间有没有关系呢?在经过反复思考之后,我们用"温度格林函数"和"黑体辐射谱"等不同方法,得到了一个相同的结论:"热平衡的传递性"等价于"钟速同步的传递性"。注意,与热力学第零定律等价的不是"同时的传递性",而是"钟速同步的传递性"。事实上,"钟速同步传递性"这一概念正是我们在探讨上述"传递性"之间的关系时提出的一个新概念,一个新的对钟等级。感兴趣的读者可以参看文献[21,22]以及相关文献。

人们早已注意到热力学与时间之间有着某种本质联系,特别是热力学第二定律显示的"时间箭头",显示的时间不可逆性、"流逝性"。此外,人们也早已注意到热力学第一定律(能量守恒)显示时间的均匀性。

我们关于热力学第零定律与"时钟同步传递性"的探讨,表明第零定律与时间的定义有关。第零定律不仅保证可以定义温度,而且保证存在"好钟",保证可以在全时空定义统一的、同步的时间。

在8.6节中,我们提出奇性困难可能与违背热力学第三定律有关,第三定律将保证时间的无始无终性。

这样看来,热力学的四条定律都与时间的属性有关。可见,在热力学和时间的背后,可能存在比迄今所知更为深刻的本质联系。

参 考 文 献

[1] 刘辽.广义相对论[M].2版.北京：高等教育出版社,2008.

[2] 俞允强.广义相对论引论[M].北京：北京大学出版社,1987.

[3] 梁灿彬,周彬.微分几何入门与广义相对论[M].2版.北京：科学出版社,2006.

[4] 爱因斯坦.相对论的意义[M].李灏,译.北京：科学出版社,1961.

[5] EINSTEIN A,et al. The Principle of Relativity[M]. Dover：Dover Publications,1923. 相对论原理
[M].赵志田,刘一贯,孟昭英,译.北京：科学出版社,1980.

[6] WALD R M. General Relativity[M]. Chicago and London：The University of Chicago Press,1984.

[7] HAWKING S W,ELLIS G F R. The large scale structure of space-time[M]. Cambridge：Cambridge
University Press,1973.

[8] 温伯格.引力论和宇宙论[M].邹振隆,张厉宁,等译.北京：科学出版社,1980.

[9] 朗道,栗弗席兹.场论[M].鲁欣,任朗,袁炳南,译.北京：高等教育出版社,2012.

[10] LANDAU L D, LIFSHITZ E M. The classical theory of fields[M]. Beijing：World Publishing
Corpotation,1999.

[11] BIRRELL N D, DAVIES P C W. Quantum Fields in Curved Space[M]. Cambridge：Cambridge
University Press,1982.

[12] MILLER A I. Albert Einstein's Special Theory of Relativity [M]. London：Addison-Wesley
Publishing Company Inc,1981：185-200.

[13] CARMELI M. Classical fields[M]. New York：John Wiley Sons,1982.

[14] MФLLER C. The theory of relativity [M]. 2nd ed. London：Oxford University Press,1972.

[15] RINDLER W. Essential Relativity[M]. New York：Springer-Verlag,1977.

[16] MISNER C W,THORNE K S,WHEELER J A. Gravitation[M]. San Francisco：Freeman W H
Company,1973.

[17] CHANDRASEKHAR S. The mathematical Theory of Black Holes [M]. New York：Oxford
University Press,1983.

[18] 王永久.经典黑洞与量子黑洞[M].北京：科学出版社,2008.

[19] 王永久.经典宇宙与量子宇宙[M].北京：科学出版社,2010.

[20] 须重明,吴雪君.广义相对论与现代宇宙学[M].南京：南京师范大学出版社,1999.

[21] 赵峥.黑洞的热性质与时空奇异性[M].北京：北京师范大学出版社,1999.

[22] 赵峥.黑洞的热性质与时空奇异性[M].2版.合肥：中国科学技术大学出版社,2016.

[23] 刘辽,赵峥,田贵花,等.黑洞与时间的性质[M].北京：北京大学出版社,2008.

[24] 赵峥.黑洞与弯曲的时空[M].太原：山西科学技术出版社,2000.

[25] 李宗伟.天体物理学[M].北京：高等教育出版社,2000.

[26] 何香涛.观测宇宙学[M].北京：科学出版社,2002.

[27] 爱因斯坦.狭义与广义相对论浅说[M].杨润殷,译.上海：上海科学技术出版社,1964.

[28] 霍金,彭罗斯.时空本性[M].杜欣欣,吴忠超,译.长沙：湖南科学技术出版社,1996.

[29] 霍金.时间简史[M].许明贤,吴忠超,译.长沙：湖南科学技术出版社,1994.

[30] 彭罗斯.皇帝新脑[M].许明贤,吴忠超,译.长沙：湖南科学技术出版社,1994.

[31] 索恩.黑洞与时间弯曲[M].李泳,译.长沙：湖南科学技术出版社,2000.

[32] 诺维科夫.时间之河[M].吴王杰,陆雪莹,译.上海：上海科学技术出版社,2001.

［33］ 戴维斯.关于时间[M].崔存明,译.长春:吉林人民出版社,2002.

［34］ 赵峥.相对论百问[M].3 版.北京:北京师范大学出版社,2020.

［35］ POINCARÉ H. The Foundation of Science[M]. New York: The Science Press,1913.

［36］ 庞加莱.科学的价值[M].李醒民,译.北京:光明日报出版社,1988:211-219.

［37］ 庞加莱.科学与方法[M].李醒民,译.北京:商务印书馆,2006.

［38］ POINCARÉ H. Science and Hypothesis[M]. London: Walter Scott Publishing,1905: 89-110, 123-139.

［39］ 庞加莱.科学与假设[M].李醒民,译.北京:商务印书馆,2006.

［40］ 吴国盛.时间的观念[M].北京:中国社会科学出版社,1996.

［41］ PAIS A. The Science and the Life of Albert Einstein[M]. Oxford: Oxford Univ Press,1982.

［42］ 派斯.爱因斯坦传[M].方在庆,李勇,等译.北京:商务印书馆,2006.

［43］ 郭奕玲,沈慧君.物理学史 [M].2 版.北京:清华大学出版社,2005:182-183.

［44］ FOCK V. Theory of space,time and gravitation[M]. New York: Pergamon Press,1959.

［45］ 福克.空间、时间和引力的理论[M].周培源,朱家珍,蔡树棠,等译.北京:科学出版社,1965.

［46］ WEBER J. General relativity and gravitational waves[M]. New York: Interscience Publishers, Inc. ,1961.

［47］ 韦伯.广义相对论与引力波[M].陈凤至,张大卫,译.北京:科学出版社,1977.

［48］ 梁灿彬,曹周键.从零学相对论[M].北京:高等教育出版社,2013.

［49］ 赵峥.物含妙理总堪寻:从爱因斯坦到霍金(修订版)[M].北京:清华大学出版社,2021.

［50］ 赵峥.看不见的星:黑洞与时间之河(修订版) [M].北京:清华大学出版社,2021.